中国职业技术教育学会科研项目优秀成果

The Excellent Achievements in Scientific Research Project of The Chinese Society Vocational and Technical Education

高等职业教育模具设计与制造专业“双证课程”培养方案规划教材

模具制造技术

高等职业技术教育研究会 审定

张信群 王雁彬 主编

Manufacturing Technology of Dies & Moulds

图书在版编目（CIP）数据

模具制造技术 / 张信群，王雁彬主编. —北京：人民邮电出版社，2009.5（2016.1 重印）
中国职业技术教育学会科研项目优秀成果. 高等职业教育模具设计与制造专业“双证课程”培养方案规划教材
ISBN 978-7-115-19709-2

I. 模… II. ①张…②王… III. 模具－制造－高等学校：技术学校－教材 IV. TG76

中国版本图书馆CIP数据核字（2009）第021143号

内 容 提 要

本书系统地介绍了模具制造所需要的工艺知识、工艺方法，并简要介绍了模具材料和热处理技术，以及模具维护与管理方面的基本知识。全书共 8 章，主要内容有：模具机械加工基础、模具机械加工方法、模具特种加工方法、模具零件的加工工艺、模具光整加工与模具快速成形加工、模具材料和热处理技术、模具的装配工艺、模具的维护与管理，并附有必要的技术标准摘录。每章均附有一定数量的思考题，以帮助读者进一步巩固基础知识。

本书可作为高等职业院校模具设计与制造专业的教学用书，也可作为有关工程技术人员的参考书与培训教材。

中国职业技术教育学会科研项目优秀成果
高等职业教育模具设计与制造专业“双证课程”培养方案规划教材
模具制造技术

◆ 审　　定　高等职业技术教育研究会
　主　　编　张信群　王雁彬
　责任编辑　李育民
◆ 人民邮电出版社出版发行　　北京市丰台区成寿寺路 11 号
　邮编　100164　　电子函件　315@ptpress.com.cn
　网址　http://www.ptpress.com.cn
　北京中石油彩色印刷有限责任公司印刷
◆ 开本：787×1092　1/16
　印张：17.25　　　　2009 年 5 月第 1 版
　字数：427 千字　　　2016 年 1 月北京第 9 次印刷

ISBN 978-7-115-19709-2/TN

定价：28.00 元

读者服务热线：(010) 81055256　印装质量热线：(010) 81055316
反盗版热线：(010) 81055315

职业教育与职业资格证书推进策略与“双证课程”的研究与实践课题组

组　长：

俞克新

副组长：

李维利　张宝忠　许　远　潘春燕

成　员：

林　平　周　虹　钟　健　赵　宇　李秀忠　冯建东　散晓燕　安宗权
黄军辉　赵　波　邓晓阳　牛宝林　吴新佳　韩志国　周明虎　顾　晔
吴晓苏　赵慧君　潘新文　李育民

课题鉴定专家：

李怀康　邓泽民　吕景泉　陈　敏　于洪文

高等职业教育模具设计与制造专业“双证课程”培养方案规划教材编委会

丛书出版前言

职业教育是现代国民教育体系的重要组成部分，在实施科教兴国战略和人才强国战略中具有特殊的重要地位。党中央、国务院高度重视发展职业教育，提出要全面贯彻党的教育方针，以服务为宗旨，以就业为导向，走产学结合的发展道路，为社会主义现代化建设培养千百万高素质技能型专门人才。因此，以就业为导向是我国职业教育今后发展的主旋律。推行“双证制度”是落实职业教育“就业导向”的一个重要措施，教育部《关于全面提高高等职业教育教学质量的若干意见》（教高［2006］16 号）中也明确提出，要推行“双证书”制度，强化学生职业能力的培养，使有职业资格证书专业的毕业生取得“双证书”。但是，由于基于“双证书”的专业解决方案、课程资源匮乏，“双证课程”不能融入教学计划，或者现有的教学计划还不能按照职业能力形成系统化的课程，因此，“双证书”制度的推行遇到了一定的困难。

为配合各高职院校积极实施“双证书”制度工作，推进示范校建设，中国高等职业技术教育研究会和人民邮电出版社在广泛调研的基础上，联合向中国职业技术教育学会申报了职业教育与职业资格证书推进策略与“双证课程”的研究与实践课题（中国职业技术教育学会科研规划项目，立项编号 225753）。此课题拟将职业教育的专业人才培养方案与职业资格认证紧密结合起来，使每个专业课程设置嵌入一个对应的证书，拟为一般高职院校提供一个可以参照的“双证课程”专业人才培养方案。该课题研究的对象包括数控加工操作、数控设备维修、模具设计与制造、机电一体化技术、汽车制造与装配技术、汽车检测与维修技术等多个专业。

该课题由教育部的权威专家牵头，邀请了中国职教界、人力资源和社会保障部及有关行业的专家，以及全国 50 多所高职高专机电类专业教学改革领先的学校，一起进行课题研究，目前已召开多次研讨会，将课题涉及的每个专业的人才培养方案按照“专业人才定位—对应职业资格证书—职业标准解读与工作过程分析—专业核心技能—专业人才培养方案—课程开发方案”的过程开发。即首先对各专业的工作岗位进行分析和分类，按照相应岗位职业资格证书的要求提取典型工作任务、典型产品或服务，进而分析得出专业核心技能、岗位核心技能，再将这些核心技能进行分解，进而推出各专业的专业核心课程与双证课程，最后开发出各专业的人才培养方案。

根据以上研究成果，课题组对专业课程对应的教材也做了全面系统的研究，拟开发的教材具有以下鲜明特色。

1. 注重专业整体策划。本套教材是根据课题的研究成果——专业人才培养方案开发的，每个专业各门课程的教材内容既相互独立，又有机衔接，整套教材具有一定的系统性与完整性。

2. 融通学历证书与职业资格证书。本套教材将各专业对应的职业资格证书的知识和能力要求都嵌入到各双证教材中，使学生在获得学历文凭的同时获得相关的国家职业资格证书。

3. 紧密结合当前教学改革趋势。本套教材紧扣教学改革的最新趋势，专业核心课程、“双证课程”按照工作过程导向及项目教学的思路编写，较好地满足了当前各高职高专院校的需求。

为方便教学，我们免费为选用本套教材的老师提供相关专业的整体教学方案及相关教学资源。

经过近两年的课题研究与探索，本套教材终于正式出版了，我们希望通过本套教材，为各高职高专院校提供一个可实施的基于“双证书”的专业教学方案，也热切盼望各位关心高等职业教育的读者能够对本套教材的不当之处给予批评指正，提出修改意见，并积极与我们联系，共同探讨教学改革和教材编写等相关问题。来信请发至 panchunyan@ptpress.com.cn。

前　言

在现代工业的规模生产中，模具发挥着越来越重要的作用。通过模具进行产品生产具有优质、高效、节能、节材、成本低等显著特点，在机械、轻工、家电、军事和航空航天等领域获得了广泛的应用。近年来，模具工业飞速发展，模具技术人才培养的要求和速度也在大幅度提高，各级各类学校、专业培训机构都在进行模具人才的教育和培训，特别是有越来越多的具有一定机械基础的人员正在或将要从事模具工作，需要模具的专业知识，模具制造技术是学生在将来的模具制造工作中必备的基本知识和基本技能。本书就是针对这一需要而编写的。

本书重点介绍模具制造所需要的工艺知识、常用的和特殊的工艺方法，并简要介绍了模具材料和热处理技术以及模具维护与管理方面的基本知识。

本书主要有以下特点。

1. 本书以培养学生工艺分析能力为主，在内容的选取上注重实用性和典型性，略去了无实用价值的旧内容和复杂繁琐的理论计算，同时增加了模具制造新方法、新技术的介绍。

2. 本书着重介绍基本概念、基本原理和基本技能，简化了细节描述，并增加了大量的工程实例分析。

3. 本书在章节的编排上，既考虑到内容的系统性，又兼顾到高职学生学习的特点。

4. 本书突破了同类教材缺少模具材料介绍的局限，专门设一章简要介绍了模具材料和热处理技术，使学生对模具制造过程中涉及的材料种类和热处理工艺有基本的认识。

本书的参考学时为 64 学时，其中实践环节为 20 学时，各章的参考学时参见下表。

章　节	课程内容	学　时	章　节	课程内容	学　时
第 1 章	模具机械加工基础	10	第 5 章	模具光整加工与模具快速成形加工	4
第 2 章	模具机械加工方法	12	第 6 章	模具材料和热处理技术	8
第 3 章	模具特种加工方法	8	第 7 章	模具的装配工艺	8
第 4 章	模具典型零件的加工工艺	10	第 8 章	模具的维护与管理	4

说明：本课程具有很强的综合性和实践性，要适当安排实践教学环节，引导学生将本课程的知识和技能综合应用到模具制造过程所遇到的实际问题中去。

本书由张信群、王雁彬任主编，第 1 章、第 2 章第 1～3 节、第 3 章第 1～2 节、第 4 章、第 6 章、第 7 章由张信群编写；第 2 章第 4～5 节、第 3 章第 3～4 节、第 5 章、第 8 章由王雁彬编写。

本书可作为高等职业院校模具设计与制造专业的教学用书，也可作为有关工程技术人员的参考书与培训教材。

由于时间仓促，加之我们水平有限，书中难免存在错误和不妥之处，敬请专家和广大读者批评指正。

编者

2009 年 3 月

目 录

第1章 模具机械加工基础

【学习目标】

1. 熟悉模具工艺规程制定的原则和步骤
2. 掌握模具零件工艺路线的拟定方法
3. 了解影响零件机械加工精度的因素和提高零件机械加工精度的途径
4. 了解影响零件机械加工表面质量的因素和提高零件机械加工表面质量的途径

模具制造最传统、最常用的方法是机械加工。在科学技术高度发达的今天，虽然制造模具的新方法、新技术不断涌现，但是几乎所有模具产品的生产都离不开机械加工。模具中的大部分零件，如垫板、导柱、导套、压料板等都是用机械加工的方法制造，即使是冲裁模的凸模和凹模、塑料模的型腔等复杂零件，许多也是用机械加工的方法制造，或者是用机械加工的方法进行粗加工。

1.1 模具加工工艺规程制定

用机械加工的方法直接改变毛坯形状、尺寸和机械性能等，使之变为合格零件的过程，称为机械加工工艺过程。模具加工工艺规程是规定模具零、部件机械加工工艺过程和操作方法等的工艺文件。它集中体现了模具生产工艺水平的高低和解决各种工艺问题的方法和手段，所以制定模具加工工艺规程不仅需要深厚的机械制造工艺理论知识，还必须具备丰富的生产实践经验，模具加工工艺规程是否先进、合理，直接影响到模具的加工质量、加工周期和加工成本。

模具虽然也是机械产品，但是它具有特殊性，表现在：模具生产批量小，大多具有单件生产的特点，而模具标准件是成批生产；模具零件加工精度较高，有些零件形状复杂，因此除了一般机械加工方法以外，还需采用特种加工方法与设备。所以，模具加工工艺规程也具有其特殊性。

1.1.1 模具的生产过程和工艺过程

1. 模具生产过程

将原材料或半成品转变为模具成品的全过程称为模具生产过程。模具生产过程主要包括以下几个方面。

（1）模具产品投产前的生产技术准备过程

这一过程包括模具产品试验研究和设计、工艺设计和专用工艺装备的设计及制造、各种生产资料和生产组织等方面的准备工作。

（2）毛坯的制造过程

如毛坯的锻造、铸造和冲压等。

（3）零件的加工过程

如模具零件机械加工、特种加工、焊接、热处理和其他表面处理。

（4）产品的装配过程

包括模具部件装配、总装配、检验和调试等。

（5）各种生产服务活动

如原材料、半成品、工具的准备、运输、保管以及产品的油漆、包装和发运等。

由于模具制造逐步走向自动化、专业化，例如母零件毛坯的生产，由专业化的毛坯生产工厂来承担；模具的导柱、导套、顶杆、模架等零件，由专业化的标准件厂来完成，所以模具生产过程变得比较简单，有利于保证质量，提高效率和降低成本。

2. 模具机械加工工艺过程及其组成

模具的机械加工工艺过程是由一个或几个按顺序排列的工序组成。

（1）工序

工序是一个或一组工人，在一个工作地点对同一个或同时对几个零件进行加工，所连续完成的那一部分工艺过程。每一个工序又可以分为安装、工位、工步和走刀。

图 1-1 所示的零件为压入式模柄，它的机械加工工艺过程，可划分为 3 道工序，见表 1-1。

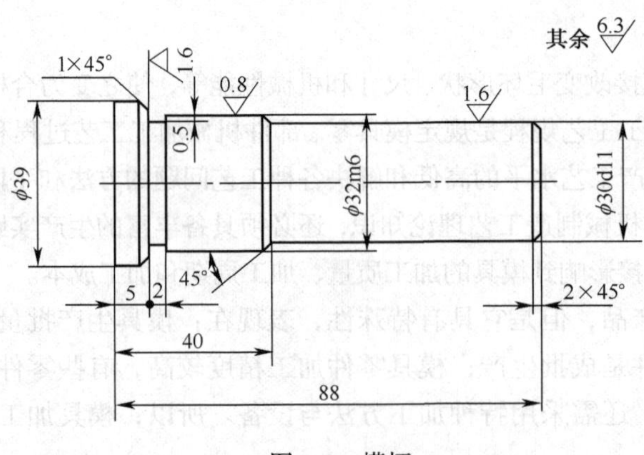

图 1-1 模柄

表 1-1　　模柄的机械加工工艺过程

工序编号	工序内容	设备
1	车两端面、钻中心孔	车床
2	车外圆$\phi 32$（留磨削余量），车槽并倒角	车床
3	磨$\phi 32$外圆	外圆磨床

（2）安装

工件加工前，使其在机床或夹具中相对刀具占据正确位置并给予固定的过程，称为装夹。装夹包括定位和夹紧两过程。工件通过一次装夹后所完成的那一部分工序称为安装。

例如图 1-1 中的工序 1，车削模柄的第一个端面，钻中心孔时要进行一次装夹；完成后调头车削另一个端面，钻中心孔时又需要重新装夹工件，所以在该工序中，工件需要两次装夹，即有两次安装。这样不仅增加了装卸工件的辅助时间，而且由于装夹的表面是粗糙的毛坯表面，两次装夹造成毛坯轴线位置发生变化，将会影响零件的加工质量，所以在工序中应尽量减少工件装夹次数。

（3）工位

为了减少工件装夹次数，在工件的一次安装中，使零件与夹具或设备的可动部分一起，相对于刀具或设备的固定部分所占据的每一个位置称为工位。

工位可以借助于夹具的回转部分或机床工作台实现变换。如图 1-2 所示为在三轴钻床上利用回转工作台变换工位，使零件按照装卸、钻孔、扩孔和铰孔等 4 个工位连续完成加工。

采用多任务位加工，缩短了工序时间，可提高生产率和保证被加工表面的相对位置精度。

（4）工步

在加工表面、切削刀具、切削速度和进给量都不变的情况下所连续完成的那一部分工序，称为工步。工步是构成工序的基本单元。如图 1-1 中的模柄车削加工工序，可以分为 4 个工步：车端面，钻中心孔，车另一个端面，钻中心孔。

有时为了提高生产率，用几把刀具同时加工几个表面，这样的工步称为复合工步。图 1-3 所示为用钻头和车刀同时加工零件的内孔和外圆的复合工步。

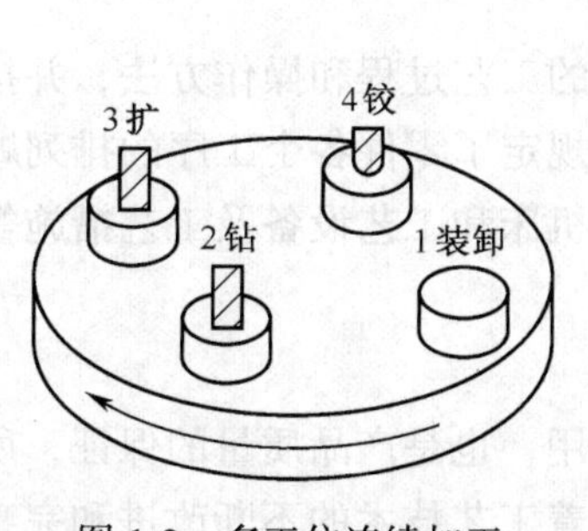

图 1-2　多工位连续加工

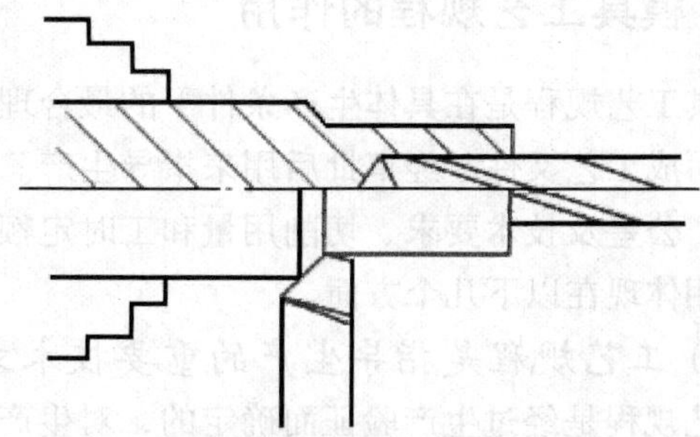
图 1-3　工件的多刀加工

（5）走刀

有些工步，由于加工余量较大，需要对同一表面分几次切削，刀具从被加工表面每切下一层金属层即称为一次走刀。每个工步可以包括一次走刀或几次走刀。

3. 生产纲领和生产类型

（1）生产纲领

企业在计划内应生产的产品的年生产量称为生产纲领。零件的年生产纲领由下式计算：

$$N = Qn(1 + a)(1 + b)$$

式中：N——零件的生产纲领（件/年）；

Q——产品的年产量（台/年）；

n——单台产品生产该零件的数量（件/台）；

a——备品率，以百分数计；

b——废品率，以百分数计。

企业一般根据生产纲领来确定生产类型。

（2）生产类型

按企业（或车间、工段、班组、工作地）生产专业化程度的分类称为生产类型。根据生产纲领的大小，模具制造业的生产类型可分为 2 种：单件生产和批量生产。

① 单件生产。单件生产是指每种产品仅生产一件或几件，工作加工的对象经常改变，且很少重复生产。单件生产的特点是产品的结构和尺寸各不相同，产品种类繁多。例如大型模具就属于单件生产。

② 批量生产。批量生产是指产品品种较多，同一种产品有一定的数量，各品种产品分批、分期轮番进行生产。例如模具中的模架、导柱、导套等都属于批量生产。

同一产品（或零件）一次投入生产的数量称为生产批量。根据批量的大小，批量生产可分为小批量生产（生产特点与单件生产基本相同）、中批量生产、大批量生产。

1.1.2 模具工艺规程制定的原则和步骤

规定模具制造工艺过程和操作方法等的工艺文件称为模具工艺规程。模具工艺规程可以分为零件的机械加工工艺规程、检验工艺规程和装配工艺规程等，但以机械加工工艺规程为主，其他工艺规程按需要而定。

1. 模具工艺规程的作用

模具工艺规程是在具体生产条件下的最合理或较合理的工艺过程和操作方法，并按规定的形式书写成工艺文件，经审批后用来指导生产。它简要地规定了零件各个工序的排列顺序、加工尺寸、公差及技术要求、切削用量和工时定额、选用的机床和工艺设备及工艺措施等内容。它的作用体现在以下几个方面。

（1）工艺规程是指导生产的重要技术文件

工艺规程是经过生产验证而确定的，对生产起指导作用，也是产品质量的保证，所以在生产中应该严格遵守。但是工艺规程也不是固定不变的，随着工艺技术的不断改进和完善，工艺规程也可以根据生产的实际情况进行修改，经过审批后执行。

（2）工艺规程是生产组织和生产管理的依据

工艺规程是生产计划、调度、工人操作、工时定额、质量检验和成本核算等制定的依据，能够使各工序科学有序地衔接，使生产达到优质、低成本和高效率的目的。

（3）工艺规程是新建或扩建工厂或车间的主要技术资料

在新建或扩建工厂或车间时，根据工艺规程和其它资料，可以统计出应配备的机床设备的种类和数量，计算出厂房面积和人员及工种数量，确定机构设置、各种管理制度和厂房布局等。

2. 制定模具工艺规程的基本原则

① 必须可靠保证加工出符合图样及所有技术要求的模具产品或零件。在制定工艺规程时，要充分考虑和采取一切确保产品质量的措施，以全面、可靠和稳定地达到设计图样上所要求的尺寸精度、表面粗糙度和形位公差以及其他技术要求。

② 保证最低的生产成本和最高的生产效率。在现有的生产条件下，要采用劳动量、原材料和能源消耗最少的工艺方案，从而使生产成本降到最低，使企业获得最佳的经济效益。

③ 保证良好的安全工作条件。在制定工艺规程时，应尽量减轻工人的劳动强度，尽可能采用机械化和自动化的措施，保障生产安全，创造良好而安全的工作环境。

④ 保证工艺技术的先进性。制定工艺规程时，要了解国内外本行业工艺技术的发展，在立足于本企业实际条件的基础上，所制定的工艺规程应具有先进性，尽量采用新工艺、新技术、新材料。

3. 制定模具工艺规程所需的原始资料

所需的原始资料主要有：产品装配图、零件图，产品验收质量标准，产品的年生产纲领，毛坯材料与毛坯生产条件，工厂的生产条件（包括机床设备和工艺装备、工人的技术水平、工厂自制工艺装备的能力以及工厂供电、供气的能力等有关资料），工艺规程设计，工艺装备设计所用设计手册和有关标准，国内外先进制造技术资料等。

4. 制定模具工艺规程的步骤

① 研究模具产品的装配图和零件图，进行工艺分析。

② 由零件生产纲领确定零件生产类型。

③ 确定毛坯的种类、技术要求和制造方法。

④ 拟订模具零件加工工艺路线。主要包括选定工艺基准，确定加工方法，安排加工顺序和确定工序内容。在安排加工顺序时应遵循先粗后精，先基准后其他，先平面后轴孔，并且工序要适当集中的原则。

⑤ 确定各工序的加工余量，计算工序尺寸及其公差。

⑥ 确定各工序的技术要求及检验方法。

⑦ 选择各工序使用的机床设备及刀具、夹具、量具和辅助工具等工艺装备。

⑧ 确定各工序的切削用量及时间定额。

⑨ 填写工艺文件。

5. 工艺文件的形式

将工艺规程的内容，填入一定格式的卡片，即成为生产准备和施工依据的技术文件，称为工艺文件。常用的工艺文件有以下 2 种。

（1）机械加工工艺过程卡片

它是以工序为单位，简要说明产品或零、部件的加工过程（包括毛坯制造、机械加工、热处理等）的一种工艺文件。它是生产管理的主要技术文件，也是制定其他工艺文件的基础，广泛用于成批生产和单件小批量生产中比较重要的零件。模具零件一般都制定机械加工工艺过程卡片作为工艺文件。机械加工工艺过程卡片的格式见表1-2。

表1-2　　机械加工工艺过程卡片

	机械加工过程卡片		产品型号			零（部）件图号				
			产品名称			零（部）件名称				
	材料牌号		毛坯种类		毛坯外型尺寸		每毛坯可制件数	每台件数	备注	
	工序号	工序名称	工序内容	施工车间	设备	工艺设备			工时	
						夹具	刀具	量具	准终	单件
描图										
描校										
底图号										
装订号										
						编制（日期）	审核（日期）	会签（日期）	标准化（日期）	批准（日期）
标记	处数	更改文件号	签字	日期	标记	处数	更改文件号	签字	日期	

（2）机械加工工序卡片

它是在工艺过程卡片的基础上按每道工序所编的一种工艺文件，一般具有工序简图，并详细说明该工序的每一个工步的加工内容、工艺参数、操作要求以及所用设备和工艺装备等。它是指导加工人员进行生产和帮助车间管理人员和技术人员掌握整个零件加工过程的主要技术文件，主要用于大批量生产中所有零件，中批量生产中的重要零件和单件小批量生产中的关键工序。机械加工工序卡片的格式见表1-3。

表1-3　　机械加工工序卡片

		机械加工工序卡片		产品型号			零（部）件图号					
				产品名称			零（部）件名称					
							施工车间		工序号		工序名称	
							材料牌号		同时加工件数		冷却液	
							设备名称		设备型号		设备编号	
							夹具编号		夹具名称		工序工时	
											准终	单件
							工位器编号		工位器名称			
	工步号	工步内容	工艺装备			主轴转速（r/min）	切削速度（m/min）	走刀量（mm/r）	吃刀深度（mm）	走刀次数	工时定额	
			刀具	量具	辅具						机动	辅助
描图												
描校												
底图号												
装订号												
							编制（日期）	审核（日期）	会签（日期）	标准化（日期）		
标志	处数	更改文件号	签字	日期	标志	处数	更改文件号	签字	日期			

1.1.3 模具零件的工艺分析

1. 模具零件结构的工艺性分析

模具零件结构的工艺性是指所设计的模具零件在满足使用性能要求的前提下制造的可行性和经济性。当某个零件的结构形状在现有的工艺条件下，既能方便地制造，又有较低的制造成本，这种零件结构的工艺性就好。

模具零件的结构，从形体上进行分析都是由一些基本表面和特殊表面组成的。基本表面包括内、外圆柱面、圆锥面和平面等；特殊表面包括螺旋面、渐开线齿形面和其他一些成形表面。

分析零件结构的工艺性，首先要分析该零件是由哪些表面所组成，因为零件表面形状是选择加工方法的基本因素。例如，对外圆柱面一般采用车削和磨削进行加工；对内孔则一般采用钻、扩、铰、镗、磨削等进行加工。

除了表面形状外，还要分析表面的尺寸大小。例如，直径很小的孔的精加工宜采用铰削，不宜采用磨削。

此外，还要注意零件各构成表面的不同组合，表面的不同组合形成了零件结构上的特点。例如，以内、外圆表面为主，既可组成盘类零件、环类零件，也可组成套筒类零件。对于套筒类零件，也有一般的轴套和形状复杂的薄壁套筒之分。

但是，如果是模具结构本身需要，即使零件的结构和形状很复杂，加工精度和表面质量要求很高，制造难度很大，也不能认为该零件的结构工艺性差。

零件结构工艺性涉及面很广，必须全面综合地加以分析。

表 1-4 列举了几种在常规工艺条件下零件的结构工艺性分析的实例。

表 1-4　零件结构的工艺性比较

序　号	结构工艺性不好	结构工艺性好	说　明
1	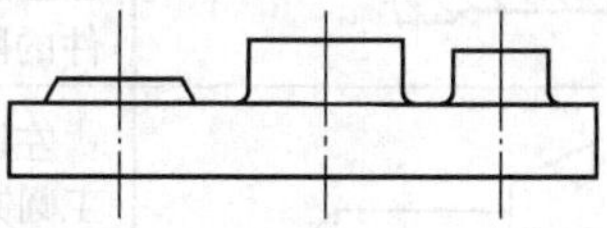	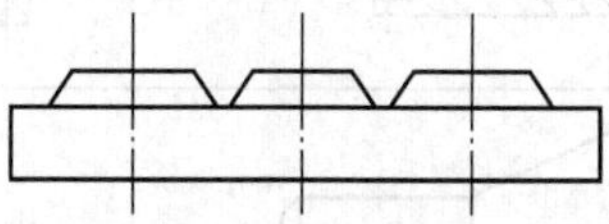	左图所示的凸台加工面不等高，需两次调整刀具。如改为右图，可在一次走刀中加工出所有的凸台面
2	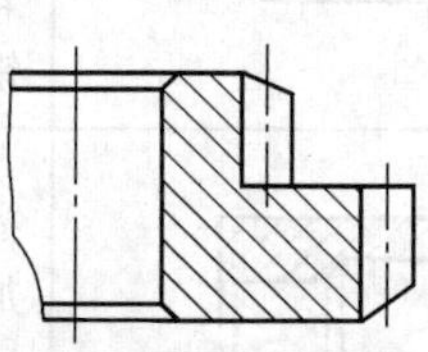	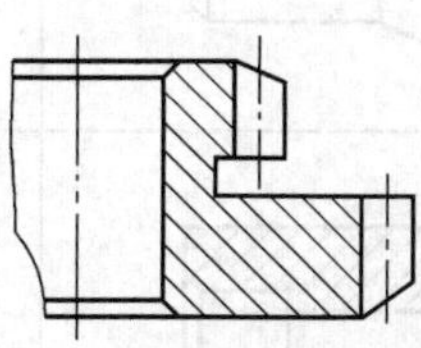	左图所示的双联齿轮，插齿没有退刀槽，小齿轮无法加工。如改为右图，则大齿轮可用滚齿或插齿加工，小齿轮用插齿加工
3	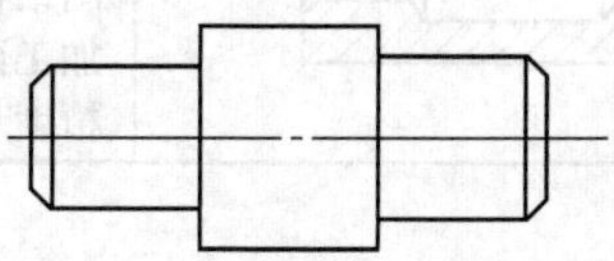	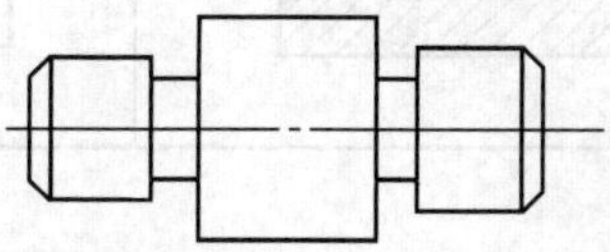	左图所示零件的轴颈在磨削时因砂轮圆角而不能清根。如改为右图增加越程槽后，磨削时就可清根

续表

序　　号	结构工艺性不好	结构工艺性好	说　明
4			左图所示零件的键槽设置在 90° 方向上，需两次装夹加工。如改为右图的结构后，可在一次装夹中完成加工，并有利于提高位置精度
5			左图所示的结构，因在斜面上钻孔会使钻头偏斜或折断。只要结构允许，改为右图留出平台，使孔的轴线与平面垂直，就可直接钻孔
6			左图所示的箱体结构，孔距离箱体壁太近而无法加工。如改为右图的结构，加长箱耳则能顺利地进行钻孔
7		工艺凸台	左图所示机床床身，在加工上平面时定位困难。如改为右图结构，增加工艺凸台，则能很容易的定位，满足加工要求，加工后再切除凸台
8	刨刀	刨刀 加强肋	左图所示零件的结构刚性较差，零件因受刨刀切削时的冲击易产生变形。如右图增加加强肋板后，提高了零件的刚性
9			左图所示的结构在加工圆锥面时，易碰伤圆柱面，且不能清根。如改位右图结构，则能顺利地对锥面进行加工
10			左图所示的轴套零件，需分别从两端进行加工，不能满足较高的同轴度要求。如改为右图结构，则可一次装夹加工两孔，保证其位置精度

2. 模具零件的技术要求分析

零件的技术要求包括：尺寸精度、几何形状精度、各表面的相互位置精度、表面质量、零件材料、热处理及其他要求。这些要求对制定工艺方案有重要的影响，分析时应注意以下两点。

① 零件的技术要求既要满足设计要求，又要便于加工。

② 在满足产品使用性能的条件下，零件图上标注的尺寸精度等级和表面粗糙度要求应取最经济值。

1.1.4 毛坯的选择

毛坯是根据零件所要求的形状、工艺尺寸等制成的供进一步加工用的对象。模具零件的毛坯设计是否合理，对于模具零件加工的工艺性和模具的质量及寿命都有很大影响。

1. 毛坯的种类

模具零件所用的毛坯种类主要有：型材、铸件、锻件和半成品件 4 种。

（1）型材

型材是指钢、有色金属或塑料等通过轧制、拉拔、挤压等方式生产出来的，沿长度方向横截面不变的材料。型材经过下料后可作为毛坯直接送车间进行表面加工。模具中导柱、导套、顶杆、推杆等一般直接采用棒料作毛坯；顶料板、卸料板等采用钢板切割的毛坯。

（2）铸件

铸件适合制作形状复杂的模具零件毛坯，尤其是采用其他方法难以成形的复杂件毛坯。在模具零件中常见的铸件有冲压模具的上模座和下模座，大型塑料模具的模架等，材料一般为灰铸铁 HT200 和 HT250；精密冲裁模的上模座和下模座，材料一般为铸钢 ZG270-500；大型覆盖件拉深模的凸模、凹模和压边圈零件，材料为合金铸铁。

但铸件的内部组织容易产生缩孔、裂纹、砂眼等缺陷，不能承受重载荷。

（3）锻件

锻件适合制作要求强度较高，形状简单的模具零件毛坯。锻件由于塑性变形的结果，内部晶粒较细，没有铸造毛坯的内部缺陷，其机械性能优于同样材料的铸件。例如冲裁模的凸模、凹模等零件一般以高碳高铬工具钢为材料，就常采用锻件毛坯。因为在材料内部不均匀地分布着大量共晶网状碳化物，这种碳化物既硬又脆，会降低材料的力学性能和热处理工艺性能，从而降低模具零件的使用寿命。只有通过锻造方法，打碎共晶网状碳化物，并使碳化物分布均匀，晶粒组织细化，才能改善材料的力学性能，提高模具零件的使用寿命。

但采用锻造方法很难得到形状复杂，特别是有复杂内腔的模具零件。

（4）半成品件

半成品件是指根据国家标准和部级标准制造的冷冲模上、下模座，各种导柱、导套，通用固定板、垫板，各式模柄，导正销，导料板，塑料注射模标准模架等标准化零件。这些半成品件可以从专门生产厂家采购，进行成形表面和相关部位的加工后就可以使用，对于降低模具成本和缩短模具制造周期都是大有好处的。

2. 选择毛坯的原则

影响毛坯选择的因素很多，主要应从以下几个方面考虑。

（1）零件材料对加工工艺性能和力学性能的要求

一般零件材料一经选定，毛坯的种类和工艺方法也就基本上确定了。例如，当材料为铸铁、青铜、铸铝时，因为其具有良好的铸造性能，应选择铸件毛坯；对于尺寸较小、形状不复杂的钢质零件，力学性能要求也不太高时，可以直接采用型材作为毛坯；而重要的钢制零件，为了保证其有足够的力学性能，应该选择锻件毛坯。

（2）零件的形状结构和尺寸

零件的形状结构和尺寸对选择毛坯有重要影响。例如对于阶梯轴，如果各台阶直径相差不大时，可以采用棒料作为毛坯，而各台阶直径相差很大时，则采用锻件作毛坯。套类零件可以采用轧制或铸造等方法成形。模座零件一般以铸铁件为毛坯，承受较大载荷的箱体可以用铸钢件作为毛坯。

（3）生产类型

小批量生产的零件一般采用精度和生产率较低的毛坯制造方法，例如铸件采用手工砂型，锻件采用自由锻。大批量生产的零件应采用高精度和高效率的毛坯制造方法，例如铸件采用机器造型，锻件采用模锻等。

（4）生产条件

选择毛坯的种类和制造方法应考虑毛坯制造车间的设备情况、工艺水平和工人技术水平，同时还应考虑采用先进工艺制造毛坯的可行性和经济性。

1.1.5 定位基准的选择

定位基准对制定零件的加工工艺规程有重要的意义，它不仅影响零件加工的位置精度，而且对零件各表面的加工顺序也有很大影响。

1. 基准的概念和种类

基准是在零件图上或实际的零件上，用来确定其他点、线、面位置时所依据的那些点、线、面。基准按其功用不同可分为设计基准和工艺基准。

（1）设计基准

在零件图上用来确定其他点、线、面位置的基准，称为设计基准。如图 1-4 所示的轴套零件，轴线 *O-O* 是外圆和内孔的设计基准。端面 *A* 是端面 *B*、*C* 的设计基准，内孔 ϕ20H7 的轴心线是 ϕ40h6 外圆柱面径向圆跳动和端面 *B* 端面圆跳动的设计基准。

（2）工艺基准

在加工、测量和装配过程中使用的基准，称为工艺基准。工艺基准按用途不同可分为工序基准、定位基准、测量基准和装配基准。

① 工序基准。在工序图上用来确定本工序被加工表面加工后的尺寸、形状、位置的基准称为工序基准。如图 1-5（a）所示，设计图中键槽底面位置尺寸 *S* 的设计基准是轴心线 *O*，由于工艺上的需要，在铣键槽工序中，键槽底面的位置尺寸按工序图 1-5（b）标注，轴套外圆柱面的最低母线 *B* 为工序基准。

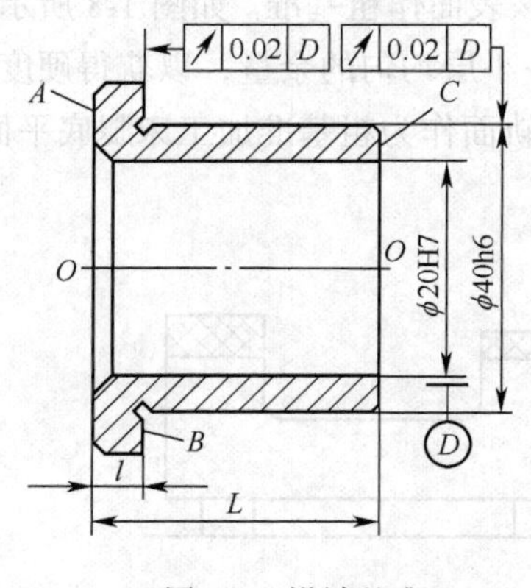

图 1-4 设计基准

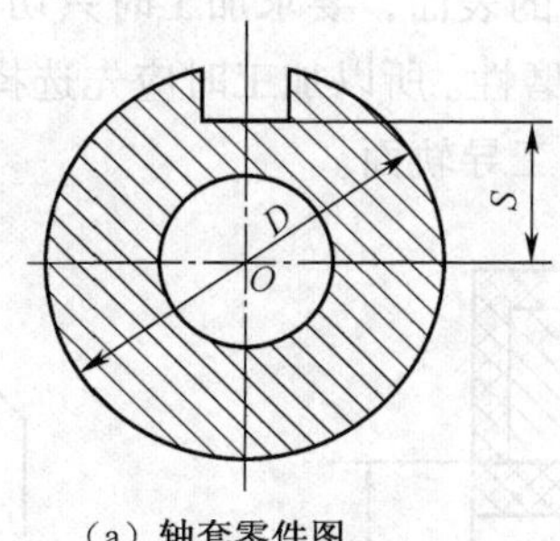

（a）轴套零件图

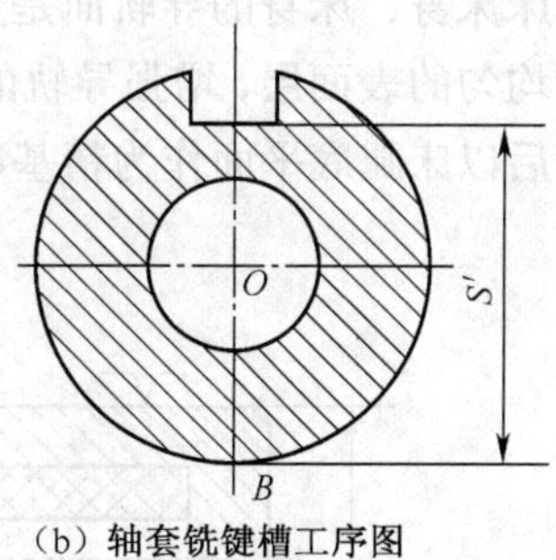

（b）轴套铣键槽工序图

图 1-5 工序基准

② 定位基准。在加工时，为了使工件相对于机床和刀具占据的正确位置（即将工件定位），所使用的基准称为定位基准。如图 1-4 所示的零件，套在心轴上磨削 ϕ40h6 外圆柱面时，内孔 ϕ20H7 的轴心线就是定位基准。

③ 测量基准。检验零件时，用来测量加工表面位置和尺寸所使用的基准称为测量基准。

如图 1-4 所示，检验 ϕ40h6 外圆柱面径向圆跳动和端面 B 端面圆跳动时，将零件套在检验心轴上，这时内孔 ϕ20H7 的轴心线就是测量基准。

④ 装配基准。装配时用来确定零件或部件在产品中的相对位置所采用的基准称为装配基准。如图 1-6 所示的零件，底面 D 是装配基准。

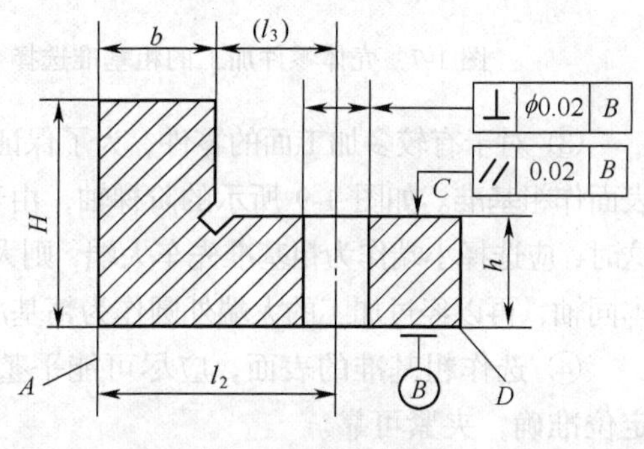

图 1-6 装配基准

2. 工件的安装

在机械加工中，为了在工件的某一部位上加工出符合规定技术要求的表面，加工前，必须使工件在机床或夹具中相对于刀具占据正确的位置，这一过程称为定位。工件定位后，为了防止切削力、重力、惯性力等破坏定位，必须使工件的定位位置保持不变，这一操作称为夹紧。将工件从定位到夹紧的整个过程，称为安装。

3. 定位基准的选择

定位基准包括粗基准和精基准。在机械加工的最初一道工序中，只能用零件毛坯上未经加工的表面做定位基准，这种定位基准称为粗基准。用已经加工过的表面作定位基准则称为精基准。合理地选择定位基准，对于保证加工精度和确定加工顺序都有决定性的影响。

（1）粗基准的选择

选择粗基准主要应考虑两个问题：一是如何保证各加工表面都有足够的加工余量；二是不加工表面的尺寸、位置均应符合图样要求。一般应注意以下几点。

① 为了保证加工表面与不加工表面之间的位置尺寸要求，应选不加工表面作粗基准。如图 1-7 所示的零件，可以选择外圆柱面 D 和左端面定位，这样可以保证内、外圆柱面同轴（壁厚均匀）和尺寸 L。

② 如果需要保证某重要加工表面的加工余量均匀，应选该表面作粗基准。如图 1-8 所示的车床床身，床身的导轨面是重要的表面，要求加工时只切去一小层均匀的余量，以获得硬度高而均匀的表面层，增强导轨的耐磨性。所以加工时应先选择导轨面作为粗基准加工床腿底平面，然后以床腿底平面作为精基准加工导轨面。

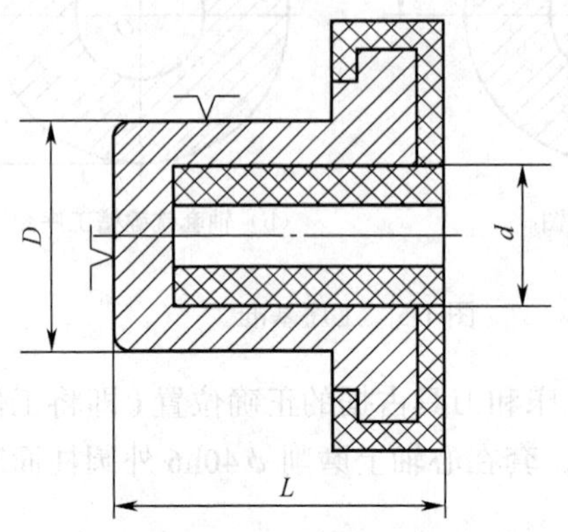

图 1-7 壳体零件加工的粗基准选择

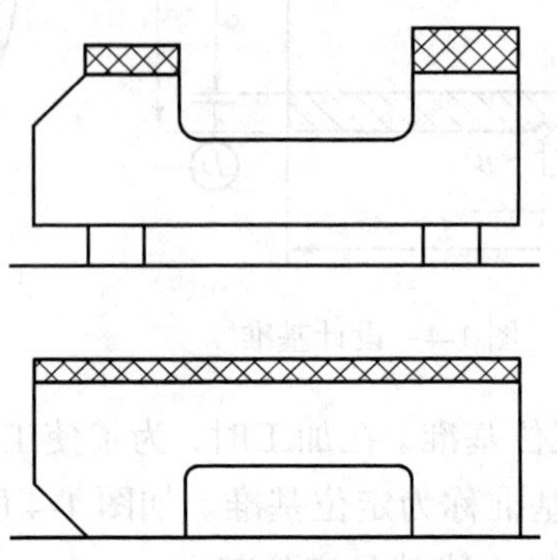

图 1-8 床身加工的粗基准选择

③ 对于有较多加工面的零件，为了保证各加工表面都有足够的加工余量，应选择毛坯余量小的表面作粗基准。如图 1-9 所示的阶梯轴，由于锻造误差，使毛坯大端和小端的同轴度误差为 3mm，这时，应选择小端作为粗基准先车大端，则大端的加工余量足够，加工后大端外圆与小端毛坯外圆基本同轴，再以经过加工的大端外圆作为精基准车小端，则小端外圆的加工余量也就足够了。

④ 选作粗基准的表面，应尽可能平整，不能有飞边、浇口、冒口或其他缺陷，以确保零件定位准确，夹紧可靠。

⑤ 一般情况下粗基准不重复使用。在同一尺寸方向上粗基准通常只允许使用一次，这是因为粗基准一般都很粗糙，重复使用同一粗基准所加工的两组表面之间位置误差会相当大。如图 1-10 所示的小轴，如重复使用毛坯面 *B* 定位分别加工表面 *A* 和 *C*，必然会使 *A*、*C* 之间产生较大的同轴度误差。

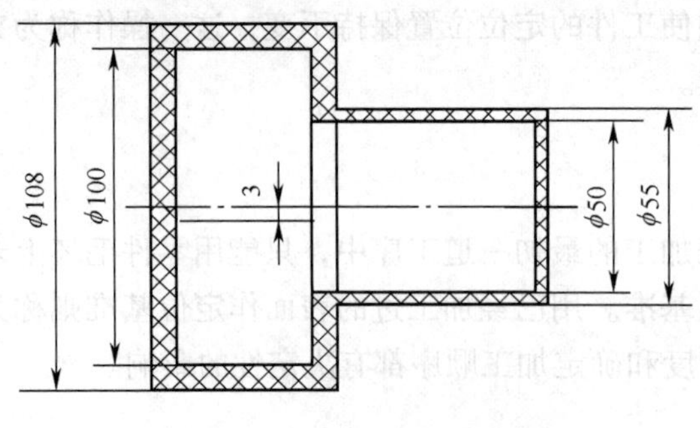

图 1-9 阶梯轴加工的粗基准选择

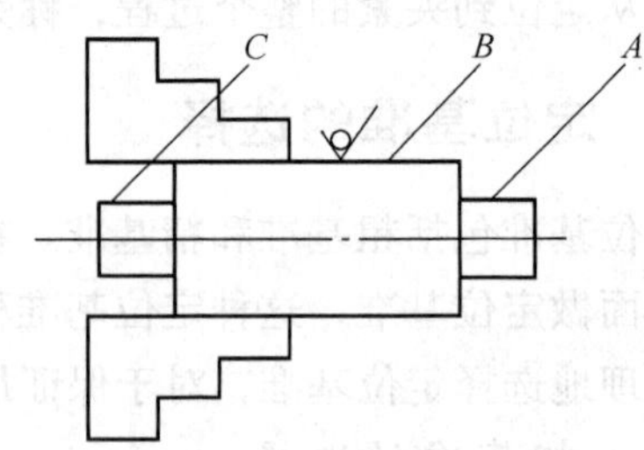

图 1-10 小轴加工的粗基准选择

（2）精基准的选择

选择精基准应有利于保证加工精度，并使零件装夹方便。选择时一般应遵循以下原则。

① 基准重合原则。尽可能选择加工表面的设计基准作为定位基准，避免因为基准不重合而造成的定位误差，这一原则称为基准重合原则。如图 1-11 所示的零件，设计尺寸为 l_1、l_2，如

果以 B 面定位加工 C 面，这时定位基准与设计基准重合，可以直接保证设计尺寸 l_1。如果以 A 面定位加工 C 面，则定位基准与设计基准不重合，这是只能保证尺寸 l，而设计尺寸 l_1 是通过 l_2 和 l 间接保证的。l_1 的精度取决于 l_2 和 l 的精度。尺寸 l 的误差即为定位基准 A 与设计基准 B 不重合而产生的误差，它将影响尺寸 l_1 的加工精度。

② 基准统一原则。当零件以某一组精基准定位，可以比较方便地加工其他各表面时，应尽可能在多数工序中采用同一组精基准定位，这一原则称为基准统一原则。采用基准统一原则，不仅可以避免因为基准变换而引起的定位误差，而且在一次装夹中能够加工出较多的表面，既便于保证各加工表面间的位置精度，又有利于提高生产率。例如轴类零件在大多数工序中都采用顶尖孔作为定位基准，箱体类零件常采用一面两孔作为定位基准，齿轮的齿坯和齿形的加工多采用齿轮的内孔中心线和基准端面作为定位基准。

③ 自为基准原则。某些精加工或光整加工工序要求加工余量小而均匀，这时应尽可能用加工表面自身为精基准，这一原则称为自为基准原则。例如，磨削床身导轨面时可先用百分表找正导轨面，然后进行磨削，这样可以获得小而均匀的余量，如图 1-12 所示。这时导轨面就是定位基准面。

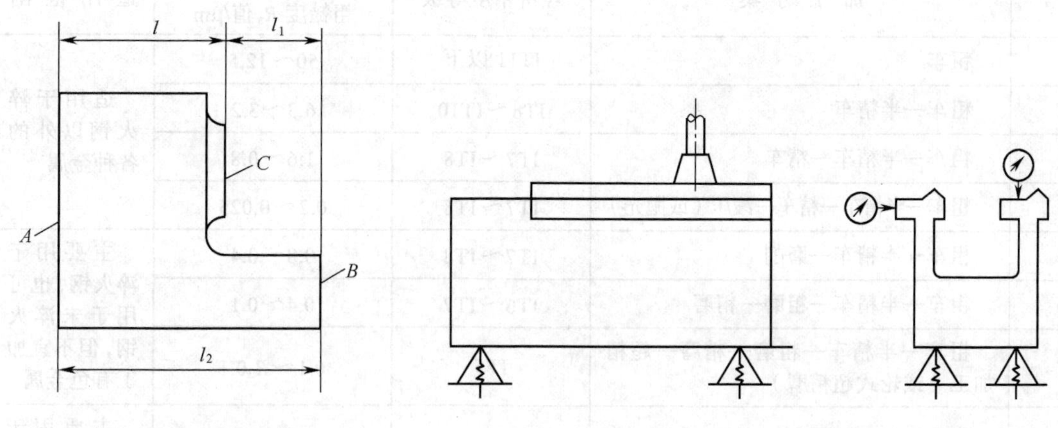

图 1-11　基准重合原则举例　　　图 1-12　自为基准原则举例

④ 互为基准原则。两个被加工表面之间位置精度较高，要求加工余量小而均匀时，多以两表面互为基准，反复进行加工，这一原则称为互为基准原则。例如，车床主轴前、后支承轴颈与主轴锥孔间有严格的同轴度要求，常先以主轴锥孔为基准磨削主轴前、后支承轴颈表面，然后再以前、后支承轴颈表面为基准磨削主轴锥孔，最后达到图纸上规定的同轴度要求。

⑤ 保证零件安装准确、可靠，操作方便的原则。定位基准的选择应便于零件的安装与加工，并使夹具的结构简单。

必须注意的是：以上每条原则都只说明一个方面的问题，在实际应用时有可能出现相互矛盾的情况，经常不能同时全部满足，因此一定要全面考虑，灵活应用。

1.1.6　零件工艺路线的拟定

工艺路线的拟定是工艺过程的总体布局。在制定机械加工工艺规程时，首先应拟定零件加工的工艺路线。它的主要任务是：选择零件各表面的加工方法和加工方案，确定各表面的加工顺序和整个工艺过程中的工序数目等。

拟定工艺路线是设计工艺规程最为关键的一步，需顺序完成以下几个方面的工作。

1. 选择定位基准

如 1.1.5 小节中的 3 所述。

2. 表面加工方法的选择

不同的加工方法，如车、磨、刨、铣、钻、镗等，所能达到的精度和表面粗糙度是不一样的。即使是同一种加工方法，在不同的加工条件下所得到的精度和表面粗糙度也大不一样，这是因为在加工过程中，将有各种因素对精度和表面粗糙度产生影响，如加工人的技术水平、切削用量、刀具的刃磨质量、机床的调整质量等。

表 1-5、表 1-6 和表 1-7 分别列出了外圆、内孔和平面的加工方案，可供选择加工方法时参考。

表 1-5　　外圆表面加工方案

序号	加 工 方 案	经济精度等级	经济表面粗糙度 R_a 值/μm	适 用 范 围
1	粗车	IT11 以下	50～12.5	适用于淬火钢以外的各种金属
2	粗车—半精车	IT8～IT10	6.3～3.2	
3	粗车—半精车—精车	IT7～IT8	1.6～0.8	
4	粗车—半精车—精车—滚压（或抛光）	IT7～IT8	0.2～0.025	
5	粗车—半精车—磨削	IT7～IT8	0.8～0.4	主要用于淬火钢，也可用于未淬火钢，但不宜加工有色金属
6	粗车—半精车—粗磨—精磨	IT6～IT7	0.4～0.1	
7	粗车—半精车—粗磨—精磨—超精加工（或轮式超精磨）	IT5	0.1～R_z0.1	
8	粗车—半精车—精车—金刚石车	IT6～IT7	0.4～0.025	主要用于要求较高的有色金属加工
9	粗车—半精车—粗磨—精磨—超精磨或镜面磨	IT5 以上	0.025～R_z0.05	主要用于极高精度的外圆加工
10	粗车—半精车—粗磨—精磨—研磨	IT5 以上	0.1～R_z0.05	

表 1-6　　内孔加工方案

序号	加 工 方 案	经济精度等级	经济表面粗糙度 R_a 值/μm	适 用 范 围
1	钻	IT11～IT12	12.5	加工未淬火钢及铸铁的实心毛坯，也可用于加工有色金属（但表面粗糙度稍大，孔径为15～20mm）
2	钻—铰	IT9	3.2～1.6	
3	钻—铰—精铰	IT7～IT8	1.6～0.8	

续表

序号	加工方案	经济精度等级	经济表面粗糙度 R_a 值/μm	适用范围
4	钻—扩	IT10～IT11	12.5～6.3	同上，但孔径大于15～20mm
5	钻—扩—铰	IT8～IT9	3.2～1.6	
6	钻—扩—粗铰—精铰	IT7	1.6～0.8	
7	钻—扩—机铰—手铰	IT6～IT7	0.4～0.1	
8	钻—扩—拉	IT7～IT9	1.6～0.1	大批量生产（精度由拉刀的精度而定）
9	粗镗（或扩孔）	IT11～IT12	12.5～6.3	除淬火钢以外各种材料，毛坯有铸出孔或锻出孔
10	粗镗（粗扩）—精镗（精扩）	IT8～IT 9	3.2～1.6	
11	粗镗(扩)—半精镗(精扩)—精镗(铰)	IT7～IT8	1.6～0.8	
12	粗镗（扩）—半精镗（精扩）—精镗—浮动镗刀精镗	IT6～IT7	0.8～0.4	
13	粗镗（扩）—半精镗—磨孔	IT7～IT8	0.8～0.2	主要用于淬火钢也可用于未淬火钢，但不宜用于有色金属
14	粗镗（扩）—半精镗—粗磨—精磨	IT6～IT7	0.2～0.1	
15	粗镗—半精镗—精镗—金刚镗	IT6～IT7	0.4～0.05	主要用于精度要求高的有色金属加工
16	钻—（扩）—粗铰—精铰—珩磨； 钻—（扩）—拉—珩磨； 粗镗—半精镗—精镗—珩磨	IT6～IT7	0.2～0.025	用于精度要求很高的孔
17	以研磨代替上述方案中的珩磨	IT6 以上		

表 1-7　平面加工方案

序号	加工方案	经济精度等级	经济表面粗糙度 R_a 值/μm	适用范围
1	粗车—半精车	IT9	6.3～3.2	端面
2	粗车—半精车—精车	IT7～IT8	1.6～0.8	
3	粗车—半精车—磨削	IT8～IT9	0.8～0.2	
4	粗刨（或粗铣）—精刨（或精铣）	IT8～IT9	6.3～1.6	一般不淬硬平面（端铣表面粗糙度较小）
5	粗刨（或粗铣）—精刨（或精铣）—刮研	IT6～7	0.8～0.1	精度要求较高的不淬硬平面；批量较大时宜采用宽刀精刨方案
6	以宽刀刨削代替上述方案刮研	IT7	0.8～0.2	

续表

序号	加 工 方 案	经济精度等级	经济表面粗糙度 R_a 值/μm	适 用 范 围
7	粗刨（或粗铣）—精刨（或精铣）—磨削	IT7	0.8～0.2	精度要求高的淬硬平面或不淬硬平面
8	粗刨（或粗铣）—精刨（或精铣）—粗磨—精磨	IT6～IT7	0.4～0.02	
9	粗铣—拉	IT7～IT9	0.8～0.2	大量生产，较小的平面（精度视拉刀精度而定）
10	粗铣—精铣—磨削—研磨	IT6 以上	0.1～R_z0.05	高精度平面

在选择零件表面加工方法时，还必须着重考虑以下几个问题。

（1）根据加工表面的技术要求，确定加工方法和加工方案

所选择的加工方法必须能够保证零件达到图纸要求的加工精度和表面粗糙度，并在生产率和加工成本方面是最经济合理的。例如加工精度为IT7级、表面粗糙度 R_a 为0.4μm的外圆柱面，采用精细车削和磨削都可以达到要求，但磨削更经济，所以应该选择磨削方法作为达到零件加工精度的最终加工方法。

（2）应考虑被加工材料的性质

工件材料的可加工性对加工方法的选择也有影响。例如，淬火钢用磨削的方法加工；而有色金属则磨削困难，一般采用金刚镗或高速精密车削的方法进行精加工。

（3）要考虑生产率和经济性问题

大批量生产时，应选用高效率的加工方法，采用专用设备。例如，可用拉削方法加工平面和孔；可用铣削和磨削组合的方法同时加工几个表面；可用数控机床加工复杂表面等。但是如果生产批量不大，而盲目采用高效率的先进加工方法和专用设备，则会增加产品成本。

（4）应考虑本厂的现有设备和生产条件

应充分利用本厂现有设备和工艺装备和工厂具体条件，挖掘企业潜力，发挥工人和技术人员的积极性和创造性。

3. 加工阶段的划分

所谓划分加工阶段，就是把整个工艺过程划分成几个阶段，做到粗、精加工分开进行。

（1）模具的机械加工工艺的过程

① 粗加工阶段。该阶段的主要任务是切除加工表面上的大部分余量，使毛坯的形状和尺寸尽量接近成品。

② 半精加工阶段。该阶段的主要任务是使主要表面消除粗加工留下的误差，为精加工做好必要的精度准备和余量准备；并完成次要表面的终加工，例如钻孔，攻螺纹，铣键槽等。

③ 精加工阶段。该阶段的主要任务是保证各主要表面达到图纸规定的技术要求。

④ 光整加工阶段。对于尺寸精度和表面粗糙度要求特别高的表面，才安排光整加工。例如

加工精度为 IT6 级以上、表面粗糙度 R_a 为 0.4μm 以上的零件可采用光整加工。该阶段的主要任务是提高被加工表面的尺寸精度和降低表面粗糙度，但一般不能纠正形状误差和位置误差。

（2）划分加工阶段的作用

① 有利于保证零件加工质量。因为粗加工时，切削余量较大，零件的内应力变形、热变形和受力变形也较大，粗、精加工分开进行，可以避免粗加工对精加工的影响，逐步提高零件的精度、表面质量。

② 有利于及早发现毛坯缺陷并得到及时处理。在粗加工各表面之后，可以及时发现毛坯上的气孔、砂眼和加工余量不足等缺陷，以便修补和发现废品，以免将本应报废的零件继续进行精加工而造成不必要的浪费。

③ 有利于合理利用机床设备。粗加工可以安排在功率大，精度低，效率高的机床上进行，以提高生产率；精加工则可以安排在精度高的机床上进行，由于切削力和切削热小，有利于保持机床精度。

④ 便于安排热处理工序。穿插热处理工序必须将加工过程划分成几个阶段，否则很难充分发挥热处理的效果。粗加工后安排时效处理，可以消除零件的内应力；半精加工后安排淬火处理，不仅容易满足零件的性能要求，而且淬火引起的变形也可以在精加工工序予以消除；精加工后进行低温回火处理，最后再进行光整加工。

在拟定工艺路线时，一般应该把整个工艺过程划分成几个阶段进行，特别是精度要求高，刚性差的零件。但在实践中也应灵活运用，对于批量较小，精度要求不高而刚性较好的零件，可以不必划分加工阶段。对于刚性好的重型零件，由于装夹、吊运费工费时，往往也不划分加工阶段，而是在一次安装下完成各表面的粗、精加工。

4. 工序的集中与分散

对于同一个零件安排同样的加工内容，有工序集中和工序分散两个不同的原则。

（1）工序集中

工序集中就是零件的加工集中在少数工序内完成，而每一道工序内的加工内容比较多。

① 工序集中的特点如下。

a. 可以一次装夹工件，而加工多个表面，能较好地保证零件表面之间的相互位置精度。

b. 可以减少装夹工件的次数和辅助时间，减少工件在机床之间的搬运次数，有利于缩短生产周期。

c. 可以减少机床和操作工人的数量，节省车间生产面积，简化生产计划和生产组织工作。

d. 采用的设备和工装结构复杂，投资大，调节和维修的难度大，对工人的技术水平要求高。

② 工序集中的应用。在单件小批量生产中采用工序集中。另外，在大批量生产中，由于采用高效自动化机床而使工序集中，例如采用数控机床、加工中心按工序集中原则组织工艺过程，生产适应性反而好，转产相对容易，虽然设备的一次性投资较高，但由于有足够的柔性，仍然受到越来越多的重视。

（2）工序分散

工序分散就是零件的加工工序数目多，而每一道工序内的加工内容比较少。

① 工序分散的特点如下。

a. 机床设备及工艺装备比较简单，调整方便，生产工人易于掌握。

b. 可以采用最合理的切削用量，减少机动时间。

c. 设备数量多，操作工人多，生产面积大。

② 工序分散的应用。

传统的流水线、自动线生产基本是按工序分散原则组织工艺过程的，这种组织方式可以带来高生产率，但对产品改型的适应性较差，转产比较困难。

5. 加工顺序的安排

（1）切削加工工序的安排

切削加工工序的安排，应考虑以下原则。

① 基准先行原则。在零件的每一加工阶段，先把基准面加工出来，再以基准面定位来加工其他表面，以保证加工质量。

② 先粗后精原则。零件的加工一般应划分加工阶段，先进行粗加工，然后是半精加工，最后是精加工和光整加工，这样有利于逐步消除加工误差和表面缺陷，从而逐步提高零件的加工质量和表面质量。

③ 先主后次原则。先加工主要表面，后加工次要表面。因为主要表面加工难度较大，容易报废，放在前阶段进行，可以减少工时浪费。而次要表面如键槽、螺孔、销孔等，往往又和主要表面有一定的相对位置要求，一般安排在主要表面的半精加工之后，精加工之前进行。

④ 先面后孔原则。对于模座，凸模、凹模固定板等一般模具零件，平面的面积较大，轮廓平整，先加工好平面，便于加工孔时定位安装，既有利于保证孔与平面之间的位置精度，也给孔加工带来方便。

（2）热处理工序的安排

模具零件经常采用的热处理工艺有退火、正火、调质、时效、淬火、回火、渗碳、渗氮等。按照热处理的目的不同，一般将上述热处理工艺分为预先热处理和最终热处理两大类。

① 预先热处理主要分为以下几类。

a. 退火、正火。目的是消除内应力，改善切削加工性能。一般安排在粗加工前，毛坯制造出来以后进行。

b. 时效处理。目的是消除内应力，减少零件的变形。一般安排在粗加工前后，对于精密零件，要进行多次时效处理。

c. 调质。目的是减小或消除零件的内应力，改善切削加工性能并提高零件的综合机械性能。一般安排在粗加工后，半精加工前。

② 最终热处理主要分为以下几类。

a. 淬火。目的是提高零件的硬度。一般安排在磨削加工前。

b. 渗碳淬火。目的是提高零件表面的硬度和耐磨性，一般安排在半精加工之前或之后进行。

c. 渗氮。目的是提高零件表面的硬度、耐磨性、疲劳强度和抗蚀性，由于渗氮处理的温度较低，零件变形很小，所以可以根据零件的加工要求，安排在精加工之前或之后进行。

（3）辅助工序安排

辅助工序包括检验、去毛刺、清洗、涂防锈油等。

检验工序是主要的辅助工序，对保证产品质量有重要的作用。除了每道工序由操作者自行检验外，在下列场合需要安排检验工序。

① 粗加工全部结束之后，精加工开始之前，应对工序尺寸和加工余量进行检验。

② 送往另一个车间加工的前后，应进行交接时的责任检验。

③ 工时较长和重要工序的前后，应安排中间检验以便及时发现废品，防止继续加工造成浪费。

④ 全部加工完成之后，应安排最终检验。

其他辅助工序也不应该忽视，例如当零件表层或内腔的毛刺对机器装配质量影响很大时，在切削加工之后，应安排去毛刺工序。零件在进入装配之前，一般都应安排清洗工序。零件内孔、箱体内腔易存留切屑，研磨、珩磨等光整加工工序之后，微小磨粒易附着在零件表面上，也应安排清洗工序。

1.1.7 加工余量的确定

在模具零件机械加工中，必须合理地确定加工余量，这对于提高模具产品质量和降低生产成本都有十分重要的意义。加工余量过大，不但浪费材料，而且增加了切削工时，增大刀具和机床的磨损，从而降低了生产率，增加了产品的成本。加工余量过小，会使零件表面加工困难，容易造成废品，从而也增加了产品的成本。

1. 加工余量的概念

为了保证零件的质量，在加工过程中，需要从加工表面上切除的金属层厚度，称为加工余量，一般用字母 Z 表示。

(1) 总加工余量和工序余量

① 总加工余量。某一表面毛坯尺寸与零件设计尺寸之差称为总加工余量，如图 1-13 是轴和孔的总加工余量的分布情况。

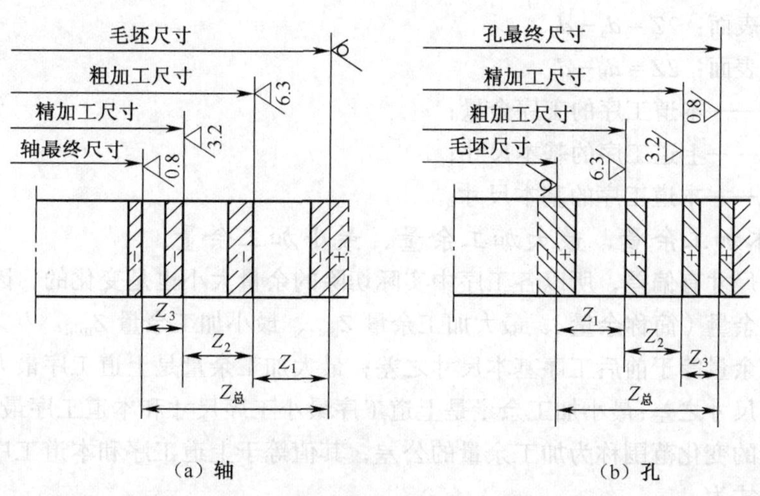

图 1-13 加工余量和加工尺寸分布图

② 工序余量。相邻两工序的工序尺寸之差称为工序余量。它是被加工表面在一道工序切除的金属层厚度。工序余量有单边余量和双边余量之分。

a. 单边余量。在平面上，加工余量为非对称的加工余量称为单边余量。如图 1-14 所示。

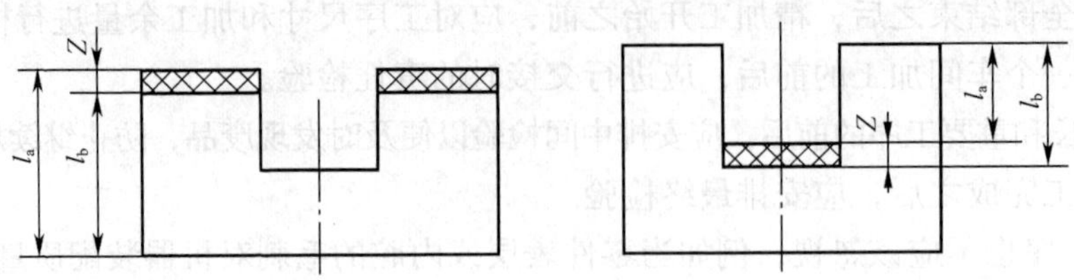

图 1-14 单边余量

对于外表面：$Z = l_a - l_b$

对于内表面：$Z = l_b - l_a$

式中：Z——本道工序的工序余量；

l_a——上道工序的基本尺寸；

l_b——本道工序的基本尺寸。

b. 双边余量。在回转表面（外圆与内孔）上，加工余量为对称的加工余量称双边余量。如图 1-15 所示。

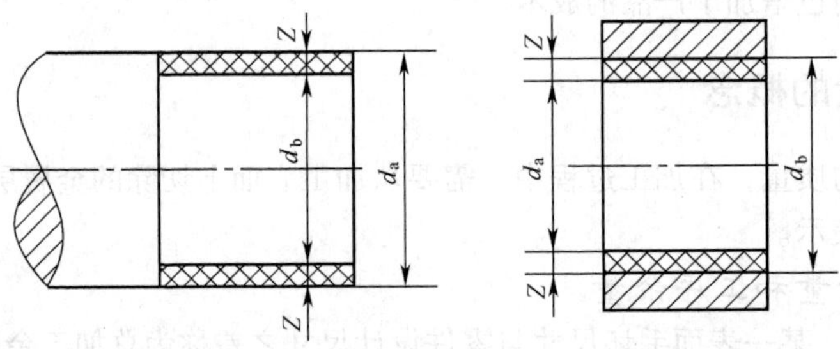

图 1-15 双边余量

对于外圆表面：$2Z = d_a - d_b$

对于内圆表面：$2Z = d_b - d_a$

式中：$2Z$——本道工序的工序余量；

d_a——上道工序的基本尺寸；

d_b——本道工序的基本尺寸。

（2）基本加工余量、最大加工余量、最小加工余量

由于工序尺寸有偏差，所以各工序中实际切除的余量大小也是变化的，因此，工序余量又分为基本加工余量（简称余量）、最大加工余量 Z_{max}、最小加工余量 Z_{min}。

基本加工余量等于前后工序基本尺寸之差；最大加工余量是上道工序最大工序尺寸和本道工序最小工序尺寸之差；最小加工余量是上道工序最小工序尺寸和本道工序最大工序尺寸之差。工序加工余量的变化范围称为加工余量的公差，其值等于上道工序和本道工序的工序尺寸公差之和。计算公式为：

基本加工余量：$Z = a - b$

最大加工余量：$Z_{max} = a_{max} - b_{min}$

最小加工余量：$Z_{min} = a_{min} - b_{max}$

加工余量的公差：$T_Z = Z_{max} - Z_{min} = T_a + T_b$

式中：a——上道工序的基本尺寸；

b——本道工序的基本尺寸；

a_{max}、a_{min}——上道工序的最大工序尺寸和上道工序最小工序尺寸；

b_{max}、b_{min}——本道工序的最大工序尺寸和本道工序最小工序尺寸；

T_a——上道工序的工序尺寸公差；

T_b——本道工序的工序尺寸公差。

工序尺寸公差一般按“入体原则”标注。对被包容尺寸（轴径，实体的长、宽、高），上偏差为 0，其最大尺寸就是基本尺寸；对包容尺寸（孔径、槽宽），下偏差为 0，其最小尺寸就是基本尺寸。而孔距和毛坯尺寸的公差按双向对称偏差的形式标注。

2. 影响加工余量的因素

确定合理工序加工余量的基本要求是：各工序所留下的最小加工余量能够保证被加工表面在前一道工序中所产生的各种误差和表面缺陷被相邻的后续工序去除，使加工质量逐步提高。

影响最小加工余量的主要因素有以下几个方面。

（1）上道工序后的表面粗糙度和表面缺陷层深度

表面粗糙度和表面缺陷层是指铸件的冷硬层、气孔类渣层、锻件和热处理的氧化皮、脱碳层、表面裂纹或其它破坏层、切削加工后的残余应力层等，如图 1-16 所示。它们的大小与加工方法有关，各种加工方法的表面粗糙度和表面缺陷层深度的数值可以查阅工艺手册确定。在本工序加工时应去除这部分厚度。

（2）上道工序的尺寸公差 T_a

上道工序结束后，表面存在尺寸误差和一些几何形状误差，如锥度、椭圆度、平面度等，如图 1-17 所示。这些误差的总和一般不超过上道工序的尺寸公差 T_a，T_a 的数值可根据选用的加工方法所能达到的经济精度，查阅工艺手册确定。

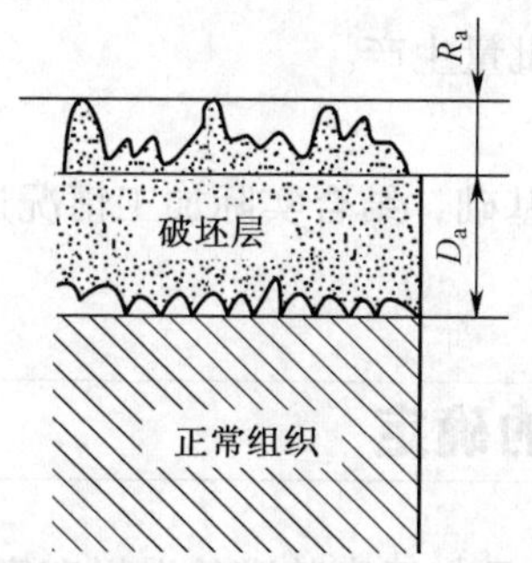

图 1-16 表面粗糙度值和表面缺陷层深度值

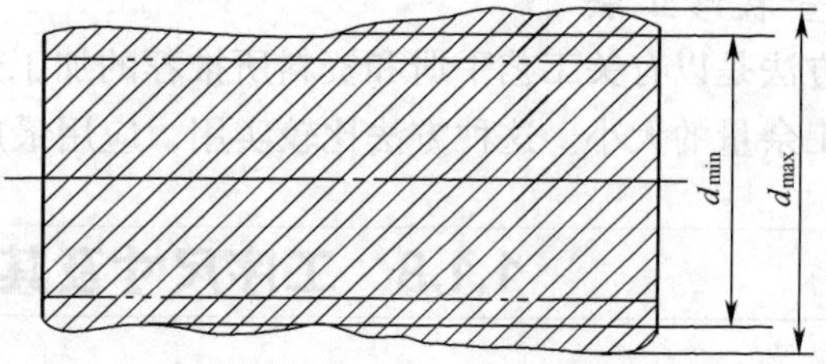

图 1-17 前工序留下的形状误差的影响

（3）上道工序各表面之间相互位置的空间误差 ρ_a

这些误差包括轴线的直线度、轴线与表面的垂直度、外圆与内孔的同轴度、平面的平面度等。如图 1-18 所示的轴，由于前道工序有直线度误差 δ，本工序的加工余量必须增加 2δ 才能保证该轴在加工后无弯曲。ρ_a 的数值与前道工序的加工方法和零件的结构有关，可用近似计算法或查有关资料确定。若存在两种以上的空间误差时，可用向量和进行合成。

（4）本工序加工时的安装误差ε_b

它除了包括定位误差和夹紧误差外，还包括夹具本身的制造误差，其大小为三者的向量和。如图 1-19 所示用三爪卡盘夹紧零件外圆来磨削内孔时，由于三爪卡盘定位不准确，使零件中心和机床主轴回转中心偏移了一个 e 值，为了加工出内孔就需要使磨削余量增大 $2e$ 值。

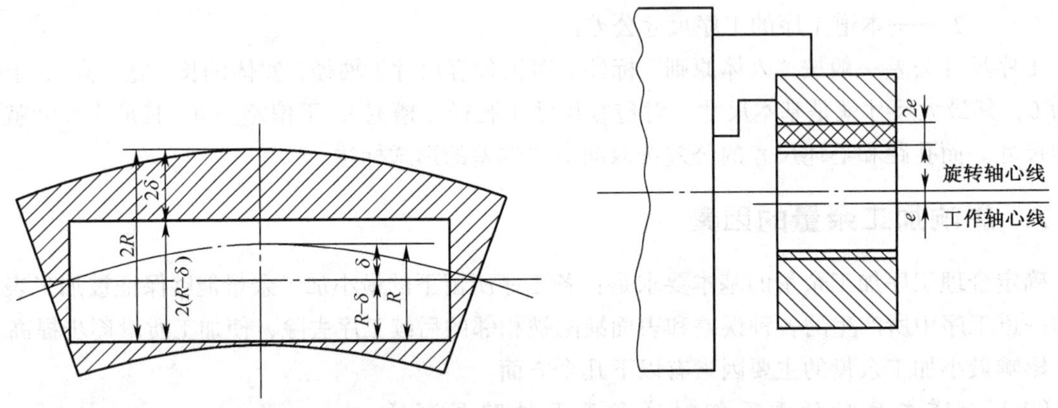

图 1-18　轴弯曲对加工余量的影响　　图 1-19　轴弯曲对加工余量的影响

3. 确定加工余量的方法

（1）分析计算法

这种方法是以一定的实验数据资料和计算公式为依据，对影响加工余量的诸因素进行逐项的分析计算以确定加工余量的大小。这种方法比较科学，但需要积累准确、可靠的数据，且计算过程较复杂，所以目前很少应用，仅在贵重材料及某些大批量生产中采用。

（2）经验估计法

依靠经验采用类比法估算确定加工余量的大小。但是在实际使用中，为了防止余量不够而出现废品，余量选择都偏大，所以这种方法一般用于单件小批量生产。

（3）查表修正法

这种方法是以有关工艺手册和资料所推荐的加工余量为基础，结合实际加工情况进行修正以确定加工余量的大小。这种方法比较实用，应用最广泛。

1.1.8　工序尺寸及其公差的确定

工序尺寸及其公差的确定不仅与加工余量的大小有关，而且与工序基准的选择有密切关系。下面只介绍加工过程中工序基准与设计基准重合时工序尺寸及其公差的确定方法。

1. 工序尺寸的确定

当工序基准与设计基准重合时，被加工表面的最终工序的尺寸及公差一般可以直接按零件图样规定的尺寸和公差确定。中间各工序的尺寸则按零件图样规定的尺寸依次加上（对于外表面）或减去（对于内表面）各工序的加工余量求得，计算的顺序是由后向前推算，直到毛坯尺寸。

如图 1-20 所示为加工外表面时各工序尺寸之间的关系。其中 D_1 为最终工序尺寸。由图 1-20 所示的关系可知：对于外表面，本工序的工序尺寸加上本工序的加工余量，即为前工序的工序尺寸。计算方法如下：

$$D_2 = D_1 + Z_1$$

$$D_3 = D_2 + Z_2 = D_1 + Z_1 + Z_2$$

$$D_4 = D_3 + Z_3 = D_1 + Z_1 + Z_2 + Z_3$$

$$D_5 = D_4 + Z_4 = D_1 + Z_1 + Z_2 + Z_3 + Z_4$$

确定工序尺寸时，应注意内、外表面的区别和单面余量和双面余量的区分。

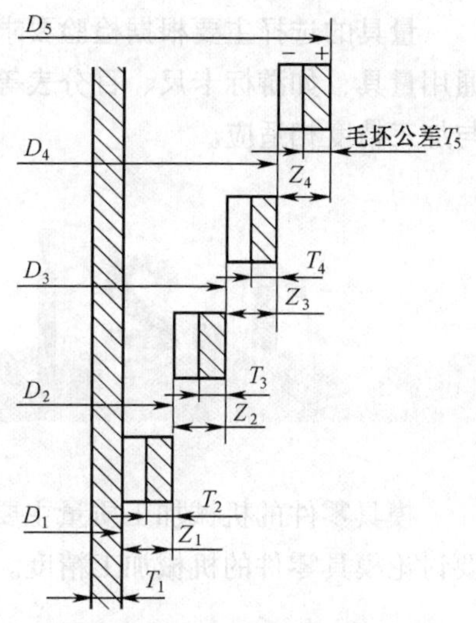

图 1-20 工序尺寸之间的关系

2. 工序尺寸公差的确定

工序尺寸公差主要根据加工方法、加工精度和经济性确定。一般均按该工序加工方法的经济加工精度选定（可以从机械加工手册中查得）。

当工序基准与设计基准重合时，最终工序的公差一般就是零件图样规定的尺寸公差。毛坯尺寸公差按照毛坯制造方法或根据所选型材的品种规格确定。

1.1.9 机床与工艺装备的选择

在制定机械加工工艺规程时，正确选择机床与工艺装备，对保证零件的加工质量和提高生产率有着直接的影响。

1. 机床的选择

选用机床时应注意以下几点。

① 机床的精度应与所加工零件所要求的精度相适应。

② 机床的主要规格尺寸应与所加工零件的尺寸大小相适应。

③ 机床的生产率应与所加工零件的生产类型相适应。单件小批量生产时选择通用机床，大批量生产时选择高生产率的专用机床。

④ 选择机床应结合现有的实际情况。例如现有机床的类型、规格、实际精度、负荷情况以及机床的分布排列情况等。

2. 工艺装备的选择

（1）夹具的选择

大批量生产的情况下，应广泛使用专用夹具。单件小批量生产中应尽量选用通用夹具，如各种卡盘、平口钳、回转台等。非标准件的模具零件大都属于单件小批量生产，但对于某些结构复杂，精度很高的模具零件，也应使用专用夹具，以保证其技术要求。

（2）刀具的选择

刀具的选择主要取决于所确定的加工方法、工件材料、所要求的加工精度、生产率和经济性、机床类型等。一般应尽量采用标准刀具，必要时也可以采用各种高生产率的复合刀具和专用刀具。

（3）量具的选择

量具的选择主要根据检验要求的准确度和生产类型来决定。单件小批量生产中应尽量选用通用量具，如游标卡尺、百分表等。大批量生产中应采用极限量规和量仪等。量具的精度必须与加工精度相适应。

1.2 模具零件的机械加工精度

模具零件的机械加工质量主要包括零件的机械加工精度和加工表面质量两个方面。本节主要讨论模具零件的机械加工精度。

1.2.1 机械加工精度概述

机械加工精度是衡量零件加工质量的重要方面，研究机械加工精度的目的在于减小加工误差，提高零件的加工精度。

1. 机械加工精度与加工误差

机械加工精度是指零件加工后的实际几何参数（尺寸、形状和位置）与理想几何参数的符合程度。符合程度越高，加工精度越高。一般机械加工精度是在零件工作图上给定的，主要包括以下几个方面。

① 零件的尺寸精度：加工后零件的实际尺寸与零件理想尺寸相符合的程度。

② 零件的形状精度：加工后零件的实际形状与零件理想形状相符合的程度。

③ 零件的位置精度：加工后零件的实际位置与零件理想位置相符合的程度。

这三者之间是有联系的，一般情况下，尺寸公差限制了位置公差，而位置公差又限制了形状公差，即当零件的尺寸精度要求较高时，相应的位置精度、形状精度也要求较高。但是，对于某些配合要求高或有特殊要求的零件，其形状精度、位置精度要求较高，相应的尺寸精度却不一定要求高。

实际加工不可能做得与理想零件完全一致，总会有大小不同的偏差，零件加工后的实际几何参数对理想几何参数的偏离程度，称为加工误差。加工误差的大小表示了加工精度的高低。生产实际中用控制加工误差的方法来保证加工精度。

在生产实践中，为了提高效率，降低成本，只要控制加工误差不超过零件图上的设计要求和满足零件的使用性能要求，该零件就是达到了加工精度的零件。

2. 获得机械加工精度的方法

（1）试切法

试切法是指通过试切—测量—调整—再试切的方法反复进行，直至零件的尺寸精度达到图纸给定要求的方法。这种方法效率低，而且要求工人技术水平较高，一般用于单件小批量生产。

（2）定尺寸刀具法

定尺寸刀具法是指用刀具的相应尺寸来保证零件的加工尺寸达到要求的加工方法。例如用钻头、铰刀、拉刀、丝锥等刀具加工零件就属于这种加工方法。这种方法生产效率高，在孔加工中得到广泛应用。

（3）调整法

调整法是指按零件规定的尺寸预先调整好刀具与工件的相对位置，并且在一批零件的加工过程中始终保持这个位置不变，来保证零件加工尺寸的方法。这种方法生产效率较高，加工精度稳定性好，广泛用于成批及大量生产中。

（4）自动控制法

自动控制法是把测量装置、进给装置、切削装置和控制系统等组成一个自动控制的加工系统，自动完成加工过程中的切削加工，尺寸测量和刀具调整等工作，当零件尺寸达到加工要求后，机床自动退刀并停止加工。例如在数控机床上加工零件就是采用自动控制法，这种方法自动化程度高，获得的精度也高，多用于大批量生产中。

1.2.2 影响加工精度的因素

在机械加工时，由机床、夹具、刀具和零件组成了一个相互联系的完整系统，称为机械加工工艺系统，简称工艺系统。工艺系统会有各种各样的误差产生，这些误差在各种不同的具体工作条件下都会以各种不同的方式（或扩大、或缩小）反映为零件的加工误差。可见工艺系统的误差是产生加工误差的根源，加工误差是工艺系统误差导致的结果，所以工艺系统的误差也称为原始误差。

1. 工艺系统的几何误差对加工精度的影响

（1）加工原理误差

加工原理误差是指由于采用近似的成形运动或近似的刀具轮廓进行加工所产生的误差。

① 采用近似的成形运动产生的加工原理误差。例如车削蜗杆时，由于蜗杆螺距 $P_g = \pi m$，而 $\pi = 3.141\,592\,6\cdots$，是无理数，所以螺距值只能用近似值代替。因而，刀具与零件之间的成形运动是近似的螺旋轨迹。

② 采用近似的刀具轮廓形状产生的加工原理误差。例如用模数铣刀对齿轮进行成形铣削加工。为了减少成形铣刀的种类，不可能对每一种模数每一种齿数的齿轮都设计制造出一把相应的成形铣刀，实际生产中对每一种模数只采用一套（8～26 把）模数铣刀，加工一定齿数范围内的所有齿轮。当被加工齿轮齿数与刀具设计齿数不符合时，齿形就有了误差，这种误差就属于原理误差。

（2）机床误差

加工中刀具相对于零件的成形运动一般都是通过机床完成的，因此，零件的加工精度在很大程度上取决于机床的精度。机床误差对零件加工精度影响较大的有：主轴回转误差、导轨误差和传动链误差。

① 主轴回转误差。机床主轴是装夹零件或刀具的基准，并将运动和动力传给零件或刀具，主轴回转误差将直接影响被加工零件的精度。由于主轴几段轴颈的同轴度误差、轴承本身的各

种误差、轴承之间的同轴度误差、主轴挠度等，主轴在每瞬时回转轴线的空间位置是变动的，即存在着主轴回转误差。主轴回转误差是指主轴各瞬间的实际回转轴线相对其平均回转轴线的变动量。它可以分解为轴向窜动、径向跳动和角度摆动 3 种基本形式，如图 1-21（d）所示。

a. 轴向窜动。轴向窜动主要影响零件的端面形状和轴向尺寸精度。例如车削端面时，由于主轴的轴向窜动，使零件端面与刀具之间时而接近，时而远离，造成实际背吃刀量时大时小，使得零件端面凸凹不平，如图 1-21（a）所示。车削螺纹时，这种窜动会产生单个螺距内的周期误差，影响螺距值。

b. 径向跳动。径向跳动主要影响零件的圆度和圆柱度。例如车削外圆柱面时，由于主轴的径向跳动，使零件产生圆度误差，如图 1-21（b）所示。

c. 角度摆动。角度摆动主要影响零件的形状精度。例如车削外圆柱面时，由于主轴的角度摆动，使零件产生锥度，如图 1-21（c）所示。

实际上，这 3 种形式的误差经常是同时存在的，如图 1-21（d）所示。

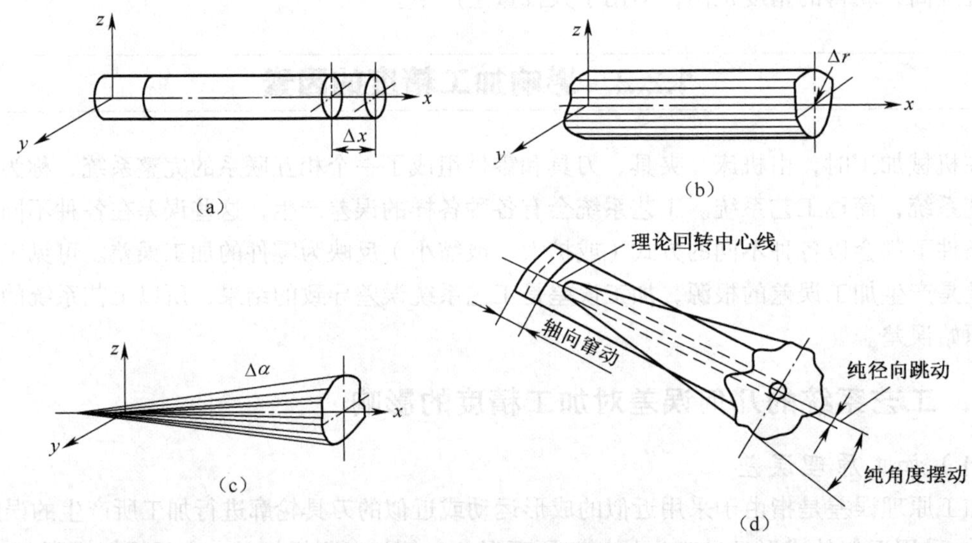

图 1-21 主轴回转误差的基本形式

提高主轴回转精度的措施主要有：提高主轴部件的制造和安装精度，选用高精度的轴承；提高主轴部件的装配精度；对高速主轴部件进行平衡，对滚动轴承进行预紧等。

② 导轨误差。导轨是机床上确定各机床部件相对位置关系的基准，也是机床运动的基准。导轨误差是指机床导轨副的运动件的实际运动方向与理想运动方向之间的偏差值。导轨误差主要有以下 3 个方面：在水平面内的直线度误差；在垂直面内的直线度误差；前后导轨的扭曲度误差。

a. 导轨在水平面内的直线度误差。例如，卧式车床导轨在水平面内存在直线度误差Δ_1，由于水平方向是加工误差的敏感方向，因此这一误差Δ_1对加工精度的影响最大，造成零件在半径方向的误差Δ_R，且$\Delta_1=\Delta_R$，如图 1-22 所示。

b. 导轨在垂直平面内的直线度误差。例如，卧式车床导轨在垂直面内存在直线度误差Δ_2，可引起被加工零件的形状误差和尺寸误差。但Δ_2对加工精度的影响要比Δ_1小得多。如图 1-23 所示，可知若因Δ_2而使刀尖由 a 下降至 b，因为$\tan\varphi=\dfrac{\Delta_2}{R}\approx\varphi$，$\tan\dfrac{\varphi}{2}=\dfrac{\Delta_R}{\Delta_2}\approx\dfrac{\varphi}{2}$，所以零件半

径 R 的误差。

$$\Delta_R = \frac{\Delta_2^2}{2R}$$

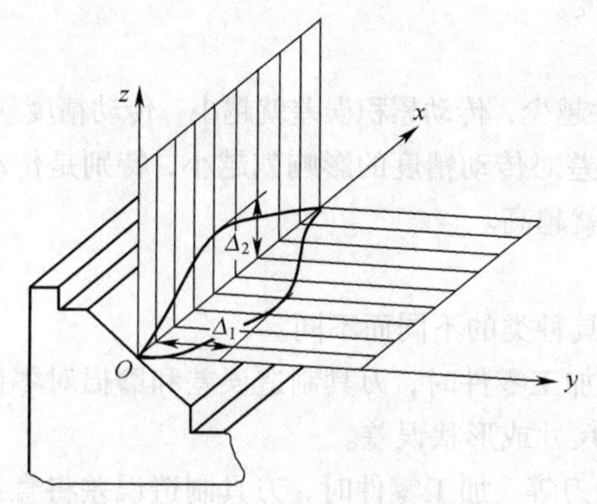

图 1-22 导轨在水平面的直线度误差引起的加工误差

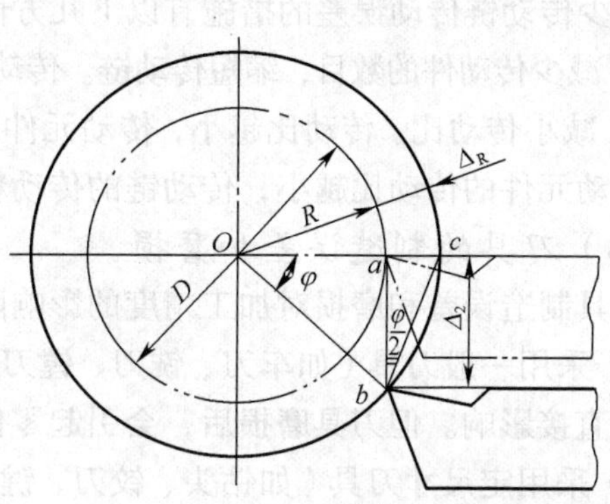

图 1-23 导轨在垂直面内的直线度误差引起的加工误差

c. 前后导轨的扭曲度误差。扭曲度是指由于两导轨不平行而使其上的运动部件产生倾斜的程度。如图 1-24 所示，当前后导轨有了扭曲误差 δ 之后，刀架运动时会产生摆动，刀尖的运动轨迹是一条空间曲线，使零件产生圆柱度误差。由几何关系可求得半径误差$\Delta_R = \Delta x \approx (H/B)\delta$。一般车床的 $H/B \approx 2/3$，外圆磨床的 $H/B \approx 1$，车床和外圆磨床前后导轨的平行度误差对加工精度的影响很大。

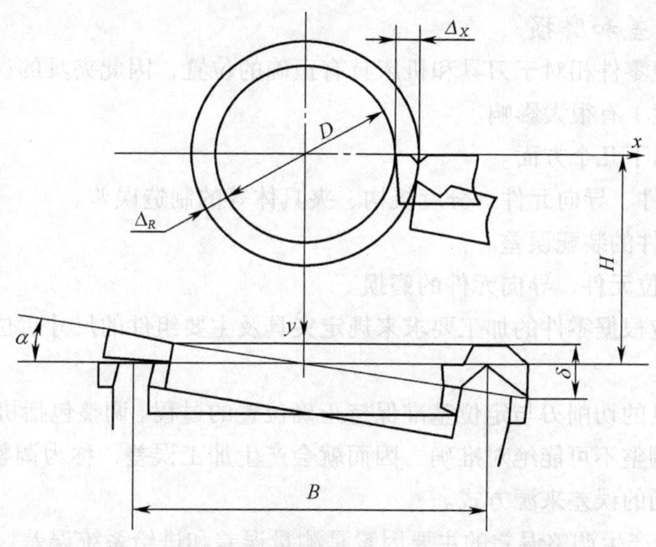

图 1-24 导轨的扭曲度误差引起的加工误差

d. 导轨与主轴回转轴线的平行度误差。如果车床导轨与主轴回转轴线在水平面内有平行度误差，车出的内外圆柱面就会产生锥度；如果车床导轨与主轴回转轴线在垂直面内有平行度误差，则车出的圆柱面会变成双曲线回转体。但是因为该误差处于非误差敏感方向，所以误差值较小。

降低导轨误差的措施有：提高导轨的制造和安装精度；保持良好的润滑，加强维护和保养。

③ 传动链误差。传动链误差是指机床内联系传动链始末两端传动组件之间相对运动的误差。一般用传动链末端元件的转角误差来衡量。内联系传动链是指两端件之间的相对运动量有严格要求的传动链。例如车削螺纹时，工件转过一转，刀具必须移动一个导程。当两者的相对运动关系不能严格保证时，将直接影响螺距的精度。

减少传动链传动误差的措施有以下几方面。

a. 减少传动件的数目，缩短传动链。传动元件越少，传动累积误差就越小，传动精度就越高。

b. 减小传动比。传动比越小，传动元件的误差对传动精度的影响就越小，特别是传动链末端的传动元件的传动比越小，传动链的传动精度就越高。

（3）刀具的制造误差和磨损

刀具制造误差和磨损对加工精度的影响随刀具种类的不同而不同。

① 采用一般刀具（如车刀、铣刀、镗刀等）加工零件时，刀具制造误差和磨损对零件加工精度无直接影响。但刀具磨损后，会引起零件的尺寸或形状误差。

② 采用定尺寸刀具（如钻头、铰刀、键槽铣刀等）加工零件时，刀具制造误差将直接影响零件的尺寸精度，刀具的安装误差也会影响零件的尺寸精度。

③ 采用成形刀具（如成形车刀、成形铣刀、成形砂轮等）加工零件时，刀具形状误差和磨损以及安装误差将直接影响零件的形状精度。

④ 采用展成刀具（如齿轮滚刀、插齿刀等）加工零件时，刀刃的形状必须是加工表面的共扼曲线，所有刀刃的形状误差和磨损都会影响零件的形状精度。

减少刀具的磨损对加工精度影响的措施有：正确地选用耐磨性高的刀具材料，合理地选用刀具几何参数和切削用量，正确地刃磨刀具，正确地采用冷却液等，均可有效地减少刀具的尺寸磨损，必要时还可采用补偿装置对刀具尺寸磨损进行自动补偿。

（4）夹具的误差和磨损

夹具的作用是使零件相对于刀具和机床具有正确的位置，因此夹具的误差对零件的加工精度（特别是位置精度）有很大影响。

夹具误差包括以下几个方面。

① 夹具定位组件、导向元件、分度机构、夹具体等的制造误差。

② 夹具中各元件的装配误差。

③ 夹具中各定位元件、导向元件的磨损。

夹具设计中，应根据零件的加工要求来规定夹具及主要组件的尺寸、位置公差。

（5）调整误差

调整是指使刀具的切削刃与定位基准保持正确位置的过程。调整包括机床调整、夹具调整、刀具调整等。由于调整不可能绝对准确，因而就会产生加工误差，称为调整误差。因为调整方式不同，所以有不同的误差来源方式。

试切法加工时，产生调整误差的主要因素是测量误差和进给系统误差。在低速微量进给时，由于进给机构的“爬行”现象，试切刀具的实际进给量不等于刻度盘上的数值，以致难以控制尺寸精度，造成加工误差。在调整法加工中，广泛采用行程挡块、靠模、凸轮等工具控制刀具的轨迹和行程，采用对刀装置来调整刀具与零件的相对位置。这些装置和机构的制造精度和调整精度，以及与它们配合使用的离合器、电器开关和控制阀等的灵敏度就成了影响调整误差的主要因素。

2. 工艺系统受力变形对加工精度的影响

机械加工工艺系统在切削力、夹紧力、惯性力、重力、传动力等的作用下，会产生相应的变形，从而破坏了刀具和零件之间的正确的相对位置，使零件的加工精度下降。如图 1-25（a）所示，车细长轴时，零件在切削力的作用下会发生变形，使加工出的轴出现中间粗两头细的情况。如图 1-25（b）所示，在内圆磨床上用横向切入法磨内孔时由于内圆磨头轴比较细，磨削时因磨头轴受力变形，而使零件孔呈锥形。

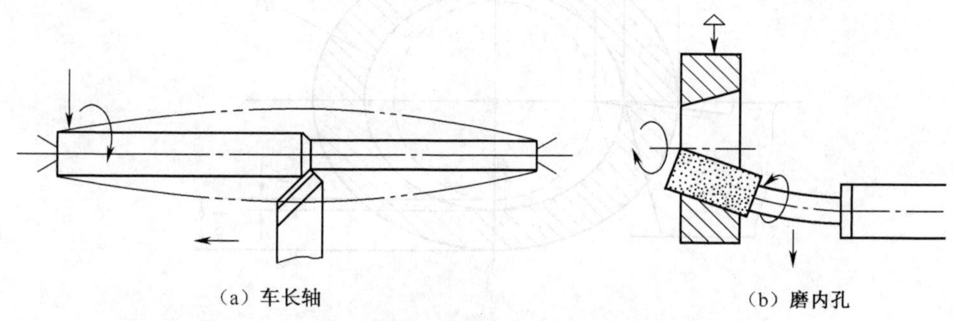

（a）车长轴　　（b）磨内孔

图 1-25　受力变形对工件精度的影响

工艺系统受力变形是机械加工中一项重要的原始误差，并且它还影响加工表面质量，限制生产率的提高。

工艺系统抵抗变形的能力，用刚度来描述。工艺系统的刚度是指零件加工表面的法向切削分力 F_y 与工艺系统在该方向上的变形 y 之间的比值，$k_{系}=F_y/y$

（1）工艺系统的受力变形对加工精度的影响

① 切削力作用点位置变化引起的零件形状误差。在切削过程中，工艺系统的刚度会随着切削力作用点位置的变化而变化，这使得工艺系统受力变形也随着变化，引起零件形状误差。例如，在车床两顶尖之间车削细长轴，如图 1-26 所示，由于零件细长，刚度很低，机床、夹具和刀具在切削力作用下的变形量小得多，可以忽略不计，所有工艺系统的变形完全取决于零件的变形。此时，可以近似将零件看作受集中载荷的简支梁，当车刀处于零件两端时，零件变形最小；当车刀处于零件中间时，零件变形量最大。由于变形大的地方，刀具相对于零件的让刀量大，从零件上切去的金属层厚度较小；变形小的地方，刀具相对于零件的让刀量小，从零件上切去的金属层厚度较大，因此加工出来的零件呈两头小、中间大的鼓形。

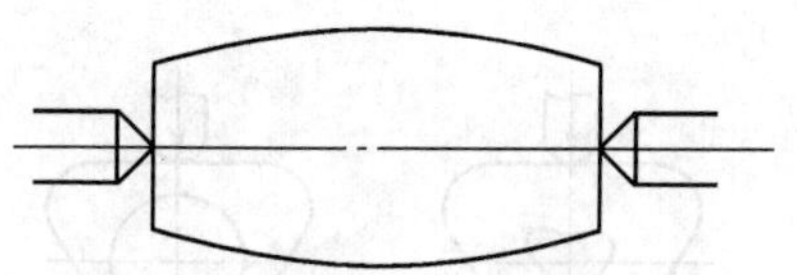

图 1-26　切削力作用点位置变化引起的零件形状误差

② 切削力大小变化引起的零件形状误差。在切削加工过程中，由于零件的加工余量发生变化、零件材料硬度不均匀等因素引起的切削力变化，使工艺系统变形发生变化，从而产生加工误差。

如图 1-27 所示，在一个横截面为椭圆形的毛坯 A 上加工圆轴。将刀具调整到图上虚线位置，由图 1-27 可知，在毛坯椭圆长轴方向上的背吃刀量为 a_{p1}，短轴方向上的背吃刀量为 a_{p2}。由于背吃刀量不同，切削力不同，工艺系统产生的让刀变形也不同，对应于 a_{p1} 产生的让刀为 y_1，

对应于 a_{p2} 产生的让刀为 y_2，所以加工出来的零件 B 的横截面仍然存在椭圆形状误差。由于毛坯存在圆度误差$\Delta_{毛}=a_{p1}-a_{p2}$，因而引起了零件的圆度误差$\Delta_{零}=y_1-y_2$，且$\Delta_{毛}$愈大，$\Delta_{零}$愈大，这种现象称为加工过程中的“误差复映”现象。但是$\Delta_{零}$比$\Delta_{毛}$小，所以在生产中采用多次走刀来减小加工误差。

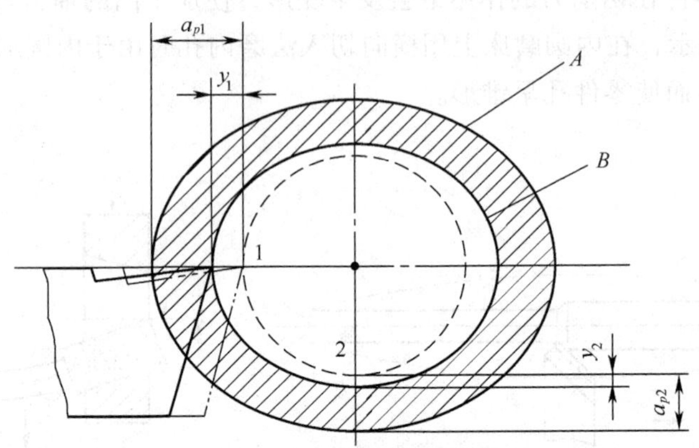

图 1-27　切削力大小变化引起的零件形状误差

③ 夹紧力引起的加工误差。零件在装夹过程中，如果零件刚度较低或夹紧力的大小、方向和作用点选择不当，将引起零件变形，造成相应的加工误差。

如图 1-28 所示，用三爪卡盘夹紧薄壁套筒车削内孔，在夹紧前毛坯内外圆是正圆形，由于夹紧方法不当，夹紧后零件呈三棱形，如图 1-28（a）所示，车出的孔是圆形，如图 1-28（b）所示。但是夹具松开以后，套筒弹性变形恢复使孔又变成三棱形，如图 1-28（c）所示。为了减少套筒因夹紧变形造成的加工误差，在生产中常采用使夹紧力均匀分布的方法，如在夹紧时增加一个开口过渡环，如图 1-28（d）所示，或者采用圆弧面专用卡爪，如图 1-28（e）所示。

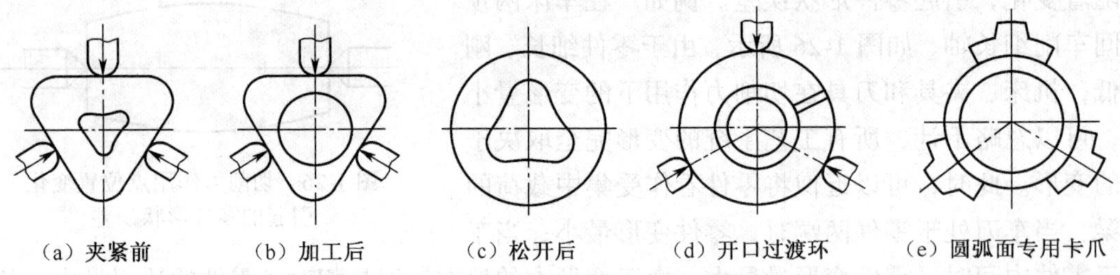

图 1-28　夹紧变形引起的加工误差

④ 重力引起的加工误差。工艺系统中一些零件的自重以及它们在移动中位置变化所引起的相应变形，也会造成加工误差。这种情况在大型机床上比较明显。例如，在靠模车床上加工尺寸较大的光轴时，由于尾架刚度比床头低，尾架的下沉变形比床头大，使加工表面产生具有锥度的圆柱度误差，如图 1-29 所示。这种误差可通过调整靠模板的斜度来补偿。

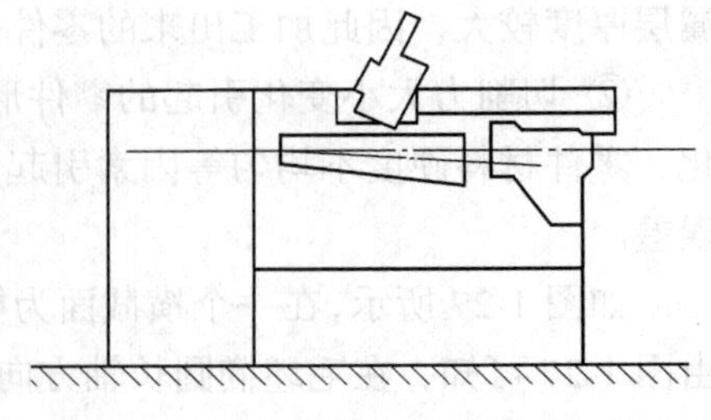

图 1-29　机床部件自重引起的加工误差

⑤ 惯性力引起的加工误差。在高速切削中，如果工艺系统中有不平衡的高速旋转构件存在，就会产生离心力。惯性力在零件的每一转中不断变更方向，引起零件几何轴线作摆动而引起加工误差。

如图 1-30 所示，车削一个不平衡零件，当离心力 Q 与切削力 F_y 方向相反时，将零件推向刀具，使背吃刀量增加，如图 1-30（a）所示；当离心力 Q 与切削力 F_y 方向相同时，零件被拉离刀具，使背吃刀量减小，如图 1-30（b）所示，结果造成零件的圆度误差。在机械加工中如果遇到这种情况，可以采用"对重平衡"的方法来消除影响，即在不平衡质量的反向加装重块，使两者的离心力相互抵消。

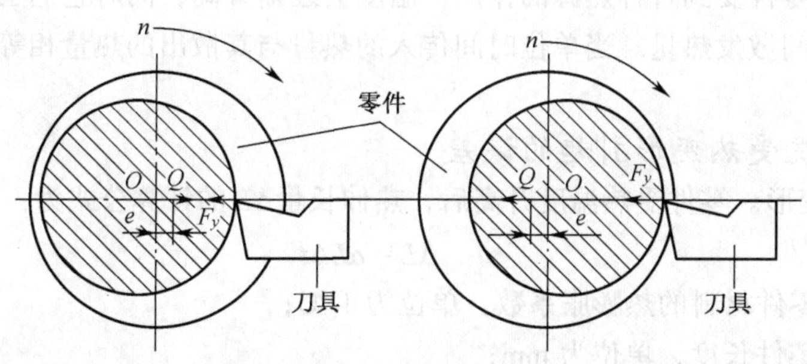

（a）离心力与切削力方向相反　　（b）离心力与切削力方向相同

图 1-30　惯性力引起的加工误差

⑥ 传动力引起的加工误差。在车床或磨床上加工轴类零件时，常用单爪拨盘带动零件旋转。如图 1-31 所示，传动力在拨盘的每一转中，经常改变方向，其在 y 方向上的分力有时与切削力 F_y 方向相同，有时相反，造成零件的圆度误差。因此，加工精密零件时可以改用双爪拨盘或柔性连接装置带动零件旋转。

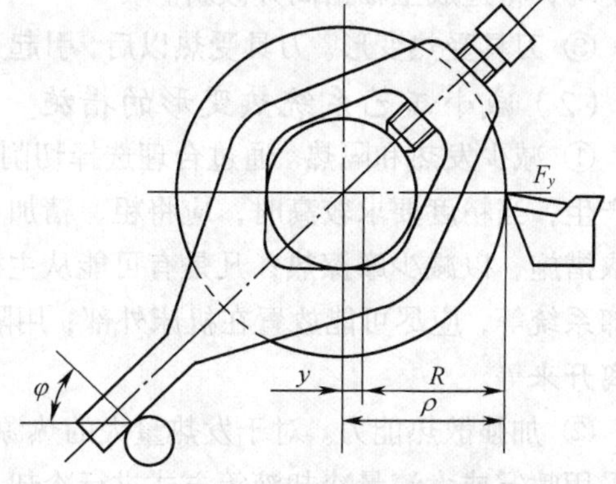

图 1-31　传动力引起的加工误差

（2）减小工艺系统受力变形对加工精度影响的措施

生产中，减少工艺系统变形，常通过提高工艺系统刚度，减少切削力并减小它们的变动幅值的方法来实现。

① 提高工艺系统刚度。

a. 合理设计零部件结构，提高其刚度。特别是对基础件和支承件，应选择刚度较大的零件结构和截面形状，并在薄弱环节增添加强肋。

b. 提高连接表面的接触刚度。生产中常采用刮研和研磨等方法，提高工艺系统主要零件接触面的配合质量，以提高其形状精度、表面硬度、表面粗糙度，并采用预加载荷等措施，来提高接触刚度。

c. 采用合理的装夹方法和加工方法。

② 减小切削力及其变化。合理地选择刀具材料，增大前角和主偏角，对零件材料进行合理的热处理，以改善材料的加工性能等，都可使切削力减小。同时，将毛坯分组，使一次调整中

加工的毛坯余量比较均匀，可以减少切削力的变化，从而减少“误差复映现象”。

3. 工艺系统受热变形对加工精度的影响

在机械加工过程中，工艺系统因受到各种热源的影响产生的变形称为热变形。工艺系统热变形对加工精度的影响比较大，特别是在精密加工和大件加工中，由热变形所引起的加工误差有时可占零件总误差的40%～70%。工艺系统的热源分为内部热源和外部热源，内部热源如由轴承副、齿轮副等产生的摩擦热，以及切削热等；外部热源如外部环境温度、阳光辐射等。

机床、刀具和零件受到各种热源的作用，温度会逐渐升高，同时它们也通过各种传热方式向周围的物质和空间散发热量。当单位时间传入的热量与其散出的热量相等时，工艺系统就达到了热平衡状态。

（1）工艺系统受热变形引起的误差

① 零件受热变形。零件受热温度升高后，热伸长量ΔL的计算公式为：

$$\Delta L = \alpha L \Delta t$$

式中：α——零件材料的热膨胀系数，单位为1/℃；

L——零件长度，单位为mm；

Δt——零件的温度变化量，单位为℃。

例如磨削细长轴时，如果采用死顶尖装夹零件，热变形将造成零件弯曲。所以在磨床上为了消除热变形的影响，采用弹簧顶尖。

② 机床受热变形。当机床受热不均时，造成机床部件产生变形。例如机床主轴前、后端受热不均，将造成主轴抬高并倾斜。

③ 刀具受热变形。刀具受热以后，引起刀具热伸长，刀尖位置发生变化，会影响加工精度。

（2）减小工艺系统热变形的措施

① 减少发热和隔热。通过合理选择切削用量和刀具几何角度，及时刃磨刀具来减少切削热的产生，当精度要求较高时，应将粗、精加工分开进行；对各摩擦部位应从结构和润滑等方面采取措施，以减少摩擦热；凡是有可能从主机分离出去的热源如电动机、变速箱、液压油箱、冷却系统等，应尽可能放置在机床外部；用隔热材料将发热部件和机床大件（如床身、立柱等）分离开来等。

② 加强散热能力。对于发热量大的热源，如果既不能从机床内部移出，又不便隔热，则可以采用喷雾或大流量冷却液等方式进行冷却。

③ 均衡温度场。可采用热补偿的方法将热量从高温区导向低温区，使机床的温度场比较均匀，从而使机床产生均匀的热变形，减少对加工精度的影响。

④ 保持工艺系统的热平衡。当机床达到热平衡以后，变形趋于稳定，加工精度才易保证。因此，精密加工应在机床处于热平衡之后进行。

1.2.3 提高零件加工精度的途径

从消除或减小加工误差的技术上看，提高零件加工精度主要有两种途径：误差预防技术和误差补偿技术。

1. 误差预防技术

通过减少误差源或改变误差源与加工误差之间的数量转换关系，来减少原始误差的影响。具体方法有如下几种。

（1）直接减小原始误差法

这种方法是指在查明影响加工精度的主要原始误差因素之后，设法对其直接进行消除或减小。

例如，加工细长轴时，主要原始误差影响因素是工件刚性差，所以，采用反向进给切削法，并加上跟刀架，使零件受拉伸，从而达到减小变形的目的，如图 1-32 所示。

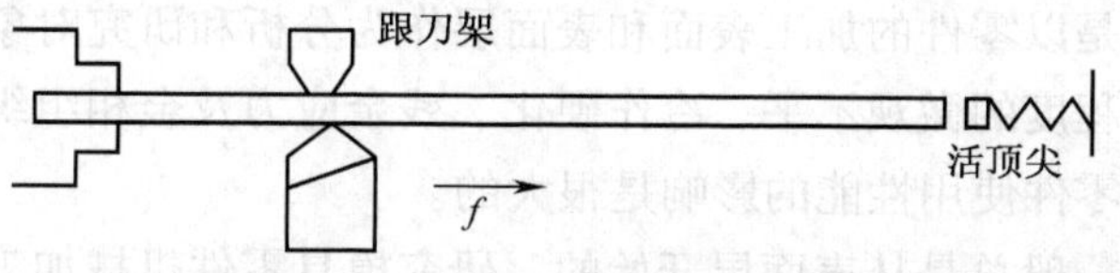

图 1-32　直接减小原始误差法

（2）转移原始误差法

这种方法是指把影响加工精度的原始误差转移到不影响或少影响加工精度的方向上去。例如，车床的误差敏感方向是工件的直径方向，所以，转塔车床在加工中都采用“立刀”安装法，把刀刃的切削基面放在垂直平面内，这样可把刀架的转位误差转移到误差不敏感的切线方向，如图 1-33 所示。

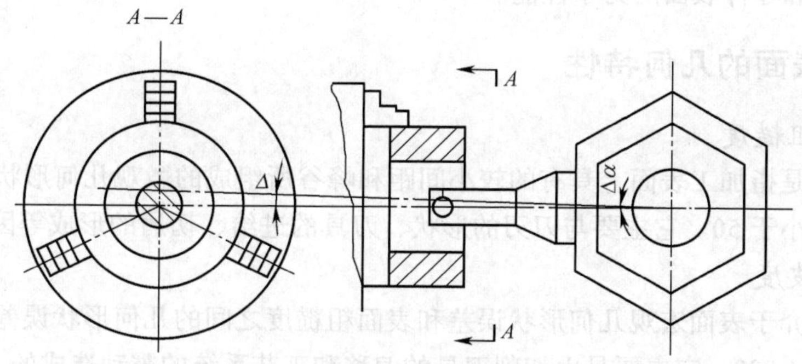

图 1-33　刀具转位误差的转移

（3）误差分组法

当毛坯的精度太低，引起的定位误差或复映误差太大时，可以采用分组调整，把毛坯件按误差大小分成 n 组，则每组零件的误差就缩小为原来的 $1/n$。再按组调整刀具和零件的相对位置以减小毛坯误差对加工精度的影响。这种方法比直接提高本工序的加工精度要简便易行一些。

（4）“就地加工”法

是指把各相关零件、部件先行装配，使它们处于工作时要求的相互位置，然后就地进行最终加工。例如，车床尾架顶尖孔的轴线要求与主轴轴线重合，可以采用就地加工，把尾架装配到机床上后进行最终精加工。

2. 误差补偿技术

是指在现存的原始误差条件下，通过分析、测量，并以这些误差源为依据，人为地在工艺系统中引入一个附加的误差源，使之与工艺系统原有的误差相抵消，以减少或消除零件的加工误差。特别是借助计算机辅助技术，可以达到很好的实际效果。

1.3 模具零件的机械加工表面质量

机械加工表面质量是以零件的加工表面和表面层作为分析和研究对象的。经过机械加工的零件表面总是存在一定程度的微观不平、冷作硬化、残余应力及金相组织的变化，虽然只产生在很薄的表面层，但对零件使用性能的影响是很大的。

机械零件的破坏，一般总是从表面层开始的。研究模具零件机械加工表面质量的目的，就是为了掌握模具零件在机械加工中各种工艺因素对加工表面质量影响的规律，以便运用这些规律来控制加工过程，最终达到改善表面质量、提高模具产品使用性能和寿命的目的。

1.3.1 模具零件的表面质量

零件的表面质量是指零件在机械加工后的表面层状态。它主要包含两个方面的内容：零件表面的几何特性和零件表面的力学性能。

1. 零件表面的几何特性

（1）表面粗糙度

表面粗糙度是指加工表面上具有的较小间距和峰谷所组成的微观几何形状误差，其波长与波高的比值一般小于50。它主要与刀刃的形状、刀具的进给、切屑的形成等因素有关。

（2）表面波度

表面波度是介于表面宏观几何形状误差和表面粗糙度之间的几何形状误差，其波长与波高的比值等于50～1 000。它主要是由切削刀具的偏移和工艺系统的震动造成的。

（3）伤痕

伤痕是指加工表面上一些个别位置上出现的缺陷。例如砂眼、气孔、裂痕等。

2. 零件表面的力学性能

（1）表面层的加工硬化

表面层的加工硬化是指机械加工过程中，表面层金属的硬度有所提高的现象。一般情况下表面硬化层的深度可达0.05～0.30mm。

（2）表面层金相组织变化

表面层金相组织变化是指机械加工过程中，由于切削热的作用引起表面层金属的金相组织发生变化。

（3）表面层残余应力

表面层残余应力是指机械加工后，零件表面层残留的压应力或拉应力。

1.3.2 机械加工表面质量对零件使用性能的影响

零件使用性能包括耐磨性、疲劳强度、耐蚀性、配合精度等方面，零件的表面质量对各种性能的影响也不相同。

1. 零件的表面质量对耐磨性的影响

影响零件耐磨性的因素有摩擦副的材料、润滑条件和零件的表面质量。当前两个条件都已确定的情况下，零件的表面质量对耐磨性就起着决定性的作用。

（1）表面粗糙度对耐磨性的影响

当两个刚加工好的零件构成一个摩擦副时，两个接触表面之间在最初阶段只在凸峰顶部接触，实际接触面积远小于理论接触面积，表面越粗糙，实际接触面积就越小。在相互接触的凸峰顶部有非常大的单位应力，使实际接触面积处产生塑性变形、弹性变形和峰部之间的剪切破坏，引起严重磨损。即使在有润滑的条件下，由于凸峰顶部处的压强超过临界值，使润滑油膜被破坏，金属材料直接接触，也加剧了零件的磨损。

一般说表面粗糙度值越小，零件耐磨性越好。但表面粗糙度值太小，紧密接触的两个光滑表面之间润滑油不易储存，容易发生分子粘接，磨损反而增加。因此，接触面的粗糙度有一个最佳值，这个值与零件的工作情况有关，重载荷下的表面粗糙度最佳值比轻载荷时大。

（2）表面加工硬化对耐磨性的影响

表面层的加工硬化使摩擦副表面层金属的硬度提高，所以一般可使耐磨性提高。但也不是冷作硬化程度越高，耐磨性就越高，这是因为过度的加工硬化将会引起金属组织过度疏松，甚至出现裂纹和表层金属的剥落，使耐磨性下降。所以零件的表面硬化层必须控制在一定的范围内。

2. 零件的表面质量对疲劳强度的影响

零件在交变载荷作用下，往往在零件表面微观不平的凹谷处和表面层的缺陷处发生疲劳破坏，因此零件的表面质量对疲劳强度影响很大。

（1）表面粗糙度对疲劳强度的影响

在交变载荷作用下，表面粗糙度的凹谷部位容易引起应力集中，产生疲劳裂纹，造成零件的疲劳破坏。表面粗糙度值越大，应力集中越严重，越容易形成和扩展疲劳裂纹。减小表面粗糙度，可以提高零件抗疲劳破坏的能力。

（2）表面层残余应力对疲劳强度的影响

表面层残余应力对零件疲劳强度的影响很大。表面层残余拉应力将使疲劳裂纹扩大，加速疲劳破坏；而表面层残余压应力能够阻止疲劳裂纹的扩展，延缓疲劳破坏的产生。

（3）表面加工硬化对疲劳强度的影响

加工硬化可以在零件表面形成一个冷硬层，能够防止裂纹产生并阻止已有裂纹的扩展，从而提高零件的疲劳强度。但是如果冷硬层过深过硬，反而容易产生疲劳裂纹。所以零件的加工硬化程度和冷硬层的深度应控制在一定范围内。

3. 零件的表面质量对耐蚀性能的影响

零件的耐蚀性在很大程度上取决于表面粗糙度。表面粗糙度值越大，则凹谷中聚积腐蚀性物质就越多，渗透和腐蚀作用就越强烈。因此，零件的表面粗糙度值越大，耐蚀性能就越差。

表面层的残余应力对零件的耐蚀性能也有较大影响。表面层的残余拉应力会降低零件的耐蚀性，而残余压应力则能增强零件的耐蚀性。

4. 零件表面质量对配合精度的影响

表面粗糙度值的大小将影响配合表面的配合精度。对于间隙配合，表面粗糙度值大会使磨损加大，使实际间隙增大，破坏了要求的配合性质。对于过盈配合，装配过程中一部分表面凸峰被挤平，使实际过盈量减小，降低了配合件之间的连接强度。

1.3.3 影响机械加工表面质量的因素及改善途径

零件的加工表面质量，受许多因素的影响。对于不同的工艺方法，影响零件表面质量的因素也各不相同。

1. 机械加工后的表面粗糙度

（1）切削加工对表面粗糙度的影响因素

切削加工中影响表面粗糙度的因素有3个方面：几何因素、物理因素和工艺系统震动。

① 几何因素。影响表面粗糙度的几何因素主要是指刀具相对于零件作进给运动时，在加工表面留下了切削层残留面积，其形状与刀具几何形状有关。从几何角度考虑，该残留面积的高度就是表面粗糙度，残留面积越大，表面越粗糙。减小进给量，减小刀具主、副偏角以及增大刀尖圆弧半径，均可减小残留面积的高度，从而减小表面粗糙度。

此外，适当增大刀具的前角、合理选择切削液和提高刀具刃磨质量，也是减小表面粗糙度值的有效措施。

② 物理因素。加工塑性材料时，由刀具对金属的挤压产生了塑性变形，加之刀具迫使切屑与零件分离的撕裂作用，使表面粗糙度值加大。零件材料韧性越好，金属的塑性变形越大，加工表面就越粗糙。

加工脆性材料时，其切屑呈碎粒状，由于切屑的崩碎而在加工表面留下许多麻点，使表面粗糙度值增加。

③ 工艺系统震动。工艺系统的震动，造成刀具和零件沿震动方向的附加运动，产生明显的表面震痕，使表面粗糙度值加大。可以通过合理选择切削用量，合理选择刀具的几何角度和几何结构，提高机床、零件、刀具自身的抗震性，以及采用减震装置等措施来提高工艺系统的抗震性，从而降低表面粗糙度。

（2）磨削加工对表面粗糙度的影响因素

影响磨削表面粗糙度的主要因素有以下几个方面。

① 砂轮的粒度。砂轮粒度是表明磨粒的尺寸大小。粒度号数越大，磨粒的尺寸越小，参加磨削的磨粒就越多，磨削出的表面就越光滑。

② 砂轮的硬度。砂轮太软，磨粒容易脱落而不利于保持磨粒的等高性；砂轮太硬，磨粒磨钝后不容易脱落而不利于保持磨粒的锋利性，都会使表面粗糙度增大。

③ 砂轮的修整。修整砂轮时，切深和进给量越小，修整出的砂轮就越光滑，磨削刃的等高性越好，磨削出来的零件表面粗糙度值就越小。即使砂轮粒度大，经过修整后在磨粒上车出切削微刃，也能降低磨削表面的粗糙度。

④ 磨削速度。砂轮磨削速度 V 越高，单位时间内通过被磨表面的磨粒数就越多，零件表面就越光滑。

⑤ 磨削深度。增大磨削深度将增加塑性变形程度，从而加大表面粗糙度。实际磨削中，经常在磨削开始时采用较大的磨削深度以提高生产率，而在磨削最后采用小的磨削深度或无进给磨削以降低表面粗糙度。

⑥ 零件转速和纵向进给量。磨削加工中，零件的转速越高，纵向进给量越大，单位时间内通过被磨表面的磨粒数将减少，会使表面粗糙度值增加。

⑦ 零件材料的硬度及韧性。零件材料太硬，容易使砂轮磨钝；零件材料太软，容易堵塞砂轮；零件材料韧性太大，容易使磨粒崩落。因此都会使表面粗糙度值增加。

2. 机械加工后的表面层物理机械性能

在切削加工中，零件由于受到切削力和切削热的作用，使表面层金属的物理机械性能产生变化，最主要的变化是表面层金属显微硬度的变化、金相组织的变化和残余应力的产生。由于磨削加工时所产生的塑性变形和切削热比刀刃切削时更严重，因此磨削加工后零件表面层上述三项物理机械性能的变化会很大。

（1）表面层加工硬化

机械加工过程中由于加工硬化的作用，使表面层金属的硬度和强度提高，其结果是增大了金属变形的阻力，减小了金属的塑性，金属的物理性质也会发生变化。

被硬化的金属处于高能位的不稳定状态，只要一有可能，金属的不稳定状态就要向比较稳定的状态转化，这种现象称为弱化。机械加工过程中的切削热，将使金属在塑性变形中产生的硬化现象得到恢复。

由于金属在机械加工过程中同时受到力和热的作用，因此，加工后表层金属的最后性质取决于硬化和弱化综合作用的结果。

影响加工硬化的主要因素有以下几个方面。

① 刀具。增大刀具刃口圆弧半径，减小刀具前角，会使表层金属的塑性变形程度增大，导致加工硬化程度加剧。

② 切削用量。切削速度 v 越大，一方面刀具与零件的作用时间缩短，金属的塑性变形就越小；另一方面切削速度增加会使切削温度升高，加强了弱化作用，因而可使加工表面层的硬化程度和硬化层深度降低。

进给量增大，切削力将随之增大，表层金属的塑性变形加剧，使硬化程度增加。但是进给量过小时，切削厚度也小，刀具刃口圆弧对零件表面层将产生挤压作用，反而使表面层硬化程度增大。

③ 零件材料。零件材料的塑性越大，加工时产生的塑性变形也越大，加工硬化现象就越严重。

（2）表面层材料金相组织变化

金相组织发生变化的主要因素是温度，当加工过程中产生的切削热使被加工表面的温度超过相变温度后，表层金属的金相组织将会发生变化。但是对于一般的切削加工，切削热大部分被切屑带走，加工区的温度达不到相变温度。但是在磨削加工中，磨削速度特别高，单位切削面积上的切削力要比其他加工方法大得多，所消耗的能量比一般的切削加工大得多并且所消耗的能量绝大部分都转化为热量，热量中的70%以上都传给了零件，当被磨削零件表面层温度达到相变温度以上时，表层金属发生金相组织的变化，使表层金属强度和硬度降低，并伴有残余应力产生，甚至出现微观裂纹，这种现象称为磨削烧伤。

磨削热是造成磨削烧伤的根源，所以改善磨削烧伤有两个途径：一是尽可能地减少磨削热的产生；二是改善冷却条件，尽量使产生的热量少传入零件。具体措施有以下几个方面。

① 正确选择砂轮。应注意合理选择砂轮的硬度、结合剂和组织。硬度太高的砂轮，由于砂轮钝化后不易脱落，容易产生烧伤，所以应选择较软的砂轮。选择具有一定弹性的结合剂（如橡胶结合剂、树脂结合剂），并且要及时修整砂轮。此外，为了减少砂轮与零件之间的摩擦热，在砂轮的孔隙内浸入石蜡之类的润滑物质，对降低磨削区的温度，防止零件烧伤也有一定效果。

② 合理选择磨削用量。合理选择磨削用量时，既要考虑避免零件烧伤，同时也要考虑不能增大零件表面粗糙度。磨削深度对磨削温度影响极大，磨削深度增大，磨削温度就增大，所以磨削深度不宜过大。增大零件转速，磨削表面的温度也升高，但其增长速度与磨削深度的影响相比小得多。增大纵向进给量可以减少砂轮与零件的接触时间，提高了散热效果，降低磨削温度；但是同时会导致零件表面粗糙度值变大，可以采用较宽的砂轮来弥补。

因此，选用较小的磨削深度和较大的零件转速，是防止零件烧伤和保持较高生产率的有效措施。

③ 改善冷却条件。目前常用的冷却方法如图 1-34 所示，实际上真正进入磨削区的切削液很少，绝大部分是淋在已离开磨削区的加工面上，而此时零件已经烧伤。因此必须改善冷却条件，防止烧伤现象的发生。

如图 1-35 所示的内冷却是一种效果较好的冷却方法。内冷却法的工作原理是，经过严格过滤的冷却液通过中空主轴法兰套引入砂轮的中心腔内，由于离心力的作用，这些冷却液就会通

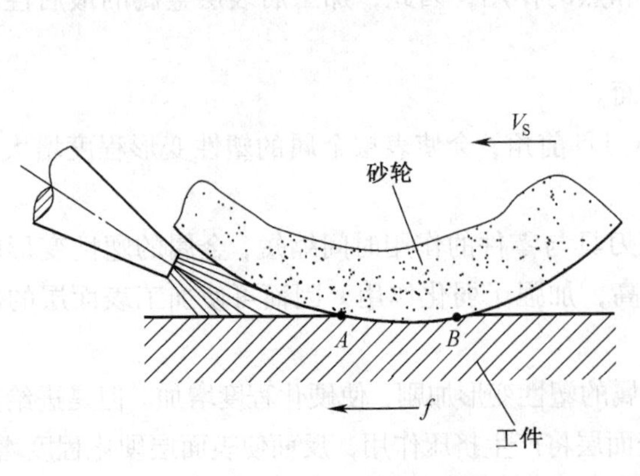

图 1-34　常用的冷却方法

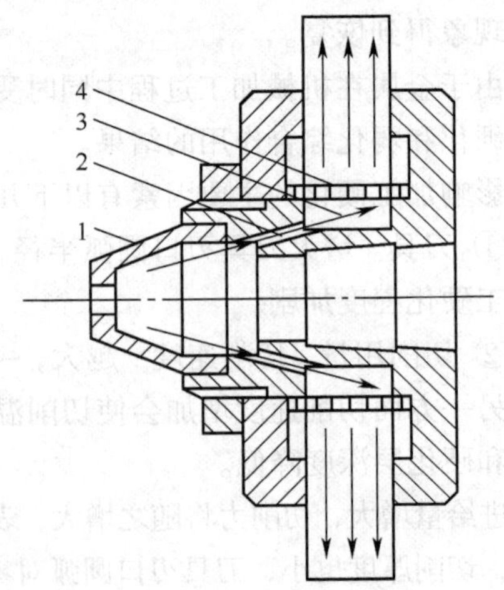

图 1-35　内冷却砂轮结构

1—锥形盖　2—切削液通孔　3—砂轮中心腔　4—有径向小孔的薄壁套

过砂轮内部的孔隙向砂轮四周的边缘甩出，因此冷却液就有可能直接注入磨削区。但是目前，内冷却法还未得到广泛应用，主要原因是使用内冷却装置时，磨床附近有大量水雾，操作工人劳动条件差，另外精磨加工时无法通过观察火花试磨对刀。

（3）表面层残余应力

在机械加工过程中，当零件的表面层金属组织发生形状变化、体积变化或金相组织变化时，将在表面层金属与其基体金属之间产生互相平衡的残余应力。

产生残余应力的原因主要有以下几个方面。

① 冷态塑性变形的影响。机械加工时，在切削力的作用下，表面金属层内产生塑性变形而伸长，体积膨胀，不可避免地要受到与它相连的里层金属的阻止，因此就在表面金属层产生了残余压应力，而在里层金属中产生残余拉应力。

② 热态塑性变形的影响。切削加工中会有大量的切削热产生，表面金属层在切削热的作用下产生热膨胀，此时基体金属的温度较低，因此表面金属层的热膨胀受到基体的限制而产生热压缩应力。当切削过程结束后，表面温度下降到与基体温度一致，表面层的冷却收缩受到基体的限制，表面层产生残余拉应力，里层产生残余压应力。磨削时由于磨削温度较高，热塑性变形也较大，所以温度较低，因此表面层的残余拉应力也较大，有时甚至使零件产生裂纹。

③ 金相组织变化的影响。切削或磨削时产生的高温会引起表面层的金相组织变化。由于不同的金相组织具有不同的密度，表面层的金相组织变化就会造成体积的变化。表面层体积膨胀时，因为受到基体的限制，产生了压应力；表面层体积缩小时，则产生了拉应力。

（4）提高和改善零件表面层物理机械性能的措施

对于承受高应力、交变载荷的零件，为了使表面层产生有利于提高耐疲劳强度及抗腐蚀性能的残余压应力和冷硬层，并降低表面粗糙度值，可以采用喷丸、滚压、挤压等表面强化工艺。

① 喷丸强化。喷丸是一种用压缩空气或离心力将大量直径细小（0.05～1.5mm）的钢丸或玻璃丸以 35～50m/s 的速度向零件表面喷射的方法，如图 1-36 所示。它使工件表面产生冷硬层和残余压应力，可以显著提高零件的疲劳强度和使用寿命。这种方法可以用于任何复杂形状的零件。

② 滚压加工。滚压加工是用工具钢淬硬制成的钢滚轮或钢珠在零件上进行滚压，如图 1-37 所示，将表层的凸起部分向下压，凹下部分往上挤，这样，将前道工序留下的波峰压平，从而修正零件表面的微观几何形状。此外，它还能使零件表面金属组织细化，形成残余压应力。

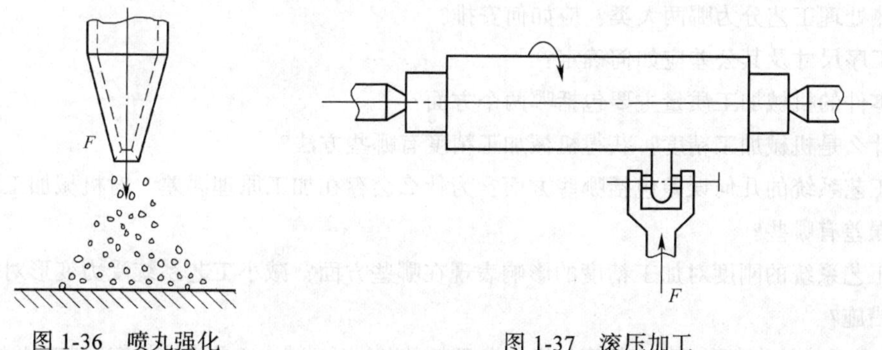

图 1-36 喷丸强化　　图 1-37 滚压加工

③ 挤压加工。挤压加工是用经过研磨的、具有一定形状的超硬材料（金刚石或立方氮化硼）作为挤压头，安装在专用的弹性刀架上，在常温状态下对金属表面进行挤压。挤压后的金属表面粗糙度值下降，硬度提高，表面层形成残余压应力，从而提高了表面疲劳强度。

小结

模具产品的生产离不开机械加工，但是由于模具是特殊机械产品，所以模具加工工艺规程也具有其特殊性。提高零件的机械加工精度必然要求减小加工误差。在机械加工时，由机床、夹具、刀具和零件组成的工艺系统在机械加工时产生的各种的误差，是影响零件机械加工精度的根源。机械加工表面质量包括零件表面的几何特性和零件表面的力学性能，对耐磨性、疲劳强度、耐蚀性、配合精度等零件的使用性能会产生很大影响。

思考题

1. 什么是模具加工工艺规程？在模具制造过程中，它主要有哪些作用？
2. 机械加工工艺过程由哪些内容组成？
3. 什么是工序？工序又可以分为哪几个部分？
4. 什么是安装和工位？试举例说明。
5. 什么是工步和走刀？试举例说明。
6. 制定工艺规程的基本原则是什么？
7. 简述制定工艺规程的步骤。
8. 什么是工艺文件？模具零件一般制定哪种工艺文件？
9. 分析零件结构的工艺性应该注意哪些问题？试举例说明。
10. 模具零件常用的毛坯有哪些种类？选择毛坯时应考虑哪些因素？
11. 什么是粗基准和精基准？选择粗基准和精基准时应注意哪些问题？
12. 什么是工序集中和工序分散？各有什么特点？
13. 安排切削加工工序应考虑哪些原则？
14. 热处理工艺分为哪两大类？应如何安排？
15. 工序尺寸及其公差应如何确定？
16. 零件的机械加工质量主要包括哪两个方面？
17. 什么是机械加工精度？获得机械加工精度有哪些方法？
18. 工艺系统的几何误差包括哪些方面？为什么会存在加工原理误差？对机械加工精度影响较大的机床误差有哪些？
19. 工艺系统的刚度对加工精度的影响表现在哪些方面？减小工艺系统受力变形对加工精度影响有哪些措施？
20. 工艺系统的热变形对加工精度的影响表现在哪些方面？减小工艺系统热变形有哪些措施？
21. 提高零件加工精度主要有哪些途径？试举例说明。
22. 零件的表面质量包含哪两个方面的内容？它们对零件使用性能各有什么影响？
23. 在切削加工和磨削加工中对零件表面粗糙度的影响因素分别有哪些？

第2章 模具机械加工方法

【学习目标】

1. 掌握采用通用机床加工模具零件的方法
2. 熟悉模具零件的精密机械加工方法
3. 熟悉数控加工的应用和数控机床的工作原理
4. 掌握数控车削和数控铣削的加工特点

机械加工广泛用于制造模具零件。由于模具零件的复杂程度以及精度要求各不相同，所采用的机械加工方法也不相同。一般来说，普通精度的模具零件采用车床、铣床、刨床、钻床、磨床等通用机床加工，然后进行必要的钳工修配后再装配。精度要求较高的模具零件采用成形磨床、坐标镗床、坐标磨床等精密机床加工。形状复杂的空间曲面采用数控机床加工。

2.1 外圆柱面的加工

许多模具零件在结构上都具有外圆柱面，例如导柱、导套、顶杆、型芯等。在加工外圆柱面的过程中，除了要保证外圆柱面的尺寸精度以外，还要保证各相关表面的同轴度、垂直度要求。外圆柱面的加工一般是在车床上进行粗加工和半精加工，然后在外圆磨床上进行精加工。精度要求更高的外圆柱面，还需经过研磨。

2.1.1 车削加工

1. 车床和车刀

车削是在车床上用车刀对工件进行切削加工的方法。车削加工精度一般为IT8～IT7，表面粗糙度 R_a 为6.3～1.6μm。精车时，可达IT6～IT5，粗糙度可达0.4～0.1μm。

车床的种类很多，有卧式车床、立式车床、六角车床、转塔车床、多刀半自动车床、数控车床等。其中卧式车床的通用性较好，应用最为广泛。如图 2-1 所示为常用卧式车床的外形图。

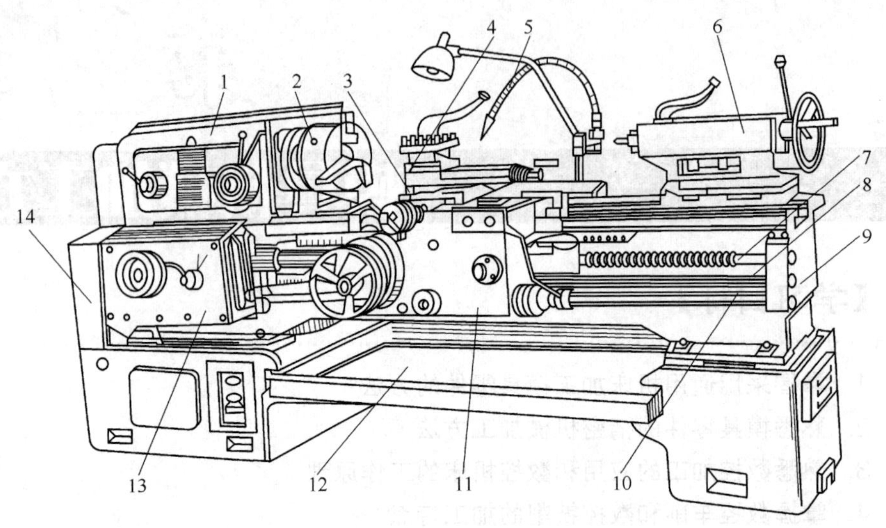

图 2-1　CA6140 卧式车床

1—主轴箱　2—卡盘　3—滑板　4—刀架　5—冷却管　6—尾座　7—丝杠　8—光杠
9—床身　10—操纵杆　11—溜板箱　12—盛液箱　13—进给箱　14—挂轮箱

外圆车刀主要有直头车刀、弯头车刀、90° 偏刀等，如图 2-2 所示。

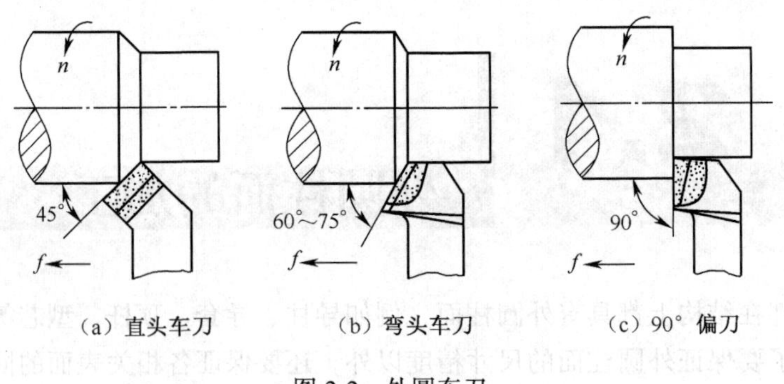

（a）直头车刀　　（b）弯头车刀　　（c）90° 偏刀

图 2-2　外圆车刀

2. 零件在车床上的装夹方法

（1）卡盘装夹

卡盘分为三爪自定心卡盘和四爪单动卡盘，如图 2-3 所示。三爪自定心卡盘的三只卡爪能同步沿径向移动，对零件夹紧或松开，并能实现自动定心，装夹方便而迅速。它的夹紧力较小，适于装夹中小型圆柱形、正三边形、正六边形零件。

四爪单动卡盘的四只卡爪能逐个单独沿径向移动，它的夹紧力较大，但校正工件位置较麻烦、费时，适于装夹单件、小批量生产中的非圆柱形零件。

（2）顶尖装夹

对于较长的轴类零件的装夹，特别是在多工序加工中，重复定位精度要求较高的场合，一般采用两顶尖装夹。如图 2-4 所示，前顶尖插入主轴锥孔，后顶尖插入尾座套筒锥孔，零件由安装在主轴上的拨盘通过鸡心夹头带动旋转。这种装夹方法由于顶尖工作部位细小，支承面积较小，装夹不够牢靠，所以加工时不宜采用大的切削用量。

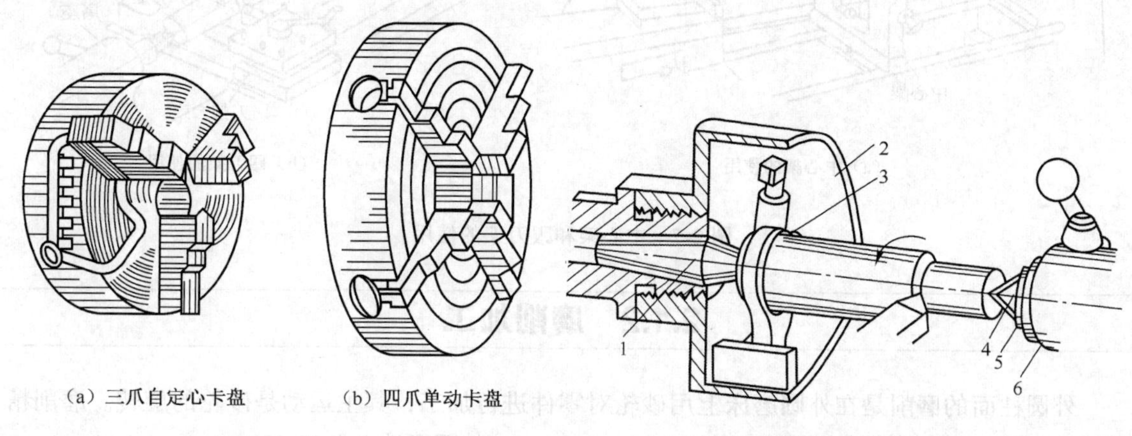

（a）三爪自定心卡盘　（b）四爪单动卡盘

图 2-3　卡盘

图 2-4　两顶尖装夹零件

1—前顶尖　2—拨盘　3—鸡心夹头

4—后顶尖　5—尾座套筒　6—尾座

在粗加工时，为了提高生产率，常采用大的切削用量，切削力很大，而此时对工件的位置精度要求不高，这时常采用主轴端用卡盘、尾座端用顶尖的“一夹一顶”的装夹方法，如图 2-5 所示。

（3）心轴装夹

对于内、外圆同轴度和端面对轴线垂直度要求较高的套类零件，如导套等，可采用心轴装夹，如图 2-6 所示。先精加工内孔，再以内孔定位将零件安装在心轴上，然后再把心轴安装在前、后顶尖之间。采用这种方法装夹时，零件内孔精加工的尺寸精度越高，则加工后外圆与内孔之间的位置精度就越高。

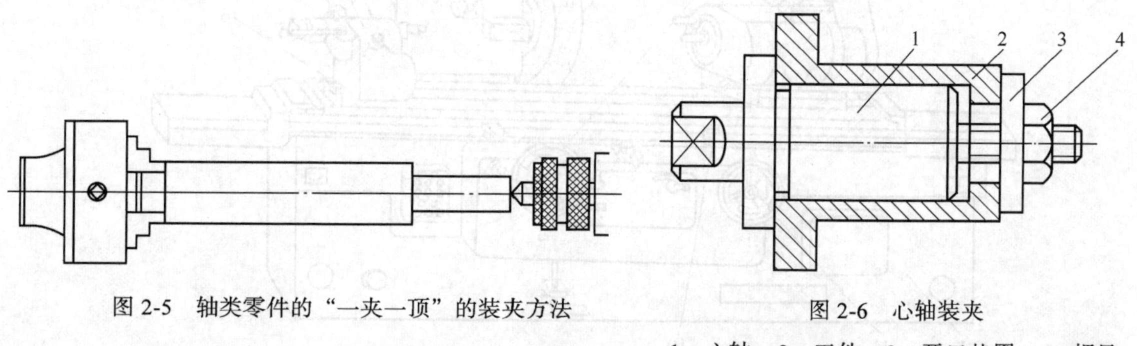

图 2-5　轴类零件的“一夹一顶”的装夹方法

图 2-6　心轴装夹

1—心轴　2—工件　3—开口垫圈　4—螺母

（4）中心架、跟刀架辅助支承

在加工特别细长的轴类零件时，为了增加零件的刚度，防止零件在加工中弯曲变形，常使用中心架或跟刀架作辅助支承。中心架和跟刀架的使用如图 2-7 所示。

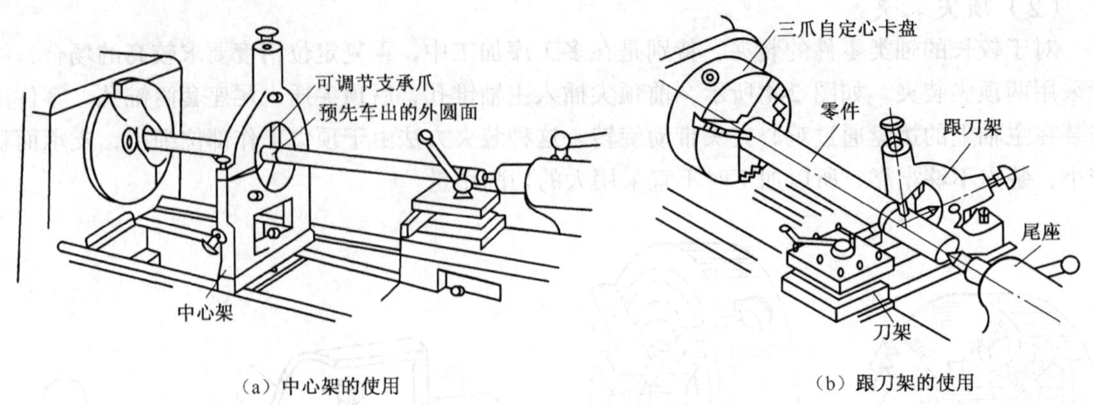

（a）中心架的使用　　（b）跟刀架的使用

图 2-7　中心架和跟刀架的使用

2.1.2　磨削加工

外圆柱面的磨削是在外圆磨床上用砂轮对零件进行加工，其主运动是砂轮的旋转。磨削精度可达 IT6～IT4，表面粗糙度 R_a 可达 1.25～0.01μm，甚至可达 0.1～0.008μm。

如图 2-8 所示为常用万能外圆磨床的外形图。磨外圆时零件常用的装夹方法有：两顶尖装夹、三爪自定心卡盘装夹和四爪单动卡盘装夹。两顶尖装夹零件的方法如图 2-9 所示。由于磨床所用的前、后顶尖都是固定不动的，尾座顶尖又是依靠弹簧顶紧零件，使零件和顶尖始终保持适当的松紧程度，可以避免磨削因顶尖摆动而影响零件的加工精度。所以，两顶尖装夹零件的方法，使用方便，定位精度高，应用最为广泛。

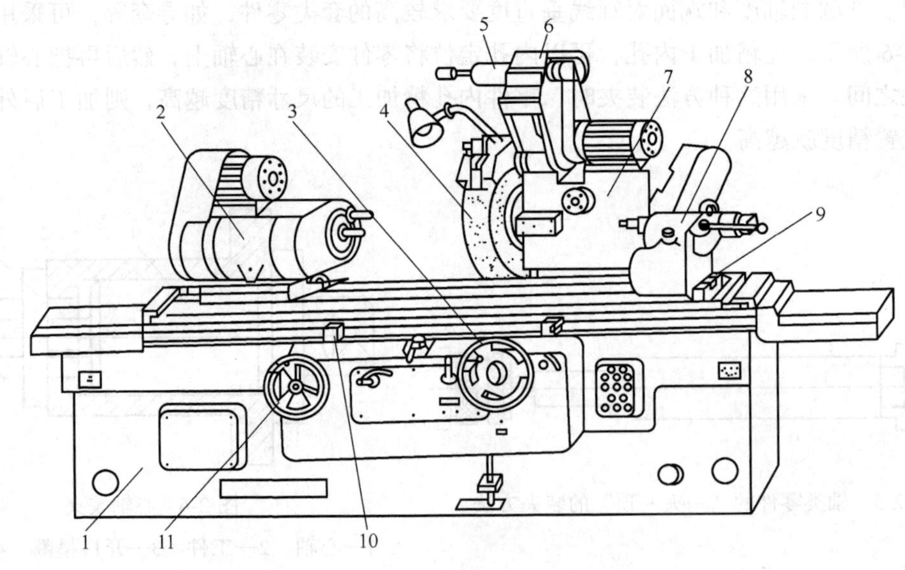

图 2-8　M1432B 万能外圆磨床

1—床身　2—头架　3—横向进给手轮　4—砂轮　5—内圆磨具　6—内圆磨头　7—砂轮架
8—尾座　9—工作台　10—挡块　11—纵向进给手轮

在外圆磨床上磨外圆的方法有纵向磨削法和横向磨削法。纵向磨削法，如图 2-10（a）所示，砂轮高速回转作主运动，零件低速回转作圆周进给运动，工作台作纵向往复进给运动，实现对零件整个外圆表面的磨削。每当一次纵向往复行程终了，砂轮作周期性的横向进给运动，直到达到所需的磨削深度。纵向磨削法的磨削质量高，在生产中应用广泛，但生产率较低。

图 2-9 两顶尖装夹工件

横向磨削法，如图 2-10（b）所示，磨削时由于砂轮厚度大于零件被磨削外圆的长度，零件无纵向进给运动。砂轮高速回转作主运动，同时砂轮以很慢的速度连续或间断地向零件横向进给切入磨削，直到磨去全部余量。横向磨削法的生产率较高，但加工精度低，一般只适用于磨削长度较短的外圆表面以及不能用纵向进给的场合，如磨削有台阶的轴颈。

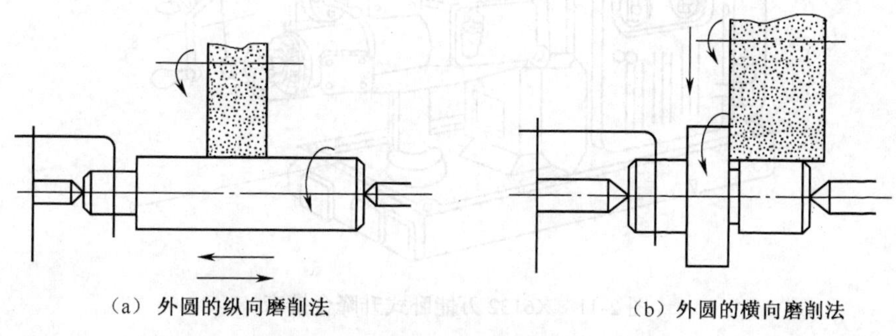

（a）外圆的纵向磨削法　　（b）外圆的横向磨削法

图 2-10 外圆纵向磨削法和横向磨削法

2.2 平面的加工

模具零件上最多的一种表面形式就是平面。平面虽然结构很简单，但是由于常常用作基准面或零件相互之间的连接面，所以在加工平面的过程中，除了要保证平面的尺寸精度和平面度以外，还要保证各相关平面的平行度、垂直度要求。平面的加工一般是采用牛头刨床、龙门刨床和铣床进行刨削和铣削加工，去除毛坯上的大部分加工余量，然后再通过平面磨削进行精加工，以达到设计要求。

2.2.1 铣削加工

中、小型平面一般采用铣床铣削加工。铣削的加工精度一般可达 IT8～IT7，表面粗糙度 R_a 为 6.3～1.6μm。

1. 铣床和铣刀

铣床的种类主要有卧式升降台铣床、立式升降台铣床、龙门铣床、工具铣床、各种专门铣床等。如图 2-11 所示为常用万能卧式升降台铣床的外形图。

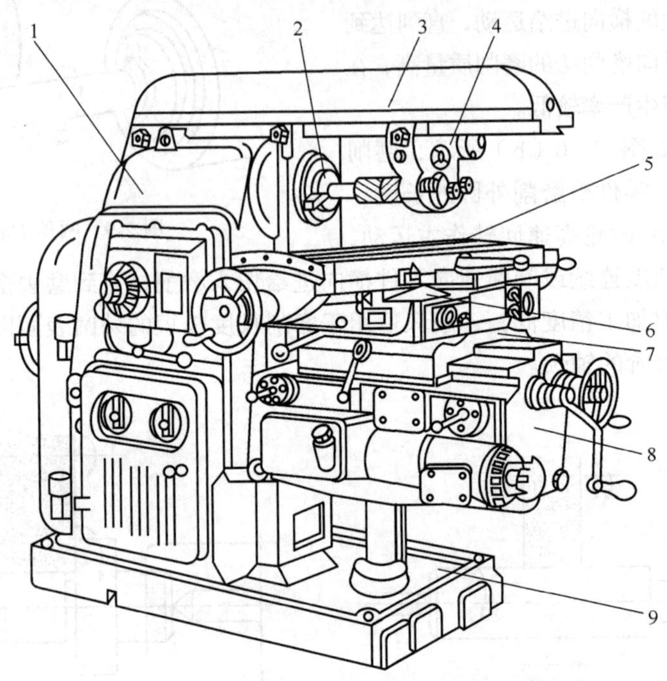

图 2-11　X6132 万能卧式升降台铣床

1—床身　2—主轴　3—横梁　4—挂架　5—工作台　6—转台
7—横向溜板　8—升降台　9—底座

铣刀是一种多刃回转刀具，铣削时同时参加切削的切削刃较长，且无空行程，铣削速度也较高，所以生产率较高。加工平面的铣刀包括以下几种。

(1) 圆柱形铣刀

如图 2-12（a）和图 2-12（b）所示，一般用于加工较窄的平面，分为粗齿和细齿 2 种，分别用于粗加工和精加工。

(2) 端铣刀

分为整体式、镶齿式和可转位式 3 种，如图 2-12（c）所示，用于粗、精铣各种平面。

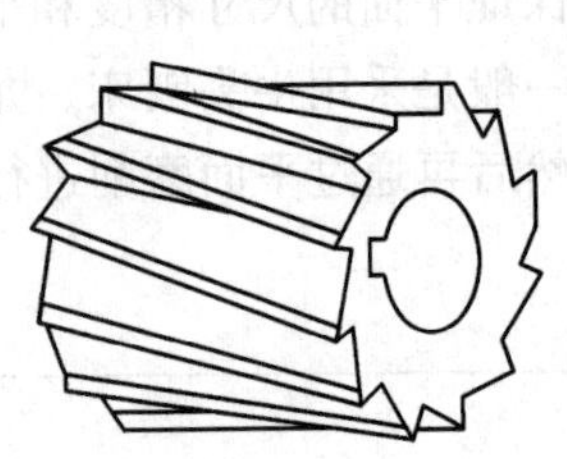

(a) 整体式圆柱形铣刀

(b) 镶齿式圆柱形铣刀

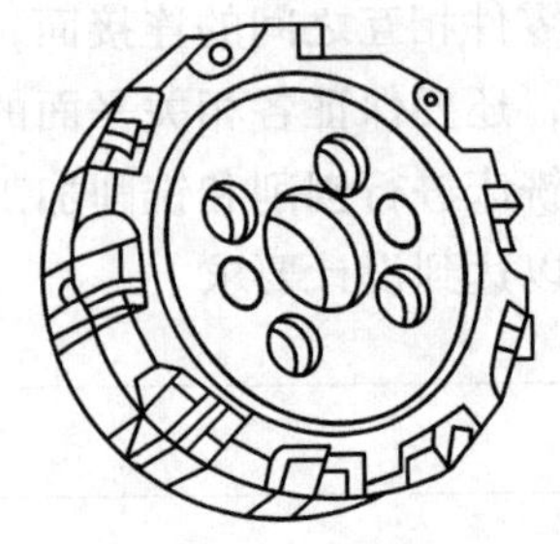

(c) 可转位硬质合金刀片端铣刀

图 2-12　加工平面的铣刀

平面铣削可以采用圆柱形铣刀对零工件进行周铣或者采用端铣刀对零件进行端铣，如图 2-13 所示。

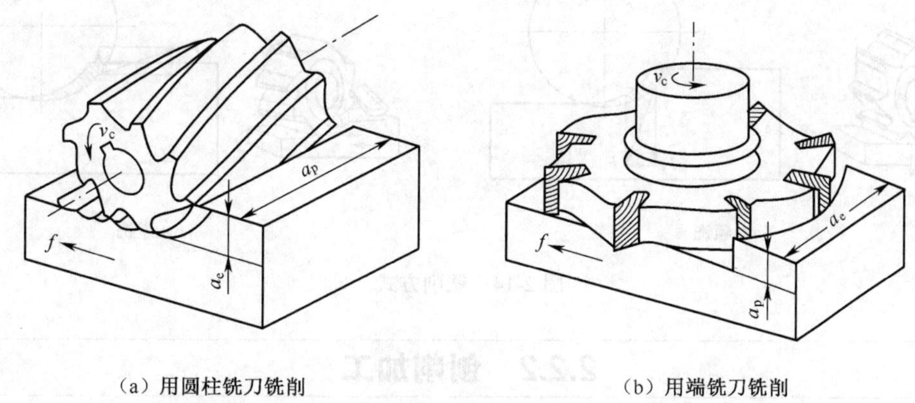

（a）用圆柱铣刀铣削　（b）用端铣刀铣削

图 2-13　铣削的应用

2. 零件的装夹

零件在铣床上的装夹常用以下几种方法。

① 用平口虎钳装夹。

② 用万能分度头装夹。

③ 用压板、螺栓直接将工件装夹在铣床工作台上。

④ 在成批生产中采用专用夹具装夹。

3. 铣削方式

按照铣削时主运动速度方向与零件进给方向的相同或相反，铣削分为顺铣和逆铣。

（1）顺铣

铣刀的旋转方向和零件的进给方向相同的铣削方式称为顺铣，如图 2-14（a）所示。顺铣时，铣削力的水平分力与零件的进给方向相同，工件台进给丝杠与固定螺母之间一般有间隙存在，因此切削力容易引起零件和工作台一起向前窜动，使进给量突然增大，引起打刀。在铣削铸件或锻件等表面有硬皮的零件时，顺铣时刀齿首先接触零件硬皮，加剧了铣刀的磨损。但是顺铣时，铣刀切入零件是从切削厚处切到薄处，因此铣刀后刀面与零件已加工表面的挤压、摩擦小，零件加工表面质量较高。

（2）逆铣

铣刀的旋转方向和零件的进给方向相反的铣削方式称为逆铣，如图 2-14（b）所示。逆铣可以避免顺铣时发生的窜动现象。逆铣时，切削厚度从零开始逐渐增大，因而刀刃开始经历了一段在切削硬化的已加工表面上挤压滑行的阶段，加速了刀具的磨损，并使零件已加工表面受到冷挤压、摩擦作用，影响零件已加工表面的质量。同时，逆铣时，铣削力的垂直分力将零件上抬，易引起震动。

一般而言，在铣床上进行圆周铣削时，一般采用逆铣。只有当把丝杠的轴向间隙调整到很小，或者当水平分力小于工作台导轨间的摩擦力时，才选用顺铣。

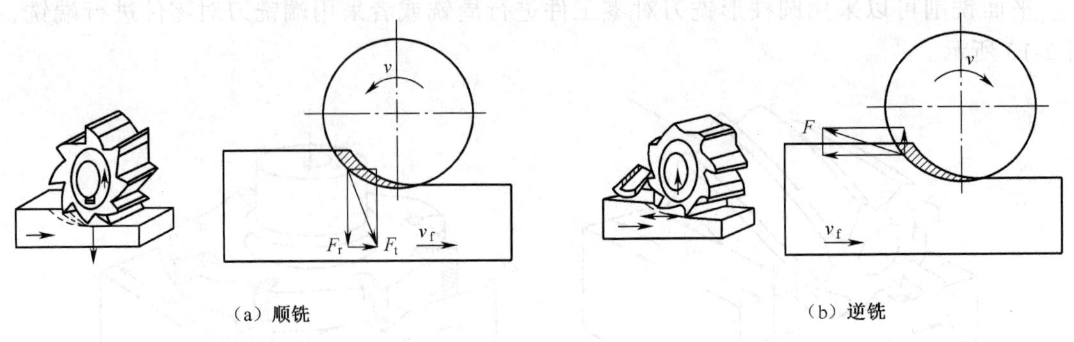

（a）顺铣　　　　（b）逆铣

图 2-14　铣削方式

2.2.2　刨削加工

1. 刨床和刨刀

刨床主要分为牛头刨床和龙门刨床。牛头刨床外形如图 2-15 所示。刨削加工中，中、小型平面多采用牛头刨床刨削加工，大型平面多采用龙门刨床刨削加工。

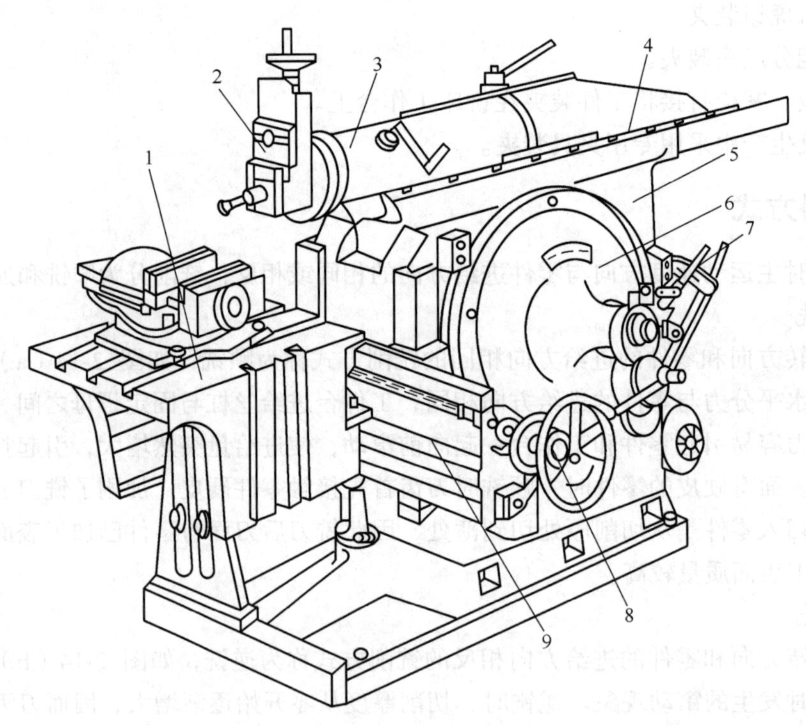

图 2-15　牛头刨床

1—工作台　2—刀架　3—滑枕　4—压板　5—床身　6—摆杆机构

7—变速机构　8—进刀机构　9—横梁

在刨床上可以加工各种平面（水平面、垂直面和斜面），也可以加工各种沟槽（直槽、T 形槽、燕尾槽、V 形槽等），如图 2-16 所示。

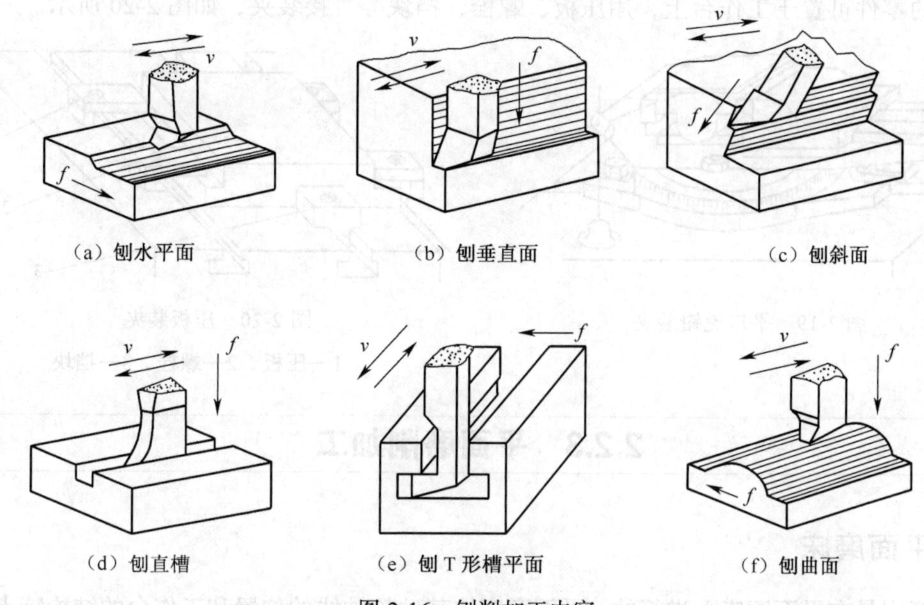

图 2-16 刨削加工内容

刨削时，刀具的往复直线运动为切削主运动。因此，刨削速度不可能太快，生产率较低。刨削比铣削平稳，其加工精度一般可达 IT9～IT7，表面粗糙度 R_a 为 12.5～3.2μm。

刨刀属于单刃刀具，其几何形状与车刀大致相同。由于刨刀在切入工件时受到较大的冲击力，所以刀杆的截面积一般比较大。刨刀有直杆和弯颈两种形式，如图 2-17 所示。采用弯颈刨刀，可以避免刨削时产生“扎刀”现象（即刨刀在受到较大的切削力弯曲时，刀尖不能从加工面上提起来）。

2. 刨刀和零件的装夹

（1）刨刀的装夹

刨刀的装夹如图 2-18 所示。装夹位置要正，刀头伸出长度应尽可能短，夹紧要牢固。

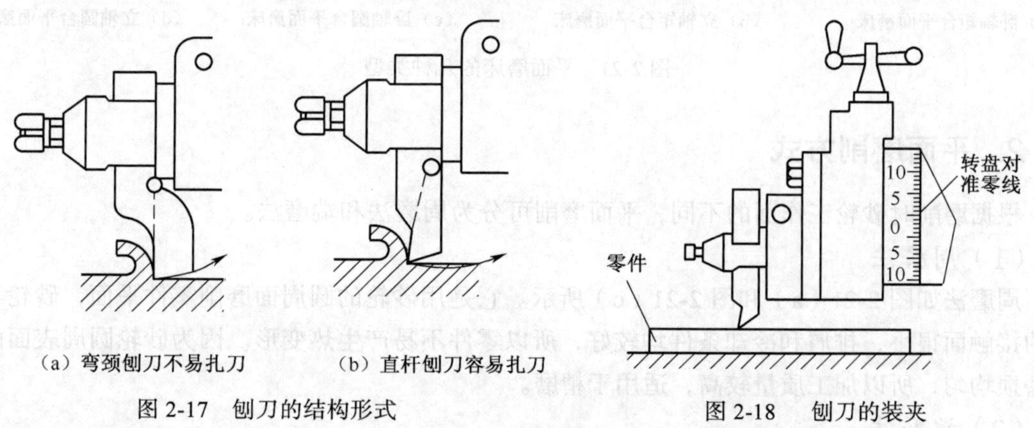

图 2-17 刨刀的结构形式

图 2-18 刨刀的装夹

（2）零件的装夹

较小的零件可用固定在工作台上的平口虎钳装夹，如图 2-19 所示。平口虎钳在工作台上位置应正确，必要时应用百分表找正。装夹零件时应注意工件高出钳口或伸出钳口两端不宜太多，以保证夹紧可靠。

较大的零件可置于工作台上，用压板、螺栓、挡块等直接装夹，如图 2-20 所示。

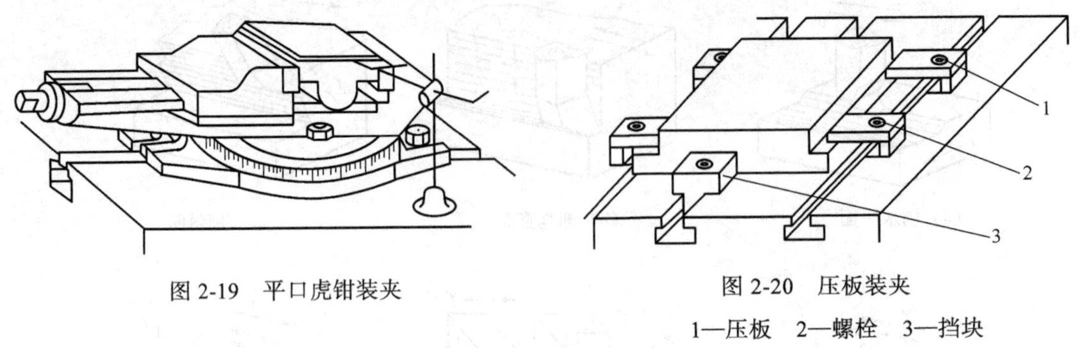

图 2-19　平口虎钳装夹

图 2-20　压板装夹

1—压板　2—螺栓　3—挡块

2.2.3　平面磨削加工

1. 平面磨床

平面磨削是在平面磨床上进行的。平面磨床按其砂轮轴线的位置和工作台的结构特点，可分为卧轴矩台平面磨床、卧轴圆台平面磨床、立轴矩台平面磨床、立轴圆台平面磨床等几种类型，如图 2-21 所示。其中卧轴矩台平面磨床应用最为广泛。平面磨削的加工精度一般可达 IT6～IT5，表面粗糙度 R_a 为 0.4～0.2μm。

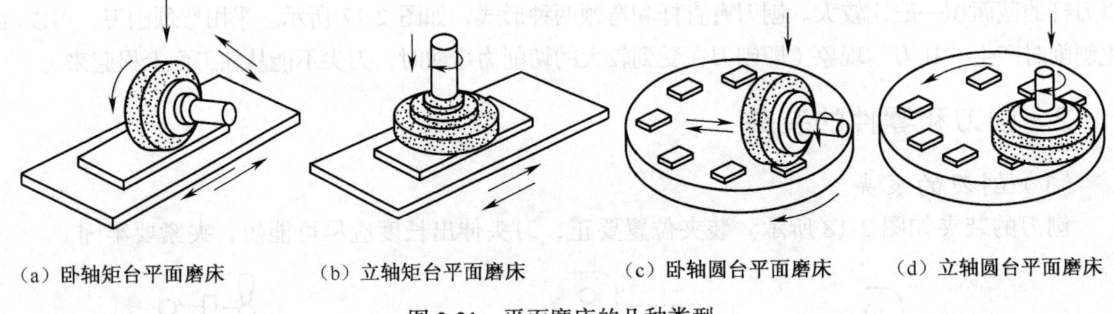

（a）卧轴矩台平面磨床　（b）立轴矩台平面磨床　（c）卧轴圆台平面磨床　（d）立轴圆台平面磨床

图 2-21　平面磨床的几种类型

2. 平面磨削方式

根据磨削时砂轮工作面的不同，平面磨削可分为周磨法和端磨法。

（1）周磨法

周磨法如图 2-21（a）和图 2-21（c）所示。它是用砂轮的圆周面磨削零件平面，砂轮与零件的接触面很小，排屑和冷却条件均较好，所以零件不易产生热变形。因为砂轮圆周表面的磨粒磨损均匀，所以加工质量较高，适用于精磨。

（2）端磨法

端磨法如图 2-21（b）和图 2-21（d）所示。它是用砂轮的端面磨削零件平面，砂轮与零件的接触面较大，冷却液不易注入磨削区内，零件热变形大。另外，因为砂轮端面各点的圆周速度不同，端面磨损不均匀，所以加工质量较差，但其磨削效率高，适用于粗磨。

2.3 孔和孔系的加工

模具零件中孔的加工占整个模具零件加工的很大比重。模具零件中孔的种类有圆形、方形、多边形及不规则形状的异形孔。异形孔的加工大多采用电火花、电火花线切割等特种加工方法来加工，本小节仅讨论圆形孔的加工方法。

2.3.1 一般孔的加工方法

1. 钻孔

钻孔是在钻床上，用钻头旋转钻削孔。钻床分为台式钻床、立式钻床和摇臂钻床。台式钻床是小型钻床，如图 2-22 所示，它结构简单，常安装在台桌上，只能手动进给，用来加工直径小于 12mm 的孔。立式钻床如图 2-23 所示，适用于中、小型零件的单件，小批量生产。摇臂钻床如图 2-24 所示，适用于加工一些大而重的零件上的孔（零件不动，移动主轴）。

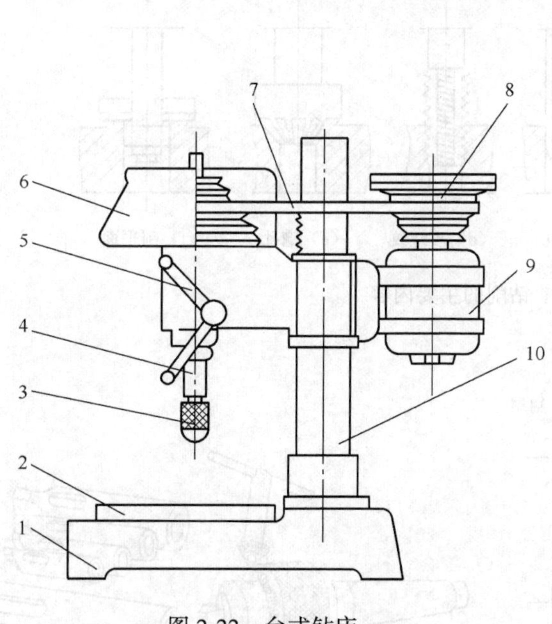

图 2-22 台式钻床

1—底座 2—工作台 3—钻夹头 4—主轴 5—进给手柄 6—罩 7—带 8—带轮 9—电动机 10—立柱

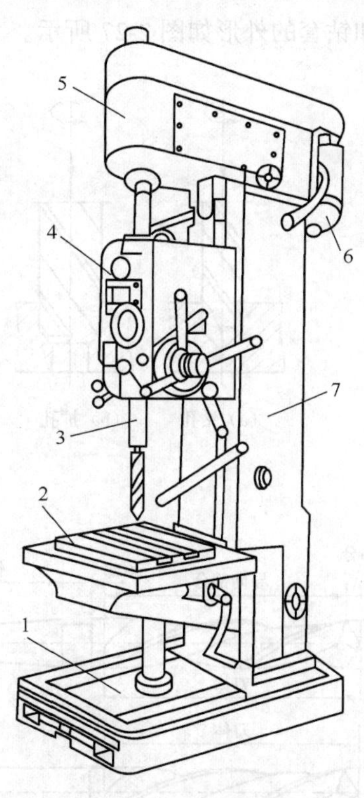

图 2-23 立式钻床

1—底座 2—工作台 3—主轴 4—进给箱 5—主轴箱 6—电动机 7—立柱

在钻床上除了进行钻孔以外，还可以进行扩孔，铰孔，锪孔，攻螺纹，刮平面等加工，如图 2-25 所示。

麻花钻是钻孔的常用刀具，一般由高速钢制成，其结构分为柄部、颈部和工作部分，如图 2-26 所示。柄部是麻花钻的夹持部分，切削时用来传递转矩。颈部是麻花钻刀体和柄部之间的过渡部分，在麻花钻制造的磨削过程中起退刀槽作用。工作部分包括切削部分和导向部分，导向部分有两条对称的棱边和螺旋槽，其中较窄的棱边起导向和修光孔壁的作用，较深的螺旋槽用来排屑和输送切削液。切削部分担任主要的切削工作。

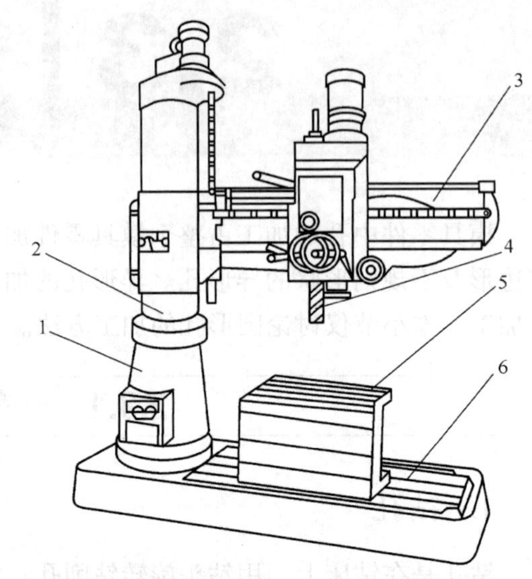

图 2-24　摇臂钻床

1—立柱座　2—立柱　3—摇臂　4—主轴　5—工作台　6—底座

钻头的装夹根据其柄部的不同而不同。钻头的柄部分为直柄和锥柄两种，直柄钻头需用带锥柄的钻夹头夹紧，再将钻夹头的锥柄插入钻床主轴的锥孔中。如果钻夹头的锥柄不够大，可套上过渡用钻套再插入主轴锥孔。对于锥柄钻头如果其锥柄规格与主轴锥孔规格相符，则将钻头锥柄直接插入主轴锥孔，不相符时也可加用钻套。钻夹头和钻套的外形如图 2-27 所示。

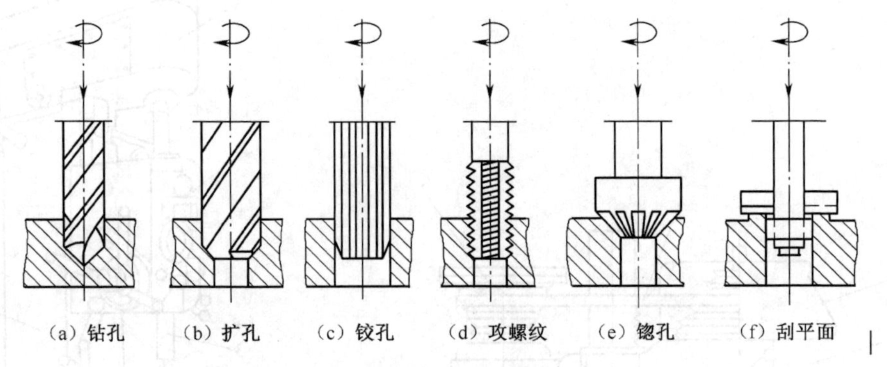

图 2-25　钻削的主要内容

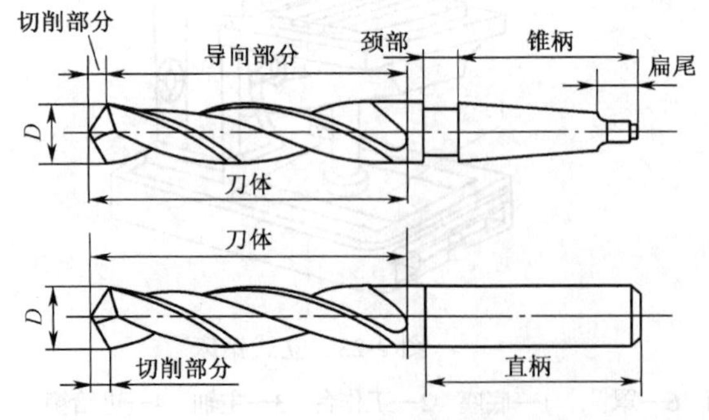

图 2-26　麻花钻的结构

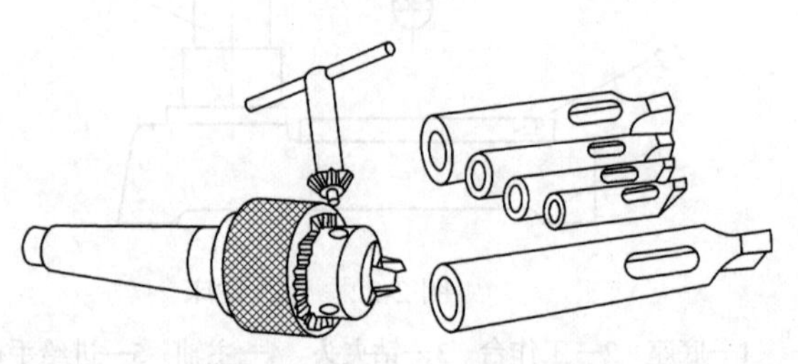

图 2-27　钻夹头和钻套的外形

对于孔径较小的小型零件，可采用平口钳装夹进行钻削。对于孔径较大的零件，由于钻削时转矩较大，为了保证装夹可靠和操作安全，可采用压板、V形块、螺栓等装夹，如图 2-28 所示。

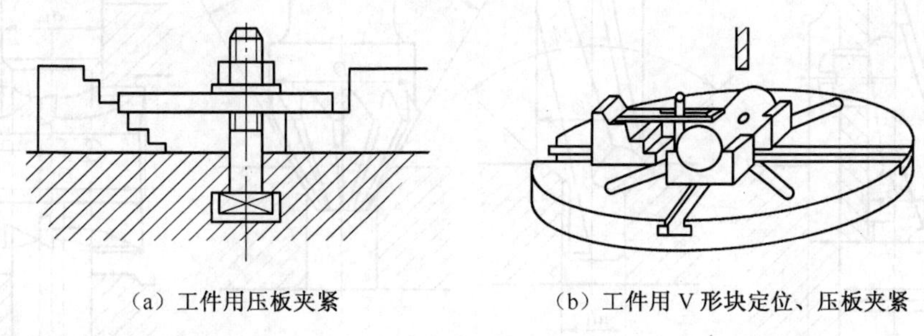

（a）工件用压板夹紧　　（b）工件用 V 形块定位、压板夹紧

图 2-28　工件的装夹

钻孔为粗加工，加工范围为ϕ0.1～80mm，以ϕ30mm 以下时最常用。加工精度较低，一般为 IT13～IT11，表面粗糙度 R_a 值一般为 50～12.5μm。一般用做要求不高的孔（如螺栓通过孔、润滑油通道孔等）的加工或高精度孔的预加工。

2. 扩孔

扩孔是采用扩孔钻对已经钻出的孔进一步扩大的加工方法。扩孔可采用较大的走刀量，加工精度比钻孔高，而且还能纠正被加工孔轴线的歪斜，因此扩孔常用作铰孔、镗孔、磨孔前的预加工，也可以作为精度要求不高的孔的最终加工。扩孔钻与麻花钻相似，但有 3～4 个切削刃，其导向性好，钻芯直径较大，没有横刃，刀体刚度和强度高，因此切削稳定。由于扩孔时切削深度较小，所以切屑少。如图 2-29 所示。扩孔加工精度一般为 IT11～IT10，表面粗糙度 R_a 值一般为 6.3～3.2μm。

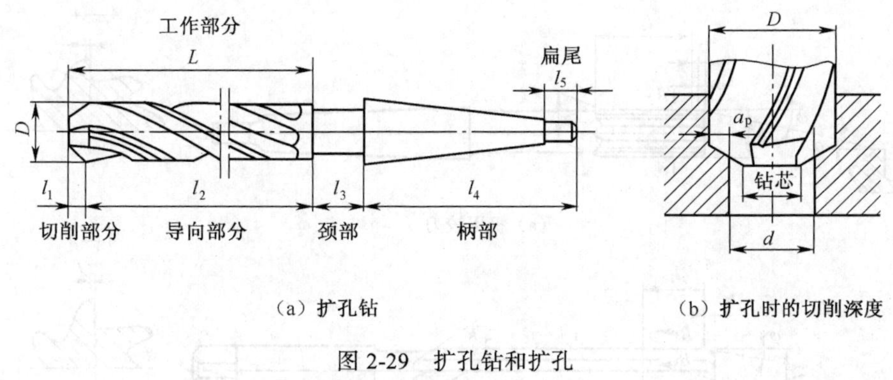

（a）扩孔钻　　（b）扩孔时的切削深度

图 2-29　扩孔钻和扩孔

3. 锪孔

锪孔是指用锪钻加工各种埋头螺钉、沉头座、锥孔及凸台端面等。常用的几种锪钻外形及加工方法如图 2-30 所示，其中图（a）所示为锪圆柱形沉头孔，图（b）、（c）所示为锪圆锥形沉头孔（锥角有 60°、90°、120° 3 种），图（d）所示为锪孔端面的凸台平面。锪钻上带有定位导柱 d_1，用来保证被锪孔或端面与原来孔的同轴度或垂直度要求。

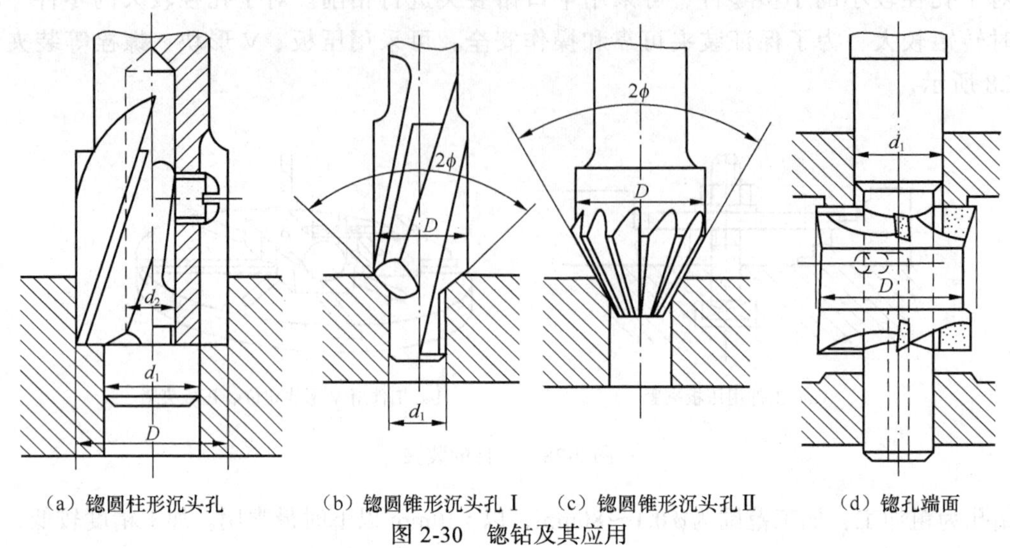

（a）锪圆柱形沉头孔　（b）锪圆锥形沉头孔 Ⅰ　（c）锪圆锥形沉头孔 Ⅱ　（d）锪孔端面

图 2-30　锪钻及其应用

4. 铰孔

铰孔是用铰刀对中小直径的未淬硬孔进行半精加工和精加工的方法。铰孔的加工余量小，切削厚度薄，加工精度可达 IT8～IT6，表面粗糙度 R_a 可达 1.6～0.4μm。模具制造中常需要铰孔的有：销钉孔，安装圆形凸模、型芯或顶杆的孔，冲裁模刃口锥孔等。

铰刀是多刃刀具，有 6～12 条刀齿，如图 2-31 所示。铰刀的工作部分由引导部分 l_1、切削部分 l_3、修光部分 l_2 组成。引导部分是铰刀进入孔时的导向部分。切削部分承担主要的切削工作，其切削半锥角较小，一般为 $\varphi = 1° \sim 15°$，因此铰削时定心好，切屑薄。修光部分对孔壁起修光作用。

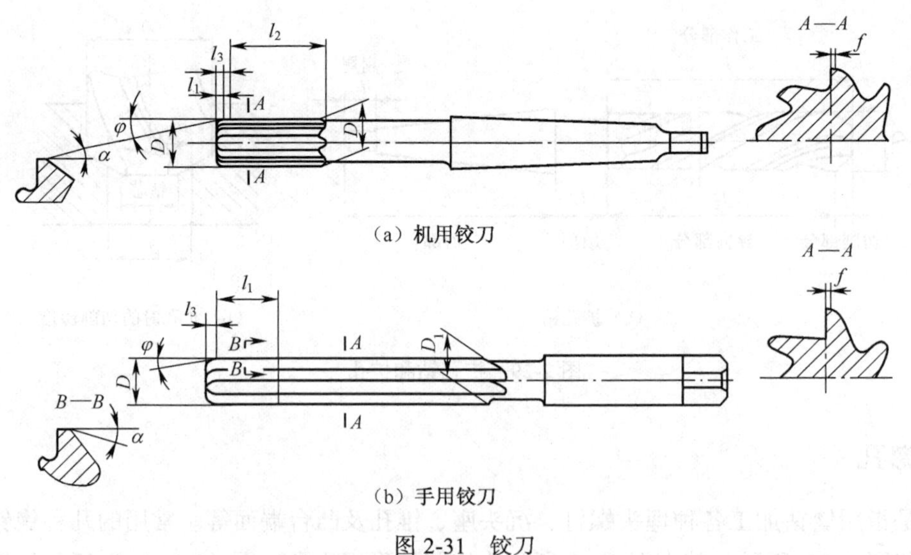

（a）机用铰刀

（b）手用铰刀

图 2-31　铰刀

铰刀分为机用铰刀和手用铰刀两种。机用铰刀用于成批生产，装在钻床、车床、铣床、镗床等机床上进行铰孔，有锥柄和直柄两种类型。手用铰刀的切削部分较长，导向作用好，用于单件、小批量生产。

5. 镗孔

镗孔是在镗床上，用镗刀旋转镗削孔，通常用于加工尺寸较大，精度要求较高的孔，特别是分布在不同表面上，孔距和位置精度要求较高的孔，如箱体上的孔。镗床分为立式镗床、卧式镗床和坐标镗床。卧式镗床如图 2-32 所示。在镗床上除了镗孔以外，还可以进行钻孔、铰孔，以及用多种刀具进行平面、沟槽和螺纹的加工。图 2-33 所示为卧式镗床上镗削的主要内容。镗孔加工精度一般为 IT9～IT7，表面粗糙度 R_a 为 6.3～0.8μm。

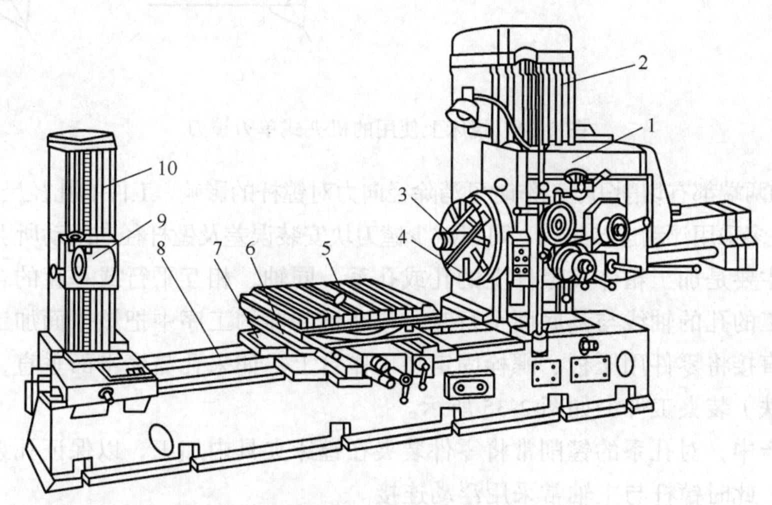

图 2-32　卧式镗床

1—主轴箱　2—立柱　3—主轴　4—平旋盘　5—工作台　6—上滑座

7—下滑座　8—床身　9—后支架　10—后立柱

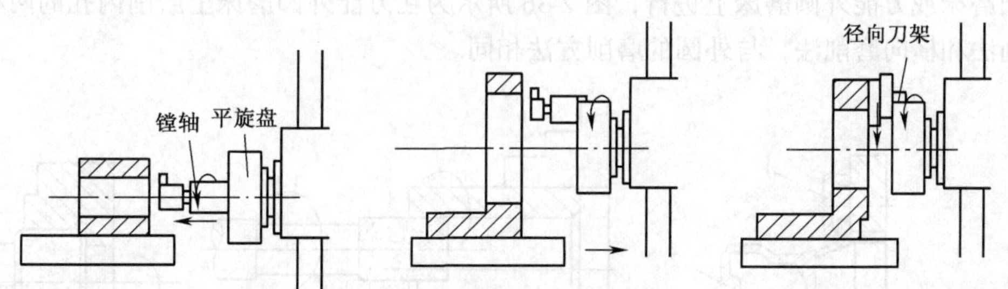

（a）用主轴安装镗刀杆镗不大的孔（b）用平旋盘上镗刀镗大直径孔（c）用平旋盘上径向刀架镗平面

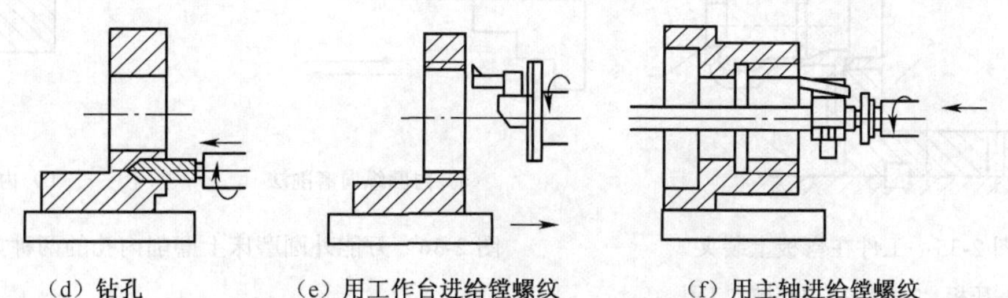

（d）钻孔　（e）用工作台进给镗螺纹　（f）用主轴进给镗螺纹

图 2-33　卧式镗床上镗削的主要内容

镗刀按照切削刃的数量可以分为单刃镗刀和双刃镗刀。单刃镗刀适用于孔的粗、精加工，但切削效率低，对工人的操作技术要求高。加工小直径孔的镗刀通常作成整体式，加工大直径孔的镗刀可作成机夹式。图 2-34 所示为镗床上使用的机夹式单刃镗刀。

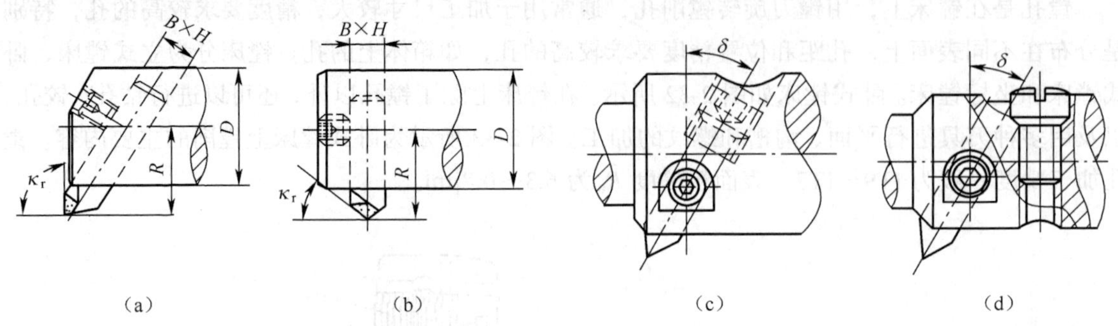

图 2-34　镗床上使用的机夹式单刃镗刀

双刃镗刀的两端都有切削刃，工作时可消除径向力对镗杆的影响，工件的孔径尺寸和精度由镗刀径向尺寸保证。多采用浮动连接结构，可以减少镗刀块安装误差及镗杆径向跳动所引起的加工误差。

在镗床上主要是加工箱体类零件上的孔或孔系。同轴、相互平行或垂直的若干个孔称为孔系。如果被加工的孔的轴线与其底面平行时，应在镗削前的工序中把该平面加工好，镗削时用作定位基准，直接将零件用压板、螺栓固定在工作台上；如果孔与底平面垂直，则可在工作台上用弯板（角铁）装夹工件，如图 2-35 所示。

在成批生产中，对孔系的镗削常将零件装夹在镗床夹具内加工，以保证孔系的位置精度及提高生产效率，此时镗杆与主轴常采用浮动连接。

6. 内圆磨削

模具零件中要求很高的孔（如型孔、导向孔等），一般采用内圆磨削进行精加工。内圆磨削可在内圆磨床或万能外圆磨床上进行，图 2-36 所示为在万能外圆磨床上磨削内孔的两种方法：纵向磨削法和横向磨削法，与外圆的磨削方法相同。

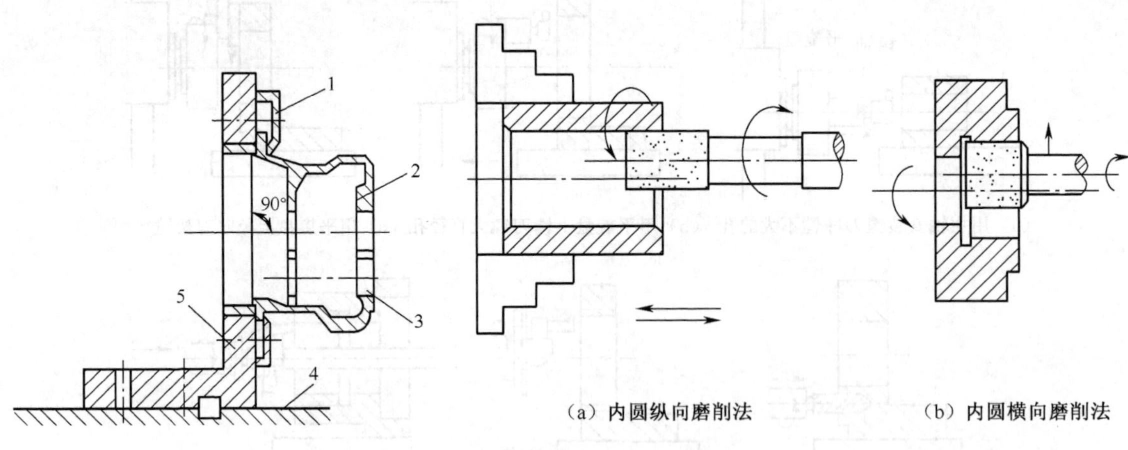

图 2-35　工件在弯板上装夹

1—压板　2—工件　3—被加工孔

4—工作台　5—弯板

图 2-36　万能外圆磨床上磨削内孔的两种方法

7. 珩磨

为了进一步提高孔的表面质量，可以增加珩磨工序。珩磨是使用具有几条油石（砂条）的珩磨头，对预先磨过或精镗过的孔进行精密加工。珩磨加工示意图如图 2-37 所示，零件安装在珩磨机的工作台上固定不动，珩磨头与珩磨机主轴浮动连接，珩磨头插入零件的孔中，并使油石以一定压力与孔壁接触。珩磨头由机床主轴带动旋转，同时沿轴向作往复运动，使油石从孔壁切除一层极薄的金属，加工余量一般为 0.02～0.15mm。珩磨的加工精度可达 IT6 以上，表面粗糙度 R_a 为 0.63～0.04μm。

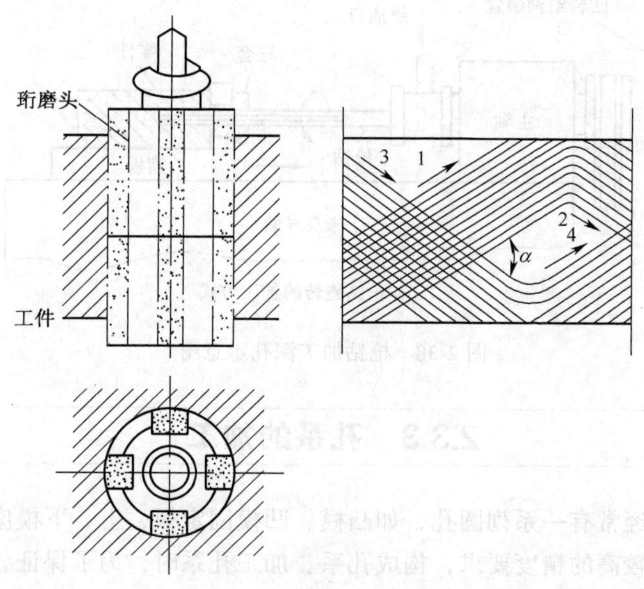

图 2-37　珩磨加工示意图

2.3.2　深孔加工

模具零件中深孔主要有两类，一类是冷却水道孔和加热器孔，冷却水道孔的精度要求不高，但不能偏斜；加热器孔为了保证热传导效率，孔径和表面粗糙度有一定要求，孔径一般比加热棒大 0.1～0.3mm，表面粗糙度为 R_a 为 12.5～6.3μm；另一类是顶杆孔，顶杆孔的要求较高，孔径精度一般为 IT8 级，并有垂直度和表面粗糙度要求。这些深孔常用的加工方法如下。

① 中、小型模具的深孔，可用加长钻头在立式钻床或摇臂钻床上进行，加工时应注意及时排屑并进行冷却，进刀量要小，防止孔偏斜。

② 中、大型模具的深孔，可在摇臂钻床或专用深孔钻床上完成。

③ 如果孔的深度很大并且精度要求较低，可采用先画线后两面对钻的加工方法。

④ 对于有一定垂直度要求的深孔，加工时必须采用一定的工艺措施予以导向，如采用钻模等。

⑤ 对于直径小于 ϕ20mm 且长径比大于 100：1 的深孔，多采用枪钻加工。枪钻的工作部分由高速钢或硬质合金与无缝钢管压制成形的钻杆对焊而成。加工时零件旋转，枪钻进给，同时高压切削液由钻杆尾部注入，冷却切削后沿钻杆凹槽将切屑冲刷出来。枪钻加工深孔的示意图如图 2-38（a）所示。也可以采用枪钻旋转，零件进给的加工方式，如图 2-38（b）所示。

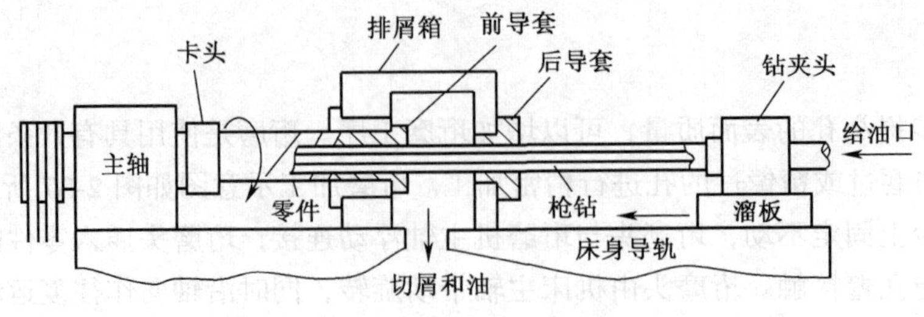

(a) 零件旋转的加工方式

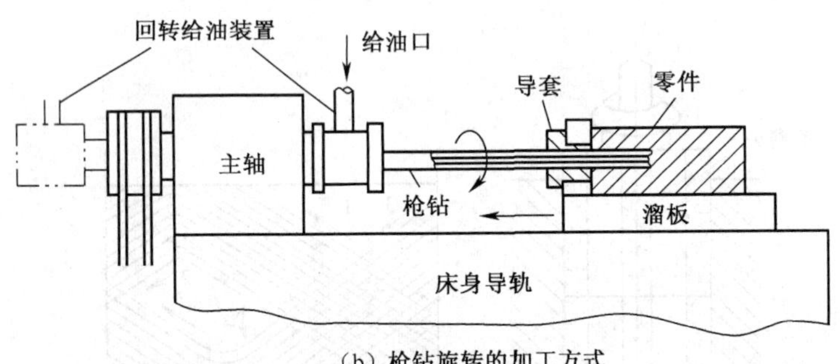

(b) 枪钻旋转的加工方式

图 2-38　枪钻加工深孔示意图

2.3.3　孔系的加工

在模具零件中，经常有一系列圆孔，如凸模、凹模固定板，上、下模座等，这一系列圆孔的尺寸和相互位置有较高的精度要求，构成孔系。加工孔系时，为了保证各孔的相互位置精度要求，一般是先加工好基准平面，然后再加工所有的孔。

对于同一零件的孔系，常用以下几种加工方法。

1. 画线法

这种方法是在零件表面先画出各孔的中心位置，再用中心冲在各孔的中心处冲出中心孔，然后在车床、钻床或镗床上按照画线逐个找正并加工出孔。画线法的误差较大，所以孔的精度也较低，一般为 0.25～0.50mm，只能适用于相互位置精度要求不高的孔系。

2. 找正法

这种方法是在普通镗床等通用机床上，借助一些辅助装置来找正各孔的中心位置。如图 2-39 所示为用精密芯轴和量块来找正各孔的中心位置。将芯轴分别插入机床主轴孔和零件已加工的孔内，用量块来找正主轴。找正法加工的设备简单，但生产率低，孔的中心距精度一般为 0.15mm。

3. 通用机床坐标加工法

这种方法是将被加工各孔之间的距离尺寸换算成互相垂直的坐标尺寸，然后通过机床纵、横向进给机构的移动来确定孔的中心位置进行加工的。在立式铣床或镗床上利用坐标法加工，孔的位置精度一般为 0.06～0.08mm。

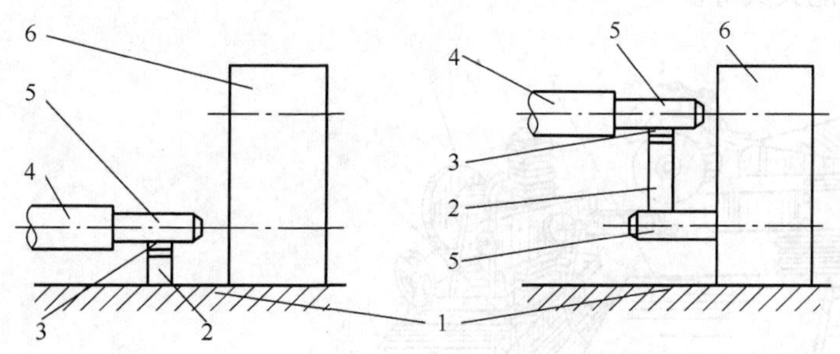

图 2-39　找正法加工

1—机床工作台　2—量块　3—塞规　4—机床主轴　5—芯轴　6—工件

4. 坐标镗床加工法

在坐标镗床上加工的孔不仅具有较高的尺寸精度和几何形状精度，而且还具有较高的孔距精度，孔距精度可达 0.005～0.010mm。在加工孔系时，为了避免切削热影响孔距精度，应先钻孔距较近的大孔，然后铰钻小孔。

2.4 模具精密机械加工

2.4.1　成形磨削加工

1. 成形磨削概述

成形磨削是一种对复杂表面进行磨削加工的方法，可在成形磨床、平面磨床、万能工具磨床上进行。如图 2-40 所示为成形磨床外形图。

成形磨削时，首先把复杂的成形表面分解成若干个平面、斜面、圆柱面等简单形状，然后分段磨削，并使其联结光滑、圆整，最后达到图样要求。在模具制造中，成形磨削主要用于淬硬后复杂形状的凸模、凹模拼块、凸凹模及电火花加工电极的精加工。采用成形磨削可大大减少钳工工作量，缩短模具制造时间。

成形磨削方法有 2 种：成形砂轮磨削法和夹具磨削法。成形砂轮磨削法是利用修整砂轮工具，将砂轮修整成与工件型面完全吻合的相反型面，然后用此砂轮磨削工件，以获得需要的形状，如图 2-41（a）所示。用于修整砂轮的工具主要有砂轮角度修整夹具、砂轮圆弧修整夹具、砂轮万能修整夹具和靠模修整夹具等。夹具磨削法是将工件按一定的条件装夹在专用工具上，在加工时通过调整工件的位置，转动或移动夹具来改变砂轮和工件的位置进行磨削，以获得需要的形状，如图 2-41（b）所示。用于夹具磨削法的专用夹具主要有精密平口钳、正弦磁力台、正弦分中夹具和万能夹具等。

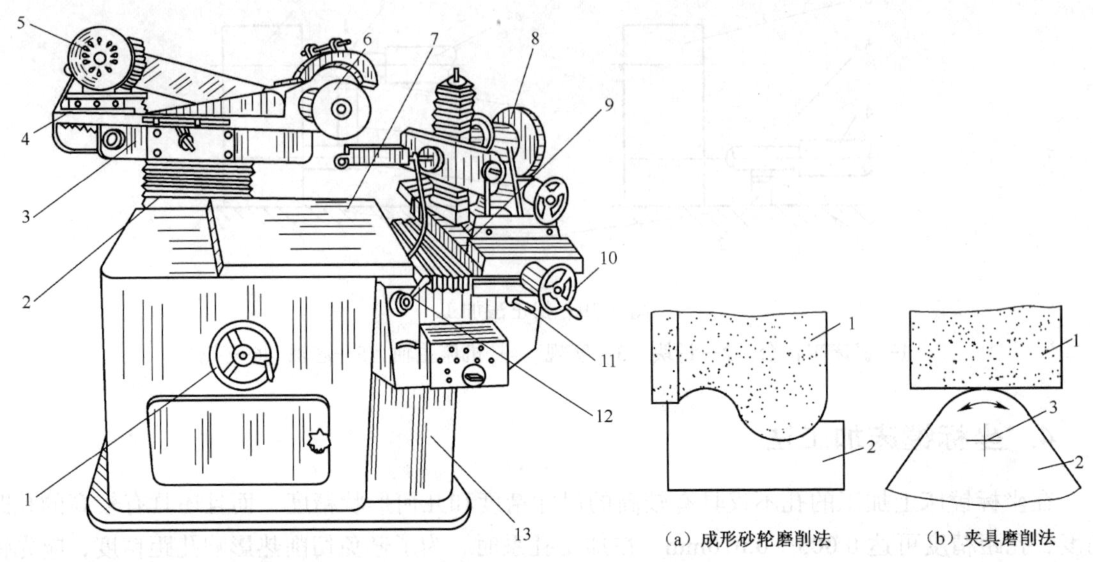

图 2-40 成形磨床外形图

1—手轮 2—垂直导轨 3—纵向导轨 4—磨头架 5—电动机 6—砂轮 7—测量平台 8—万能夹具 9—夹具工作台 10—手轮 11—手把 12—锁紧手把 13—床身

图 2-41 成形磨削方法

夹具磨削法方便，效率较高，但一些精细部位磨削不到；成形砂轮磨削法可磨削精细部位，但砂轮消耗较大，效率较低。为兼顾成形磨削质量和效率，在模具制造中常将两种方法配合使用，并以夹具磨削法为主，以成形砂轮磨削法为辅。

2. 成形砂轮磨削法

采用成形砂轮磨削法时，首先要把砂轮修整成所需要的形状。成形砂轮修整方法有车削法和滚压法两种。车削法主要采用大颗粒天然金刚石作为修整工具进行砂轮修整，用于单件或小批量工件成形磨削砂轮的修整，模具零件成形磨削砂轮的修整一般用车削法；滚压法是用滚压轮修整成形砂轮的方法，用于批量加工或有金刚石刀难于修整的细小轮廓工件成形磨削的砂轮修整，可以保证制件精度的一致性。

（1）车削法修整的砂轮角度

车削法修整砂轮角度的夹具是按正弦原理设计的，其结构如图 2-42 所示。旋转手轮，通过齿轮和滑块上的齿条传动，可使装有金刚石刀的滑块沿着正弦尺座的导轨往复移动。正弦尺座可以绕芯轴转动。转动的角度用正弦圆柱与平板之间垫量块的方法控制，当转动至所需要的角度后，用螺母将正弦尺座压紧在支架上。然后旋转手轮，使金刚石刀往复运动，即可修整出一定角度的砂轮，这种工具可修整出 0°～100° 各种角度的砂轮。

（2）车削法砂轮圆弧的修整

车削法修整砂轮圆弧的夹具种类较多，图 2-43 所示是一种使用较广的夹具。它由摆杆、滑座和支架等组成。金刚石刀固定在摆杆上。当转动手轮时，滑座、摆杆和金刚石刀等均绕主轴中心回转，其回转的角度用固定在支架上的刻度盘、挡块和角度标来控制。通过螺杆使摆杆在滑座上移动，可以调节金刚石刀尖至回转中心的距离。通过控制金刚石刀尖的不同位置，可以修整出凸圆弧面或凹圆弧面的砂轮。当金刚石刀尖低于回转中心时，可修整出凸圆弧砂轮；当金刚石刀尖高于回转中心时，可修整出凹圆弧砂轮。

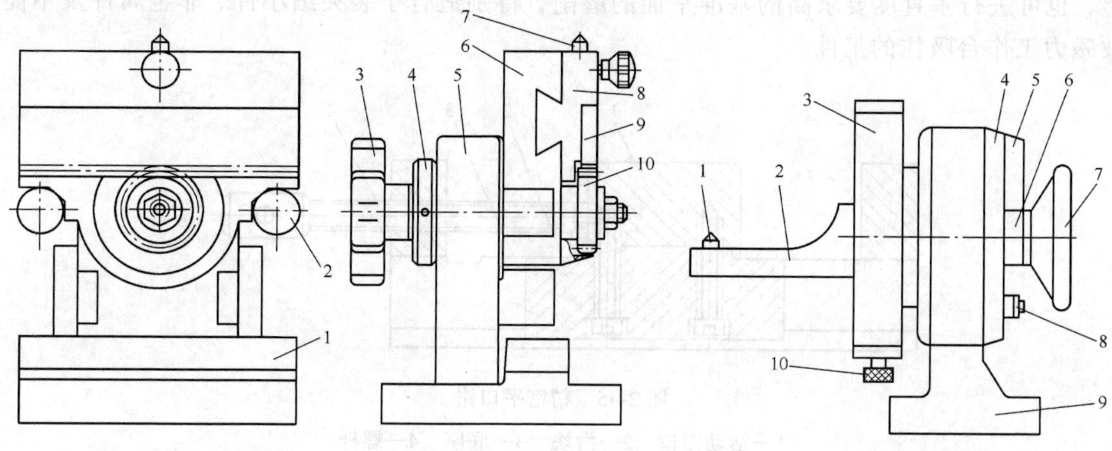

图 2-42　修整砂轮角度的夹具

1—平板　2—正弦圆柱　3—手轮　4—螺母　5—支架　6—正弦尺座　7—金刚刀　8—滑块　9—齿条　10—齿轮

图 2-43　修整圆弧砂轮夹具

1—金刚刀　2—摆杆　3—滑座　4—刻度盘　5—角度标　6—主轴　7—手轮　8—挡块　9—支架　10—螺杆

当被磨工件是凸圆弧时，修整后的砂轮轮缘为凹圆弧，同时要求砂轮凹圆弧半径 $R_{砂}$ 比工件的实际要求的凸圆弧半径 $R_{工}$ 大 0.01～0.02mm。当被磨工件是凹圆弧时，修整后的砂轮轮缘为凸圆弧，同时要求砂轮凸圆弧半径 $R_{砂}$ 比工件的实际要求的凸圆弧半径 $R_{工}$ 小 0.01～0.02mm。在修整砂轮时，要注意工具的回转中心线必须垂直于砂轮的主轴回转中心线，金刚石刀尖应在通过砂轮的主轴轴线的垂直面内运动，这样才能保证修整出的砂轮形状准确性。

（3）车削法砂轮非圆弧曲面的修整

当工件被磨削表面轮廓不是圆弧曲面时，可用专门的靠模工具修整砂轮，如图 2-44 所示。金刚石刀固定在靠模工具上，在支架上装有靠模样板，靠模工具的下部有平面触头。使用时，手持靠模工具，使靠模触头紧靠样板，并沿样板曲线移动。这样便能修整出所需曲面形状的砂轮。修整时，金刚石刀尖应在通过砂轮的主轴轴线的水平平面内运动，以保证修整出砂轮形状的准确性。

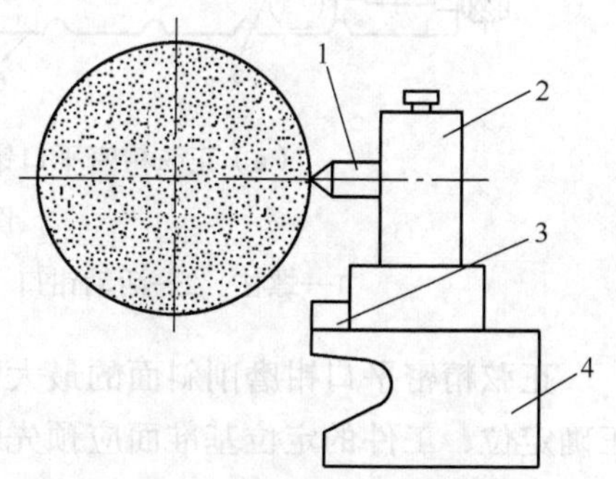

图 2-44　用靠模工具修整砂轮

1—金刚石刀　2—靠模工具　3—样板　4—支架

3. 夹具磨削法

夹具磨削法不用修整砂轮形状，只需通过夹具改变工件磨削表面的不同位置，即可实现成形磨削，是一种简单而广泛的成形磨削方法。实现夹具磨削法的关键是装夹工件夹具的使用，以下介绍几种夹具磨削法常用夹具的使用。

（1）精密平口钳

精密平口钳结构如图 2-45 所示，由活动钳口、滑块、底座和螺杆等组成，精密平口钳六面体外形面及钳口各面的垂直度均为 90° ± 1'。精密平口钳可直接放置在磁力工作台上，也可进行垂直度要求高的基准平面的磨削，特别适合于装夹细小件、非金属件及不能被磁力工作台吸住的工件。

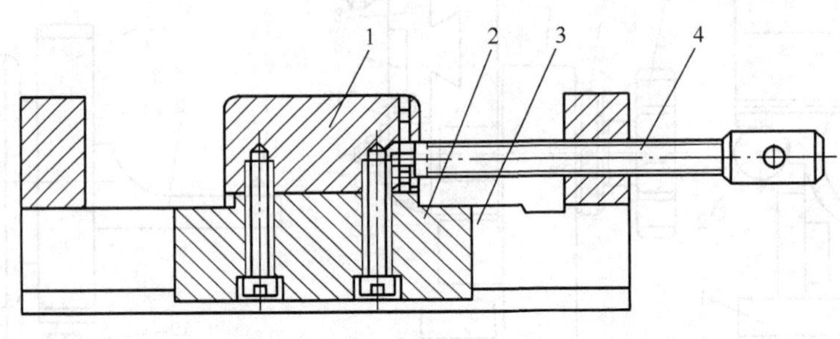

图 2-45 精密平口钳

1—活动钳口 2—滑块 3—底座 4—螺杆

（2）正弦精密平口钳

正弦精密平口钳结构如图 2-46（a）所示，由带正弦规的虎钳体 3 和底座 6 组成，正弦圆柱 4 被固定在虎钳体 3 的底面，用压板 5 使其紧贴在底座 6 的定位面上。在正弦圆柱和底座之间垫入适当尺寸的量块，可使虎钳体倾斜所需要的角度，以磨削工件上的倾斜表面，如图 2-46（b）所示。应垫入量块值可按下式计算：$H = L\sin\alpha$

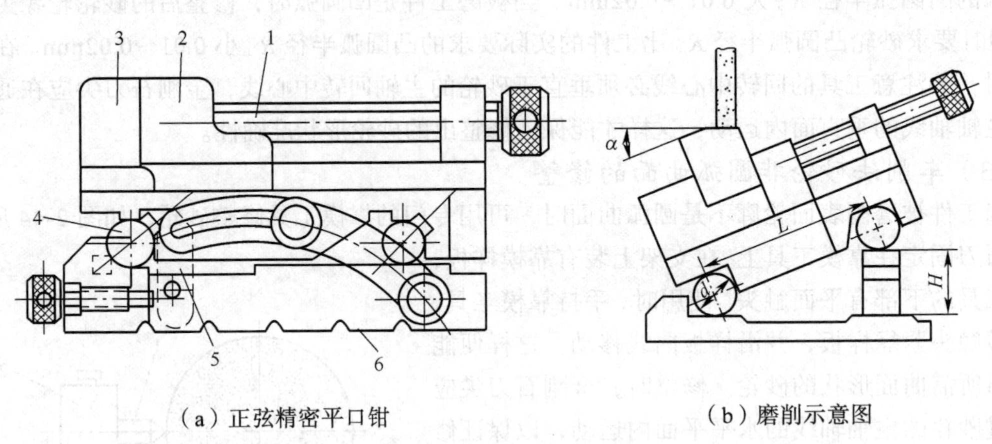

（a）正弦精密平口钳 （b）磨削示意图

图 2-46 正弦精密平口钳

1—螺柱 2—活动钳口 3—虎钳体 4—正弦圆柱 5—压板 6—底座

正弦精密平口钳磨削斜面的最大倾斜角度为 45°。为了保证磨削精度，应使工件在夹具内正确定位，工件的定位基准面应预先磨平并保证相互垂直。若与成形砂轮配合，正弦精密平口钳也能磨出平面与圆弧面组成的形状复杂的成形表面。

（3）正弦磁力台

正弦磁力台结构如图 2-47 所示，正弦磁力台结构与正弦精密平口钳相似，区别仅在于用电磁吸盘代替平口钳装夹工件，适于磨削扁平工件，电磁吸盘最大倾斜角度也是 45°。

（4）正弦分中夹具

正弦分中夹具可用于磨削斜面和具有同一回转中心的圆柱面，其结构如图 2-48 所示。工件装在两顶尖之间，后顶尖装在支架内，安装工件时，可以根据工件长短，调节支架的位置，调好后用螺钉锁紧，然后可通过后顶尖手轮调节顶尖与工件的松紧。工件用鸡心夹头和前顶尖联结，转动前顶尖手轮，通过蜗杆、蜗轮的传动使主轴回转并通过鸡心夹头带动工件回转。主轴后端装有分度盘，当回转角度精度要求不高时，可直接通过分度盘的刻度标进行控制；当回转角度精度要求高时，可利用分度盘上的正弦圆柱以垫量块的方法进行控制，这时夹具回转角度的精度可达 10"～30"。

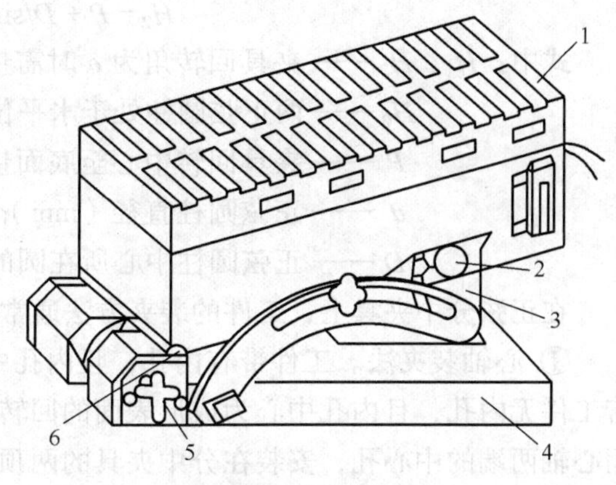

图 2-47 正弦磁力台

1—电磁吸盘 2、6—正弦圆柱 3—量块

4—底座 5—偏心锁紧器

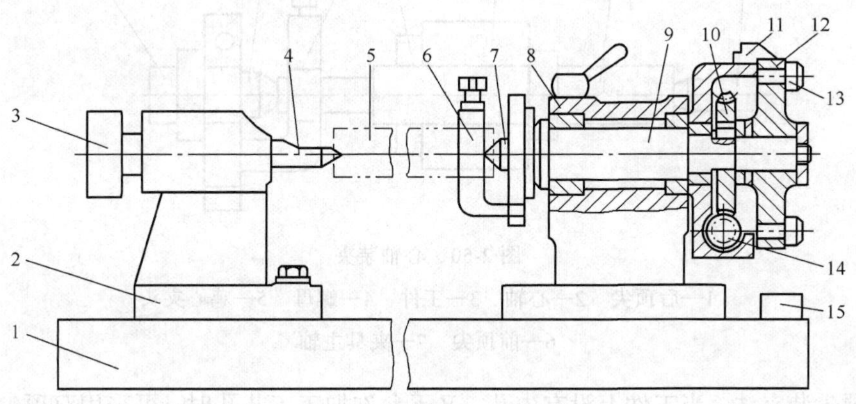

图 2-48 正弦分中夹具

1—底座 2—支架 3—手轮 4—后顶尖 5—工件 6—鸡心夹头 7—前顶尖

8—前顶座 9—主轴 10—蜗轮 11—零位指标 12—分度盘

13—正弦圆柱 14—蜗杆 15—量块垫板

利用分度盘上正弦圆柱和垫板间垫入合适的量块可精确控制工件转角 α，如图 2-49 所示。垫入量块的高度值计算公式如下：

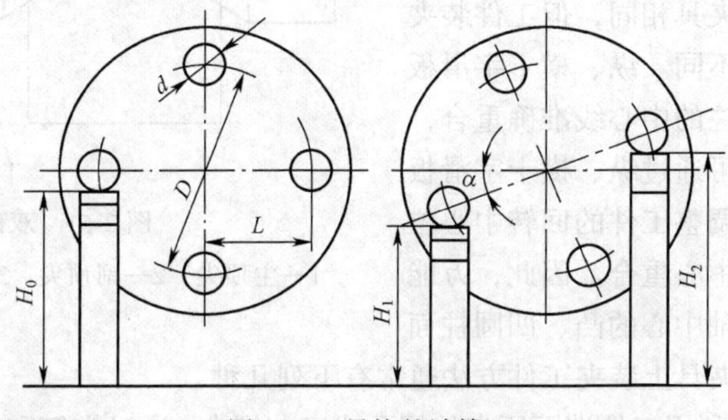

图 2-49 量块的计算

$$H_1 = P - D/\sin\alpha - d/2 = H_0 - L\sin\alpha$$

$$H_2 = P + D/\sin\alpha - d/2 = H_0 + L\sin\alpha$$

式中：H_1、H_2——夹具回转角为 α 时需垫入量块尺寸（mm）；

H_0——两正弦圆柱处于水平位置时需垫入量块尺寸（mm）；

P——夹具回转中心至底面垫板的距离（mm）；

d——正弦圆柱直径（mm）；

D——正弦圆柱中心所在圆的直径（mm）；

在正弦分中夹具上，工件的装夹方法通常有如下2种。

① 心轴装夹法。工件带有内孔，且内孔中心为成形表面的回转中心时，可用心轴装夹法；若工件无内孔，且内孔中心为成形表面的回转中心时，可制作一个工艺孔，用来安装心轴。利用心轴两端的中心孔，安装在分中夹具的两顶尖之间，并用鸡心夹头使工件和夹具主轴联结。当夹具主轴回转时，通过鸡心夹头带动工件一起回转，如图2-50所示。

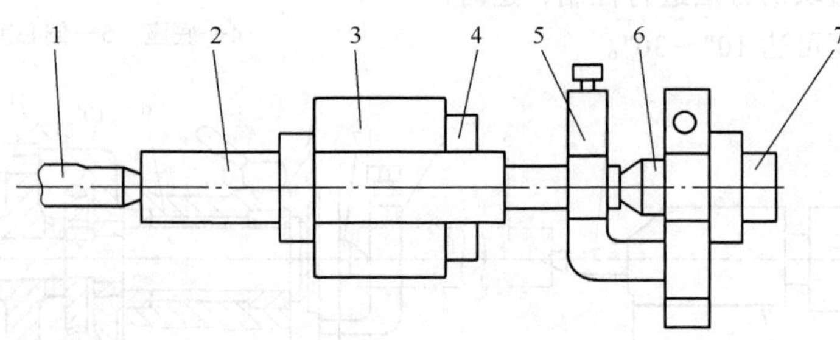

图2-50　心轴装夹

1—后顶尖　2—心轴　3—工件　4—螺母　5—鸡心夹头　6—前顶尖　7—夹具主轴

② 双顶尖装夹法。当工件上没有内孔，又不允许加工工艺孔时，可采用双顶尖装夹法。工件上除带有一对中心孔外，还附有一个副中心孔，作为拨动工件用，如图2-51所示。

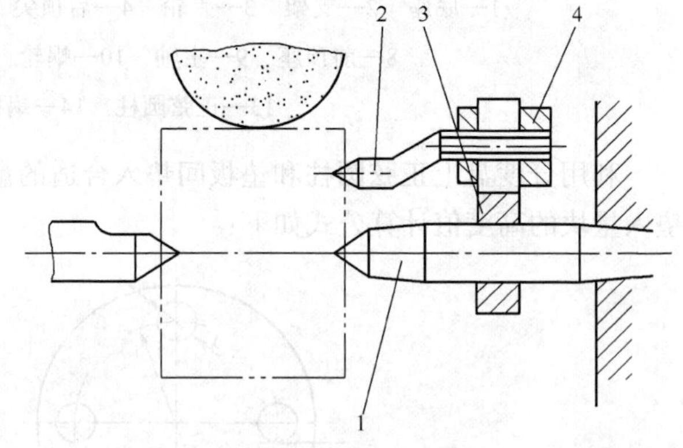

图2-51　双顶尖装夹

1—主顶尖　2—副顶尖　3—叉形滑板　4—螺母

（5）万能夹具

万能夹具比正弦分中夹具更为完善，结构如图2-52所示，主要由装夹部分、回转部分、十字滑板和分度部分组成。万能夹具的回转部分与正弦分中夹具相同，但工件装夹方式和回转中心调整不同。纵、横十字滑板的轨道与四个正弦圆柱的中心线准确重合，工件安装在转盘上，可通过纵、横十字滑板实现纵、横移动，以调整工件的回转中心位置，使它与夹具回转中心重合。因此，万能夹具能够完成不同圆轴中心的凸、凹圆柱面的成形磨削。在万能夹具上装夹工件方法通常有下列几种。

① 螺钉装夹法。利用工件端面原有的螺孔或工艺螺孔，通过螺钉和垫柱将工件装夹在转盘

上，如图 2-53 所示。采用螺钉装夹法一次装夹即能磨出工件的整个轮廓，因此特别适合于磨削封闭轮廓的成形工件。

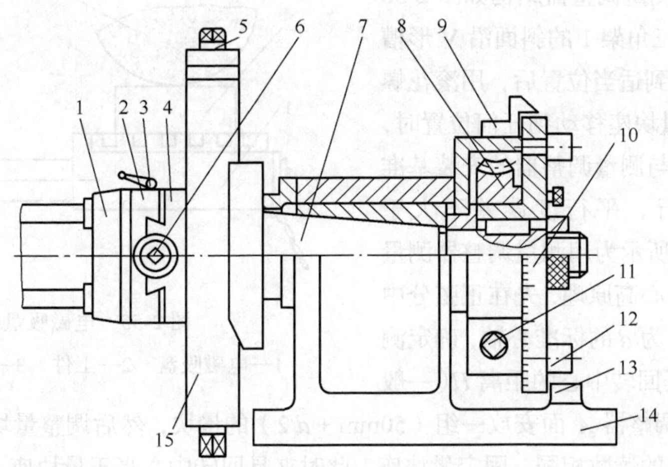

图 2-52 万能夹具

1—转盘 2—小滑板 3—手柄 4—中滑板 5—丝杠 7—主轴 8—蜗轮 9—游标 10—正弦分度盘 11—蜗杆 12—正弦圆柱 13—量块垫板 14—夹具体 15—滑板座

② 精密平口钳装夹法。先用螺钉和垫柱将精密平口钳安装到转盘上，再用精密平口钳装夹工件，如图 2-54 所示。这种方法装夹方便，但一次装夹只能磨出工件的一部分表面。

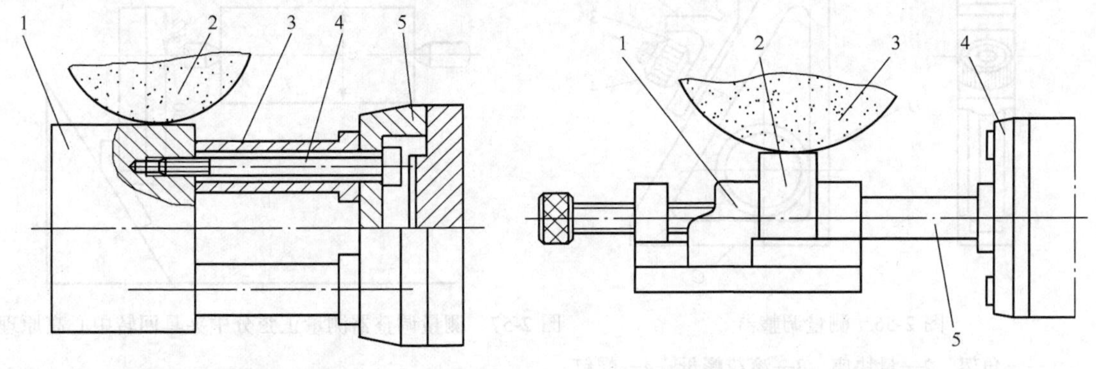

图 2-53 螺钉装夹法

1—工件 2—砂轮 3—垫柱 4—螺钉 5—转盘

图 2-54 精密平口钳装夹法

1—精密平口钳 2—工件 3—砂轮 4—转盘 5—垫柱

③ 电磁吸盘装夹法。将电磁吸盘装在转盘上，利用电磁吸盘吸牢工件，如图 2-55 所示。这种方法装夹迅速，适合于扁平零件，但一次装夹也只能磨出工件的一部分表面。

用万能夹具成形磨削时，为使各面光滑联结，要有正确的磨削顺序。成形磨削前，首先确定水平和垂直两方向的基准面，磨削基准面作为工艺基准。然后按工艺基准调整各圆弧的工艺中心到夹具回转中心，分别进行磨削。当直线面与凸圆弧面连接时，应先磨削直线面，后磨削凸圆弧面；直线面与凹圆弧相接时，应先磨削凹圆弧，后磨削直线面；两凹圆弧面相接时，应先磨削小半径凹圆弧面，后磨削大半径凹圆弧面；形状简单，操作方便的型面应先磨削，复杂形状的型面后磨削。

成形磨削前工件要进行粗加工，单面余量留 0.2mm。不论是用正弦分中夹具，还是用万能夹具，被磨削表面的尺寸常用测量调整器、量块和百分表进行比较测量。测量调整器结构如图 2-56 所示，量块座 2 能在三角架 1 的斜面沿 V 形槽上、下移动，当移动到适当位置后，用滚花螺母 3 和螺钉 4 固定。量块座移动到任何位置时，量块支承面 *A*、*B* 都与测量调整器的安装基准面 *D*、*C* 保持平行，平行度误差不大于 0.005mm。如图 2-57 所示为用测量调整器测量正弦分中夹具回转中心高原理，先在正弦分中夹具上装夹一个直径为 *d* 的标准心轴，确定测量调整器 *A* 面到夹具回转中心的距离 *H*（一般为 50mm），在测量调整器 *A* 面安放一组（50mm + *d*/2）的量块，然后调整量块座的位置，使百分表在量块和标准圆柱的读数相同，固定量块座，此时夹具回转中心高于量块座 *A* 面 50mm，即可进行磨削表面的测量。如图 2-58（a）所示，当磨削表面尺寸高于回转中心（即高于 50mm）时，则垫一组 50mm + *S* 的量块，其中 *S* 为磨削表面至回转中心距离；如图 2-58（b）所示，当磨削表面尺寸低于回转中心（即低于 50mm）时，则垫一组 50mm − *S* 的量块。然后进行磨削测量，当百分表在量块的读数和在被磨削表面读数相同时，此表面到回转中心距离即为 *S*。

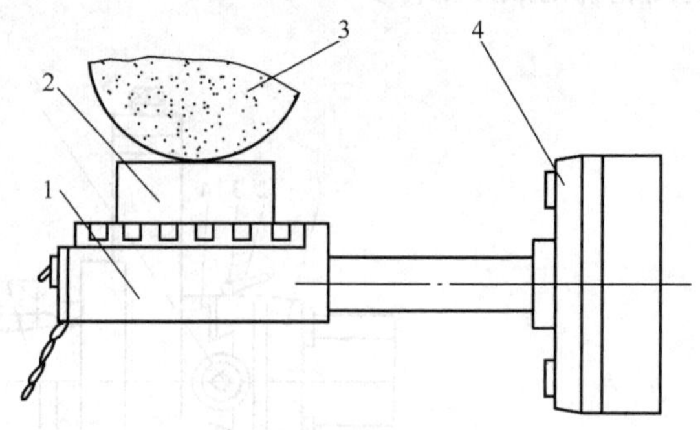

图 2-55　电磁吸盘装夹法

1—电磁吸盘　2—工件　3—砂轮　4—转盘

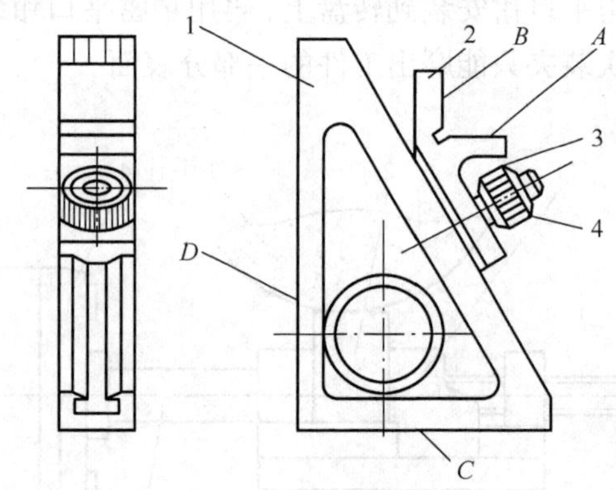

图 2-56　测量调整器

1—三角架　2—量块座　3—滚花螺母　4—螺钉

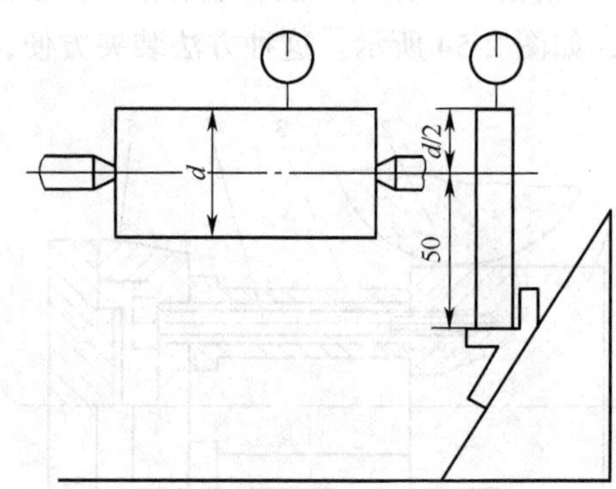

图 2-57　测量调整器测量正弦分中夹具回转中心高原理

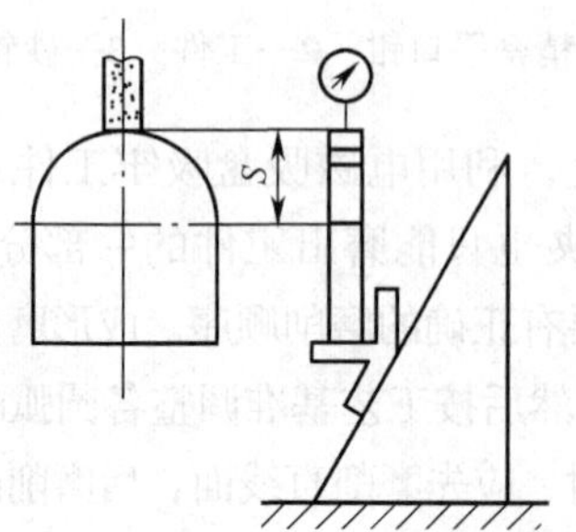

（a）磨削表面尺寸高于回转中心

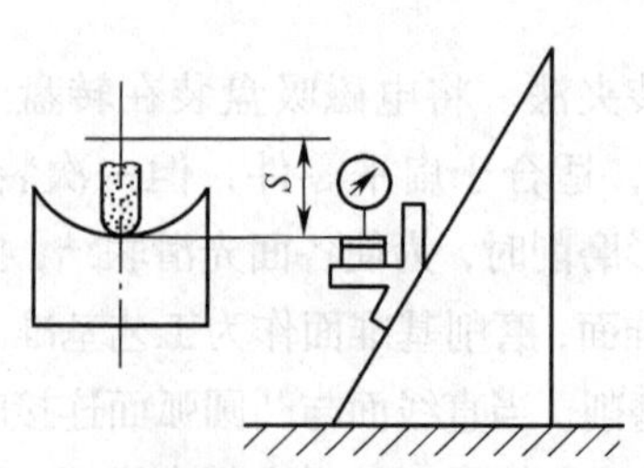

（a）磨削表面尺寸低于回转中心

图 2-58　圆弧磨削测量调整器的使用

4. 成形磨削工艺尺寸的换算

零件图上的尺寸是按照设计基准标注的，但磨削时的工艺基准往往与零件设计基准不一致。磨削的工艺基准是从磨削的要求出发，选择原则是为了便于调整和测量，最好选择工件上两相互垂直表面，这样两垂直基准表面先磨好后，可以方便的调整工件位置和测量磨削尺寸。设计基准是从零件在机器中的使用性出发，选择原则是为了能够合理的表达设计要求。因此在成形磨削之前，必须将设计尺寸转换成工艺尺寸，并绘出成形磨削工艺尺寸图，以便进行成形磨削。

在万能夹具上磨削具有不同回转中心的工件时，所以首先要确定磨削该工件需要几个工艺中心，工艺中心应该尽量少，因为工艺中心的增加将增加万能夹具十字滑板的调整次数，使加工误差增大，通常工件上有几个圆弧就有几个工艺中心。磨削圆弧时，为了把各回转中心依次调至夹具回转中心上，必须知道各回转中心之间的坐标；为了在磨削圆弧时不致碰伤其他表面，需要算出圆弧的包角，以便在磨削时控制夹具的回转角度。磨削斜面时，为了将被加工面转至水平位置进行加工，必须知道各斜面对坐标轴的倾斜角度；为了以回转中心为基准对被加工的斜面或平面进行比较测量，还要知道斜面或平面与其回转中心之间的垂直距离。因此，利用万能夹具磨削工件时，应计算下列各项工艺尺寸。

① 各圆弧中心的坐标尺寸。

② 回转中心至各斜面或平面的垂直距离。

③ 各斜面对坐标轴的倾斜角度。

④ 各圆弧的包角（又称回转角）。磨削圆弧时，如工件可自由回转而不致碰伤其他表面时，可不必计算圆弧包角。

在正弦分中夹具上磨削工件时，工件只有一个回转中心，故在进行工艺尺寸换算时不必计算各圆弧中心之间的坐标尺寸，其余各项要求则与万能夹具相同。

工艺尺寸换算用几何、三角、代数方法进行运算。为了减少计算过程的积累误差，一般数值均运算到小数点后六位，最终所得的数值取小数点后二位或三位。角度值精确到 10"。工件尺寸有公差时，为了减少工艺基准与设计基准之间的误差，最好根据其中间尺寸进行计算。

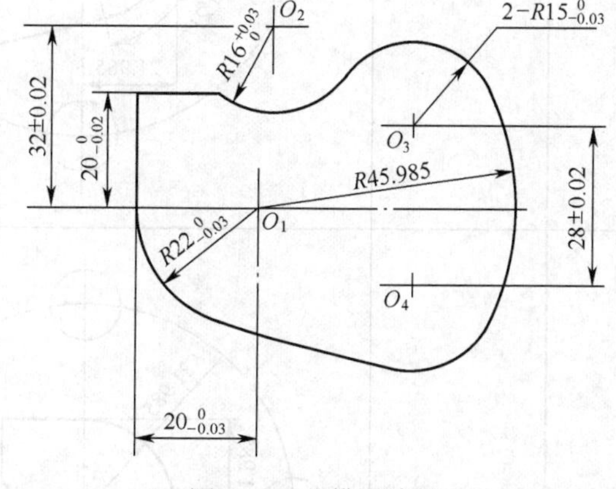

图 2-59 凸模设计图

5. 夹具磨削法实例

磨削图 2-59 所示的凸模，步骤如下。

① 工艺分析。由于有不同回转中心，所以用万能夹具进行成形磨削。

② 确定工艺基准。以两垂直面 A、B 面为工艺基准，将工件设计图转换为成形磨削工艺尺寸图，如图 2-60 所示。

③ 对工件进行磨削，磨削顺序和操作，要点见表 2-1。

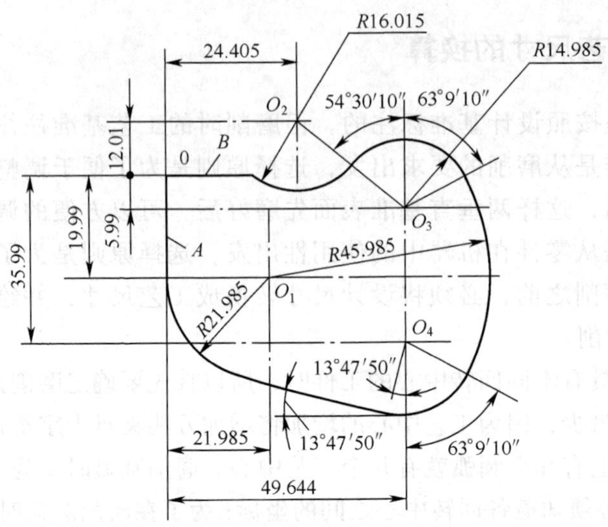

图 2-60　凸模成形磨削工艺尺寸图

表 2-1　凸模成形磨削工艺过程和操作要点

序号	工序名称	简　　图	操 作 说 明
1	装夹找正	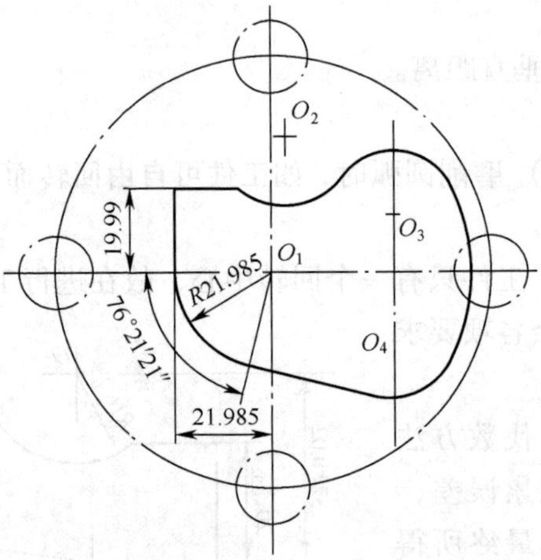	① 在工件上加工工艺螺孔，采用螺钉装夹法装夹工件 ② 按简图所示找正一工艺基准面，使其和两正弦圆柱中心线平行，即和十字滑板某一方向平行，则另一基准面和另一方向平行 ③ 将工件回转中心 O_1 调至夹具中心，此时两基准面至回转中心 O_1 的距离分别约为 20.25mm（19.99 + 0.25mm）和 22.25mm（21.985 + 0.25mm） ④ 检查各轮廓余量的均匀性，一般余量为 0.15～0.35mm
2	磨基准面 *A*	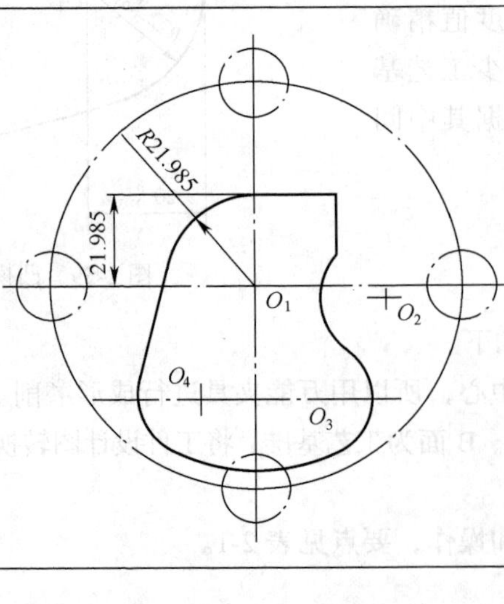	磨基准面 *A*，磨削时用测量调整器和量块与磨削面进行比较，用百分表进行测量，控制磨削尺寸，此时量块的尺寸应为 21.985mm

续表

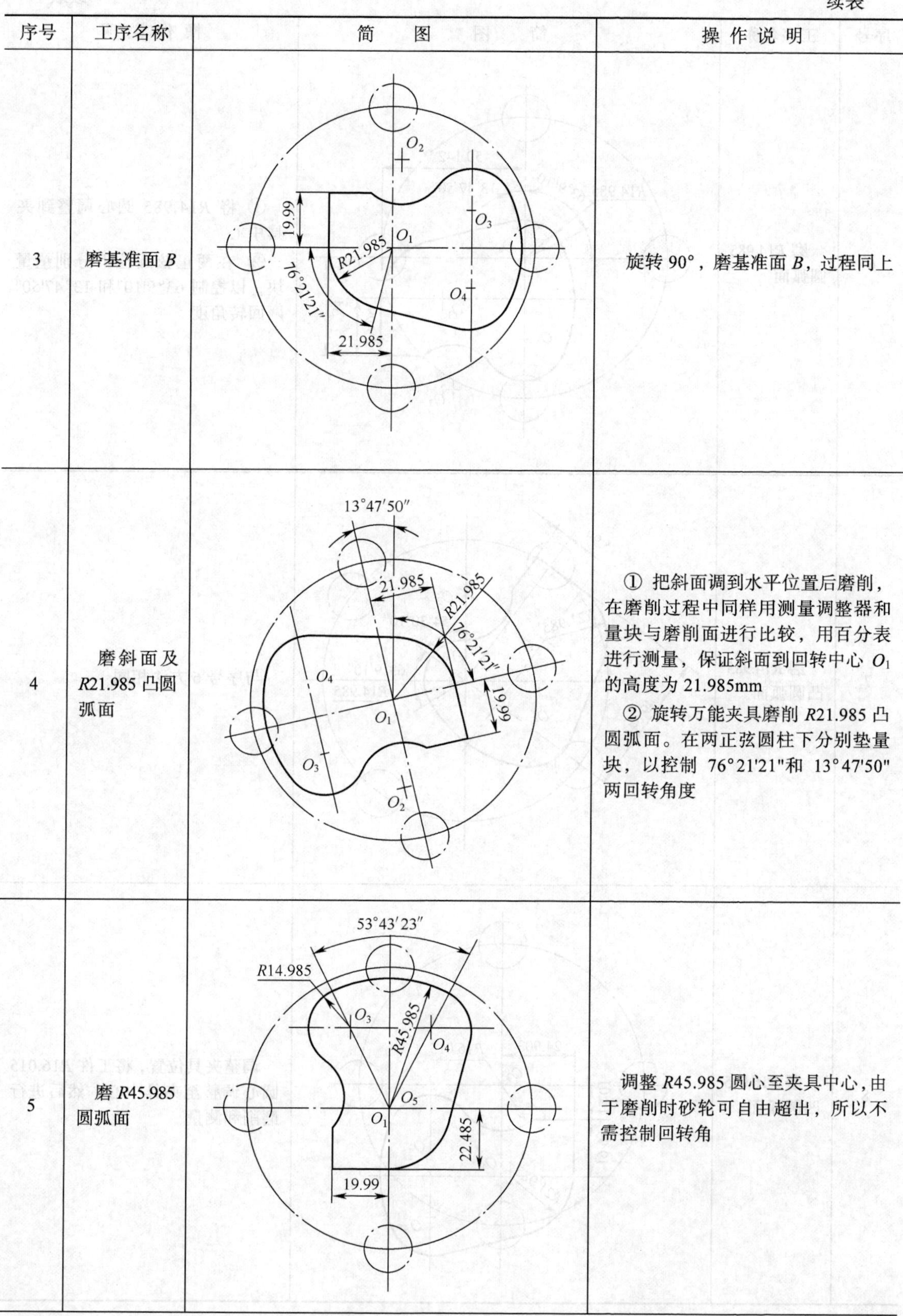

序号	工序名称	简　图	操作说明
3	磨基准面 *B*		旋转 90°，磨基准面 *B*，过程同上
4	磨斜面及 *R*21.985 凸圆弧面		① 把斜面调到水平位置后磨削，在磨削过程中同样用测量调整器和量块与磨削面进行比较，用百分表进行测量，保证斜面到回转中心 O_1 的高度为 21.985mm ② 旋转万能夹具磨削 *R*21.985 凸圆弧面。在两正弦圆柱下分别垫量块，以控制 76°21'21"和 13°47'50"两回转角度
5	磨 *R*45.985 圆弧面		调整 *R*45.985 圆心至夹具中心，由于磨削时砂轮可自由超出，所以不需控制回转角

续表

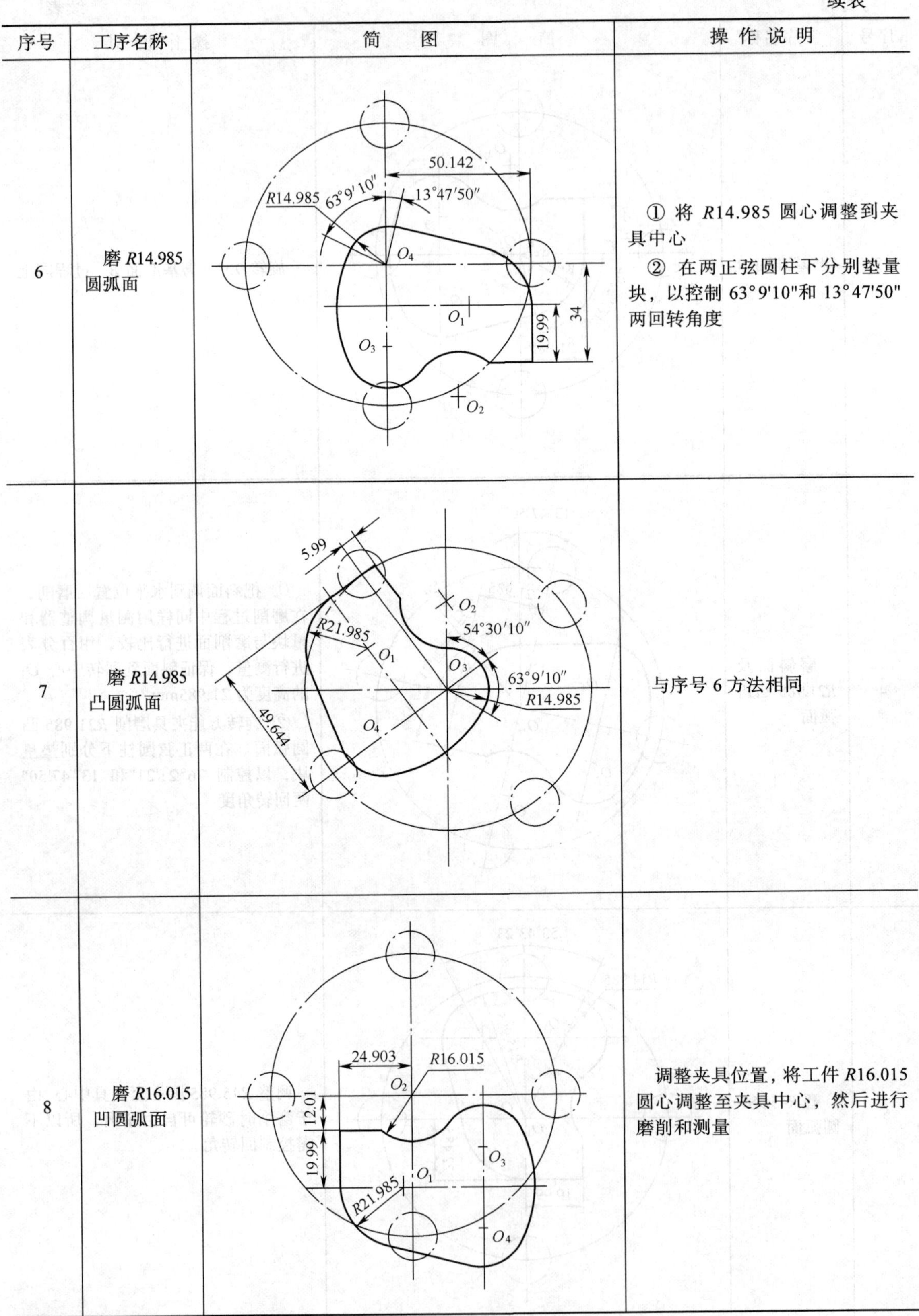

序号	工序名称	简图	操作说明
6	磨 *R*14.985 圆弧面		① 将 *R*14.985 圆心调整到夹具中心 ② 在两正弦圆柱下分别垫量块，以控制 63°9'10"和 13°47'50"两回转角度
7	磨 *R*14.985 凸圆弧面		与序号 6 方法相同
8	磨 *R*16.015 凹圆弧面		调整夹具位置，将工件 *R*16.015 圆心调整至夹具中心，然后进行磨削和测量

2.4.2 坐标镗床加工

坐标镗床是一种高精密机床，机床上具有坐标位置的精密测量装置，加工孔时，按直角坐标来精密定位，所以称为坐标镗床。坐标镗床主要用于镗削高精度的孔，特别适合于加工相互位置精度很高的孔系，包括同轴孔、平行孔、垂直孔和交叉孔等，所加工孔径的公差等级可达IT7～IT6，孔距精度可达0.005～0.010mm。此外，坐标镗床还可以用于钻铰孔、微量铣孔、钳工精密划线和尺寸检测等。

1. 坐标镗床及测量系统

坐标镗床按照布置形式的不同，分为立式单柱、立式双柱和卧式等主要类型。图2-61所示为一种立式双柱光学坐标镗床结构图。横梁11可沿立柱垂直导轨升降；主轴箱6固定在滑板7上，滑板可在导轨上作横向移动；主轴箱中的主轴安装刀具，可通过变速箱等机构带动主轴旋转，并使主轴产生垂直进给运动；工作台3可作纵向移动，此运动可直接通过电机带动快速运动，可通过手轮19作快速调整，还可通过手钮20作微量调整。

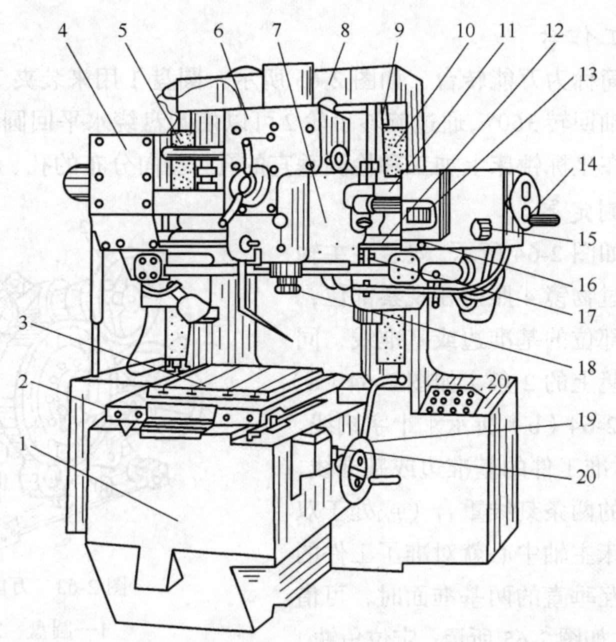

图2-61 立式双柱光学坐标镗床

1—床身 2—主传动座 3—工作台 4—主变速箱 5、10—立柱 6—主轴箱
7—滑板 8—顶梁 9、15、16、20—手钮 11—横梁 12—粗定位标尺
13—光屏 14、19—手轮 17—指针 18—主轴

工作台的纵向移动和主轴箱滑板横向移动均设有光学测量装置，这两套光学测量装置的工作原理相同。以主轴箱滑板横向移动光学测量系统为例，以毫米为单位的粗定位标尺12固定在横梁上，指针17固定在滑板7上，可通过粗定位标尺读出主轴滑板横向移动的毫米整数值，横向移动毫米以下的读数在光屏上读出，光屏上显示直线刻度标和圆形刻度标两标尺，直线刻度

标刻度为 0～10，每一格代表 0.1mm；圆形刻度标刻度为 0～100，每一格代表 0.001mm，如图 2-62 所示为光屏读数示例。需要注意，在纵横两个方向测量前都要进行零位调整。

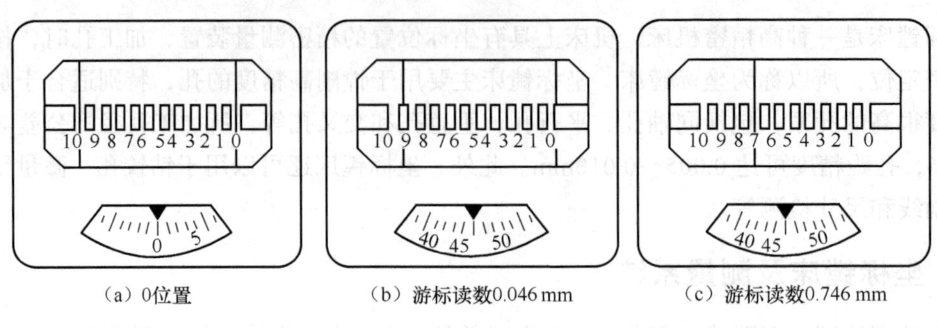

图 2-62　光屏读数示例

2. 坐标镗床主要附件

坐标镗床附件较多，主要附件有万能回转工作台、光学中心测定器、镗孔夹头和芯轴定位棒等。

（1）万能回转工作台

万能回转工作台简称为万能转台，如图 2-63 所示，圆盘 1 用来装夹工件，通过旋转手轮 3 可以使圆盘绕主回转轴回转 360°，通过旋转手轮 2 可以使圆盘绕水平回圆轴作 0°～90° 的倾斜。因此利用万能转台可在坐标镗床上加工和检测垂直的孔、径向分布的孔、斜孔及倾斜面上的孔。

（2）光学中心测定器

光学中心测定器如图 2-64 所示，安装在主轴锥孔内，光源光线通过物镜 4 照射在观察部位，通过物镜可看到观察部位的基准边或基准线，同时还可看到测定器物镜上的 2 条［如图 2-64（a）所示］或 4 条［如图 2-64（b）所示］十字刻线。使用时，只要测定器对准工件的基准边或基准线，使它们分别与物镜上的两条刻线重合（或处于双刻线的中间），此时机床主轴中心就对准了工件的基准。当工件上有相互垂直的两基准面时，可借助定位角铁进行找正，如图 2-65 所示，定位角铁 1 的两内表面相互垂直，在它的表面固定着一个直径为 7mm 的镀铬钮，钮上有一道和角铁内垂直面重合的刻线。使用时，将角铁的内垂直面紧贴工件的基准面 a 或 b，移动工作台并从目镜观察，使目镜刻线和镀铬钮上刻线重合，两个方向分别进行找正，此时主轴中心就对准了工件的基准。

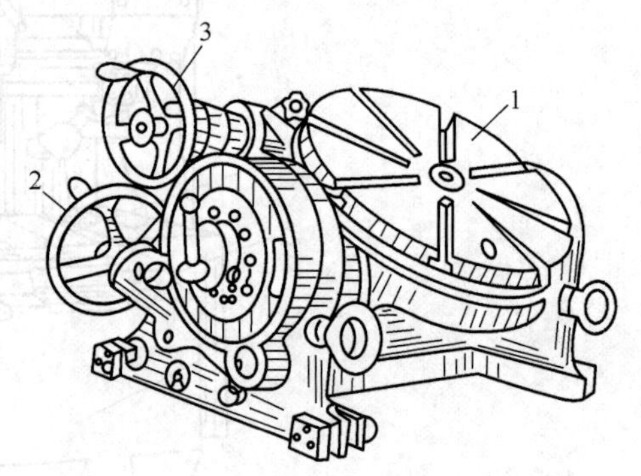

图 2-63　万能回转工作台

1—圆盘　2、3—手轮

（3）镗孔夹头

镗孔夹头是坐标镗床最重要的附件之一，常见结构如图 2-66 所示，镗孔时将镗孔夹头的锥尾 1 插入坐标镗床的主轴孔内，镗刀 3 装卡在刀夹 4 内，转动调节螺钉 2 可改变镗刀刀夹的径向位置，以镗削不同的孔径，调整后用紧固螺钉 5 将刀夹锁紧。

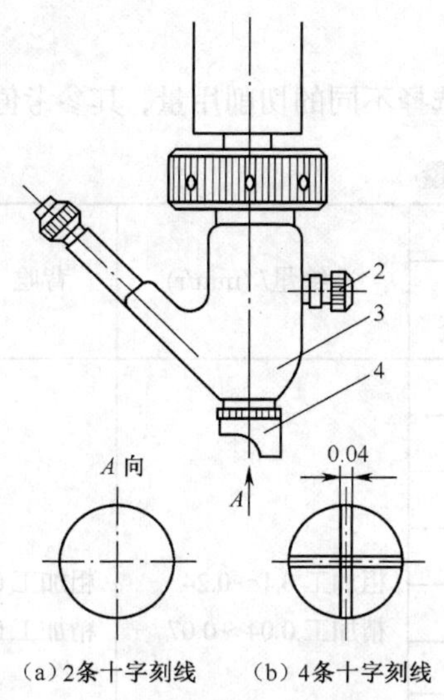

图 2-64　光学中心测定器

1—目镜　2—照明灯　3—镜体　4—物镜

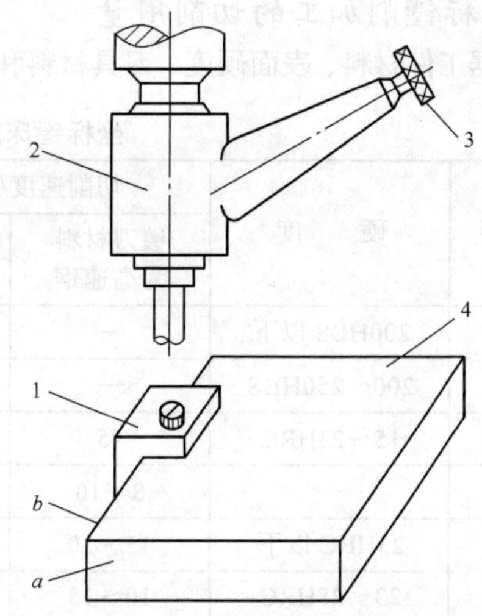

图 2-65　用定位角铁和光学中心测定器找正

1—定位角铁　2—光学中心测定器　3—目镜　4—工件

3. 坐标镗削加工工艺

（1）坐标尺寸的换算

坐标镗床工作时，装夹在工作台上的工件是以直角坐标或极坐标定位进行加工的，但零件图上的孔位尺寸是按设计要求标注，和坐标尺寸标注往往不完全相同。因此，为便于坐标镗床加工，加工前要进行工件坐标图转换。如图 2-67 所示为已转换成直角坐标尺寸的工件坐标图。装夹工件时，先使其两基准面分别与机床纵横移动方向平行，然后调节主轴到两基准面的距离（图示分别为 10mm、10mm）。调整纵横坐标粗刻度尺为某一刻度（图示主轴中心为纵坐标 100mm，横坐标 80mm），之后就可按直角坐标尺寸移动工作台，分别加工各孔。

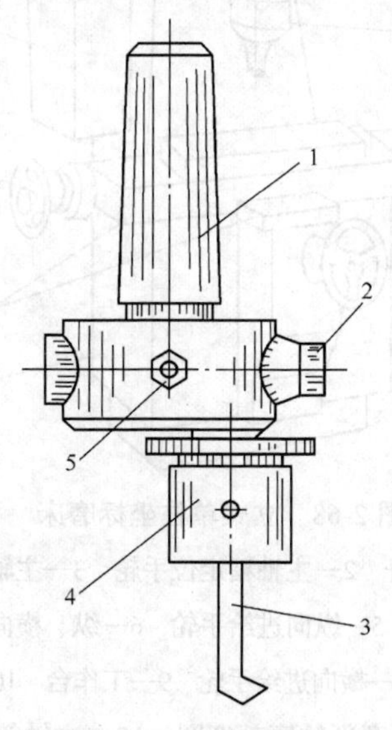

图 2-66　镗孔夹头

1—锥尾　2—调节螺钉　3—镗刀　4—刀夹　5—紧固螺钉

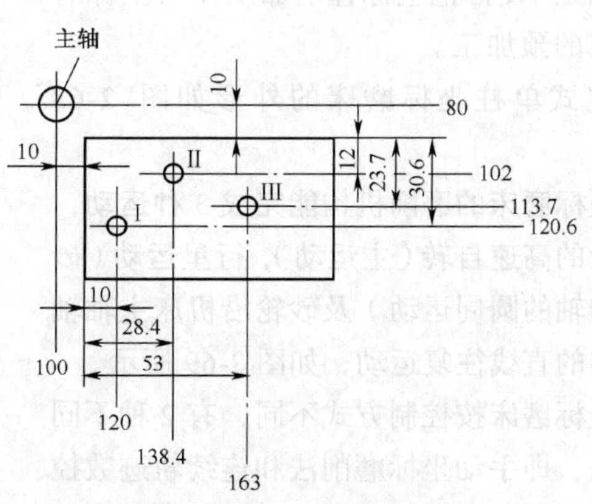

图 2-67　工件的直角坐标图

（2）坐标镗削加工的切削用量

可以根据工件材料、表面硬度、刀具材料和加工性质选择不同的切削用量，其参考值见表 2-2。

表 2-2　　坐标镗床加工切削用量

加工材料	硬　度	切削速度/ (m/min)		进给量/ (mm/r)	背吃刀量/mm
		镗刀材料为高速钢	镗刀材料为硬质合金		
铸铁	200HBS 以下	—	—		
	200～250HBS	—	60～100		
碳素钢	15～23HRC	15	50～110		
不锈钢	—	8～10	33～75		
镍铬钢	23HRC 以下	15～20	50～130	粗加工 0.1～0.24 精加工 0.04～0.07	粗加工 0.4～0.5 精加工 0.05～0.25
	23～28HRC	10～15	35～90		
	28～31HRC	5～10	25～60		
铸钢	15HRC 以下	1～18	50～80		
	15～31HRC	8～15	30～60		

2.4.3　坐标磨床加工

坐标磨削和坐标镗削加工一样，是用坐标法对孔系列进行加工，只是将镗刀改为砂轮，因而坐标磨削可对高硬度件、淬火件的孔及成形表面进行加工。坐标磨床不仅能加工圆孔、还可加工非圆孔；不仅能加工内成形表面，也能加工外成形表面。坐标磨削加工精度位置可达 5μm，经济表面粗糙度值 R_a 为 0.8～0.4μm，最高可达 0.2μm。在模具精密加工中，常把坐标镗削加工作为坐标磨削加工的预加工。

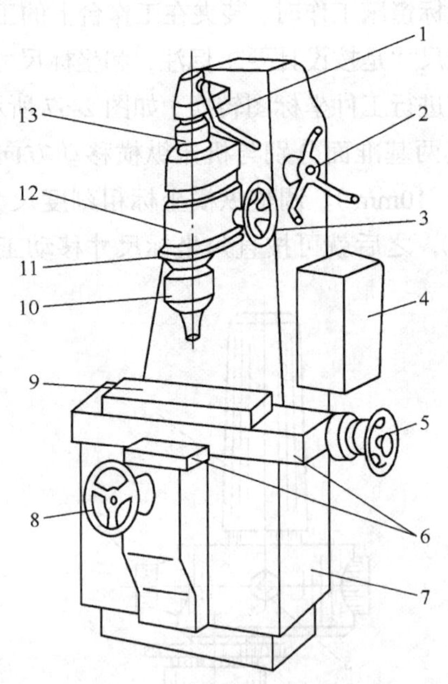

图 2-68　立式单柱坐标磨床

1—离合器拉杆　2—主轴箱定位手轮　3—主轴定位手轮　4—控制箱　5—纵向进给手轮　6—纵、横向工作台　7—床身　8—横向进给手轮　9—工作台　10—主轴　11—磨削轮廓刻度圈　12—主轴箱　13—砂轮外进给刻度盘

立式单柱坐标磨床的外形如图 2-68 所示。

坐标磨床的磨削机构能完成 3 种运动，即砂轮的高速自转（主运动），行星运动（砂轮回转轴的圆周运动）及砂轮沿机床主轴轴线方向的直线往复运动，如图 2-69 所示。

坐标磨床按控制方式不同，有 2 种不同的方法，即手动坐标磨削法和连续轨迹数控坐标磨削法。手动坐标磨削法可在非数控坐标磨床上进行，是通过手动进行点位控制进行工件的内形和外轮廓磨削；连续轨迹数控坐标磨削法是在数控坐标磨床上进行，是利用数控程序和计算机的自动控制实现对工件复杂轮廓和形面的磨削。手动坐标磨削的基本方法有以下几种。

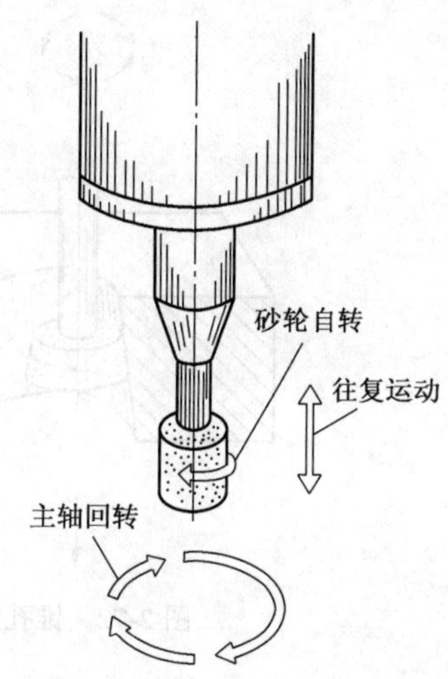

图 2-69　坐标磨床的 3 种运动

1. 内孔磨削

利用砂轮的高速自转，行星运动和轴向直线往复运动，行星运动直径的增大实现砂轮的径向进给，即可进行内孔磨削，如图 2-70 所示。

2. 外圆磨削

外圆磨削也是利用砂轮自转、行星运动和轴向直线往复运动，行星运动直径的减小实现砂轮的径向进给，即可进行外圆磨削，如图 2-71 所示。

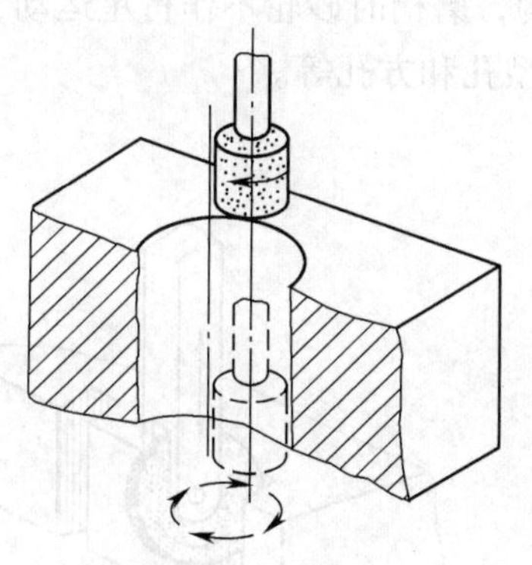
图 2-70　内孔磨削

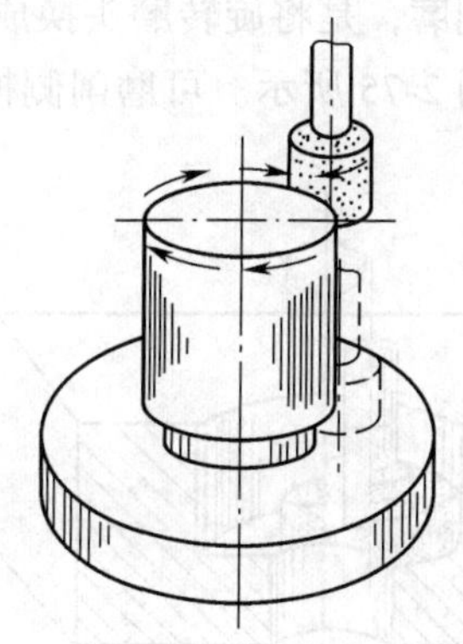
图 2-71　外圆磨削

3. 锥孔磨削

在砂轮主轴上下往复运动的同时，连续改变行星运动直径，即可磨削锥孔，如图 2-72 所示。磨削锥孔时，要将砂轮修成相应的角度，可磨削出锥孔的最大锥顶角为 12°。

4. 直线磨削

直线磨削时，砂轮只自转，不作行星运动和上下往复运动，工作台作直线运动，如图 2-73 所示，这时相当于普通平面磨床。

5. 端面磨削

端面磨削时，调整行星运动至所要求的外径，砂轮作轴向进给运动，用砂轮的端面及尖角进行磨削，也称为切入磨削，如图 2-74 所示。为了提高磨削效率和便于排屑，可将砂轮底部修成凹面。磨削台阶孔时，砂轮直径约为大孔和小孔的半径之和；磨削盲孔时，砂轮直径约为孔径的一半。

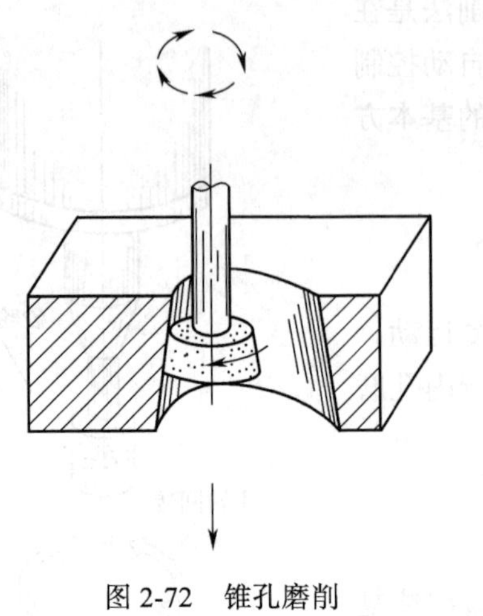

图 2-72　锥孔磨削

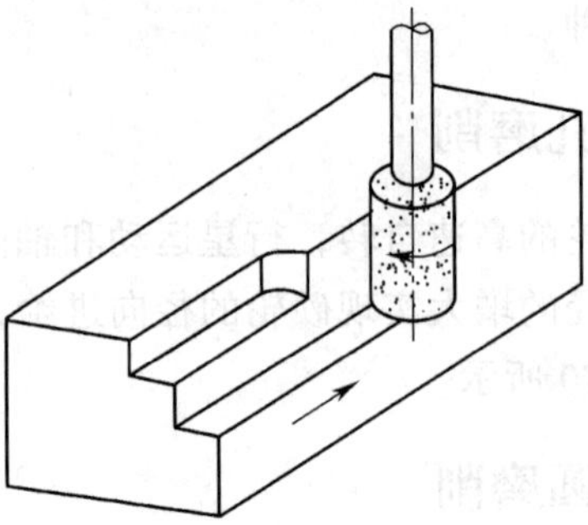

图 2-73　直线磨削

6. 插削

插削也称侧磨，是将旋转磨头换成专门磨槽机构，磨槽时砂轮不作行星运动，只做往复和旋转运动，如图 2-75 所示。可磨削侧槽、带倾角的型孔和方孔等。

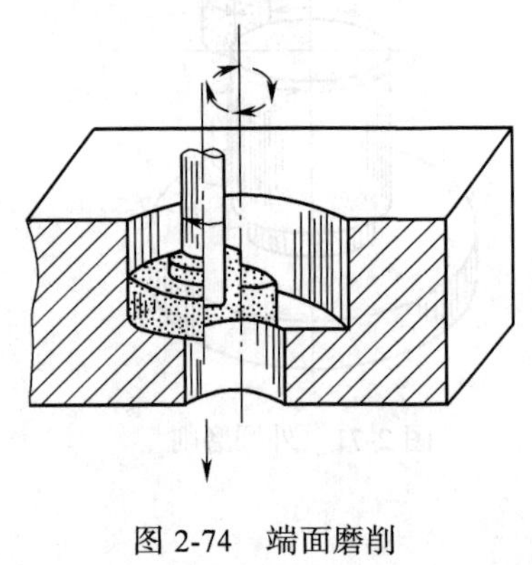

图 2-74　端面磨削

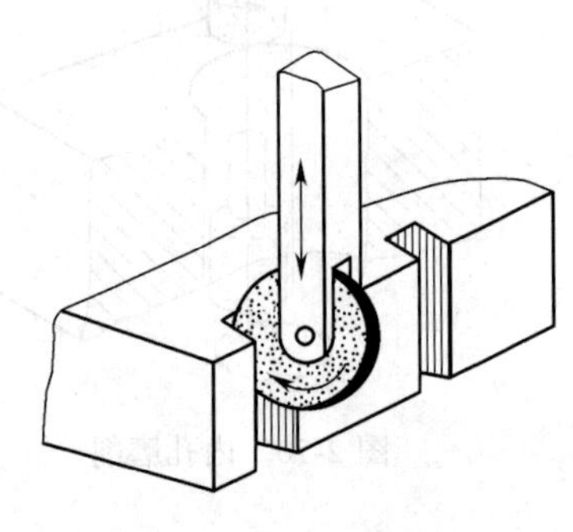

图 2-75　插削

2.5 模具数控机床加工

2.5.1　数控机床加工的特点与应用

数控加工技术是 20 世纪 40 年代中后期随着计算机控制技术而发展起来的一种自动加工技术，以其加工精度高、生产效率高、自动化程度高，在机械加工中得到日益广泛的应用。概括起来，数控加工有如下特点。

① 适应性强。在数控机床上改变加工零件时，除了更换刀具和解决毛坯装夹方式外，只需重新编制程序，输入新程序后就能实现对新的零件加工，且生产过程是自动完成的。这就特别适合于加工形状复杂，改型频繁，小批量零件的生产及新产品的试制，即具有非常强的适应性。

② 精度高，质量稳定。数控机床是按照数字形式给出指令进行加工的，大部分操作都由机器自动完成，消除了人为操作误差，再配合高精度的传动机构及反馈装置，数控机床加工尺寸精度一般在 0.005～0.010mm 之间，重复定位精度可达 ± 0.005mm 以上。同时，不受零件复杂程度的影响，加工零件尺寸的一致性好，质量稳定。

③ 生产效率高。一般数控机床主轴转速和进给量的调节范围比普通机床宽，且数控机床一般刚度好，可以选择更合理的切削用量，缩短加工时间；在数控机床上重新装夹工件时，几乎不需要重新调整机床，换刀也快，所以辅助时间比一般机床大大缩短，同时减轻了操作者的劳动强度，改善了劳动条件；加工质量稳定，一般只需要首件检查和工序间关键尺寸检查，缩短了停机时间。

④ 经济效益好。虽然数控机床价格较高，但在单件、小批量生产的情况下，使用数控机床可节省划线、调整、检查工时，一般不需要专用夹具，且加工精度稳定，废品率低，这些都降低了生产成本；同时，数控机床还可一机多用。所以，数控机床加工具有良好的经济效益。

⑤ 有利于现代化管理。数控机床采用数字信息与标准代码处理、传递信息，为计算机辅助设计、制造及管理一体化奠定了基础。

数控机床加工技术作为先进生产力的代表，在汽车、模具、航空航天、机械电子等制造领域发挥着重要的作用，在科研和生产上极大地促进了生产力的发展。数控机床加工技术的应用从整体上改善了传统制造业的发展面貌。

2.5.2 数控机床的工作原理与分类

1. 数控机床的工作原理

数控机床的工作过程如图 2-76 所示。加工时，首先将被加工形状、尺寸、工艺条件等信息，按规定格式和指令记录在输入介质上，然后输入数控装置中，数控装置将这些数字信息转换成电脉冲信号，再通过伺服系统将这些电脉冲放大，驱动电机运动，以带动机床的工作台或刀架运动，并配以其他必要的动作，使机床按要求的形状和尺寸进行加工。

数控机床主要由 4 部分组成，即输入介质、数控装置、伺服系统和机床本体。

（1）输入介质

输入介质也称为信息载体，其上可以记录加工信息。数控加工时，通过输入介质将加工信息传递给数控装置。常用的数控介质有穿孔纸带、磁带、磁盘等，目前磁盘使用最广泛。有时加工信息直接输入数控装置，存储在数控装置的硬盘上；有时加工信息存储在其它计算机中，加工时用在线传输方式对数控机床进行控制。

（2）数控装置

加工信息是按规定的格式和代码编写的，需要进行转换。数控装置接受加工信息，经过处理、计算，转换成可代表真实运动的电脉冲发给伺服系统。

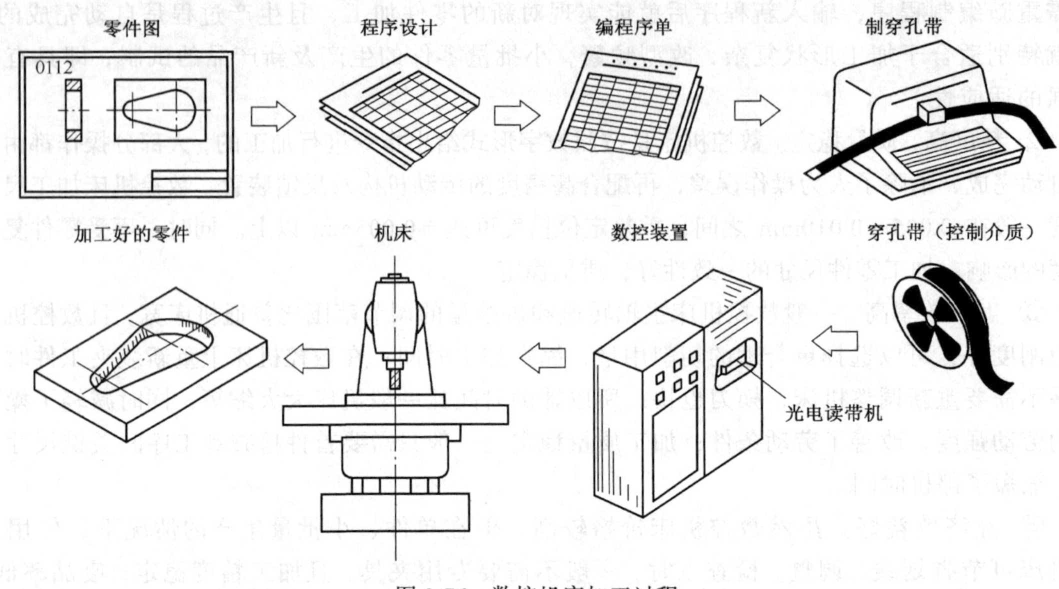

图 2-76　数控机床加工过程

（3）伺服系统

伺服系统包括伺服驱动机构和机床的运动部件，其作用是把数控装置的脉冲信号转换成机械运动部件的机械位置移动，用于实现数控机床的主轴和工作台的控制。

（4）机床本体

包括床身、主轴部分、刀库和自动换刀装置等。数控机床是高精度和高生产率的自动化机床，要求机床本体比普通机床有更好的刚性、抗震性、精度以及传动副更小的摩擦系数，因而常用滚珠丝杠、塑料导轨、铸铁床身等。

2. 数控机床的分类

目前数控机床种类繁多，通常按下面 3 种方法进行分类。

（1）按运动方式分类

① 点位控制机床。数控系统只控制机床工作台或刀具从一点准确的移动到另一点，点到点之间的运动轨迹不严格控制，移动过程中刀具不进行切削。这类数控机床有数控坐标镗床、数控钻床和数控磨床等。

② 点位直线控制机床。数控系统不仅控制机床工作台或刀具从一点准确的移动到另一点，而且保证两点间的运动轨迹是一条直线，移动过程中刀具可进行切削。这类数控机床有数控车床、数控钻床和数控铣床。

③ 轮廓控制机床。数控系统对两个或两个以上的坐标轴同时进行连续控制，控制系统不仅控制机床工作台或刀具从一点准确地移动到另一点，而且还控制在整个移动过程中各点的速度和位移量，可加工复杂曲面。这类数控机床有数控车床、数控铣床、数控齿轮加工机床和加工中心等。

（2）按控制方式分类

① 开环控制机床。开环控制系统如图 2-77（a）所示。开环控制数控机床没有位置检测和反馈装置，指令信息单向传送，不能对加工误差进行修正，重复定位精度一般不大于 ± 0.02mm。

开环控制系统结构简单，调试方便，维修容易，成本较低，被广泛应用于经济型数控机床。

② 半闭环控制机床。半闭环控制系统如图 2-77（b）所示。半闭环控制数控机床不是直接测量工作台的位移量，而是采用转角位移检测元件，测出伺服电机或丝杠的转角，推算出工作台的实际位移量，反馈到计算机中，和理论位移数值进行比较，用比较差值进行控制。半闭环控制加工精度没有闭环控制高，但稳定性好，成本较低，维修调试也较容易，兼顾了开环和闭环控制的特点，应用比较普遍。

③ 闭环控制机床，闭环控制系统如图 2-77（c）所示。闭环控制数控机床利用安装在工作台上的检测元件将工作台的实际位移量反馈到计算机中，用与理论位置比较的差值进行校正。闭环控制加工精度高，移动速度块，但控制电路复杂，检测元件价格昂贵，调试和维修比较复杂，成本高。

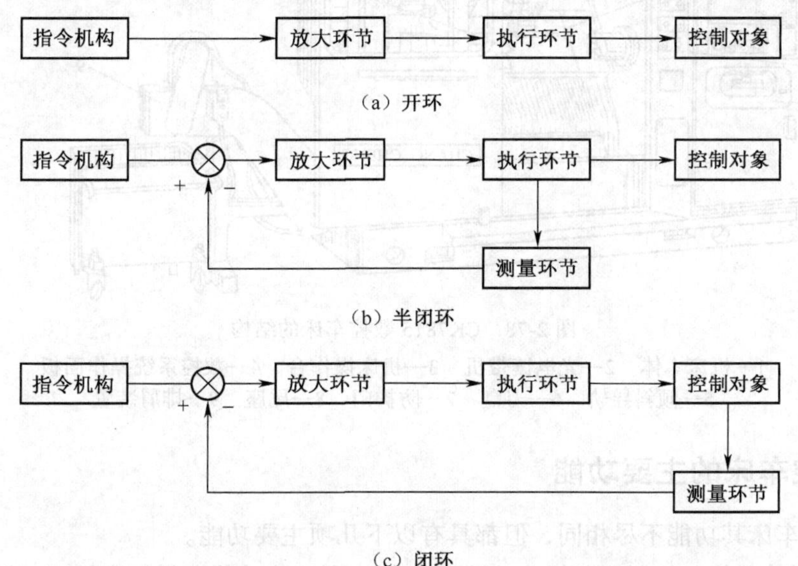

图 2-77　开环、半闭环和闭环控制系统框图

（3）按工艺用途分类

按工艺用途分类，数控机床可分为数控钻床、数控车床、数控铣床、数控镗床、加工中心、数控磨床和数控齿轮加工机床，还有数控压床、数控冲床、数控弯管机、数控电火花、数控火燃切割机等。

加工中心是带有刀库和自动换刀装置的数控机床，可在一台机床上实现多种加工。工件一次装夹，多个表面加工一次完成，即节省了辅助工时，又提高了加工精度。

2.5.3　数控车削加工

1. 数控车床概述

数控车床用于加工回转类表面，按结构形式可分为卧式和立式 2 大类，卧式又分为水平导轨和倾斜导轨。倾斜导轨使机床具有更大的刚性，易于排屑，一般用于高档次数控车床。另外，数控车床还有 2 根主轴的数控车床，称为双轴卧式数控车床或双轴立式数控车床。数控车床的机床本体和普通车床相似，即由床身、主轴箱刀架、进给系统、液压系统冷却和润滑等部分组成，所不同的是普通车床的进给系统是通过进给箱的齿轮转换来控制进给速度，而数控车床是直接用伺服电机通过滚珠丝杠驱动溜板和刀架实现进给运动，因而进给系统大为简化，并可实现无级变速。如图 2-78 所示为一种卧式数控车床结构图。

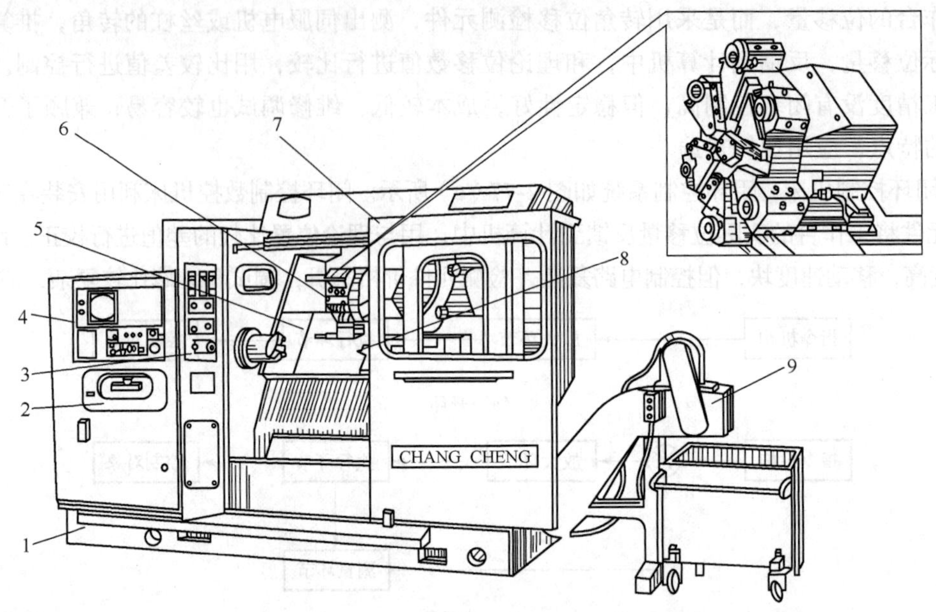

图 2-78　CK7815 数控车床的结构

1—机床本体　2—光电读带机　3—机床操作台　4—数控系统操作面板
5—倾斜导轨　6—刀盘　7—防护门　8—尾座　9—排屑装置

2. 数控车床的主要功能

不同数控车床其功能不尽相同，但都具有以下几项主要功能。

① 直线插补功能。控制刀具沿直线进行切削，利用该功能可加工圆柱面、圆锥面和倒角。

② 圆弧插补功能。控制刀具沿圆弧进行切削，利用该功能可加工圆弧面和曲面。

③ 固定循环功能。对于加工余量大。需多次进刀加工。为减少程序段的数量，缩短编程时间，减少程序所占内存，将一些常用的加工进行固化，如粗加工、切槽、钻孔等，使用时可用一个指令进行调用。

④ 恒线速切削功能。通过控制主轴转速保持切削点的切削速度恒定，以获得一致的加工表面质量。

⑤ 刀具半径自动补偿功能。可对刀具运动轨迹进行半径补偿，具备该功能机床在编程时可不考虑刀具半径，直接按零件轮廓进行编程，使编程方便简单。

3. 数控车床加工的主要对象

数控车床具备刀具运动轨迹的自动控制和恒转速等功能，使数控车床加工范围比普通车床宽，加工精度比普通车床高。但数控机床加工成本比较高，因此采用数控加工时，要合理的选择加工对象。与普通车床相比，适合于数控车床加工零件有如下几种。

① 精度要求高的回转体零件。数控车床刚度好，制造和对刀精度高，运动和定位精度高，并有刀具补偿、主轴恒转速等功能，尺寸精度可达 0.001mm 以上，表面粗糙度 R_a 值可小于 0.02μm，而且可以实现等精度加工，甚至在有些场合可以以车代磨。

② 轮廓形状复杂的零件。数控车床具有直线和圆弧插补功能，可以加工任意直线和平面曲线组成轮廓的回转体零件，包括公式曲线和列表曲线。

③ 带特殊螺纹的回转体零件。普通车床所能切削的螺纹相当有限，它只能切削直、锥面的公、英制螺纹，而且只能加工若干种节距的螺纹。数控车床不但能加工普通车床加工的螺纹，而且能加工增节距，减节距等各种节距变化的螺纹。数控车床还配有精密螺纹切削功能，再加上一般采用硬质合金成型刀片，以及可以使用较高的转速，所以车削出来螺纹的精度高，表面粗糙度值低。

2.5.4 数控铣削加工

1. 数控铣床概述

数控铣床是在普通铣床基础上发展起来的一种数控机床，两者加工工艺基本相同，机床结构也有些相似。但数控铣床是靠程序控制的自动加工机床，它除了能铣削普通铣床所能加工的各种零件表面外，还能铣削各种复杂的平面类、变斜角类和曲面类零件，如凸轮、叶片、螺旋桨等。数控铣床至少有三个控制轴，即 X、Y、Z 轴，通过两轴联动可加工零件的平面轮廓，通过两轴半、三轴或多轴联动可加工零件的空间曲面。同时，数控铣床还可用做数控钻床或数控镗床，完成镗、钻、扩、铰等工艺内容。数控铣床也有立式、卧式、立卧两用和龙门式数控铣床，如图 2-79 所示为一种立式数控铣床的结构。

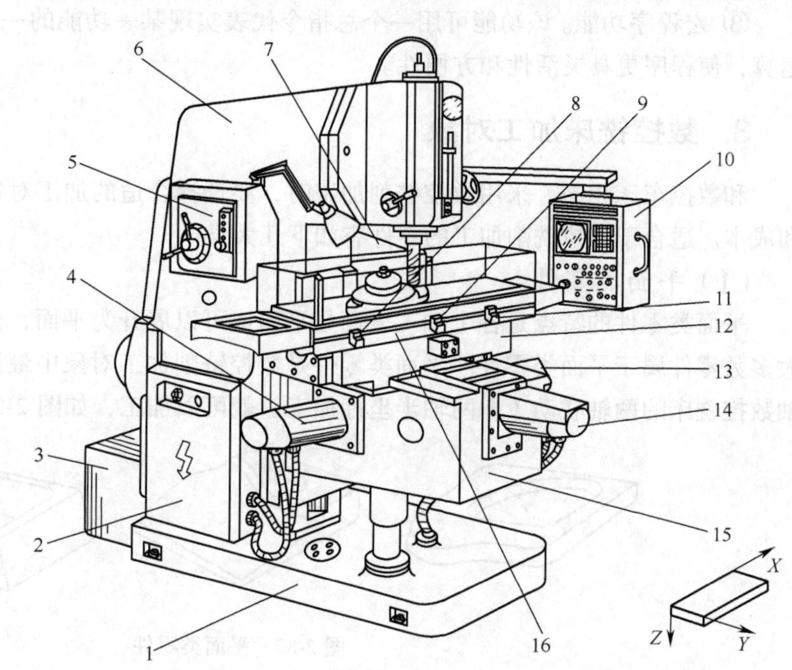

图 2-79 XK5040A 数控铣床的结构

1—底座 2—强电柜 3—变压器箱 4—升降进给伺服电动机 5—主轴变速手柄和按钮盘 6—床身立柱 7—数控柜 8、11—纵向行程限位保护开关 9—纵向参考点设定挡铁 10—操纵台 12—横向溜板 13—纵向进给伺服电动机 14—横向进给伺服电动机 15—升降台 16—纵向工作台

2. 数控铣床的主要功能

不同档次的数控铣床的功能差别很大，但都具有以下几项主要功能。

① 点位控制功能。此功能可以实现对相互位置精度要求很高的孔系加工。

② 连续轮廓控制功能。此功能可以实现直线插补功能、圆弧插补功能及非圆曲线的加工。直线插补功能分为平面直线插补功能、空间直线插补功能和逼近直线插补功能等；圆弧插补功

能分为平面圆弧插补、逼近圆弧插补功能等。

③ 刀具半径补偿功能。此功能可以根据零件图样的标注尺寸来编程，而不必考虑所用刀具的实际半径尺寸，从而减少编程时的复杂数值计算。

④ 刀具长度补偿功能。此功能可以自动补偿刀具的长短，以适应加工中对刀具长度尺寸调整的要求。

⑤ 比例缩放及镜像加工功能。比功能可将编好的加工程序按指定比例改变坐标值来执行。镜像加工又称轴对称加工，如果一个零件的形状关于坐标轴对称，那么只要编出一个或两个象限的程序，而其余象限的轮廓就可以通过镜像加工来实现。

⑥ 旋转功能。该功能可将编好的加工程序在加工平面内旋转任意角度来执行。

⑦ 子程序调用功能。有些零件需要在不同的位置上重复加工同样的轮廓形状，将一轮廓形状的加工程序作为子程序，在需要的位置上重复调用，就可以完成对该零件的加工。

⑧ 宏程序功能。该功能可用一个总指令代表实现某一功能的一系列指令，并能对变量进行运算，使程序更具灵活性和方便性。

3. 数控铣床加工对象

和数控车床相同，采用数控铣削加工时，要选择合适的加工对象，以兼顾加工质量、效率和成本。适合于数控铣削加工的零件有如下几大类。

（1）平面类零件

平面类零件的特点是各个加工表面是平面或可以展开为平面，目前在数控铣床上加工的绝大多数零件属于平面类零件。平面类零件是数控铣削加工对象中最简单的一类，一般只须用三轴数控铣床的两轴联动（即两轴半坐标加工）就可以加工，如图 2-80 所示。

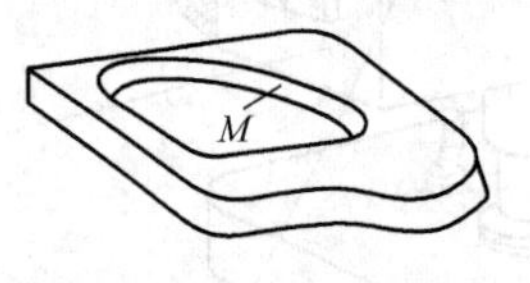

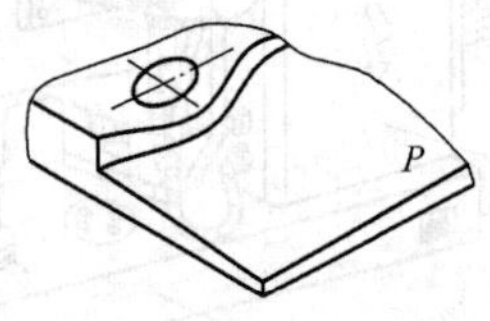

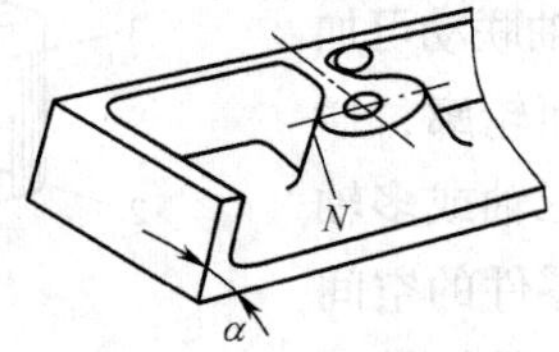

图 2-80 平面类零件

（2）变斜角类零件

变斜角类零件即加工面与水平面的夹角成连续变化的零件。如图 2-81 所示。加工变斜角类零件最好采用四轴或五轴数控铣床进行摆角加工，若没有上述机床，也可在三轴数控铣床上采用两轴半控制的行切法进行近似加工，但精度稍差。

（3）曲面类（立体类）零件

曲面类零件即加工面为空间曲面的零件，加工需采用球头刀，加工面与铣刀始终为点接触，一般采用三轴联动数控铣床加工，常用的加工方法主要有下列两种。

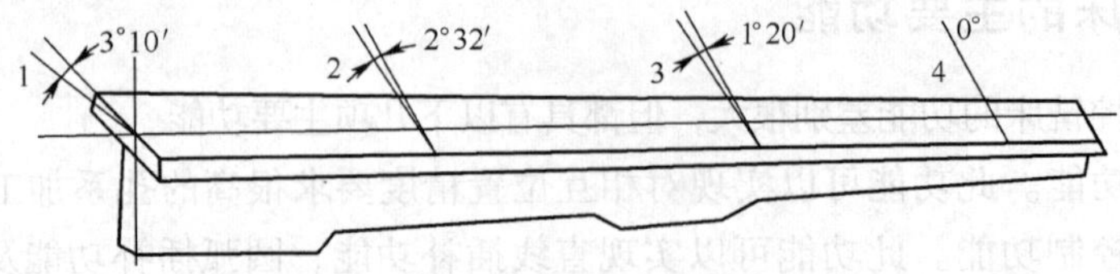

图 2-81 变斜角类零件

① 采用两轴半联动行切法加工。行切法是在加工时只有两个坐标联动，另一个坐标按一定行距周期进给。这种方法常用于不太复杂的空间曲面的加工。

② 采用三轴联动方法加工。所用的铣床必须具有 X、Y、Z 三轴联动加工功能，可进行空间直线插补。这种方法常用于较复杂空间曲面的加工。

小 结

模具零件的外圆表面一般是在车床上进行粗加工和半精加工，然后在外圆磨床上进行精加工。模具零件上的平面一般采用牛头刨床、龙门刨床和铣床进行刨削和铣削加工。模具零件中圆形孔的加工方法包括钻孔、扩孔、锪孔、铰孔、镗孔、内圆磨削、珩磨等。模具精密机械加工方法主要有成形磨削加工、坐标镗床加工、坐标磨床加工。数控机床加工以其加工精度高等优势，在模具机械加工中得到日益广泛的应用。

思考题

1. 模具的外圆柱面，一般采用什么方式加工？
2. 车削加工时，零件装夹方法有哪些？
3. 在外圆磨床上磨削外圆的方法有哪两种？各有什么特点？
4. 模具的平面，一般采用什么方式加工？
5. 按照铣削时主运动速度方向与零件进给方向的关系，铣削可以分为哪两种方式？各有什么特点？
6. 刨削加工时，刨刀和零件的装夹应注意什么问题？
7. 根据磨削时砂轮工作面的不同，平面磨削可分为哪两种方式？各有什么特点？
8. 钻孔时，钻头和零件应如何装夹？
9. 扩孔、锪孔和铰孔的作用是什么？
10. 镗孔时，零件应如何装夹？
11. 珩磨的作用和工作原理是什么？
12. 常用的深孔加工方法有哪些？
13. 什么是孔系？同一零件的孔系常用哪些加工方法？
14. 什么是成形砂轮磨削法？什么是夹具磨削法？
15. 正弦分中夹具和万能夹具分别用于哪类零件的成形磨削？
16. 将图 2-82 所示设计图换算为成形磨削工艺尺寸图。
17. 坐标镗床的特点是什么？坐标镗床的主要有哪些附件？分别起什么作用？
18. 数控加工有什么特点？适合于数控车床和数控铣床加工的加工对象有哪些？

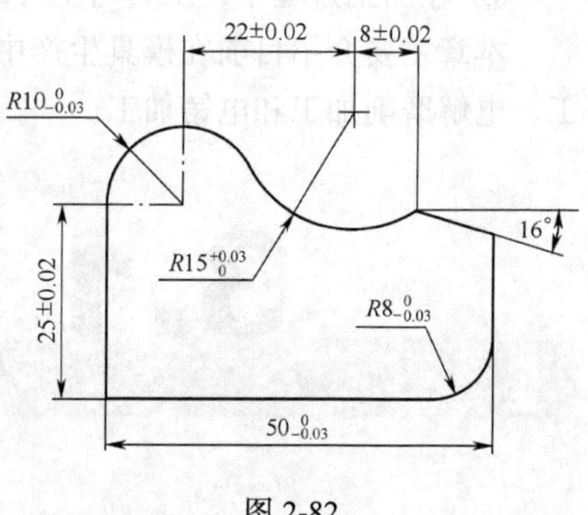

图 2-82

第3章 模具特种加工方法

【学习目标】

1. 掌握电火花成形加工的工作原理、特点及应用
2. 掌握电火花线切割加工的工作原理、特点及应用
3. 熟悉电解磨削加工的工作原理、特点及应用
4. 熟悉电铸加工的工作原理、特点及应用

自从20世纪50年代以来，随着工业生产的发展和科学技术的进步，具有高硬度、高强度、高韧性、高脆性、耐高温等特殊性能的材料不断出现，零件的形状也越来越复杂，精度要求更高，表面粗糙度要求更低。这样的零件有时仅仅依靠常规的切削加工方法很难甚至根本无法完成。例如，在模具制造中，对于形状复杂的型腔、凸模和凹模型孔等采用传统的切削方法往往难于加工。

经过人们的研究和探索，相继开发了一系列的特种加工方法。特种加工方法是指直接利用电能、光能、热能、电化学能、化学能和声能等各种能量对工件材料进行加工的加工方法。特种加工与一般机械加工的区别在于以下几个方面。

① 切除材料的能量不单纯依靠机械能，还可以采用其他形式的能量。

② 加工过程中可以有工具，但不要求工具材料的硬度高于工件材料的硬度，也可以无工具。

③ 在加工过程中，工具与工件之间不存在显著的机械切削力。

本章主要介绍目前在模具生产中应用较多的特种加工方法：电火花加工、电火花线切割加工、电解磨削加工和电铸加工。

3.1 模具电火花成形加工

3.1.1 电火花成形加工的工作原理

电火花成形加工是在一定介质中，通过工具电极和工件电极之间脉冲火花放电时的电腐蚀

现象来除去多余的材料，从而得到符合图纸规定的形状、尺寸和表面粗糙度要求的工件的加工方法。如图 3-1 所示是电火花成形加工的原理图。

工具电极 4 与工件 1 分别与脉冲电源 2 的两个输出端连接，并且都浸在工作液里，自动进给调节装置 3 使工具电极与工件之间保持一定的放电间隙（一般为 0.01～0.2mm）。脉冲电源不断发出脉冲电压加在工具电极与工件之间，当脉冲电压增大到间隙中工作液的击穿电压时，将会发生火花放电，放电区的高温把该处的电极和工件材料熔化，甚至汽化，在电极和工件表面都被蚀除一小块材料，形成小的凹坑。随着脉冲电压的结束，一个放电过程完成。紧接着下一个放电过程又开始，周而复始，工具电极不断地向工件进给，工件表面形成无数小的凹坑，如图 3-2 所示。随着工件不断地被蚀除（工具电极材料尽管也会被蚀除，但其速度远小于工件材料），工具电极轮廓形状就能复制在工件上而达到加工目的。

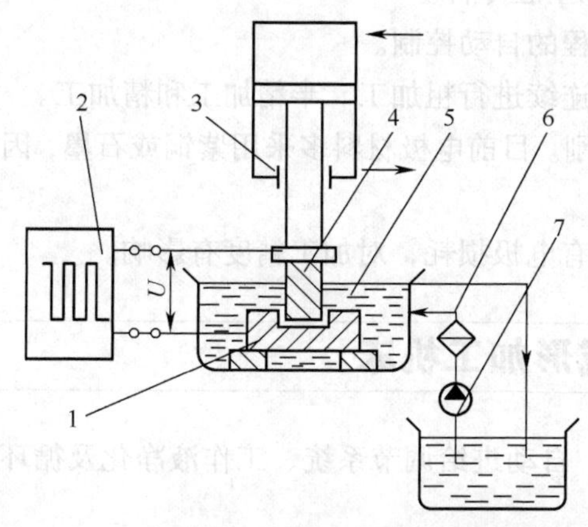

图 3-1 电火花加工的原理图

1—工件 2—脉冲电源 3—自动进给调节装置

4—工具电极 5—工作液 6—过滤器 7—泵

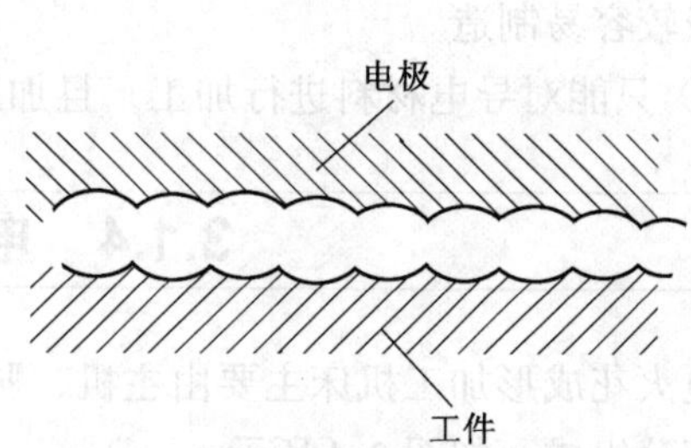

图 3-2 加工表面局部放大图

3.1.2 电火花成形加工必须具备的条件

① 必须使工件电极和工具电极之间经常保持一定的间隙，以便形成火花放电的条件。这一间隙与加工电压和加工量等因素有关，一般为 0.01～0.2mm。如果间隙过大，工作电压不能击穿，电流为零；如果间隙过小，容易形成短路，极间电压接近于零。因此，在电火花加工过程中，必须用工具电极的自动进给调节装置来保持这个间隙。

② 电火花放电必须是脉冲性和间歇性的，脉冲电源电压波形如图 3-3 所示。放电延续时间一般为 10^{-7}～10^{-4}s，这样才能使放电所产生的热量来不及传导扩散到其余部分，从而只在极小的范围内使金属局部熔化。放电之后，为了使放电介质有足够的时间恢复绝缘状态，以免引起持续电弧放电，烧伤加工表面，还要有一定的脉冲间隔时间。

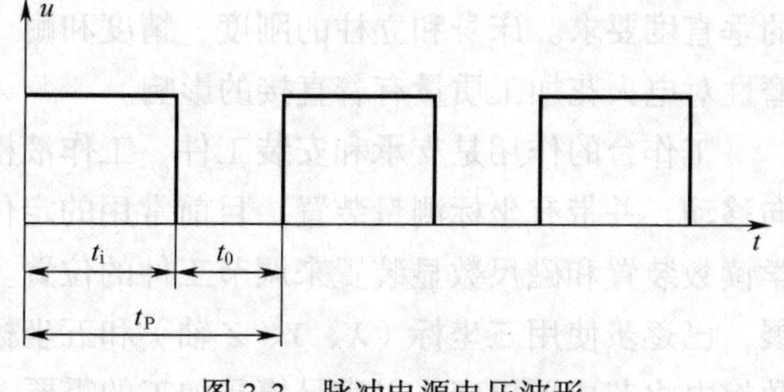

图 3-3 脉冲电源电压波形

③ 电火花放电必须在具有一定绝缘性能的液体介质中进行。液体介质没有一定绝缘性能，就不能击穿放电，形成火花通道。在放电完成以后，液体介质能迅速熄灭火花，使火花间隙消除电离。同时对电极表面进行较好的冷却，并能从工作间隙带走电蚀产物。常用的液体介质有煤油、皂化液、去离子水等。

3.1.3 电火花成形加工的特点

① 可以加工用一般机械加工方法难以加工或无法加工的材料。将电火花成形加工应用于模具制造，可以扩大模具材料的选用范围。

② 工具电极和工件在加工过程中不接触，不存在明显的机械作用力，工件不会受力变形，便于加工小孔、深孔、薄壁、窄缝以及各种型面和型腔零件。

③ 直接利用电能进行加工，便于实现加工过程的自动控制。

④ 脉冲参数调节方便，在同一台机床上可以连续进行粗加工、半精加工和精加工。

⑤ 电极材料不必比工件材料硬，可以以柔克刚。目前电极材料多采用紫铜或石墨，因此工具电极较容易制造。

⑥ 只能对导电材料进行加工，且加工过程中有电极损耗，对加工精度有影响。

3.1.4 电火花成形加工机床

电火花成形加工机床主要由主机、脉冲电源、自动进给调节系统、工作液净化及循环系统等几部分组成，如图 3-4 所示。

1. 主机

主机包括：主轴头、床身、立柱、工作台、工作液槽等。主轴头由进给系统、导向机构、电极夹具及相应调节系统组成，它是电火花成形加工机床中最关键的部件。

主轴头是自动进给调节系统的执行机构，用来控制工件与工具电极之间的间隙。普通电火花成形机床的主轴头多为液压式主轴头。

床身和立柱属于基础部件，应具有足够的刚度，床身工作面与立柱导轨面之间应有一定的垂直度要求。床身和立柱的刚度、精度和耐磨性对电火花加工质量有着直接的影响。

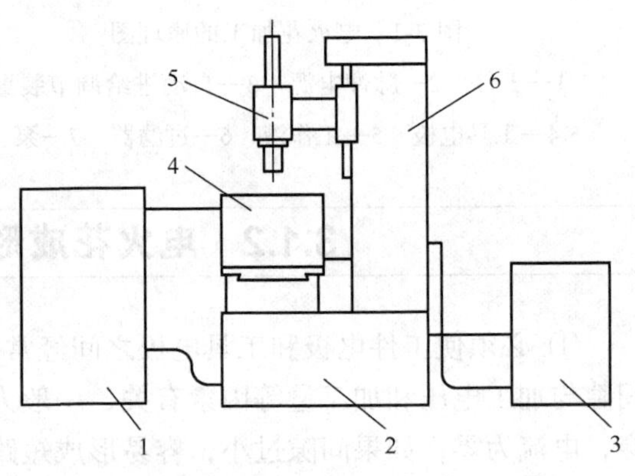

图 3-4 电火花成形加工机床示意图

1—脉冲电源 2—床身 3—工作液循环过滤系统 4—油箱 5—主轴头 6—立柱

工作台的作用是支承和安装工件，工作液槽安装在工作台上。工作台一般都可作纵向和横向移动，并带有坐标测量装置。目前常用的定位方法有靠手轮来调节工件的位置，也有采用光学读数装置和磁尺数显装置来调节工件的位置。近年来，由于工艺水平的提高和数控技术的发展，已逐步使用三坐标（*X*、*Y*、*Z* 轴）和五坐标（*X*、*Y*、*Z* 轴，另加 Z 轴回转及工作台回转）数控电火花成形机床，以满足模具加工的需要。

2. 脉冲电源

脉冲电源的作用是将工频交流电转换成一定频率的单向脉冲电流，以供给电极放电间隙所需要的能量来蚀除金属。其性能直接影响到加工速度、表面质量、加工稳定性和工具电极损耗等技术经济指标。常用的脉冲电源有张弛式、电子管式、闸流管式、脉冲发电机式、晶闸管式、集成元件等。

3. 自动进给调节系统

自动进给调节系统的作用是确保工件与工具电极之间在加工过程中始终保持一定的放电间隙，并且能自动补偿放电蚀除金属后间隙增大的部分。对自动进给调节系统的一般要求是应有较广的速度调节跟踪范围，应有足够的灵敏度和快速性，还应有必要的稳定性。自动进给调节系统的种类很多，如电动液压式、步进电动机式、力矩电动机式等，但它们的基本原理是相同的。

4. 工作液净化及循环系统

工作液净化及循环系统由储油箱、电动机、泵、过滤器、工作液槽、油杯、管道、阀门、压力表等组成，作用是排除电火花加工过程中不断产生的电蚀产物，提高电蚀过程的稳定性和加工速度，减少电极损耗，确保加工精度和表面质量。

3.1.5 电火花成形加工在模具制造中的应用

1. 凹模型孔加工

电火花成形加工在模具制造中，广泛应用于各种冲裁模的凹模型孔的加工。型孔越复杂，采用电火花成形加工的优越性越明显。对于型孔形状复杂的凹模，采用电火花成形加工可以不采用镶拼结构，而采用整体结构。这样既简化了模具的结构，又提高了模具的寿命。

（1）保证凸、凹模配合间隙的方法

冲裁模的凸、凹模配合间隙是一项非常重要的技术指标，在凹模型孔的电火花成形加工中，保证凸、凹模配合间隙的常用方法有以下几种。

① 直接配合法。这种方法是直接用适当加长的钢凸模作电极加工凹模的型孔，加工后将凸模上的损耗部分去除，如图 3-5 所示。凸、凹模的配合间隙由控制脉冲放电间隙来保证。直接配合法的优点是可以获得均匀的配合间隙，模具质量高，电极制造方便，工艺简单。缺点是用钢凸模作电极，加工速度低，在电流的直流分量作用下易磁化，使电蚀产物被吸附在电极放电间隙的磁场中，形成不稳定的二次放电。直接配合法适用于加工形状复杂的凹模或多型孔凹模，如电机定子、转子硅钢片冲模等。

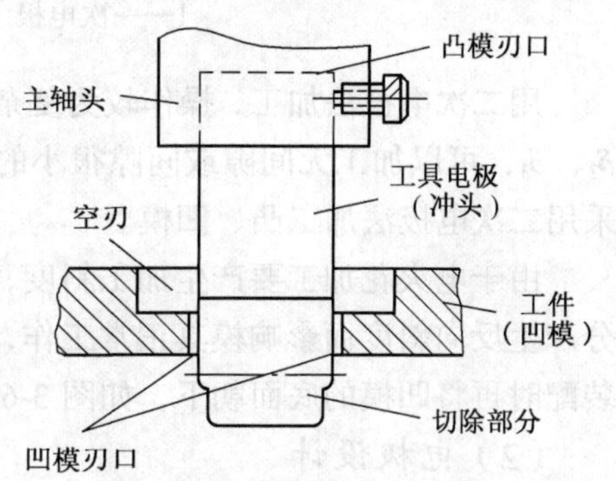

图 3-5 直接配合法示意图

② 混合法。混合法是将凸模的加长部分选用与凸

模不同的材料，如铸铁等粘接或钎焊在凸模上，与凸模一起加工，以粘接或钎焊部分作为穿孔电极的工作部分。加工后，再将电极部分去除。这种方法的优点是电极材料可以选择，因此电加工性能比直接配合法好；电极与凸模连在一起加工，电极形状、尺寸与凸模一致；加工后凸、凹模的配合间隙均匀，是一种使用较广泛的方法。

直接配合法和混合法都是依靠调节脉冲放电间隙来保证凸、凹模的配合间隙的。当凸、凹模的配合间隙很小时，必须保证脉冲放电间隙也很小，但是过小的放电间隙会使加工困难。在这种情况下可以将电极的工作部分用化学浸蚀法蚀除一层金属，使断面尺寸均匀缩小$\delta - Z/2$（Z为凸、凹模双边配合间隙，δ为单边放电间隙），以利于放电间隙的控制。反之，当凸、凹模的配合间隙较大时，可以用电镀法将电极工作部分的断面尺寸均匀扩大$Z/2 - \delta$，以满足加工时的间隙要求。

③ 修配凸模法。修配凸模法是将凸模和工具电极分别制造，在凸模上留一定的修配余量，按电火花加工好的凹模型孔修配凸模，达到所要求的凸、凹模的配合间隙，不论配合间隙大小，均可采用。这种方法的优点是电极可以选用电加工性能好的材料。缺点是增加了制造电极和钳工修配的工作量，而且不易得到均匀的配合间隙。所以修配凸模法只适用于加工形状比较简单的冲模。

④ 二次电极法。二次电极法是利用一次电极制造出二次电极，再分别用一次和二次电极加工出凹模和凸模，并保证凸、凹模配合间隙。二次电极法分为两种情况：一是一次电极为凹型，适用于凸模制造困难者；二是一次电极为凸型，适用于凹模制造困难者。如图 3-6 所示为一次电极为凸型电极时的加工方法。其工艺过程为：根据模具尺寸要求设计并制造出一次凸型电极；用一次电极加工出凹模，见图 3-6（a）；用一次电极加工出凹型二次电极，见图 3-6（b）；用二次电极加工出凸模，见图 3-6（c）；凸、凹模配合保证配合间隙，见图 3-6（d）。图中δ_1、δ_2、δ_3分别为加工凹模、加工二次电极和加工凸模时的放电间隙。

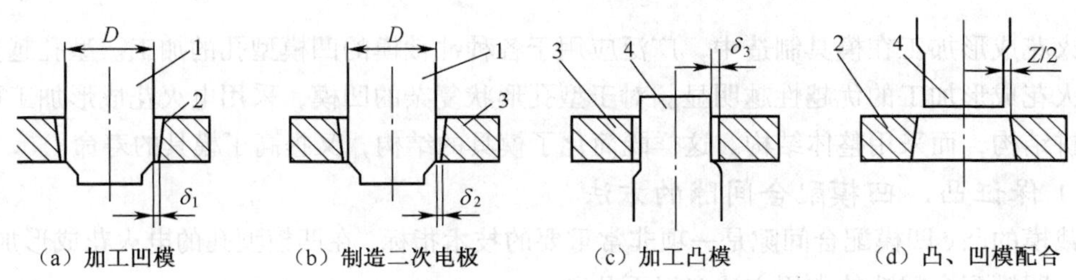

（a）加工凹模　（b）制造二次电极　（c）加工凸模　（d）凸、凹模配合

图 3-6　二次电极法

1—一次电极　2—凹模　3—二次电极　4—凸模

用二次电极法加工，操作较为复杂，一般不常采用。但这种方法能够合理调整放电间隙δ_1、δ_2、δ_3，可以加工无间隙或间隙很小的精冲模。对于硬质合金模具，在无成形磨削设备时可以采用二次电极法加工凸、凹模。

由于电火花加工要产生加工斜度，型孔加工后其孔壁要产生倾斜。为了防止型孔的工作部分产生反向斜度而影响模具正常工作，加工型孔时应将凹模的底面朝上，如图 3-6（a）所示，装配时再将凹模的底面朝下，如图 3-6（d）所示。

（2）电极设计

电极是影响电火花型孔加工质量的重要因素。为了保证型孔加工精度，在设计电极时必须合理选择电极材料和确定电极尺寸，并且使电极在结构上便于制造和安装。

① 电极材料。虽然从电火花加工的原理来看，任何导电材料都可以作为电极，但是由于电极材料对电火花加工的稳定性、生产率和模具质量都有很大的影响，因此应选择损耗小，加工过程稳定，生产率高，机械加工性能好和价格低的材料制作电极。常用电极材料的种类及性能见表 3-1。

表 3-1 常用电极材料的种类及性能

电极材料	电火花加工性能		机械加工性能	说明
	加工稳定性	电极损耗		
钢	较差	中等	好	在选择电参数时应注意加工的稳定性，可用凸模作电极
铸铁	一般	中等	好	
石墨	较好	较小	较好	机械强度较差，容易崩角
黄铜	好	大	较好	电极损耗太大
紫铜	好	较小	较差	磨削困难
铜钨合金	好	小	较好	价格贵，多用于深孔、直壁孔、硬质合金穿孔
银钨合金	好	小	较好	价格昂贵，用于精密及有特殊要求的加工

② 电极结构。电极的结构形式应根据型孔的大小和复杂程度、电极的结构工艺性等因素确定。常用的电极结构有 3 种。

a. 整体式电极。整体式电极是用一整块材料加工而成的，是最常用的电极结构形式。对于横截面积及质量较大的电极，可以在电极上开减重孔以减轻电极质量，但孔不能开通，并且孔口向上。整体式电极如图 3-7 所示。

b. 组合式电极。当同一凹模上有多个型孔时，在某些情况下可以把多个电极组合在一起，如图 3-8 所示，一次穿孔加工就可以制作完成各个型孔，这种电极称为组合式电极。采用组合式电极加工，生产效率较高，各型孔间的位置精度取决于各电极的位置精度。

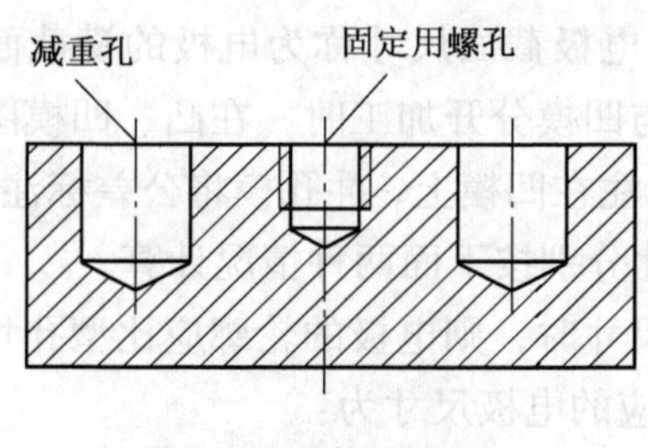

图 3-7 整体式电极

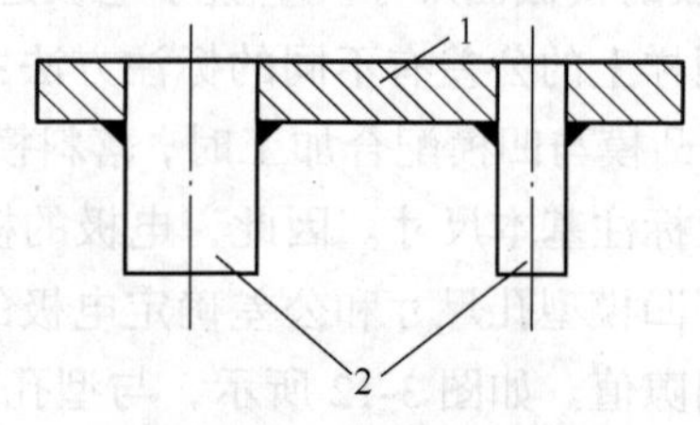

图 3-8 组合式电极

1—固定板 2—电极

c. 镶拼式电极。对于形状复杂的电极，为了便于加工，常将其分成几块，分别加工后再镶拼成整体，这种电极称为镶拼式电极，如图 3-9 所示。采用镶拼式电极既节省材料又便于机械加工。

③ 电极尺寸。电极尺寸包括长度尺寸和横截面尺寸。

a. 电极的长度尺寸。如图 3-10 所示，电极的长度尺寸 L 可按照下式进行计算：

$$L = KH + H_1 + H_2 + (0.4\sim0.8)(n-1)KH$$

式中：H——凹模需要电火花加工的厚度，单位为 mm；

H_1——凹模模板挖穿后，电极需要加长的长度，单位为 mm；

H_2——夹持电极需要加长的长度，为 10～20mm；

n——电极使用的次数；

K——与电极材料、加工方式、型孔复杂程度等因素有关的系数。K 值可以按经验数据选用：紫铜为 2～2.5；黄铜为 3～3.5；石墨为 1.7～2；铸铁为 2.5～3；钢为 3～3.5。当电极材料损耗小，型孔简单，电极轮廓无尖角时，K 值取小值，反之取大值。

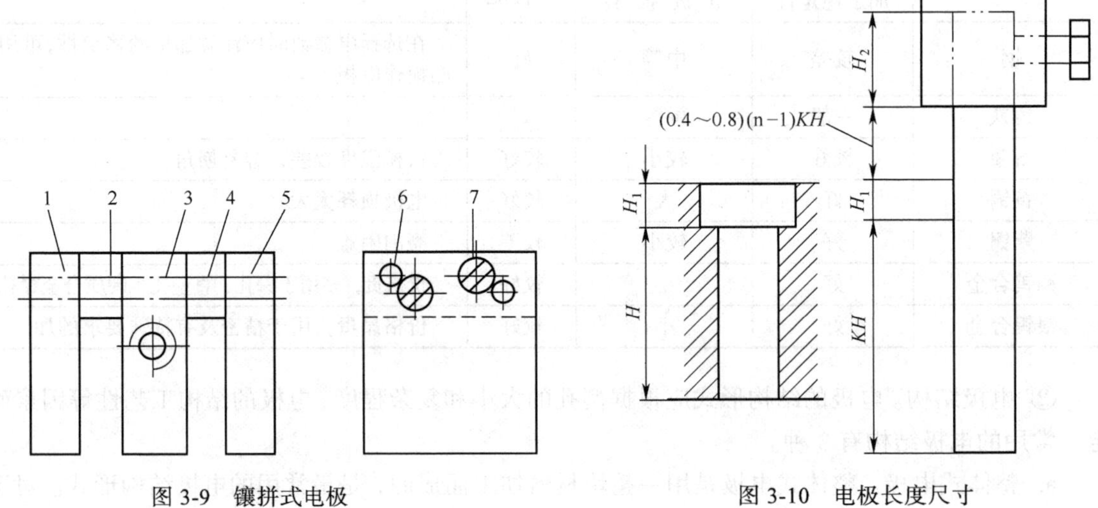

图 3-9　镶拼式电极

1、2、3、4、5—电极拼块　6—定位销　7—固定螺钉

图 3-10　电极长度尺寸

加工硬质合金时，由于电极损耗较大，电极还应适当加长一些。

在生产中，为了提高加工速度等工艺指标，有时将电极适当加长，并将加长部分的横截面尺寸均匀减小，呈阶梯状，称为阶梯电极，如图 3-11 所示。阶梯部分的长度 L_1 一般取凹模加工厚度的 1.5 倍左右，阶梯部分的均匀缩小量 $h_1 = 0.10 \sim 0.15$mm。

b. 电极的横截面尺寸。垂直于电极进给方向的电极截面尺寸称为电极的横截面尺寸。在凸、凹模图样上的公差有不同的标注方法：当凸模与凹模分开加工时，在凸、凹模图样上均标注公差；当凸模与凹模配合加工时，落料模将公差标注在凹模上，冲孔模将公差标注在凸模上，而另一个只标注基本尺寸。因此，电极的横截面尺寸分别按下面两种情况计算。

当按照凹模型孔尺寸和公差确定电极的横截面尺寸时，则电极的轮廓应比型孔均匀地缩小一个放电间隙值。如图 3-12 所示，与型孔尺寸相对应的电极尺寸为：

$$a = A - 2\delta$$
$$b = B + 2\delta$$
$$c = C$$
$$r_1 = R_1 + \delta$$
$$r_2 = R_2 - \delta$$

式中：A、B、C、R_1、R_2——型孔基本尺寸，单位为 mm；

a、b、c、r_1、r_2——电极的横截面基本尺寸，单位为 mm；

δ——单边放电间隙，单位为 mm。

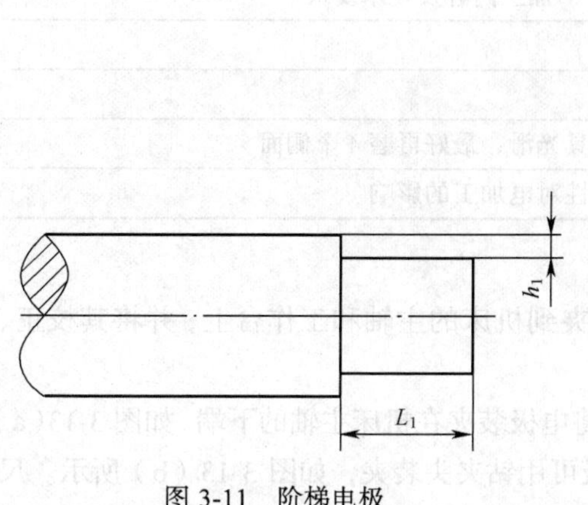

图 3-11 阶梯电极

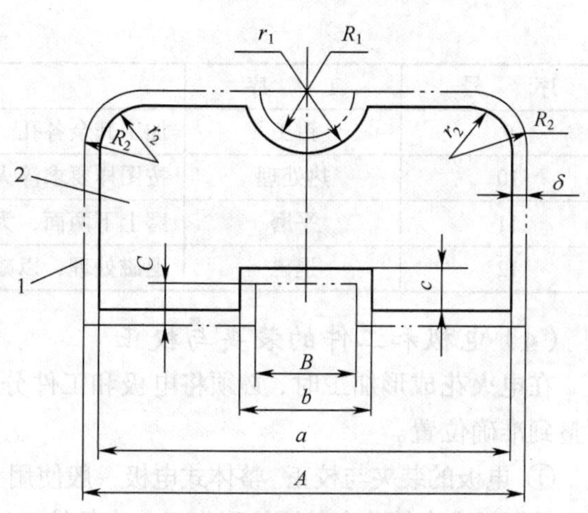

图 3-12 按型孔尺寸计算电极横截面尺寸
1—型孔轮廓 2—电极横截面

当按凸模尺寸和公差确定电极的横截面尺寸时，则随着凸、凹模配合间隙Z（Z为双边间隙）的不同，分为 3 种情况。

$Z=2\delta$时，电极与凸模截面基本尺寸完全相同。

$Z<2\delta$时，电极轮廓应比凸模轮廓均匀地缩小一个数值a_1，但形状相似。

$Z>2\delta$时，电极轮廓应比凸模轮廓均匀地放大一个数值a_1，但形状相似。

电极单边缩小或放大的数值a_1由下式确定：

$$a_1=\frac{1}{2}|Z-2\delta|$$

c. 电极公差的确定。电极在长度方向的尺寸公差没有严格的要求。电极横截面的尺寸公差一般取凹模刃口相应尺寸公差的 1/2～2/3。电极侧面的平行度误差在 100mm 长度上不大于 0.01mm。电极工作表面的粗糙度不大于型孔的表面粗糙度。

（3）凹模模坯准备

凹模模坯准备是指工件在电火花加工前的全部工序。常见的凹模模坯准备工序见表 3-2。为了提高电火花加工模具型孔的生产率，模坯必须去除型孔废料，只留下很少的余量作为电火花成形加工的余量。为了避免淬火引起的变形，电火花成形加工型孔应在淬火之后进行。

表 3-2 常见的凹模模坯准备工序

序号	工序	加工内容及技术要求
1	下料	用锯床锯割所需要的材料，包括需要切削的材料
2	锻造	锻造所需的形状，并改善其内部组织
3	退火	消除锻造后的内应力，并改善其加工性能
4	刨（铣）	刨（铣）四周及上下两个平面，厚度留余量为 0.4～0.6mm
5	平磨	磨上下平面及相邻两侧面，对角尺，应达到 R_a= 1.25～0.63μm
6	划线	钳工按型孔及其他安装孔划线
7	钳工	钻排孔，清除型孔废料
8	插（铣）	插（铣）出型孔，单边余量 0.3～0.5mm

续表

序　号	工　序	加工内容及技术要求
9	钳工	加工其余各孔
10	热处理	按图样要求淬火
11	平磨	磨上下两面，为使模具光滑，最好再磨 4 个侧面
12	退磁	退磁处理，以减少磁性对电加工的影响

（4）电极和工件的装夹与校正

在电火花成形加工时，必须将电极和工件分别装夹到机床的主轴和工作台上，并将其校正、调整到准确位置。

① 电极的装夹与校正。整体式电极一般使用夹头将电极装夹在机床主轴的下端。如图 3-13（a）所示是用标准套筒装夹的圆柱形电极。直径较小的电极可用钻夹头装夹，如图 3-13（b）所示。尺寸较大的电极用标准螺钉夹头装夹，如图 3-13（c）所示。镶拼式电极一般采用一块连接板将几个电极拼块连接成一个整体后，再装夹到机床主轴上并找正。组合式电极可在标准夹具上加定位块进行装夹，或用专用夹具进行装夹。

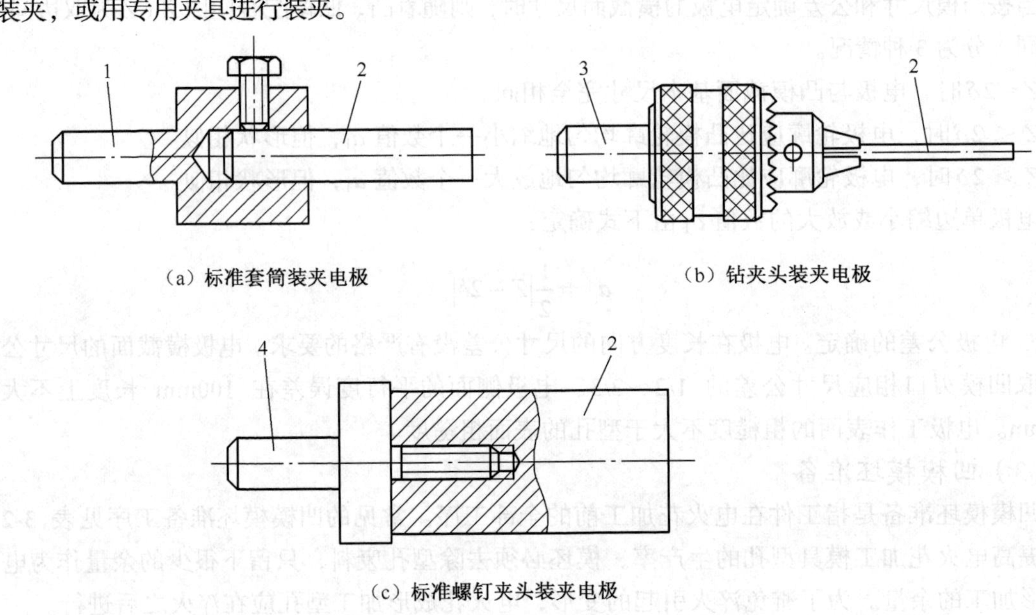

（a）标准套筒装夹电极　　（b）钻夹头装夹电极

（c）标准螺钉夹头装夹电极

图 3-13　电极装夹

1—标准套筒　2—电极　3—钻夹头　4—标准螺钉夹头

电极校正的目的是将电极牢固地装夹在主轴的电极夹具上，并使电极轴线与主轴进给轴线一致，保证电极与工作台面和工件垂直，电极横截面上的基准还应与机床工作台拖板的纵、横运动方向平行。常用的校正方法有精密角尺校正法和千分表校正法。

精密角尺校正法如图 3-14 所示，观察精密角尺的测量边与电极侧面的一条素线之间的间隙，在相互垂直的两个方向上进行观察和调整，直到两个方向观察到的间隙都均匀一致时，电极与工作台的垂直度即被校正。这种方法比较简单，校正精度也较高。

千分表校正法如图 3-15 所示。将千分表架固定在工作台面上，千分表触头接触电极轮廓表面。开动机床，使主轴和电极作上下移动，千分表即指示出电极与工作台的垂直度值。应注意千分表至少要在相互垂直的两个方向上进行测量。这种方法校正精度高，常被用做最终校正。

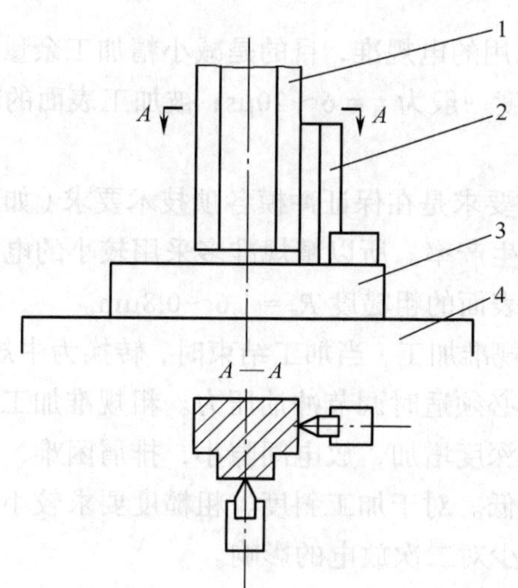

图 3-14 用精密角尺校正电极的垂直度

1—电极 2—角尺 3—凹模 4—工作台

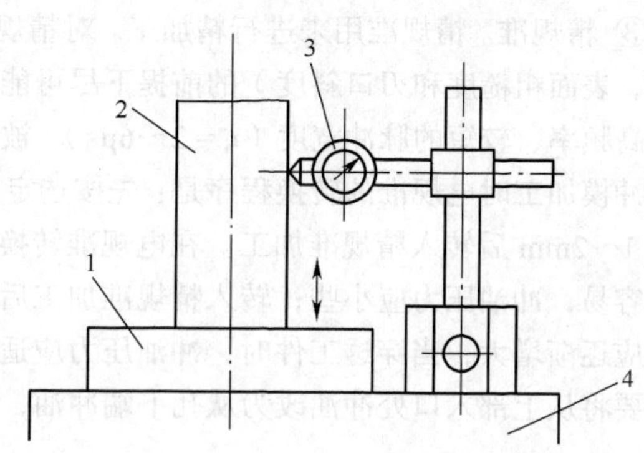

图 3-15 用千分表校正电极的垂直度

1—凹模 2—电极 3—千分表 4—工作台

② 工件的装夹。电火花加工的工件装夹比较简单，一般可以直接将工件装夹在垫块或工作台上，然后通过工作台的坐标移动，使工件中心线和十字滑板移动方向一致，以便于工件和电极之间的校正，最后用压板压紧。

工件常见的定位方法有以下 2 种。

a. 划线法。这种方法是按照加工要求在凹模的上、下平面划出型孔轮廓，工件定位时将已安装正确的电极垂直下降，靠上工件表面，用眼睛观察并移动工件，使电极对准工件的型孔线后将其压紧。经试加工后观察定位情况，并用纵、横拖板作补充调整。

划线法的定位精度不高，并且凹模的下平面不能有台阶。

b. 量块角尺法。量块角尺法如图 3-16 所示，按照加工要求计算出型孔至两基面之间的距离 x、y。将安装正确的电极下降接近工件，用量块、角尺确定工件位置后将其压紧。

量块角尺法不需要专用工具，操作简单方便，定位精度较高，也可用于凹模的下平面有台阶的情况。

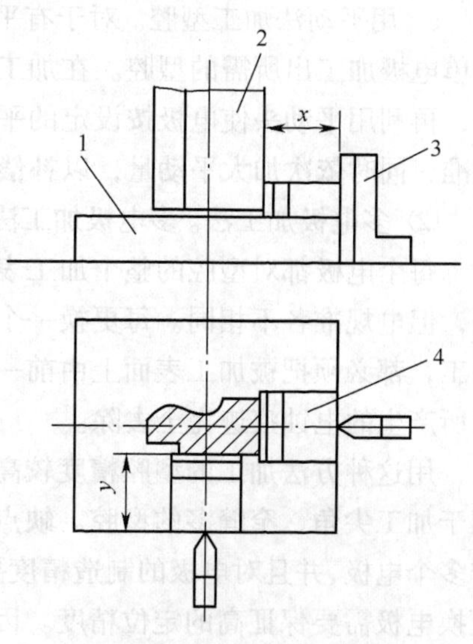

图 3-16 量块角尺法定位

1—凹模 2—电极 3—角尺 4—量块

（5）电规准的选择与转换

电火花加工中所选用的一组电脉冲参数称为电规准。电规准应根据工件的加工要求、电极和工件的材料、加工的工艺指标等因素来选择。通常需要几个电规准才能完成一个凹模型孔加工的全过程。电规准分为粗、中、精 3 种。从一个电规准调整到另一个电规准称为电规准的转换。

① 粗规准。粗规准主要用于粗加工。粗规准应该满足生产效率高，工具电极损耗小的要求，一般被加

工表面的粗糙度 $R_a \leq 12.5\mu m$。所以粗规准一般采用较大的电流峰值，较长的脉冲宽度（$t_i = 20 \sim 60\mu s$）。采用钢电极时，电极相对损耗应低于 10%。

② 中规准。中规准是粗、精加工之间过渡加工采用的电规准，目的是减小精加工余量，促进加工稳定性和提高加工速度。中规准采用的脉冲宽度一般为 $t_i = 6 \sim 20\mu s$；被加工表面的粗糙度 $R_a = 6.3 \sim 3.2\mu m$。

③ 精规准。精规准用来进行精加工。对精规准的要求是在保证冲模各项技术要求（如配合间隙、表面粗糙度和刃口斜度）的前提下尽可能提高生产率。所以精规准多采用较小的电流峰值，高频率、较短的脉冲宽度（$t_i = 2 \sim 6\mu s$）。被加工表面的粗糙度 $R_a = 1.6 \sim 0.8\mu m$。

冲模加工时电规准的转换程序是：先按选定的粗规准加工，当加工结束时，转换为中规准，加工 1～2mm 后转入精规准加工。在电规准转换时，必须适时调节冲油压力。粗规准加工时，排屑容易，冲油压力应小些；转入精规准加工后加工深度增加，放电间隙小，排屑困难，冲油压力应逐渐增大；当穿透工件时，冲油压力应适当降低。对于加工斜度、粗糙度要求较小的冲模，要将从上部入口处冲油改为从孔下端冲油，以减少对二次放电的影响。

2. 型腔加工

用电火花成形加工方法加工型腔比加工凹模型孔困难得多。型腔加工属于盲孔加工，金属蚀除量大，工作液循环不流畅，电蚀产物排除困难；电极损耗不能用增加电极长度和进给来补偿；型腔复杂，电极损耗不均匀，影响加工精度。因此电火花成形加工型腔，要从设备、电源、工艺等方面采取措施来减小或补偿电极损耗，以提高加工精度和生产率。

（1）型腔加工的工艺方法

① 单电极加工法。单电极加工法指用一个电极加工出所需型腔的方法。电极只需一次装夹定位，操作简单方便，适用于以下场合。

a. 加工形状简单，精度要求不高的型腔。

b. 经过预加工的型腔。

c. 用平动法加工型腔。对于有平动功能的电火花成形机床，在型腔不预加工的情况下也可用单电极加工出所需的型腔。在加工过程中，先用高效低损耗电规准进行粗加工，使其基本成形，再利用平动头使电极按设定的平动量作平面运动，并按粗、中、精的加工顺序逐渐改变电规准，同时依次加大平动量，以补偿前后两个加工规程之间的放电间隙差以及侧面修光。

② 多电极加工法。多电极加工法是用多个电极，依次更换加工同一个型腔，如图 3-17 所示。每个电极都对型腔的整个加工表面进行加工，但电规准各不相同。每更换一个电极进行加工，都必须把被加工表面上由前一个电极加工所产生的电蚀痕迹完全去除。

用这种方法加工的型腔精度较高，尤其适用于加工尖角、窄缝多的型腔。缺点是需要制作多个电极，并且对电极的制造精度要求很高，更换电极需要保证高的定位精度。因此，这种方法一般只用于精密型腔加工。

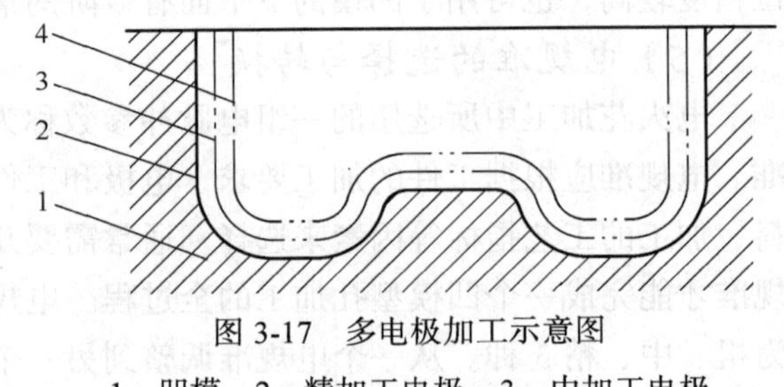

图 3-17 多电极加工示意图
1—凹模 2—精加工电极 3—中加工电极 4—粗加工电极

③ 分解电极法。分解电极法是根据型腔的几何形状，把电极分解成主型腔电极和副型腔电

极分别进行加工。先用主型腔电极加工出型腔的主要部分，再用副型腔电极加工型腔的尖角、窄缝等部位。采用分解电极法可以在加工过程中根据主、副型腔不同的加工条件，选择不同的电规准，从而既提高加工速度又能获得较好的加工质量，同时还可以简化电极制造，便于修整电极。缺点是主型腔和副型腔电极的精确定位比较困难。

（2）电极设计

为了保证型腔的加工精度，设计电极时必须合理选择电极材料和确定电极尺寸，此外，还要使电极结构便于制造和安装。

① 电极材料。对型腔加工中电极的材料有以下要求。

a. 具有良好的电火花加工性能。主要是电极损耗小，加工速度高，加工稳定性好。

b. 易于加工制造成形。

c. 来源丰富，价格便宜。

型腔加工中常用的电极材料主要是石墨和紫铜，其性能见表 3-1。紫铜组织致密，适用于形状复杂，轮廓清晰，精度要求高和表面粗糙度小的型腔。但紫铜的机械加工性能差，难以成形磨削；由于密度大、价格贵，不宜作大、中型电极。石墨作电极容易加工成形，密度小，适宜作大、中型电极。但石墨的机械强度较差，在采用宽脉冲大电流加工时，容易起弧烧伤。铜钨合金和银钨合金是较理想的材料，但价格昂贵，机械加工比较困难，所以采用的较少，只适用于特殊型腔加工。

② 电极结构。和电火花加工型孔一样，型腔加工所采用的电极也有三种结构形式。整体式电极适用于尺寸大小和复杂程度一般的型腔。镶拼式电极适用于型腔尺寸较大，单块电极坯料尺寸不够或电极形状复杂，将其分块才易于制造的情况。组合式电极适于一模多腔时采用，以提高加工速度，简化各型腔之间的定位工序，易于保证型腔的位置精度。

③ 电极尺寸的确定。电极设计时需要确定的电极尺寸如下。

a. 电极横截面尺寸的计算。用单电极进行电火花加工时，电极横截面尺寸的确定与电火花加工型孔相同，只需考虑放电间隙，即电极横截面尺寸等于型腔的横截面尺寸均匀地缩小一个放电间隙。当用单电极平动法进行电火花加工时，还必须考虑加上一个电极的横截面缩放量 b，如图 3-18 所示。

$$a = A \pm Kb$$

式中：a——电极横截面方向的基本尺寸，单位为 mm；

A——型腔的基本尺寸，单位为 mm；

K——与型腔尺寸标注有关的系数，直径方向（双边）$K = 2$，半径方向（单边）$K = 1$；

b——电极单边缩放量，单位为 mm。

式中“±”的确定方法是：与型腔凸出部分相对应的电极凹入部分的尺寸（如图 3-18 中的 r_2、a_2）应放大，即用“+”号；反之，与型腔凹入部分相对应的电极凸出部分的尺寸（如图 3-18 中的 r_1、a_1）应缩小，即用“−”号；

$$b = e + \delta_j - \gamma_j$$

式中：e——平动量，一般取 0.5～06mm；

δ_j——最后一挡精规准加工时端面的放电间隙，一般为 0.02～0.03mm，可忽略不计；

γ_j——精加工时电极侧面损耗（单边），通常忽略不计。

b. 电极高度尺寸的计算。电极总高度尺寸的确定如图 3-19 所示。

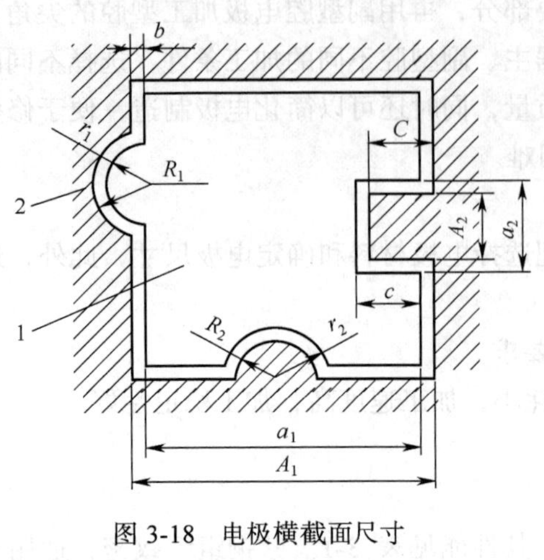

图 3-18 电极横截面尺寸

1—电极 2—型腔

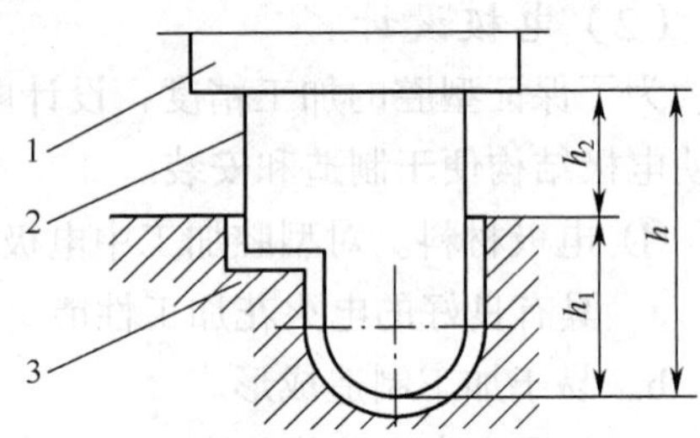

图 3-19 电极高度尺寸

1—电极固定板 2—电极 3—工件

$$h = h_1 + h_2$$

$$h_1 = H_1 + C_1H_1 + C_2S - \delta_j$$

式中：h——电极高度方向的基本尺寸，单位为 mm；

h_1——电极高度方向的有效工作尺寸，单位为 mm；

h_2——考虑加工结束时，为避免电极固定板和模块相碰，同一电极能多次使用等因素而增加的高度，一般取 5～20mm；

H_1——型腔高度方向的尺寸（型腔深度），单位为 mm；

C_1——粗规准加工时，电极端面的相对损耗率，其值一般小于 1%，C_1H_1 只适用于未预加工的型腔；

C_2——中、精规准加工时，电极端面的相对损耗率，其值一般为 20%～25%；

S——中、精规准加工时，端面总的进给量，其值一般为 0.4～0.5mm；

δ_j——最后一挡精规准加工时端面的放电间隙，一般为 0.02～0.03mm，可忽略不计。

④ 排气孔和冲油孔。由于加工型腔时的排气、排屑条件比加工型孔时差，为了防止排气、排屑不畅而影响加工速度、加工稳定性和加工表面粗糙度，设计电极时应在电极上设置适当的排气孔和冲油孔。一般情况下，冲油孔要设计在难于排屑的拐角、窄缝等处，如图 3-20 所示。排气孔要设计在蚀除面积较大的位置，如图 3-21 所示。

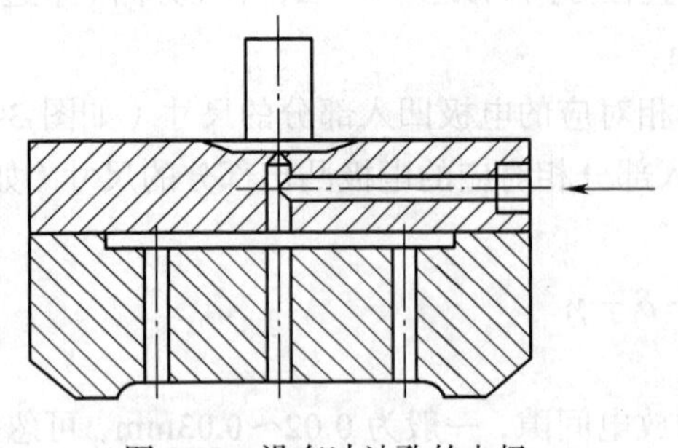

图 3-20 设有冲油孔的电极

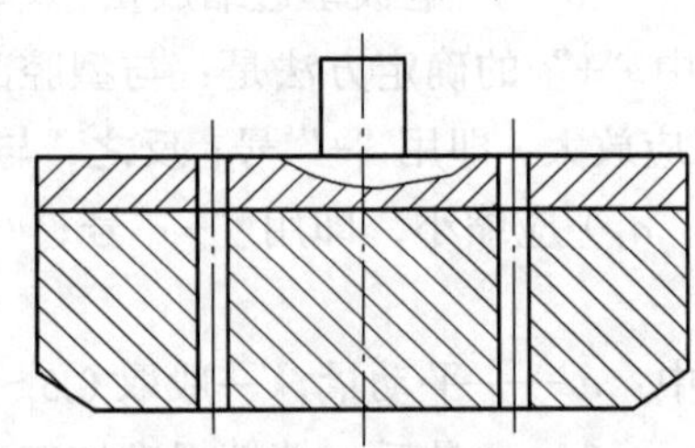

图 3-21 设有排气孔的电极

排气孔和冲油孔的直径一般取为ϕ1～ϕ1.5mm，上端孔径可加大到ϕ5～ϕ8mm，以有利于排气和排屑。孔距为 20～40mm 左右，位置相对错开，以避免加工表面出现“波纹”。

（3）电极和工件的装夹与校正

在电火花成形加工时，必须将电极和工件分别装夹到机床的主轴和工作台上，并将其校正、调整到准确位置。

① 电极的装夹与校正。型腔模电极的装夹方法与型孔电火花加工的电极装夹基本相同。电极装夹后必须进行校正，使电极轴线与主轴的进给方向一致。常用的校正方法有 3 种。

a. 固定板基面校正法。当电极轴线与电极固定板的上平面（即基准面）严格垂直时，可将百分表固定在工作台上，并左右、前后移动百分表，检验和调整基准面和工作台的平行度，如图 3-22 所示。

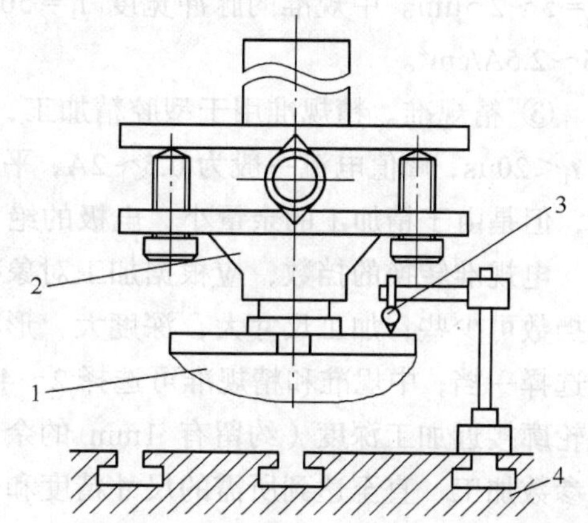

图 3-22 固定板基面校正法

1—电极 2—调节装置 3—百分表 4—工作台

b. 电极侧面校正法。当电极侧面有较长的直壁面时，可用角尺或百分表来校正电极，方法与加工型孔的电极校正方法基本相同。

c. 电极端面火花放电校正法。当电极端面为平面，且该平面与电极轴线垂直时，可以用精规准检查电极在工件表面火花放电腐蚀的火花痕迹与划线的重叠程度来进行校正。

② 电极和工件的定位。型腔模电极和工件装夹校正后，必须相互定位，以保证型腔在模具上的位置精度。常用的定位方法如下。

a. 量块角尺定位法。如果电极的侧面为直平面，可以采用量块角尺定位法，操作方法与加工型孔时所用的定位方法基本相同。

b. 十字线定位法。十字线定位法如图 3-23 所示，在电极或固定板侧面画出中心十字线，同时在工件模块上也画出中心十字线。定位时，只要将工件与模块的中心十字线对准即可。这种方法精度较低，为 ±（0.3～0.5mm）。

c. 定位板定位法。定位板定位法如图 3-24 所示，在电极固定板和工件模块上分别加工出一对角尺定位基准面，并在电极定位基准面上固定两块平直的定位板。定位时将角尺放在工件的上平面并使之与相应的定位板进行校正贴紧，再将模块压紧，卸去定位板即可完成定位工作。

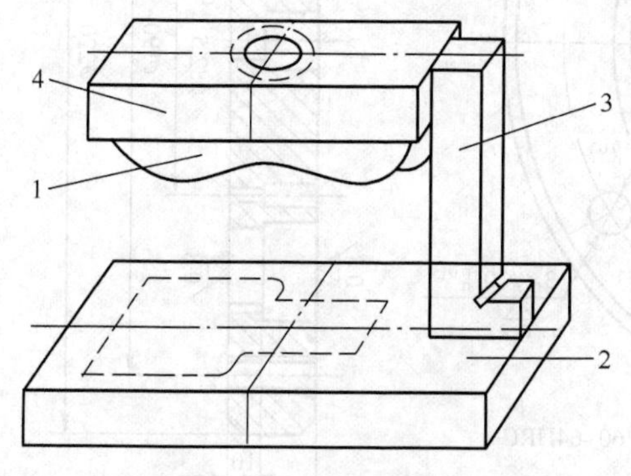

图 3-23 十字线定位法

1—电极 2—模块 3—刀口角尺 4—电极固定板

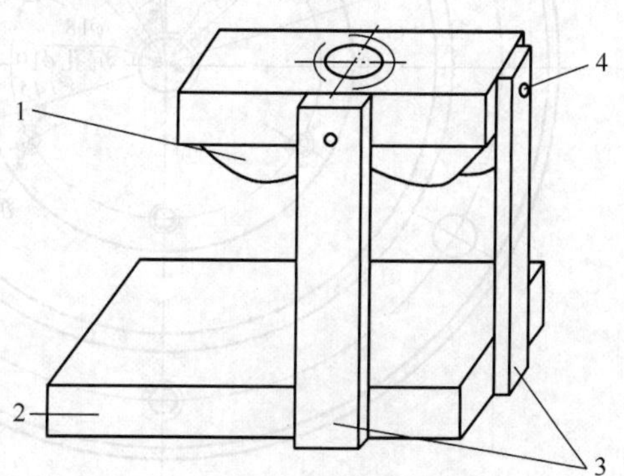

图 3-24 定位板定位法

1—电极 2—模块 3—定位板 4—电极固定板

（4）电规准的选择与转换

型腔模电火花成形加工中所选用的电规准也分为粗、中、精3种。

① 粗规准。对粗规准的要求是以高的蚀除速度加工出型腔的基本轮廓，电极损耗要小，电蚀表面不能太粗糙。粗规准的脉冲宽度 t_i＞400μs，峰值电流较大，一般为20～60A，并采用负极性进行加工。通常用石墨电极加工钢时，电流密度约为3～5A/cm^2，否则电极容易烧伤，影响加工表面质量。用紫铜电极加工钢时，电流密度可以稍大一些。

② 中规准。中规准的目的是减小被加工表面的粗糙度，为精加工作准备，中规准加工时 R_a = 5～2.5μm。中规准的脉冲宽度 t_i = 50～300μs，峰值电流一般小于 10A，平均电流密度为1.5～2.5A/cm^2。

③ 精规准。精规准用于型腔精加工，所去除的余量一般为 0.1～0.2mm。精规准的脉冲宽度 t_i＜20μs，峰值电流一般为0.5～2A，平均电流密度小于1.5A/cm^2。尽管选用窄脉冲电极损耗大，但是由于精加工的余量小，电极的绝对损耗率并不大。

电规准转换的挡数，应根据加工对象确定。加工尺寸小，形状简单的浅型腔，电规准的转换挡数可少些；加工尺寸大，深度大，形状复杂的型腔，电规准的转换挡数应多些。粗规准一般选择一挡；中规准和精规准可选择2～4挡。开始加工时，先选用粗规准参数进行加工，当型腔轮廓接近加工深度（约留有 1mm 的余量）时，减小电规准，依次转换为中规准、精规准各挡参数加工，直至达到所需的尺寸精度和表面粗糙度。

3.1.6 电火花成形加工实例

以电动机定子凹模为例，说明电火花成形加工应用。电动机定子凹模如图3-25所示。

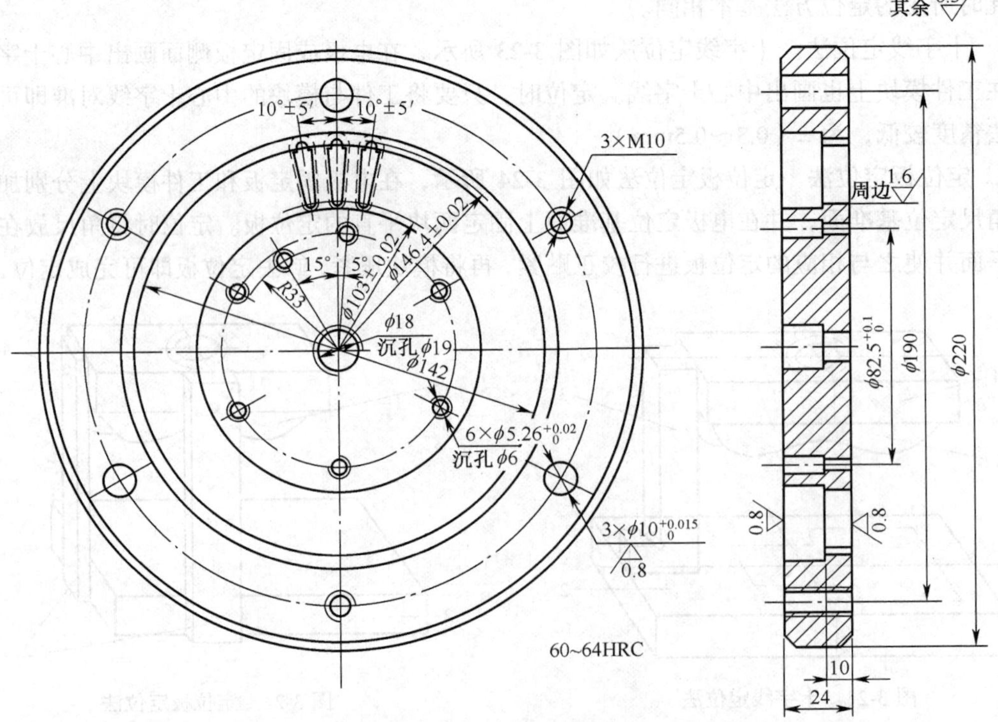

图3-25 电动机定子凹模

电动机定子凹模上有 36 个型孔，凸模、凹模配合间隙为 0.10～0.12mm（双边），模具材料为 Cr12MoV，硬度为 HRC 60～HRC 64。

由于凹模工作型孔比较多，并且各型孔在圆周上的分布有严格的位置精度要求，使用常规的配作加工难度较大，而采用凸模作电极对凹模型孔进行电火花加工既简单又能保证其位置精度和配合间隙要求。其工艺过程简述如下。

1. 电极（凸模）加工工艺

有如下两种选择。

① 锻造→退火→粗、精刨→淬火与回火→成形磨削。

② 锻造→退火→刨（铣）平面→淬火与回火→磨上、下平面→电火花加工。

注意：凸模长度应加长一段作为电火花加工的电极，其长度根据凹模刃口高度而定。

2. 电极（凸模）固定板的加工工艺

锻造→退火→粗、精车→划线→加工孔→磨平面。

3. 电极（凸模）的固定

在专用分度坐标装置（万能回转台）上分别找正各凸模位置，用锡合金将凸模固定在固定板上，达到各型孔位置精度要求。

4. 凹模加工工艺

锻造→退火→粗、精车外圆及上、下平面→样板划线→铣出各型孔漏料部分→加工螺钉孔及销钉孔并在各型孔位置钻冲油孔→淬火与回火→磨平面→退磁→用组合后的凸模作电极，电火花加工各型孔。

凹模各型孔与凸模间隙的大小依靠电火花加工时所选的电规准控制。如果配合间隙不在放电间隙内，则对凸模电极部分采用化学浸蚀或镀铜的方法适当减小或增大。

利用组合凸模作电极加工凹模后，还可以将卸料板的型孔加工出来。因为卸料板所需的间隙较大，可采用电极平动法或工作台坐标法加工。

3.2 模具电火花线切割加工

3.2.1 电火花线切割加工的工作原理、特点和应用

电火花线切割加工的工作原理与电火花成形加工基本相同，都是利用电火花放电使金属熔化或气化。但是电火花线切割加工与电火花成形加工相比有一些突出的优点，在应用范围上也有所不同。

1. 电火花线切割加工的工作原理

电火花线切割加工是用移动的细金属丝作电极，在电极和工件之间施以脉冲电压，通过电极和工件之间脉冲放电时的电腐蚀作用，对工件进行加工的一种方法。加工原理如图 3-26 所示，利用细钼丝或细铜丝 5 作工具电极，穿过工件 3 上预先钻好的小孔（穿丝孔），由导向轮 6 由贮丝筒 9 带动，相对工件作上下往复运动。加工能源由脉冲电源 4 供给，工件接脉冲电源的正极，电极丝接负极。脉冲电压将电极丝和工件之间的间隙（放电间隙）击穿，产生瞬时火花放电，将工件放电区局部熔化或气化，从而实现切割加工。

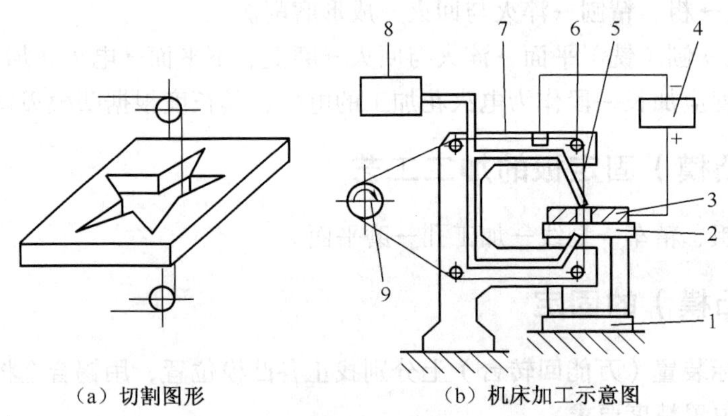

图 3-26 电火花线切割加工的工作原理

1—工作台 2—夹具 3—工件 4—脉冲电源 5—电极丝 6—导向轮

7—丝架 8—工作液箱 9—贮丝筒

2. 电火花线切割加工的特点

与电火花成形加工相比，电火花线切割加工有如下特点。

① 不需要制作成型的工具电极，可节约电极设计、制造费用，缩短生产周期。

② 由于电极丝比较细，可以加工微细异形孔、窄缝和形状复杂的工件。

③ 在加工过程中，电极损耗极小，有利于加工精度的提高。

④ 自动化程度高，操作方便，加工周期短，成本低。

⑤ 不能加工盲孔类或阶梯类成型表面。

3. 电火花线切割加工的应用

（1）加工模具零件

适用于加工淬火钢、硬质合金模具零件、各种形状的细小零件、窄缝等。如形状复杂，带有尖角、窄缝的小型凹模的型孔可以采用整体结构在淬火后加工，既能保证模具精度，又可简化模具的设计与制造。

（2）加工电火花成形加工用的电极

适用于加工一般电火花成形加工型孔时用的电极，以及加工带锥度型腔时用的电极。对于铜钨合金、银钨合金之类的材料，用电火花线切割加工特别经济实惠。同时也适用于加工微细、形状复杂的电极。

（3）加工零件

适用于加工品种多、数量少的零件，特殊难加工材料的零件，材料试验样件，各种型孔、凸轮、样板、成形刀具等。

3.2.2 电火花线切割加工机床

根据电极丝的运动方式，电火花线切割机床分为快速走丝线切割机床（WEDM—HS）和慢速走丝线切割机床（WEDM—LS）两种。

1. 快速走丝线切割机床

快速走丝线切割机床是我国生产和使用的主要机种。它采用钼丝（ϕ0.08mm～ϕ0.2mm）或铜丝（ϕ0.3mm 左右）作电极。电极丝在贮丝筒的带动下通过加工缝隙作往复循环运动，一直使用到断线为止。快速走丝电火花线切割机床的走丝速度较快，走丝速度约为 8～10m/s，加工精度较低，目前能达到的加工精度为 ± 0.01mm，表面粗糙度为 R_a = 2.5～0.63μm。切割厚度与机床的结构参数有关，最大可达 500mm。

2. 慢速走丝线切割机床

慢速走丝线切割机床是国外生产和使用的主要机种。它采用紫铜、黄铜、钨、钼等作为电极丝，直径约为ϕ0.03～ϕ0.35mm。一般走丝速度低于 0.2m/s。电极丝单方向通过加工缝隙，不重复使用，可避免电极丝损耗对工件加工精度的影响。慢速走丝电火花线切割机床的加工精度可达到 ± 0.001mm，表面粗糙度可达到 R_a＜0.32μm。

以上两种电火花线切割机床相比较，快速走丝线切割机床结构简单，价格低廉，加工生产率较高，精度能满足一般要求，所以目前在我国已被广泛应用。

3.2.3 电火花线切割数控程序编制

电火花数控线切割机床采用的是数字程序控制系统，在线切割加工前，必须对加工工件进行程序编制。我国电火花数控线切割机床所采用的编程代码有 3B、4B、ISO 等格式。

1. 3B 格式程序的编制

我国常用数控线切割机床的程序为 3B 格式程序，多用于快速走丝线切割机床。

（1）程序格式

3B 程序格式如表 3-3 所示。

表 3-3 3B 程序格式

B	*X*	B	*Y*	B	*J*	G	Z
分隔符号	*X* 坐标值	分隔符号	*Y* 坐标值	分隔符号	计数长度	计数方向	加工指令

① 分隔符号 B。*X*、*Y*、*J* 均为数字，用分隔符号“B”将其隔开，以避免混淆。

② 坐标值（*X*、*Y*）。*X*、*Y* 为坐标的绝对值，其单位为μm，μm 以下应四舍五入。

加工圆弧时，坐标原点取为圆心，*X*、*Y* 为圆弧起点坐标值；

加工斜线时，坐标原点取为斜线起点，*X*、*Y* 为终点坐标值；

加工平行于 *X* 轴或 *Y* 轴的直线，即当 *X* 或 *Y* 为零时，*X*、*Y* 值均可不写，但分隔符号 “B” 必须保留。

允许将 *X* 和 *Y* 值按相同的比例放大或缩小。

③ 计数方向 G。选取 *X* 方向进给总长度进行计数的称为计 *X*，用 G_X 表示；选取 *Y* 方向进给总长度进行计数的称为计 *Y*，用 G_Y 表示。

直线的计数方向取法是：以其终点坐标绝对值的大小判断，即：

$|Y_e| > |X_e|$ 时，取 G_Y；

$|X_e| > |Y_e|$ 时，取 G_X；

$|X_e| = |Y_e|$ 时，取 G_X 或 G_Y 均可。

圆弧的计数方向取法是：以其终点坐标绝对值的大小判断，但计数方向相反，即：

$|X_e| > |Y_e|$ 时，取 G_Y；

$|Y_e| > |X_e|$ 时，取 G_X；

$|X_e| = |Y_e|$ 时，取 G_X 或 G_Y 均可。

④ 计数长度 *J*。指被加工图形在计数方向上的投影长度（即绝对值）的总和，以μm 为单位。对于计数长度 *J*，应补足六位数，如 J = 1 250μm，应写成 001250。

⑤ 加工指令 Z。加工指令 Z 用来传送被加工图形的形状、所在象限和加工方向等信息的。加工指令共有 12 种，如图 3-27 所示。

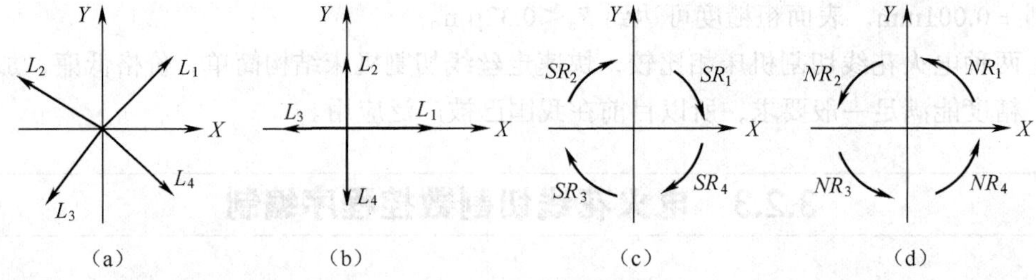

图 3-27　加工指令

当被加工的斜线在Ⅰ、Ⅱ、Ⅲ、Ⅳ象限时，分别用 L_1、L_2、L_3、L_4 表示，如图 3-27（a）所示。与坐标轴相重合的直线，根据进给方向，加工指令按图 3-27（b）所示选取。

当被加工的圆弧在Ⅰ、Ⅱ、Ⅲ、Ⅳ象限，加工点按顺时针方向运动时，分别用 SR_1、SR_2、SR_3、SR_4 表示，如图 3-27（c）所示。

当被加工的圆弧在Ⅰ、Ⅱ、Ⅲ、Ⅳ象限，加工点按逆时针方向运动时，分别用 NR_1、NR_2、NR_3、NR_4 表示，如图 3-27（d）所示。

例 3-1　加工如图 3-28 所示的斜线 *OA*，终点 *A* 的坐标为 X_e = 17mm，Y_e = 5mm，试编制加工程序。

其程序为：B17000B5000B017000 G_X L_1

例 3-2　加工如图 3-29 所示的圆弧，加工起点 *A*（−5，0），试编制加工程序。

其程序为：B5000BB010000 G_X SR_2。

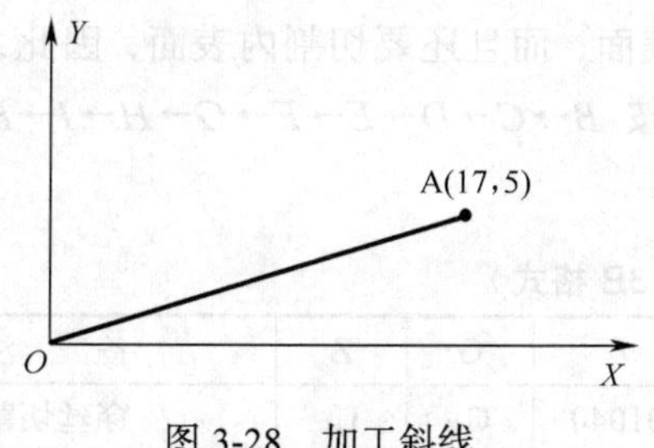

图 3-28 加工斜线

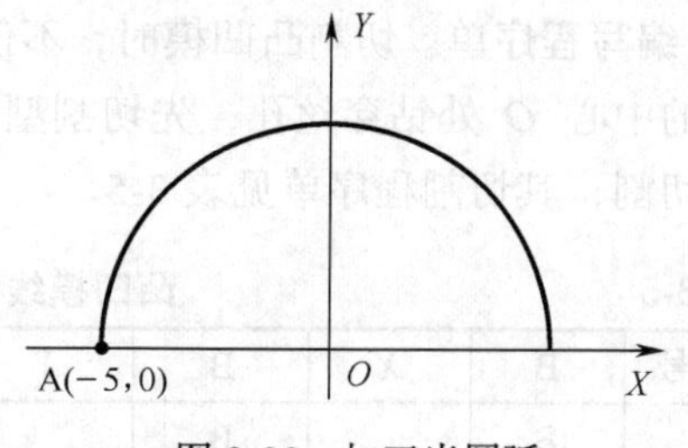

图 3-29 加工半圆弧

（2）手工编制程序实例

例 3-3 试编制加工如图 3-30 所示的凸凹模（图示尺寸是根据刃口尺寸公差即凸凹模配合间隙计算出的平均尺寸）的数控线切割程序。电极丝为ϕ0.1mm 的钼丝，单面放电间隙为 0.01mm。

① 确定计算坐标系。由于图形上、下对称，孔的圆心在图形对称轴上，所以选对称轴作为计算坐标系的 X 轴，圆心为坐标原点，如图 3-31 所示。因为图形对称于 X 轴，所以只需求出 X 轴的上半部（或下半部）钼丝中心轨迹上各线段的交点坐标值，从而使计算过程简化。

② 确定补偿距离。补偿距离为：$\Delta R=\left(\dfrac{0.1}{2}+0.01\right)\text{mm}=0.06\text{mm}$

钼丝中心轨迹如图 3-31 中双点划线所示。

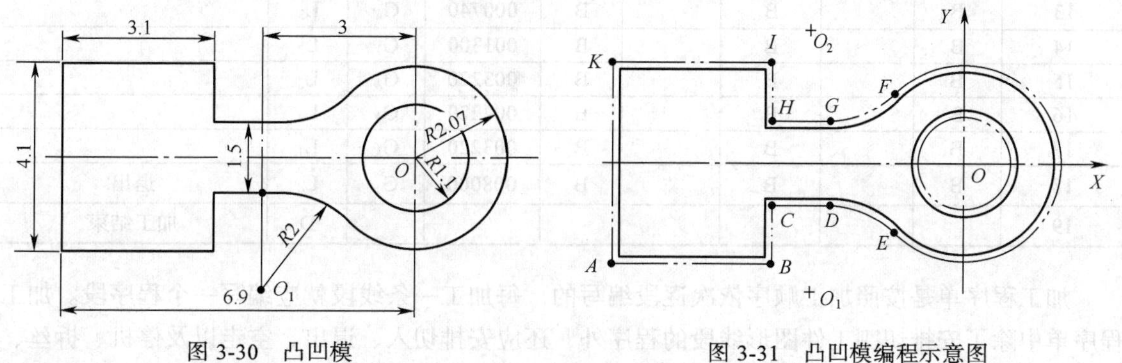

图 3-30 凸凹模　　图 3-31 凸凹模编程示意图

③ 计算交点坐标。将电极丝中心轨迹划分成单一的直线或圆弧段。

求 E 点的坐标值：因两圆弧的切点必定在两圆弧的连心线 OO_1 上，直线 OO_1 的方程为 $Y=\dfrac{2.75}{3}X$，所以 E 点的坐标值 X、Y 可以通过解下面的方程组求得

$$\begin{cases}X^2+Y^2=2.13^2\\2.75X-3Y=0\end{cases}$$

$$X=-1.570\text{mm},\quad Y=-1.439\ 3\text{mm}$$

其余交点坐标值可直接从图形尺寸得到，见表 3-4。

表 3-4　凸凹模电极丝中心轨迹各线段交点及圆心坐标（mm）

交　点	X	Y	交　点	X	Y	圆　心	X	Y
A	−6.96	−2.11	F	−1.57	1.439	O	0	0
B	−3.74	−2.11	G	−3	0.81	O_1	−3	−2.75
C	−3.74	−0.81	H	−3.74	0.81	O_2	−3	2.75
D	−3	−0.81	I	−3.74	2.11			
E	−1.57	−1.439	K	−6.96	2.11			

④ 编写程序单。切割凸凹模时，不仅要切割外表面，而且还要切割内表面，因此，在凸凹模型孔的中心 O 处钻穿丝孔，先切割型孔，然后再按 $B \to C \to D \to E \to F \to G \to H \to I \to K \to A \to B$ 的顺序切割，其切割程序单见表 3-5。

表 3-5　　凸凹模线切割程序单（3B 格式）

序　号	B	X	B	Y	B	J	G	Z	备　注
1	B		B		B	001040	G_X	L_3	穿丝切割
2	B	1 040	B		B	004160	G_Y	SR_2	
3	B		B		B	001040	G_X	L_1	
4								D	拆卸钼丝
5	B		B		B	013000	G_Y	L_4	空走
6	B		B		B	003740	G_X	L_3	空走
7								D	重新装上钼丝
8	B		B		B	012190	G_Y	L_2	切入并加工 BC 段
9	B		B		B	000740	G_X	L_1	
10	B		B	1 940	B	000629	G_Y	SR_1	
11	B	1 570	B	1 439	B	005641	G_Y	NR_3	
12	B	1 430	B	1 311	B	001430	G_X	SR_4	
13	B		B		B	000740	G_X	L_3	
14	B		B		B	001300	G_Y	L_2	
15	B		B		B	003220	G_X	L_3	
16	B		B		B	004220	G_Y	L_4	
17	B		B		B	003220	G_X	L_1	
18	B		B		B	008000	G_Y	L_4	退出
19								D	加工结束

加工程序单是按照加工顺序依次逐段编写的，每加工一条线段就应编写一个程序段。加工程序单中除了安排切割工件图形线段的程序外，还应安排切入、退出、空走以及停机、拆丝、装丝等程序。图 3-31 所示切割路线的程序单中除切割图形线段的程序外，还应有从穿丝孔到图形起始切割点的切入程序；切割完成后使电极丝回到坐标原点 O 的退出程序；拆掉电极丝，将电极丝位置调整到模坯之外，并位于 BC 延长线上的空走程序；穿丝后加工外形轮廓的切入程序等。

切割图形上各条线段的交点坐标是按计算坐标系计算的，而加工程序中的数字和指令是按切割时所选的坐标系（即切割坐标系）来填写的。例如切割直线 AB 时切割坐标系的坐标原点为 A 点；切割圆弧 DE 时切割坐标系的坐标原点为 O_1 点。因此在填写程序单时应根据各交点在计算坐标系中的坐标，利用坐标平移法求得它们在相应切割坐标系中的坐标。

2. 4B 格式程序的编制

（1）程序格式

3B 格式的数控系统由于没有间隙补偿功能，必须按照电极丝中心轨迹编程，当零件复杂时，编程工作量较大。4B 格式在 3B 格式的基础上发展起来的，这种格式按工件轮廓编制，数控系统使电极丝相对于工件轮廓自动实现间隙补偿，在程序格式中增加一个 R 和 D 或 DD（圆弧的凸、凹性）。

4B 程序格式见表 3-6。

表 3-6　4B 程序格式

B	X	B	Y	B	J	B	R	G	D 或 DD	Z
分隔符号	X 坐标值	分隔符号	Y 坐标值	分隔符号	计数长度	分隔符号	圆弧半径	计数方向	曲线形式	加工指令

表中 R 为所要加工的圆弧半径，对加工图样中的尖角一般取 $R = 0.1$ mm 的过渡圆弧来编程。D 代表凸圆弧，即调整补偿距离后使圆弧半径增大的圆弧，DD 代表凹圆弧，即调整补偿距离后使圆弧半径减小的圆弧。补偿距离ΔR 是单独输入数控装置的。加工凸模或凹模也是通过控制面板上的凸、凹模开关的位置来确定的。

（2）手工编制程序实例

例 3-4　图 3-32 所示为落料凹模的设计图样，要求凸模按照凹模配作，保证双面配合间隙为 0.06mm，试编制加工凹模和凸模的数控线切割程序。电极丝为ϕ0.12mm 的钼丝，单面放电间隙为 0.01mm。

① 编制凹模线切割程序。建立如图 3-33 所示的坐标系并计算出平均尺寸，穿丝孔选在 O 点，加工顺序为 $O \to H \to I \to J \to K \to L \to A \to B \to C \to D \to E \to F \to G \to H \to O$。

补偿距离$\Delta R = \left(\dfrac{0.12}{2} + 0.01\right)$mm = 0.07mm，单独输入。

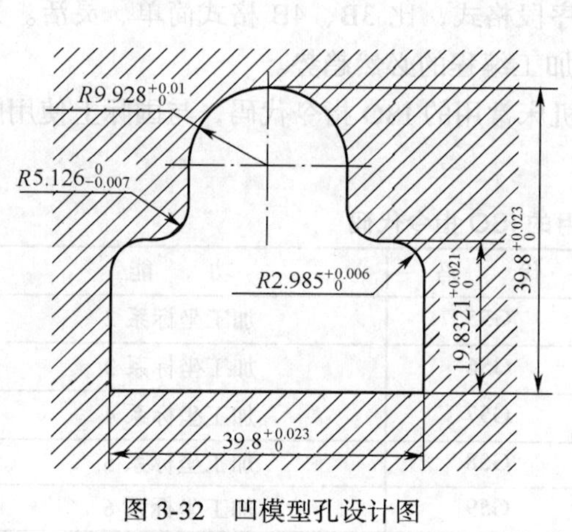

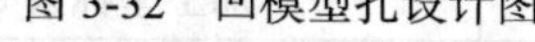

图 3-32　凹模型孔设计图

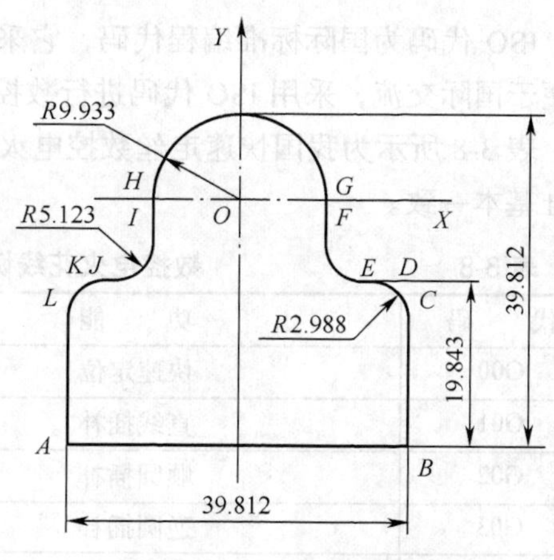

图 3-33　凸凹模编程示意图

凹模线切割程序单见表 3-7。

② 编制凸模线切割程序。由于 4B 程序格式有间隙补偿，所以凸模线切割程序只需要改变凹模线切割程序中的切入、退出程序段，其他程序段与凹模相同。

补偿距离$\Delta R = \left(\dfrac{0.12}{2} + 0.01 - \dfrac{0.06}{2}\right)$ mm = 0.04mm，单独输入。

表 3-7　凹模线切割程序单（4B 格式）

序　号	B	X	B	Y	B	J	B	R	G	D 或 DD	Z	备　注
1	B		B		B	009933	B		G_X		L_3	
2	B		B		B	004913	B		G_Y		L_4	

续表

序　号	B	X	B	Y	B	J	B	R	G	D 或 DD	Z	备　注
3	B	5 123	B		B	005123	B	005123	G_X		SR_4	
4	B		B		B	001862	B		G_X	DD	L_3	
5	B		B	2 988	B	002988	B	002988	G_Y		NR_2	
6	B		B		B	016755	B		G_Y	D	L_4	
7	B	100	B		B	000100	B	000100	G_X		NR_3	过渡圆弧
8	B		B		B	039612	B		G_X	D	L_1	
9	B		B	100	B	000100	B	000100	G_Y		NR_4	过渡圆弧
10	B		B		B	016755	B		G_Y	D	L_2	
11	B	2 988	B		B	002988	B	002988	G_X		NR_1	
12	B		B		B	001862	B		G_X	D	L_3	
13	B		B	5 123	B	005123	B	005123	G_Y		NR_3	
14	B		B		B	004913	B		G_Y	DD	L_2	
15	B	9 933	B		B	019866	B	009933	G_Y		NR_1	
16	B		B		B	009933	B		G_X	D	L_1	退出
17											D	加工结束

3. ISO 代码程序的编制

ISO 代码为国际标准编程代码，它采用可变程序段格式，比 3B、4B 格式简单、灵活。为了便于国际交流，采用 ISO 代码进行数控编程是电加工编程的必然趋势。

表 3-8 所示为我国快速走丝数控电火花线切割机床常用的 ISO 指令代码，与国际上使用的标准基本一致。

表 3-8　　　数控电火花线切割机床常用的 ISO 指令代码

代　码	功　能	代　码	功　能
G00	快速定位	G55	加工坐标系 2
G01	直线插补	G56	加工坐标系 3
G02	顺圆插补	G57	加工坐标系 4
G03	逆圆插补	G58	加工坐标系 5
G05	X 轴镜像	G59	加工坐标系 6
G06	Y 轴镜像	G80	接触感知
G07	X、Y 轴交换	G82	半程移动
G08	X 轴镜像，Y 轴镜像	G84	微弱放电找正
G09	X 轴镜像，X、Y 轴交换	G90	绝对坐标
G10	Y 轴镜像，X、Y 轴交换	G91	增量坐标
G11	X 轴镜像，Y 轴镜像，X、Y 轴交换	G92	定起点
G12	取消镜像	M00	程序暂停
G40	取消间隙补偿	M02	程序结束
G41	左偏间隙补偿 D 偏移量	M05	接触感知解除
G42	右偏间隙补偿 D 偏移量	M96	主程序调用文件程序

续表

代　码	功　能	代　码	功　能
G50	取消锥度	M97	主程序调用文件程序结束
G51	锥度左偏 *A* 角度值	W	下导轮到工作台面的高度
G52	锥度右偏 *A* 角度值	H	工件厚度
G54	加工坐标系 1	S	工作台面到上导轮的高度

例 3-5 编制如图 3-34 所示的落料凹模型孔的数控线切割程序。电极丝直径为ϕ0.5mm，单面放电间隙为 0.01mm。图中尺寸为型孔的平均尺寸。

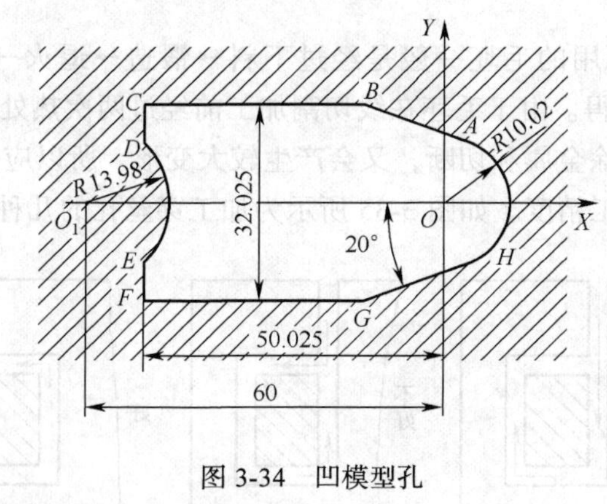

图 3-34　凹模型孔

穿丝孔选在 *O* 点（如图 3-34 所示），加工顺序为 *O*→*A*→*B*→*C*→*D*→*E*→*F*→*G*→*H*→*A*，程序如下：

```
OA1（程序号）
G92   X0     Y0
G41   D85
G01   X3427   Y9416
G01   X-14698   Y16013
G01   X-50025   Y16013
G01   X-50025   Y-9795     I-9975   J-9795
G01   X-50025   Y-16013
G01   X-14698   Y-16013
G01   X3427  Y-9416
G03   X3427  Y9416       I-3427   J-9416
G40
G01   X0     Y0
M02
```

3.2.4 电火花线切割加工工艺

电火花线切割加工，一般是作为工件加工中的最后工序，在设备一定的情况下，合理地选择工艺方法和工艺路线，是达到加工零件的精度和表面粗糙度要求的重要保证。

电火花线切割加工过程可分为 6 个步骤：图样分析、毛坯准备、工艺准备、工件装夹和调整、程序编制、加工及检验。

1. 图样分析

(1) 尖角处应注明圆弧半径

线切割加工工件凹角时，由于电极丝有一定的半径和放电间隙，所以不能得到“清角”，即得到的是一个过渡圆弧。

(2) 加工精度和表面粗糙度应合理

采用电火花线切割加工，合理的加工精度为IT6，表面粗糙度 $R_a = 0.4\mu m$。若超出此范围，既不经济，在技术上也难以达到。

2. 毛坯准备

电火花线切割加工所用的毛坯一般是经过下料→锻造→退火→机械粗加工→淬火与回火→磨削加工等工序后获得。由于毛坯在线切割加工前经过两次热处理，内应力较大，在线切割加工后，由于大面积去除金属和切断，又会产生较大变形。所以应合理确定切割起点和加工路线，否则会大大降低加工精度。如图3-35所示为加工穿丝孔的几种方案比较。

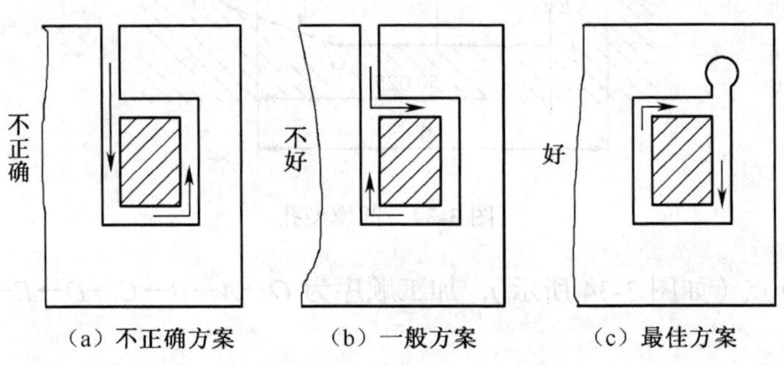

（a）不正确方案　（b）一般方案　（c）最佳方案

图3-35　定位板定位法

同时毛坯也应尽量选择锻造性能好，淬透性好，热处理变形小的材料制作，如CrWMn、Cr12MoV、G Cr15等，并制定严格的热处理规范。

3. 工艺准备

① 检查机床走丝架的导轮、保持器和拖板丝杆副的间隙，不符合要求的应及时调整更换，以免影响加工精度。

② 选择脉冲参数。电火花线切割加工一般采用单个脉冲能量小，脉宽窄，频率高的电参数进行正极性加工。

快速走丝线切割加工脉冲参数的选择见表3-9。

表3-9　快速走丝线切割加工脉冲参数的选择

应　用	脉冲宽度 t_i/μs	电流峰值 I_e/A	脉冲间隔 t_o/μs	空载电压/V
快速切割或加大厚度工件 $R_a > 2.5\mu m$	20～40	大于12	为实现稳定加工，一般选择 $t_o/t_i = 3～4$ 以上	一般为70～90
半精加工 $R_a = 1.25～2.5\mu m$	6～20	6～12		
精加工 $R_a < 1.25\mu m$	2～6	4.8以下		

③ 选配工作液。工作液对切割速度、表面粗糙度、加工精度等有较大影响。加工时必须准确选配。快速走丝线切割加工目前常用5%的乳化液，慢速走丝线切割加工目前普遍使用离子水。

④ 选择电极丝。电极丝应具有良好的导电性和抗电蚀性，抗拉强度高，材质均匀。常用电极丝有钨丝、黄铜丝、钼丝等。

黄铜丝适用于慢速加工，加工表面粗糙度和平直度较好，但抗拉强度差，损耗大，直径为0.1～0.3mm。

钼丝抗拉强度高，适用于快速走丝加工，直径为0.08～0.2mm。

钨丝抗拉强度高，直径为0.03～0.1mm，一般用于各种窄缝的精加工，但价格昂贵。

选择电极丝以后，盘绕时应松紧合适，盘丝距应大于丝径。加工前应校正和调整电极丝对工作台的垂直度。

⑤ 开机试运行，观察走丝是否正常。

4. 工件装夹和调整

（1）工件的装夹

电火花线切割机床一般在工作台上配备安装夹具，常用的装夹方式有以下几种。

① 悬臂式装夹。悬臂式装夹如图3-36所示，这种方式装夹方便，通用性好。但由于一端悬伸，工件受力时位置易变化，造成切割表面与工件上、下平面间的垂直度误差。悬臂式装夹适用于工件加工要求不高或悬臂较短的情况。

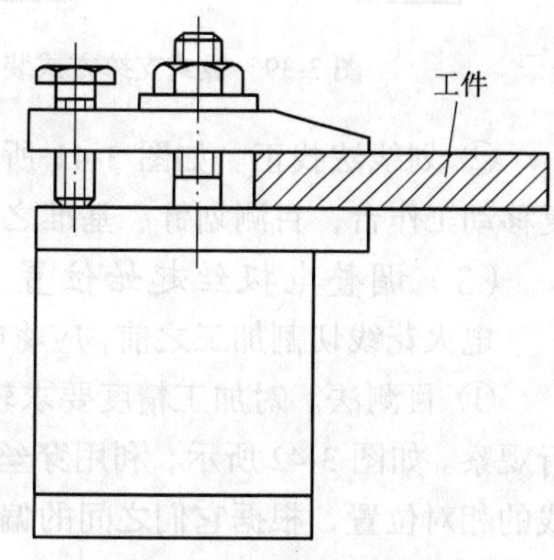

图3-36　悬臂方式装夹

② 简支式装夹。简支式装夹如图3-37所示，这种方式装夹方便，支撑稳定，定位精度高，但不适用于小型工件的装夹。

③ 桥式支撑方式装夹。桥式支撑方式装夹如图3-38所示，这种方式是在通用夹具上放置垫铁后再装夹工件，装夹方便，对大、中、小型工件都可采用。

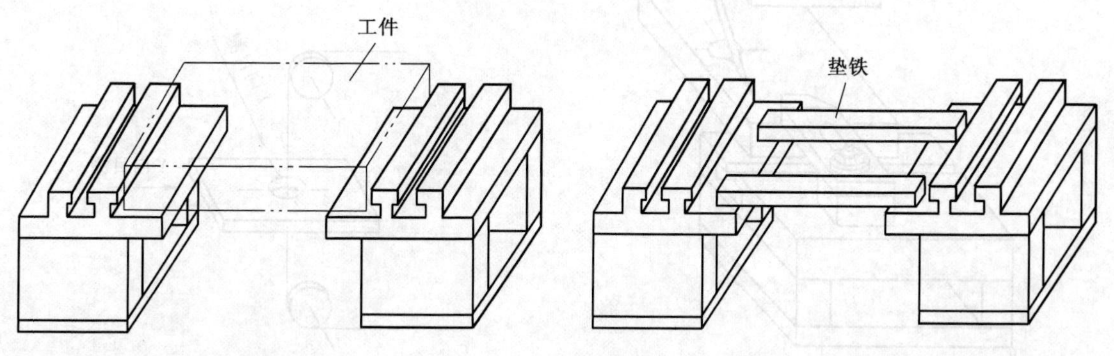

图3-37　简支式装夹　　图3-38　桥式支撑方式装夹

④ 板式支撑方式装夹。板式支撑方式装夹如图3-39所示，这种方式是根据常用的工件形状和尺寸，采用有通孔的支撑板装夹工件，定位精度高，但通用性差。

(2)工件的调整

① 用百分表找正。如图 3-40 所示，将百分表固定在丝架上，百分表的测量头与工件基面接触，往复移动工作台即可对工件进行校正，校正应在 3 个互相垂直的方向上进行。

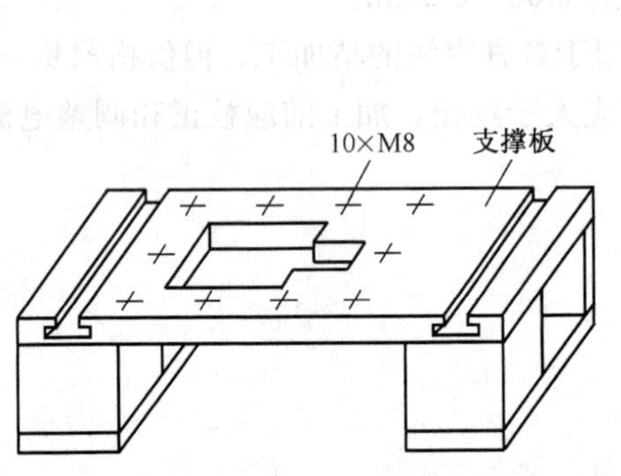

图 3-39 板式支撑方式装夹

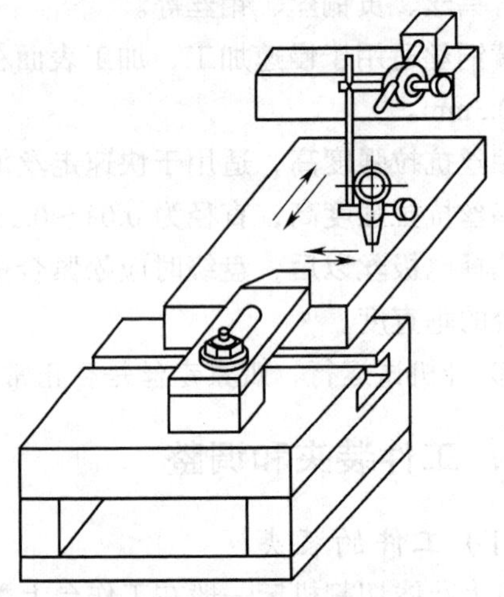

图 3-40 用百分表找正

② 划线法找正。如图 3-41 所示，利用固定在丝架上的划针对正工件上划出的基准线，往复移动工作台，目测划针、基准之间的偏离情况，将工件调整到准确位置。

(3)调整电极丝起始位置

电火花线切割加工之前，应将电极丝调整到切割的起始坐标位置上。调整方法有以下几种。

① 目测法。对加工精度要求较低的工件，可以直接利用目测或借助 2～8 倍的放大镜来进行观察。如图 3-42 所示，利用穿丝孔处划出的十字基准线，分别沿划线方向观察电极丝与基准线的相对位置，根据它们之间的偏离情况移动工作台，当电极丝中心分别与纵、横方向基准线重合时，工作台纵、横方向上的读数就确定了电极丝的中心位置。

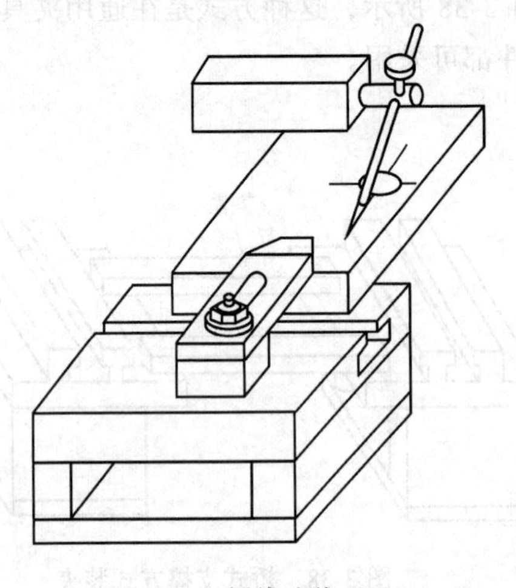

图 3-41 划线法找正

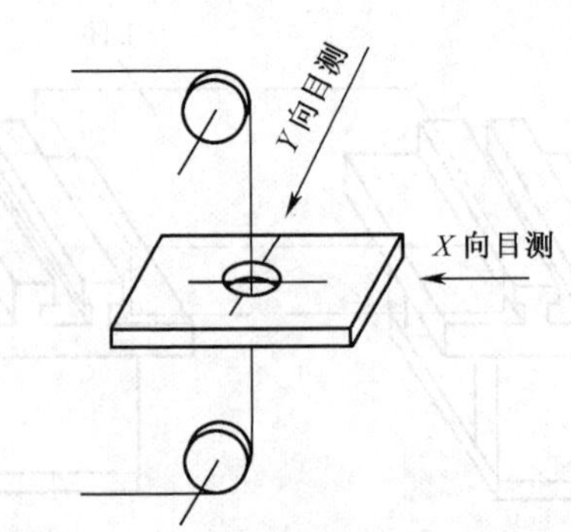

图 3-42 用目测法调整电极丝位置

② 火花法。如图 3-43 所示，移动工作台使工件的基准面逐渐靠近电极丝，出现火花的瞬时的工作台的相应坐标值加（减）电极丝半径和放电间隙，即为电极丝的中心坐标。这种方法

简便易行，应用较广泛，但电极丝运动时的抖动会引起一些误差，放电也会损伤工件的基准面。

③ 电阻法。对加工精度要求较高的工件，可以采用电阻法。电阻法是利用电极丝和工件之间由绝缘到接触短路时电阻的变化来确定电极丝的位置。如图 3-44 所示，利用万用表即可指示出电极丝与工件接触瞬间的位置。

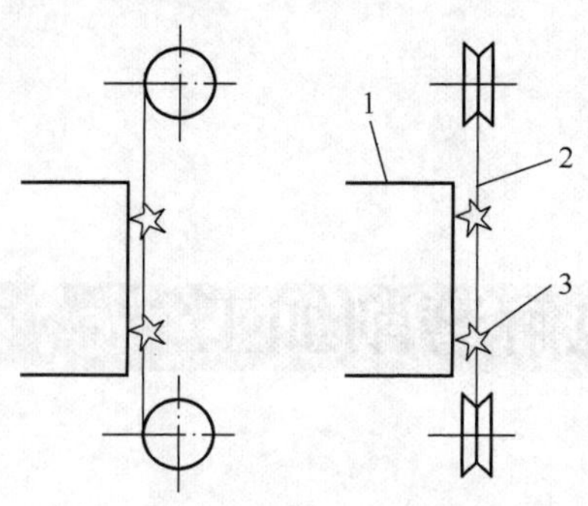

图 3-43 火花法调整电极丝位置

1—工件 2—电极丝 3—火花

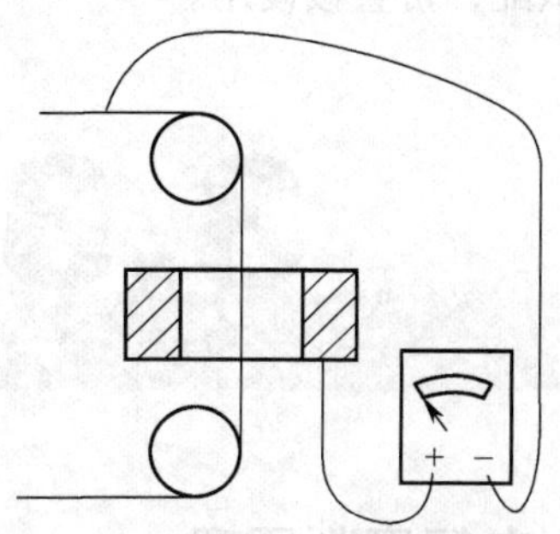

图 3-44 电阻法调整电极丝位置

3.2.5 电火花线切割加工实例

以图 3-45 所示的数字冲裁模中的凸凹模的加工为例，说明电火花线切割加工应用。

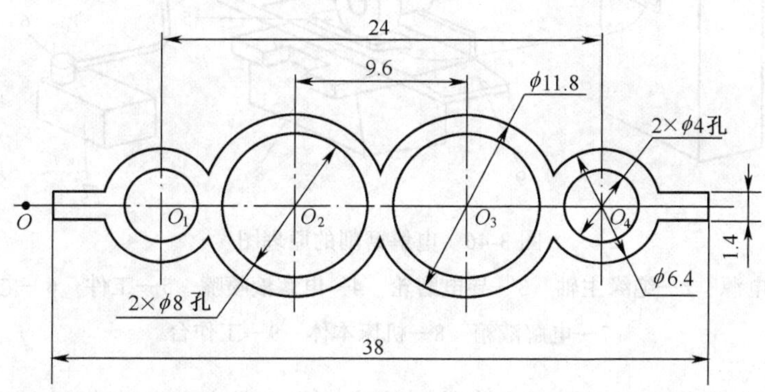

图 3-45 数字冲裁模中的凸凹模

该凸凹模的材料为 Cr12MoV，硬度为 HRC55，厚度 $H = 30$mm，凸凹模与相应的凹模和凸模的双面间隙为 0.02mm，表面粗糙度 $R_a = 1.25$μm。

由于凸凹模图形复杂，结构细小，为了保证加工质量，应采取以下措施。

① 淬火前应在工件坯料上预钻相应的穿丝孔。

② 考虑模具使用寿命，将所有非光滑过渡的交点用半径为 0.1mm 的过渡圆弧连接。

③ 先切割两个 ϕ4mm、两个 ϕ8mm 的小孔，再从辅助切割孔位 O 开始，进行凸凹模线切割成形加工。

④ 合理选择电脉冲参数，以保证加工精度、表面粗糙度和配合间隙。

加工工艺路线为：下料→锻造→退火→刨上、下平面→钳工划线在 O_1、O_2、O_3、O_4 处钻穿丝孔→淬火与回火→磨削上、下平面及一个 90° 直角边→研磨穿丝孔→装夹、对中、线切割成型→钳工修配。

加工时采用数控线切割机床，选工作液为航天 502-2 号乳化液（深度为 15%），电极丝为钨钼丝（W20Mo）ϕ0.12mm。选择 WC-1805A 脉冲电源，电脉冲参数为脉宽 $t_k = 1\mu s$，$t_j = 4\mu s$。

加工结果如下：加工速度为 $21.6mm^2/min$，表面粗糙度 $R_a = 1.02\mu m$。通过与相应的凸模、凹模的试配，可直接使用。

3.3 模具电解磨削加工

1. 电解磨削原理

电解磨削又称电化学磨削，英文简称 ECG，是将金属的电化学阳极溶解作用和机械磨削作用相结合的一种复合磨削工艺，其工作原理如图 3-46 所示。

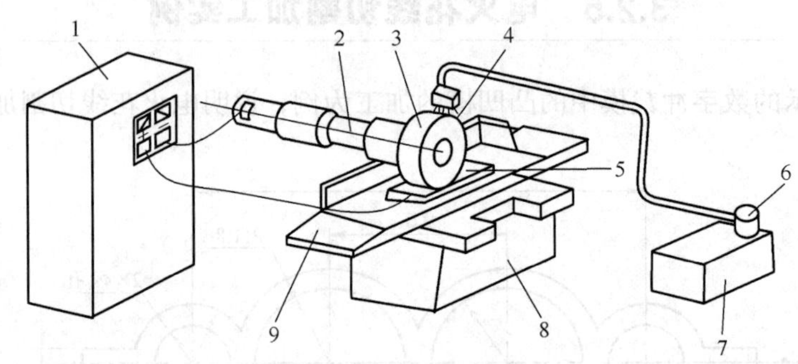

图 3-46　电解磨削的原理图

1—直流电源　2—绝缘主轴　3—导电磨轮　4—电解液喷嘴　5—工件　6—电解液泵
7—电解液箱　8—机床本体　9—工作台

工件 5 接直流电源 1 的正极，导电磨轮 3 接直流电源的负极。磨削时，两者之间保持一定的磨削压力，凸出于磨轮表面的非导电性磨料使工件表面与磨轮 3 导电基体之间形成一定的电解间隙（0.02～0.05mm），同时向间隙中供给电解液，工件表面金属由于电解作用生成一层极薄的氧化模或氢氧化膜（统称为阳极钝化膜）。这层阳极钝化膜相对较软而又有很高的电阻，在加工过程中，极易被旋转的磨轮所刮除，并被电解液带走，使新的金属表面露出，继续产生电解作用，如此交替循环，对工件进行连续加工，直至达到所需要的尺寸和表面粗糙度。

在电解磨削过程中，工件加工余量大部分（占 95%～98%）由电解作用去除；同时，电解磨轮也参加少量的机械磨削（占 2%～5%）。电解磨削主要用于粗、半精加工，若切断电源，停止电解作用，可单独使用磨轮继续进行精加工，最后达到的加工精度与一般机械磨削相同。

与一般磨削加工相比，电解磨削具有如下特点。

① 加工范围广，加工效率高。可以加工任何高硬度、高韧性的金属材料，如硬质合金、不锈钢、耐热合金等；磨削硬质合金时，与用一般金刚石砂轮相比，电解磨削效率可提高 3～5 倍。

② 磨削后的表面质量好。电解磨轮磨削的主要是电解过程中产生的硬度较低的阳极钝化膜，因而磨削力和磨削热很小，不会产生磨削毛刺、裂纹、烧伤等缺陷。一般电解磨削加工精度可达 0.01mm，表面粗糙度 R_a 可小于 0.16μm。

③ 砂轮损耗小。由于电解磨削主要靠电解作用去除金属材料，磨料主要作用是保持电解加工间隙与刮除硬度较低的阳极钝化膜，切削力极小，因此砂轮磨损量小，寿命长。例如磨削硬质合金时，电解磨削用的金刚石砂轮与普通金刚石砂轮相比，其消耗速度可降低 80%～90%。砂轮磨损量小，有助于提高加工精度，还可降低砂轮成本。

④ 与普通磨削相比，电解磨削也存在不足。磨削刀具类带有刃口的零件时，不易磨得非常锋利；机床、夹具等需要采取防腐防锈措施，并需增加电解液循环过滤、直流电源等附件，工作环境差。

2. 电解磨削机床

电解磨削机床由机床主体、电解电源和电解液循环过滤系统等组成。

电解磨削机床主体的机械结构和普通磨床基本相同，但增加了直流电源、电解液循环过滤系统等装置，同时主轴、工作台等进行了绝缘、防腐处理。无专用电解磨床时，可用普通磨床进行改造。

电解电源一般选用直流电源或直流脉冲电源，只有在采用石墨磨轮磨削硬质合金时才使用交流电源。直流电源一般采用硅整流电源，工作电压为 8～12V，要求具有无级调压、过载保护和稳压等功能。

电解液循环过滤系统由电解液、电解液喷嘴、电解液泵、电解液箱及过滤系统等组成。电解液的性质对加工效率和工件表面质量有很大影响，电解液要求导电性能好，能在金属表面快速生成阳级钝化膜，能溶解反应生成物，同时具有防腐蚀，不影响人体健康，价格便宜等特点。不同的工件材料需要使用不同的电解液，同时单一成分的电解液难以满足上述 5 个方面的要求，在实际生产中，常采用复合电解液。

磨削硬质合金的电解液成分包括：$NaNO_2$（9.6%），$NaNO_3$（1.5%），$NaHPO_4$（0.3%），K_2CrO_7（0.3%），其余为 H_2O。

合金与钢焊接一起后同时磨削的电解液成分包括：$NaNO_2$（5%），$NaNO_3$（1.5%），KNO_3（0.3%），$Na_2B_4O_7$（0.3%），其余为 H_2O。

3. 导电磨轮

导电磨轮的作用是在电解磨削中作为阴极，用来与工件保持一定的电解间隙，同时刮除工件表面的阳极钝化膜。因此，导电磨轮对加工效率和加工质量有直接的影响。对导电磨轮的要求应具有良好的导电性和足够的机械强度，同时要求导电磨轮易于成形和修整，使用寿命长，价格低廉。

（1）导电磨轮的种类

导电磨轮种类很多，主要有以下几种。

① 金钢石导电磨轮。金刚石导电磨轮强度高，使用寿命长，磨削效率高。金刚石导电磨轮有金属黏结型和电镀型 2 种。金属黏结型是用铜合金粉作黏结剂，与金刚石磨粉混合，加压成型，烧结而成的，制造比较困难，因而适合于规则的表面（如平面和圆柱面）及大批量生产的

电解磨削；电镀型是采用电镀法将金刚石磨料沉积在预成形的铜或钢制的磨轮基体圆周上，由于电镀的金刚石磨料是单层的，使用寿命比较短，但可以制成形状复杂的成型磨轮，因而适合于单一形状、大批量生产及小孔内圆工件的电解磨削。

② 树脂结合剂导电磨轮。树脂结合剂导电磨轮是用树脂作黏结剂，与石墨粉、磨料混合，热压成型、烧结而成。这种磨轮机械强度较差，同时磨轮内部无气孔，磨削效率也较低，一般用于内、外圆或简单形状的电解磨削。

③ 氧化铝（碳化硅）导电磨轮。氧化铝（碳化硅）导电磨轮是将普通的氧化铝（碳化硅）砂轮经导电处理（如电镀法、渗透法等），再用金刚石工具修整成形。这种磨轮具有良好的导电性和电解磨削能力，适合于各种钢件的电解磨削，但不适合于电解磨削硬质合金。

④ 石墨导电磨轮。石墨导电磨轮是用石墨作黏结剂，分为含磨料和不含磨料 2 种类型。不含磨料的纯石墨磨轮可以用普通刀具修整成形，但是在磨削硬质合金时，必须使用交流电源，通过火花放电去除氧化膜来实现电解磨削，加工原理如图 3-47 所示。

含磨料石墨导电磨轮具有机械磨削作用，使用直流电源。石墨导电磨轮电解磨削加工精度较低，常用于成形表面的粗磨削加工。

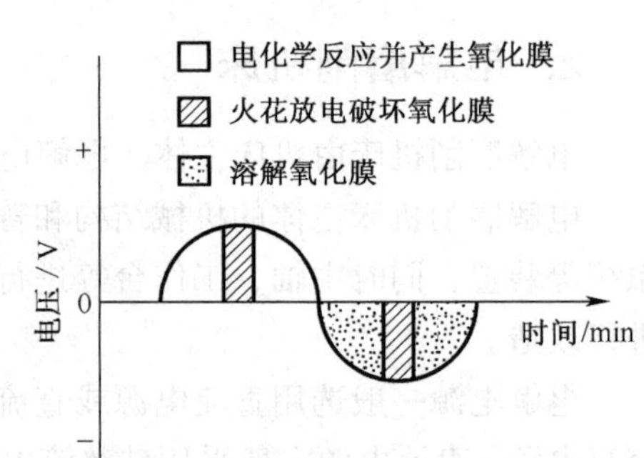

图 3-47　交流电源电解磨削原理

（2）电解磨削的主要工艺参数

电解磨削的工艺参数影响到电解磨削效率、加工精度和表面质量，主要有以下几个工艺参数。

① 电流密度。一般电流密度越大电解效率越高，提高电流密度的途径包括提高工作电压、缩小电极间隙和提高电解温度。电极间隙不能过小，电解温度不能过高，而工作电压过高容易引起火花放电，使表面质量恶化。电流密度确定原则是在保证加工质量要求的前提下采用尽可能大的电流密度，一般电解电流密度为 30～50A/cm^2。

② 导电磨轮与工件的接触面积。当电流密度一定时，总电流与工件和导电磨轮的接触面积成正比，接触面积越大，总电流越大，电解速度越快。因此，应尽可能增加工件和导电磨轮的接触面积。

如图 3-48 所示为“中极法”电解磨削原理，在普通砂轮 1 之外附加一个中间电极 5 作为阴极，普通砂轮不导电，电解作用在中间电极 5 和工件 2 之间进行，砂轮只起到刮除钝化膜的作用，从而使电解面积增大，电解效率提高。

③ 电解间隙。为了保证电解过程的进行，导电磨轮和工件之间必须保证一定的间隙，这个间隙δ称为电解间隙，如图 3-49 所示，其值等于导电磨轮凸出磨粒的高度。若δ过大，则电流密度减小，电解效率降低；若δ过小，则易发生短路而烧伤工件表面，加工质量恶化。一般加工中δ为 0.01～0.1mm，精加工中δ为 0.01～0.05mm。

电解间隙大小可根据加工精度要求选用不同粒度的导电磨轮并进行反电解处理来获得。反电解处理过程包括机械修整和反极性处理两个过程，机械修整目的是使电解磨轮工作表面保持所需要的形状，并去除磨损后变钝的磨粒，修整方法主要有磨削法和靠模法，如表 3-10 所示；反极性处理是将电解磨轮接电源正极，用一处理块（如铜片）接电源负极，慢慢转动磨轮，通过电解去掉一层金属基体，使磨料突出磨轮基体表面，以保证电解间隙，如表 3-11 所示。

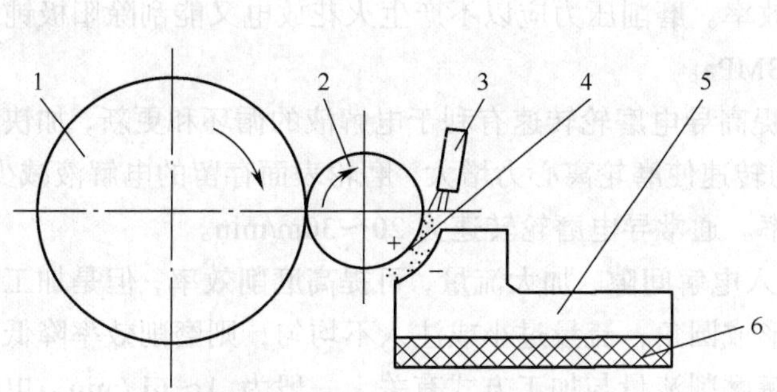

图 3-48 “中极法”电解磨削原理

1—普通砂轮 2—工件 3—电解液喷嘴

4—钝化膜 5—中间电极 6—绝缘层

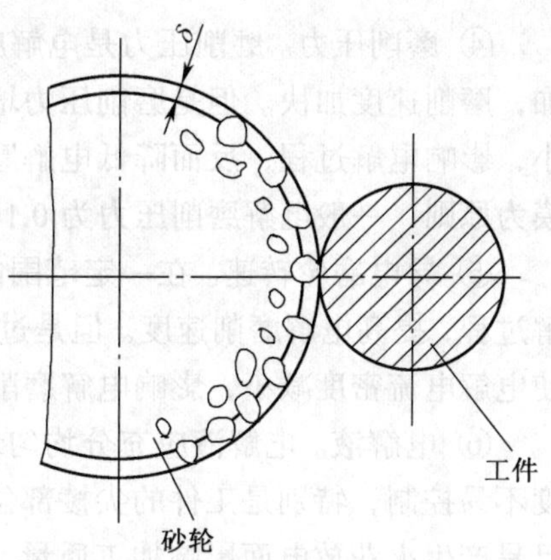

图 3-49 电解磨削的电解间隙

表 3-10 电解磨轮的机械修整

修 整 方 法	工 艺 说 明
磨削法	1. 采用普通机械磨削法，将电解磨轮安装在磨床上，用粒度为 36#～46目、硬度为 R1～R3 的绿色碳化硅砂轮对其外圆或端面进行磨削整平，磨削时每次进刀 0.01～0.02mm，干磨或湿磨均可 2. 磨削法的修整速度快、平直性好，但电解磨轮的金刚石损耗大，应尽量少采用
靠磨法	（a）圆周电解磨轮修整 （b）端面电解磨轮修整 将专用的修整磨头固定在电解磨削设备的工作台上，使电解磨轮与粒度为 36#～46目、硬度为 ZR1～Z1 的绿色碳化硅砂轮轻微接触，依靠电解磨轮的旋转进行修整。修整时，每次进给 0.01～0.02mm，并喷射电解液进行冷却

表 3-11 电解磨轮的反极性处理

电解磨轮类型	圆周电解磨轮的反极性处理			端面电解磨轮的反极性处理		
操作示意图	喷嘴 处理块 + − 直流电源			+ −		
工艺参数	电解液配方	工作电压/V	电流/A	加工间隙/mm	处理时间/min	电解磨轮转速/r·min^{-1}
	与磨削硬质合金相同	8～10	50～80	0.2～0.4	10～20（新磨轮） 3～5（旧磨轮）	10

④ 磨削压力。磨削压力是电解磨削过程中，工件与导电磨轮之间的接触压力。磨削压力增加，磨削速度加快。但是磨削压力增加，机械磨削作用加强，磨粒易磨损和脱落，加工间隙减小，影响电解过程，反而降低电解磨削效率。磨削压力应以不产生火花放电又能刮除阳极钝化膜为原则，一般电解磨削压力为 0.1～0.3MPa。

⑤ 导电磨轮转速。在一定范围内，提高导电磨轮转速有利于电解液的循环和更新，加快电解过程，提高电解磨削速度。但是过高的转速使磨轮离心力增大，磨轮表面存留的电解液减少，使电解电流密度减小，影响电解磨削效率。通常导电磨轮转速为 20～30m/min。

⑥ 电解液。电解液应充分均匀地注入电解间隙，加大流量，可提高磨削效率，但是加工精度不易控制，特别是工件的尖棱部位易形成圆角；流量过小或注入不均匀，则磨削效率降低，且易产生火花放电而影响加工质量。电解磨削流量与加工方式有关，一般为 1～6L/min。电解液的供给方式对电解磨削效率和加工精度有很大影响，供给方式主要有三种，如表 3-12 所示，加工时要根据实际情况选择。

表 3-12　电解磨削电解液供给方式

喷射方式	直流式	标准式	刮板式
示意图			
工艺说明	1. 要求效率高时使用 2. 采用含磨料的磨轮	1. 一般磨削 2. 使用石墨磨轮或树脂结合剂金属电解磨轮	1. 要求精度较高时，用一般刮板将多余电解液刮除，使电解液形成均匀薄膜 2. 用于纯石墨磨轮

4. 电解磨削的应用

（1）电解平面磨削

电解平面磨削有立式和卧式 2 种方式，如图 3-50 所示。立式电解磨削效率高，适合于电解磨削大的平面；卧式电解磨削质量好，适合于电解磨削质量要求高的平面。

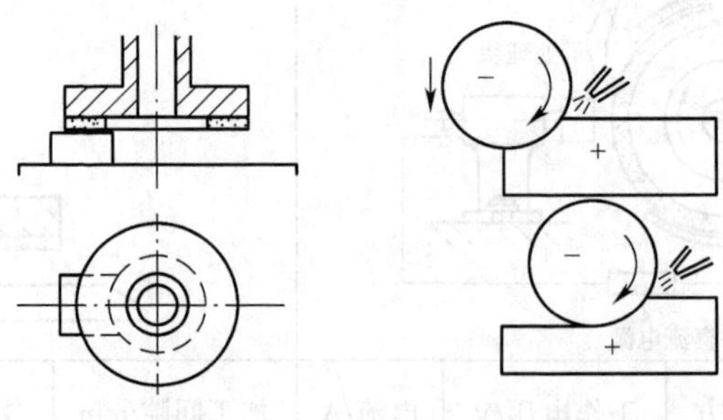

（a）立式电解磨削　（b）卧式电解磨削

图 3-50　平面电解磨削示意图

电解平面磨削工艺要求如表 3-13 所示。

表 3-13　　电解平面磨削工艺要求

电规准	粗磨	精磨	最后短时间磨削/min
电压/V	8～9	3～4	2
电流/V	根据工件与磨轮接触面积选择		
	立轴矩台平面磨削	卧轴矩台平面磨削	
工艺说明	1. 进给速度要根据电流大小来选择，不可太快以防短路 2. 工作台往复移动时，工件应退出磨轮，否则会影响工件的平直度。当工件退出磨轮时应停止磨轮进给	1. 尽可能将磨轮一次（或几次）进给到加工深度。如工件留 0.03～0.05mm 精磨余量，工作台慢速移动 1～2 个行程将其余量全部磨去 2. 按一般机械磨削方法进行精磨	

（2）电解内、外圆磨削

电解外圆磨削方法有切入式磨削、纵向式磨削、一次切深式磨削和附加阴极式磨削，如表 3-14 所示。

表 3-14　　电解外圆磨削方式

磨削方式	切入式磨削	纵向式磨削	一次切深式磨削	附加阴极式磨削
磨削示意图				
工艺说明	当工件长度小于磨轮宽度时，一般采用切入式磨削	当工件长度大于磨轮宽度时，一般采用纵向式磨削	开始磨削时工件不转，磨轮旋转并向工件进给至要求达到的切深。然后工件缓慢旋转，一次去除磨削余量	为提高电解作用，增加一个附加阴极，使工件同时受到工件和附加阴极的电解作用

电解内圆磨削方法有纵向式磨削和一次切深式磨削。电解内圆磨削要注意磨轮直径的选择，磨轮直径越大，磨削效率越高，但电解作用也增强，影响加工质量，一般取 $D_{磨轮}/D_{工件}=0.6\sim0.7$ 为宜。

（3）电解成形磨削

电解成形磨削是先将电解磨轮外圆周面按需要的形状修形，在进行电解磨削，加工原理如图 3-51 所示。电解成形磨削的切削深度越大，效率越高，但是加工精度差。为了同时保证电解磨削的效率和加工精度，一般采用粗、精两道工序。粗磨时，采用高电压、大切深、小进给，以提高磨削效率；精磨时，采用小切深、大进给，以保证加工

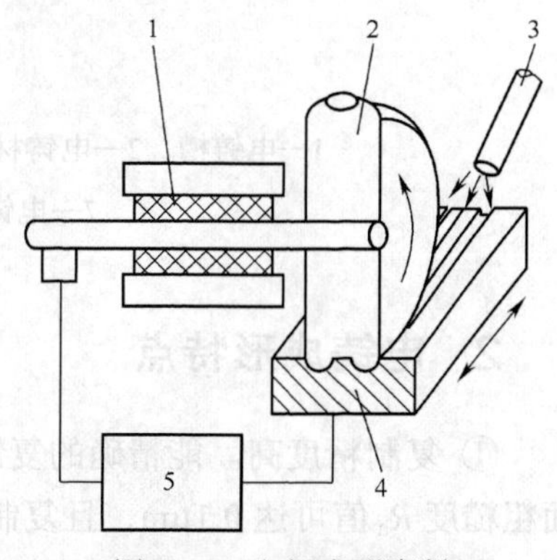

图 3-51　电解成形磨削
1—绝缘层　2—磨轮　3—喷嘴
4—工件　5—加工电源

精度。此外，最后可切断电源，利用普通磨削方式进行最后的精加工，可获得与普通磨削一样的精度。

3.4 模具电铸成形加工

3.4.1 电铸成形原理和特点

1. 电铸成形原理

电铸成形原理如图 3-52 所示。用导电的母模 5 作阴极，电铸材料 2 作阳极，含电铸材料的金属盐溶液 7 作电铸液，在直流电源 3 的作用下，阳极上的表面金属发生阳极溶解反应而变为正离子进入电铸液，而电铸液中的金属离子在阴极沉积覆盖在母模上，由于金属离子阳极溶解和阴极沉积速度相同，使金属盐溶液中的金属离子浓度保持不变。当母模上的电铸层达到要求的厚度后，将其与母模分离，即获得与母模型面相反的电铸件。

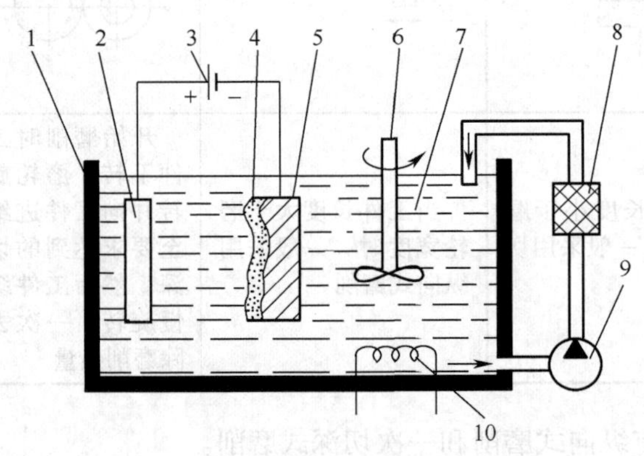

图 3-52 电铸成形原理

1—电铸槽 2—电铸材料 3—直流电源 4—电铸层 5—母模 6—搅拌器 7—电铸液 8—过滤器 9—泵 10—加热器

2. 电铸成形特点

① 复制精度高。能精确的复制形状复杂和有细微纹路的表面，尺寸精度可达 0.25μm，表面粗糙度 R_a 值可达 0.1μm，且复制件的一致性好。

② 电铸件有良好的使用性能。电铸可获得高纯度的制品，十分有利于制造电加工的电极。电铸件机械强度好，如电铸镍 δ_b = 1 400～1 600MPa，HRC = 35～50，一般不需要再进行热处理。

③ 电铸设备简单，容易操作。

④ 电铸效率低。电铸金属沉积速度缓慢，制造周期长，如电铸 1mm 厚的制品，往往需要十几小时。

⑤ 电铸层结构性差。电铸层较薄，且厚度不均匀，内应力大，尤其是有尖角、凹槽及尺寸大的电铸件，受力容易变形，因而不适合于制造有冲击载荷的型腔（如锻模型腔）。

3.4.2 电铸设备

电铸设备主要包括电铸槽、直流电源、搅拌系统、恒温控制装置。

① 电铸槽。电铸槽有内热式和外热式，内热式电铸槽体积小，外热式电铸槽加热均匀，图 3-52 所示为外热式电铸槽。电铸槽内表面材料不能与电铸液发生化学反应，一般用钢板焊接，内衬铅板、橡胶或塑料薄板等，小型的电铸槽可以直接用玻璃、陶瓷等容器，大型的电铸槽可以用耐酸砖衬里的水泥槽。

② 直流电源。电铸采用低电压、大电流的直流电源，常用硅整流或晶闸管直流电源，要求电压为 6～12V 并且可调，电流密度为 15～30A/cm^2。

③ 搅拌系统。搅拌的作用是为了降低电铸液的浓度差，加大电流密度，减少工作时间，提高生产速度和电铸质量。搅拌的方法有循环过滤法、超声振动法和机械搅拌法等。循环过滤法不仅可以搅拌电铸液，并且可以对电铸液进行过滤，是搅拌系统常用的方法。

④ 恒温控制装置。电铸周期较长，而电铸过程中电铸液的温度要求保持基本不变，因此需要设置恒温控制装置对电铸液温度进行恒温控制，加热时可用电炉、加热管，冷却时可用冷水管或冷动机，加热和冷却一般通过温度传感器来控制。

3.4.3 电铸成形工艺过程

电铸工艺过程因母模材料和电铸材料的不同而不完全一致，但其基本的工艺过程如图 3-53 所示。

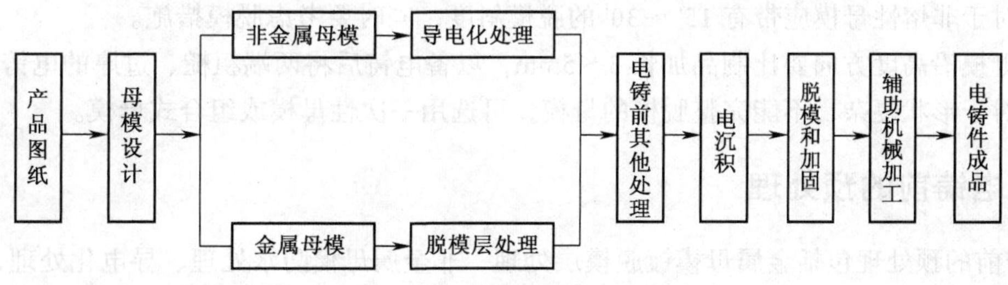

图 3-53 电铸成形工艺过程

1. 母模设计

电铸母模的形状与所需型腔相反，可以分为永久性母模和可熔性母模。永久性母模是指电铸后可以从电铸件上分离出来的母模；可熔性母模是指电铸后不可以直接从电铸件上分离出来，需要熔化来分离的母模。各种母模的材料及优缺点如表 3-15 所示。

表 3-15　　母模材料及特性

材料			优点	缺点	用途
金属	永久性	不含铬的低碳钢、中碳钢或铜	成本低，制作精度高，使用寿命长	脱模时制品表面易拉毛，需有脱模斜度	制作形状简单且脱模方便的母模
	可熔性	低熔点合金	可铸造，可回收，熔解方便，且制品表面不易拉毛	需有浇铸模，成本高	制作批量大的母模，但母模不能完整取出
非金属	不可熔性	木材	成本低，易加工	加工精度不高，需防水处理	制作大型或精度要求不高的母模
		石膏	成本低，成型性良好	加工精度不高，需防水处理	制作大型或精度要求不高的母模或反制阴模
		环氧树脂	可浇铸，制品的表面精糙度低、尺寸精度稳定	必须有浇铸模，成本高	制作批量大或大型母模
		聚氯乙烯	可浇铸，可回收，脱模方便	尺寸精度不高，电铸液温度不宜过高	制作批量大且无尺寸精度要求的母模
		有机玻璃	加工性能好，表面粗糙度低，脱模方便，尺寸精度高	可使用次数不多，电铸液温度不宜过高	制作中小型用齿轮类的母模
	可熔性	石蜡	成本低，成型性良好，表面粗糙度低，脱模方便	易损伤，加工时精度难以保证，电铸液温度不宜过高	制作小型及尺寸精度要求不高的母模

设计母模时应掌握以下几个原则。

① 确定母模尺寸时要考虑制品材料的收缩率，母模表面粗糙度值要低，一般要求达到 R_a 为 0.01μm，即使制品表面无粗糙度要求，母模表面粗糙度值也应达到 R_a = 0.4～0.2μm。

② 母模在较深的底部轮廓凸、凹相差不能太大，同时母模内外棱角应尽量采用大圆弧过渡，以避免产生不均匀的沉积。

③ 对于非熔性母模应带有 15'～30' 的脱模斜度，同时要考虑脱模措施。

④ 母模沿高度方向要比制品加长 3～5mm，以备电铸后将两端粗糙、过厚的电铸层去除。

⑤ 对于形状复杂，不能完整脱模的母模，可选用一次性母模或组合式母模。

2. 电铸前的预处理

电铸前的预处理包括金属母模镀脱模层处理，非金属母模防水处理、导电化处理，以及引导线及包扎处理。

① 金属母模镀脱模层处理。为便于电铸后脱模，电铸前金属母模需要进行镀脱模层处理。形状简单的金属母模一般镀一层厚度 8～10μm 的硬铬；形状复杂的金属母模先镀镍，再镀硬铬，以克服直接镀铬散射能力差的缺点；有深型腔的母模可镀银处理，镀银处理过程为先在母模表面喷感光剂，再曝光烘干，最后镀银；低熔点合金母模不需要镀脱模层直接脱模，形状复杂时可考虑涂一层石墨。

② 非金属母模防水、导电化处理。用石膏、木材制成的母模，首先要进行防水处理，如表面喷漆、浸漆、浸石蜡等，如表 3-16 所示。非金属母模还要进行导电化处理，以能够进行电铸沉积。导电化处理处理方法有：用涂覆方法在母模表面涂覆一层含有石墨、铜粉或银粉的导电漆；用真空涂膜或阴极溅射（离子镀）的方法在母模表面覆盖一层导电金属；用化学镀方法在母模表面覆盖一层导电金属，如化学镀铜。

表 3-16　　非金属母模防水处理方法

防水方法	操作方法	母模材料	优点	不足
喷漆（聚苯乙烯）	先在母模表面喷涂一层普通漆膜，用腻子填平修光，再喷涂一层清漆	石膏、皮革、木材	型面光洁	漆膜厚，花纹及棱角不清
浸石蜡	将石膏母模预热到 100℃时，再放入 100℃～150℃石蜡溶液中浸泡 20～30min；将石膏母模与石蜡同时加温，然后再喷一层清漆	石膏	防水性强	涂层厚，尺寸精度不高
浸漆	将石膏母模浸入比例为 1∶10 的聚氯乙烯糊状树脂和环己酮的溶液中，取出后甩干，12h 后再浸入香蕉水与环己酮各半的溶液中，稍甩动一两次后取出晾干	石膏、木材	防水性强	涂层薄

③ 引导线及包扎处理。母模经镀脱模层及防水、导电化处理后，还需进行引导线及包扎处理，目的是使电铸表面在电铸过程中良好地导电，对非电铸表面予以绝缘隔离。

3. 电沉积

电沉积过程也称为电铸，根据电铸材料的不同，电铸可分为电铸镍、电铸铜和电铸铁。电铸镍复制性好，电铸件强度和硬度较高，表面粗糙度值小，但电铸时间长，成本高，适合于制造小型拉深模和塑料模的型腔件；电铸铜导电性能好，操作方便，价格便宜，但机械强度和耐磨性较低，不耐酸，易氧化，适用于制造塑料模、玻璃模的型腔件，电火花加工用的电极及电铸镍壳的加固；电铸铁成本低，但质地松软，易腐蚀，操作时有气味，一般用于电铸镍壳的加固，修补磨损的机械零件。

电铸时，不同的电铸材料要采用不同的电铸液及工艺参数，表 3-17 列出了铜电铸液和镍电铸液的成分和工艺参数。

表 3-17　　铜、镍电铸液的成分和工艺参数

电铸液类型		电铸液成分/$g \cdot L^{-1}$	工艺参数			
			pH 值	温度/℃	电压/V	电流密度/$A \cdot dm^{-2}$
铜电铸液	硫酸盐溶液	硫酸铜 200～250 硫酸 45～75		20～25	＜6	2～5
	氟硼酸盐溶液	氟硼酸盐 300～450 氟硼酸 15～20 硼酸 15～20	＜0.6	20～60	4～12	5～20
	焦磷酸盐溶液	焦磷酸铜 80～100 焦磷酸钾 330～400	8～9	45～50		1～3

续表

电铸液类型		电铸液成分/g·L^{-1}	工艺参数			
			pH值	温度/℃	电压/V	电流密度/A·dm^{-2}
镍电铸液	氨基磺酸镍溶液	氨基磺酸镍 250～375 氯化镍 0～12.5 硼酸 25～37.5	3.5～4.5	40～60		2.5～20
	氟硼酸盐溶液	氟硼酸镍 250～375 硼酸 20～30	3.0～4.0	50～55		15～25
	硫酸盐溶液	硫酸镍 200～375 氯化镍 30～45 硼酸 25～37.5	1.5～4.0	45～60		2.5～10

电铸时应注意以下几点（以电铸镍为例）。

① 阳极材料的纯度必须高，阳极面积要比母模在电极方向投影面积大，一般为1～2倍。

② 电铸过程中，要保持电铸液的液面高度和温度稳定，定期对电铸液进行化验，保证其浓度，并不含杂质。

③ 在电铸时断电不超过2h，可不取出母模，通电后进行反向电流处理，继续进行电铸；若断电超过2h，则需取出母模，用20%的盐酸浸泡活化处理后再进行电铸。

④ 为提高铸层的均匀性，要注意阳极放置的距离和位置。电极放置的距离远有利于提高铸层的均匀性，但影响电铸效率。电极放置的位置与母模的形状有关，轴类母模宜采用四面或三角形均匀悬挂；若受位置限制，只能两面悬挂电极时，电极要绕母模轴线定期旋转。带有凸缘的母模易采用水平或倾斜挂置，以避免在凹处产生气泡，影响铸层质量，如图3-54所示。

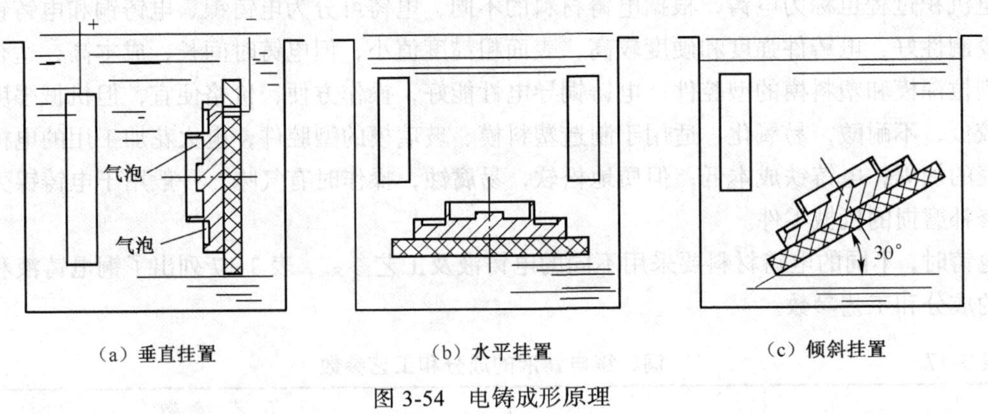

（a）垂直挂置　（b）水平挂置　（c）倾斜挂置

图3-54 电铸成形原理

4. 脱模与加固

有些电铸成形件壁厚较薄，容易变形，一般在脱模前需要加固，又称衬背处理。加固方法可根据电铸件的形状、大小和技术要求而定。一般常用的加固方法有喷涂金属、无机黏结、铸铝、浇注环氧树脂或低熔点合金。

喷涂金属是在电铸件外层喷涂一定厚度的金属层，再进行机械加工到所需要的形状，如图3-55（a）所示；无机黏结是先将电铸件外形经过适当加工，按其外形配置钢套，再利用无机黏结剂将电铸件和钢套黏结起来，如图3-55（b）所示；铸铝是先在电铸件外层加工浇注框，然后再进行浇注，如

图 3-55（c）所示；浇注环氧树脂或低熔点合金适合于有内型腔的电铸件，如图 3-55（d）所示。

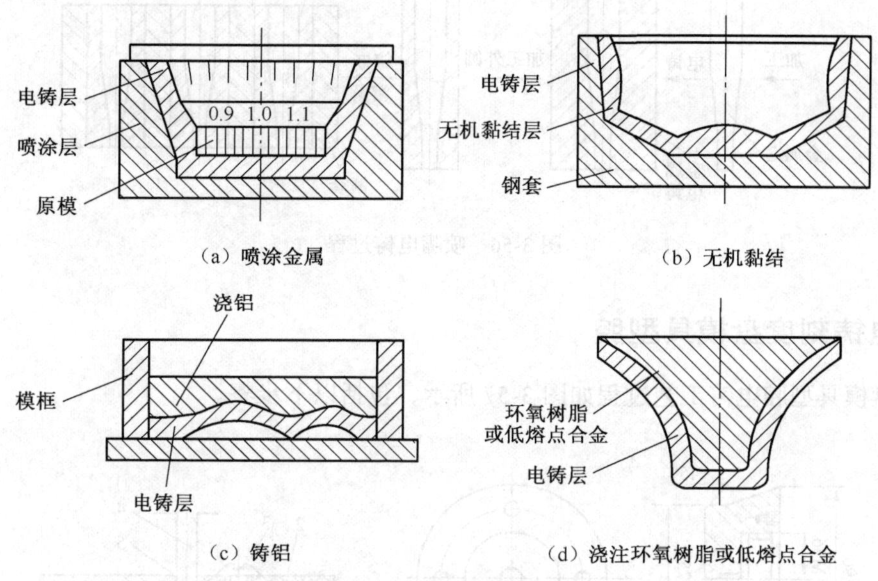

图 3-55　电铸件加固方法

电铸件与母模的脱模方法与母模类型和材料有关，脱模方法如表 3-18 所示。

表 3-18　电铸件的脱模方法

母 模 类 型	永久性母模	可熔性母模
脱模方法	① 锤打 ② 加热或冷却 ③ 用脱模架或螺旋机 ④ 对平面母模，用薄尖刀分离	① 铝及铝合金母模用热的氢氧化钠熔化 ② 低熔点合金用热的硅油浴熔化 ③ 热塑性塑料先加热软化，再以相应的溶剂溶解 ④ 蜡母模用热水溶化 ⑤ 石膏母模可打碎取出

3.4.4 电铸实例

1. 电铸喷嘴

喷嘴是要求高的细孔，用机械加工的方法非常困难，采用电铸法比较容易解决。喷嘴电铸工艺过程如图 3-56 所示，包括以下步骤。

① 用切削加工制作铝合金型芯。

② 电铸金属镍。

③ 机械切削外圆。

④ 将加工好的电铸件插入镶套中，磨削镶套上下面，最后用对镍无损伤的 NaOH 溶液溶解铝合金型芯即可得到所需的型孔。

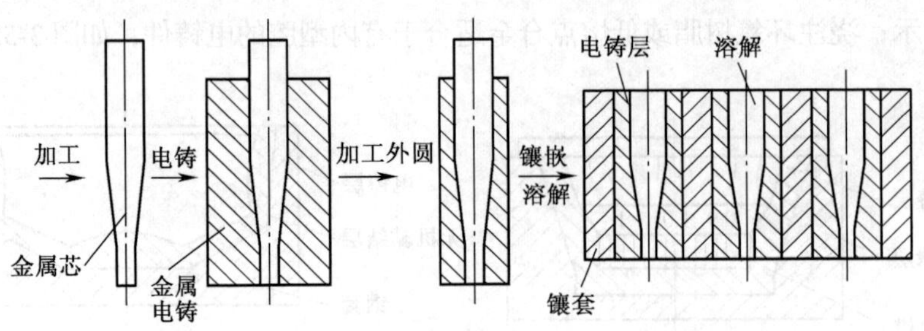

图 3-56　喷嘴电铸过程

2. 电铸刻度盘模具型腔

刻度盘模具型腔电铸工艺过程如图 3-57 所示，包括以下步骤。

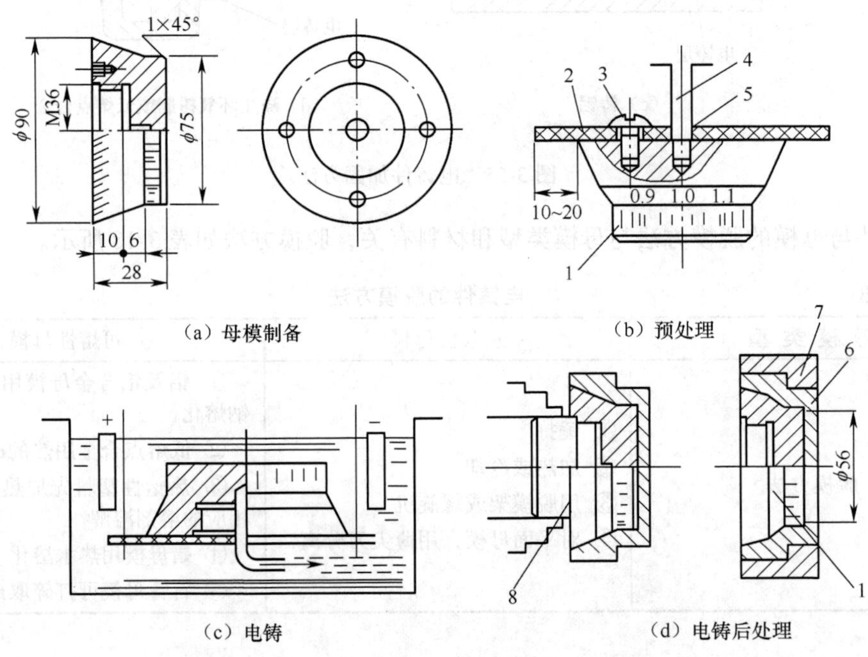

(a) 母模制备　(b) 预处理　(c) 电铸　(d) 电铸后处理

图 3-57　刻度盘模具型腔电铸

1—母模　2—绝缘板　3—螺钉　4—导电杆　5—塑料管　6—电铸件　7—铜套　8—芯轴

① 母模制备。母模制备简图如图 3-57（a）所示，母模材料选用 45 钢，表面粗糙度值为 R_a0.1μm。M36 螺孔为车制母模及铸件用的工艺螺孔。为便于母模悬挂引导线及包扎处理，在母模外周增加 4 个小螺孔。

② 预处理。先清洗母模表面以去除油渍，再对母模表面镀硬铬层（即脱模层），最后将绝缘板用胶木螺钉与母模非铸面固定成一体，并将外部套有塑料管的紫铜导电杆拧入母模，如图 3-57（b）所示。

③ 电铸。电铸前，通过绝缘板将母模通过硬塑料线悬吊在电铸液槽内，用 4 块电极板均匀悬挂在母模四周，距离约为 250mm。电铸时，每隔 1～2 天将母模转置 45°，至电铸层厚度为 4～5mm，停止电铸，该电铸层即为电铸件，如图 3-57（c）所示。

④ 电铸后处理。将铸件外形适当处理，按黏结间隙要求配置铜套内孔，然后将铜套和电铸件用无机黏结剂黏结成一体，一般无机黏结剂厚度为 0.2～0.3mm。最后利用心轴定位、装夹，车削镶套外圆及ϕ56mm 内孔，如图 3-57（d）所示。

小结

本章主要介绍目前在模具生产中应用较多的特种加工方法：电火花加工、电火花线切割加工、电解磨削加工和电铸加工。电火花加工广泛应用于各种冲裁模的凹模型孔的加工。电火花线切割在模具加工中应用非常广泛，适用于加工高硬度、形状细小、复杂的模具零件，以及电火花加工用的电极。电解磨削是将金属的电化学阳极溶解作用和机械磨削作用相结合的加工方法，主要应用在电解平面磨削、电解内、外圆磨削、电解成形磨削等方面。电铸成形是利用电化学阴极涂覆进行加工。

思考题

1. 电火花成形加工的基本原理是什么？
2. 电火花加工必须具备哪些条件？
3. 电火花成形加工有哪些特点？
4. 电火花成形加工机床由哪几部分组成？自动进给调节系统和工作液净化及循环系统各有什么作用？
5. 型孔电火花成形加工中保证凸、凹模配合间隙的方法有哪些？各有什么特点？
6. 电火花成形加工的工件是如何定位的？
7. 型腔电火花成形加工有和特点？常用的工艺方法有哪些？
8. 型孔电火花成形加工和型腔电火花成形加工中常用的电极材料是什么？
9. 型腔电火花成形加工的电极上为什么要设置排气孔和冲油孔？如何设置？
10. 电火花线切割加工的工作原理是什么？
11. 与电火花加工相比，电火花线切割加工有哪些特点？
12. 3B 程序格式是什么？编写程序单时如何确定坐标系？
13. 电火花线切割加工的工艺过程包括哪些内容？
14. 常用的电极丝有哪几种？各有何特点？
15. 电解磨削加工的原理是什么？
16. 电解磨削加工有哪些特点？
17. 电解磨削应用在哪些方面？
18. 电铸成形的原理是什么？
19. 电铸成形有哪些特点？
20. 简述电铸成形的工艺过程。

第4章 模具典型零件的加工工艺

【学习目标】

1. 掌握冲压模具和塑料模具的模架各组成零件的技术要求和主要加工方法
2. 掌握冲裁凸模和凹模的加工工艺特点和主要加工方法
3. 掌握塑料模型腔的主要加工方法
4. 熟悉对塑料模型腔进行抛光处理的作用和主要方法

在模具的制造生产中，对模具典型零件制订合理的加工工艺非常重要，必须充分考虑这些零件的材料、形状结构、尺寸、精度和使用寿命等方面的不同要求，从而采用合理的加工方法和工艺路线，尽可能通过加工设备来保证模具典型零件的加工质量，提高生产效率和降低成本。

本章主要介绍冲压模具和塑料模具的模架、冲裁凸模和凹模、塑料模型腔等典型零件的加工工艺。

4.1 模架的加工

4.1.1 冲压模模架的加工

模架的主要作用是安装模具的工作零件和其他结构零件，并保证模具的工作部分在工作时间内具有正确的相对位置。模架一般由上模座、下模座和导向装置（最常用的是导柱、导套）等零件组成。模架的上模座通过模柄与压力机滑块相连，下模座用螺钉、压板固定在压力机的工作台上。模具的上模部分和下模部分之间依靠模架的导向装置来保持精确位置，保证冲压过程中凸、凹模的间隙均匀。

目前冲压模模架大都为标准件，标准模架按照导向装置的不同可以分为滑动导向模架（GB/T2851.1-1990～GB/T2851.7-1990）和滚动导向模架（GB/T2852.1-1990～GB/T2852.3-1990）。

滑动导向模架按照导柱在模座上的固定位置不同，又可分为对角导柱模架、中间导柱模架、后侧导柱模架、四角导柱模架，如图 4-1 所示。

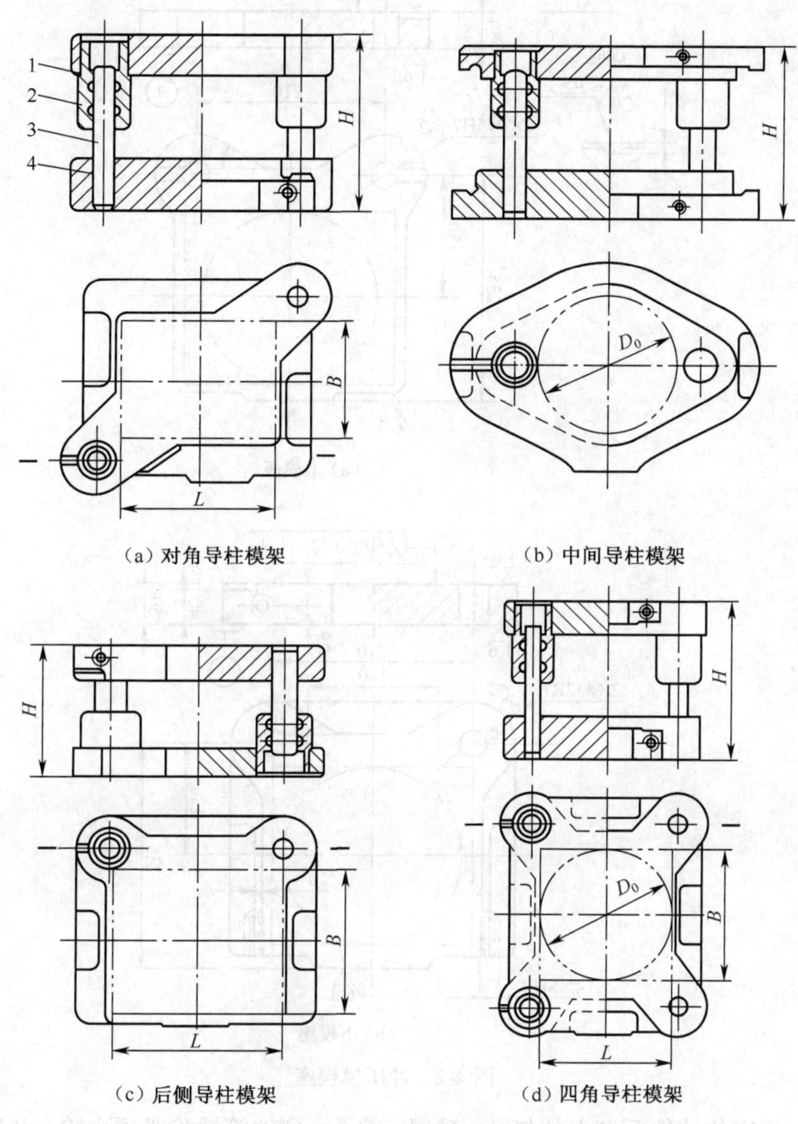

（a）对角导柱模架　（b）中间导柱模架

（c）后侧导柱模架　（d）四角导柱模架

图 4-1　冷冲模模架

1—上模座　2—导套　3—导柱　4—下模座

1. 上、下模座的加工

冲压模的上、下模座用来安装导柱、导套，连接凸、凹模固定板等零件，其结构、尺寸已标准化。上、下模座在工作时应具有足够承受冲击载荷的性能，下模座还必须有良好的抗弯曲性能。

（1）上、下模座的技术要求

上、下模座一般用灰铸铁（HT200）或铸钢（ZG310-570）制作，工艺过程主要是平面加工和孔加工。

图 4-2 所示为后侧导柱模架的标准模座，为了保证模架在工作时，上模座沿着导柱滑动平

稳，无滞阻现象，上、下模座在加工过程中必须满足以下技术要求。

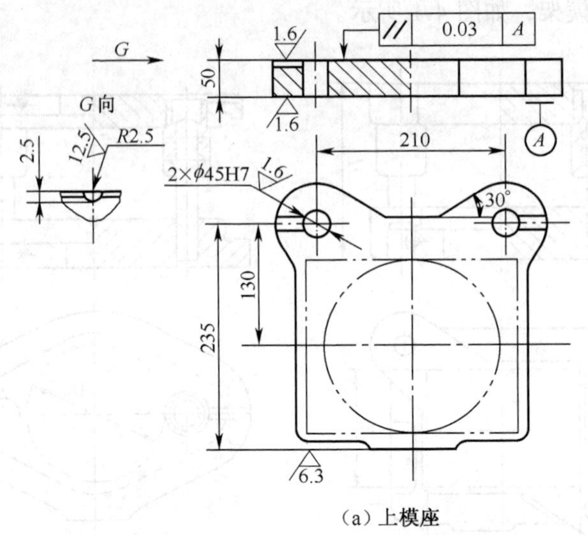

（a）上模座

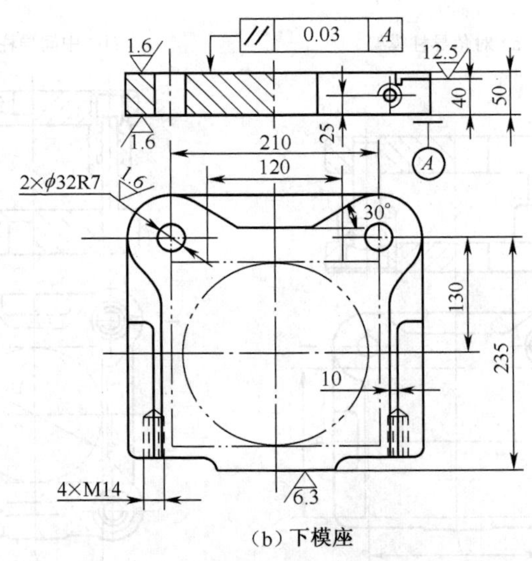

（b）下模座

图 4-2 冲压模模座

① 上、下模座的铸件毛坯上的气孔、砂眼、缩孔、裂纹等缺陷必须去除，并进行时效处理，消除内应力。

② 模座上、下平面的平行度公差必须符合表 4-1 的规定。

表 4-1 模座上、下平面的平行度公差

基本尺寸/mm	公差等级 4	公差等级 5	基本尺寸/mm	公差等级 4	公差等级 5
	公差值/mm			公差值/mm	
40～63	0.008	0.012	250～400	0.020	0.030
63～100	0.010	0.015	400～630	0.025	0.040
100～160	0.012	0.020	630～1 000	0.030	0.050
160～250	0.015	0.025	1 000～1 600	0.040	0.060

③ 上、下模座的导柱、导套安装孔的孔距应一致，导柱、导套安装孔的轴线与模座上、下平面的垂直度公差不超过 100：0.01。

④ 模座上、下平面及导柱、导套安装孔的表面粗糙度 R_a 为 1.60～0.40μm，其余面为 6.3～3.2μm。

（2）上、下模座的加工工艺路线

上模座的加工工艺路线如表 4-2 所示，下模座的加工工艺路线如表 4-3 所示。

表 4-2　加工上模座的工艺路线

工 序 号	工 序 名 称	工序内容及要求	设 备
1	备料	铸造毛坯	
2	刨（铣）平面	刨（铣）上、下平面，保证尺寸 50.8mm	牛头刨床
3	磨平面	磨上、下平面达尺寸 50mm；保证平面度要求	平面磨床
4	钳工划线	划前部平面和导套安装孔线	
5	铣前部平面	按划线铣前部平面	立式铣床
6	钻孔	按划线钻导套安装孔至尺寸 ϕ43mm	立式钻床
7	镗孔	和下模座重叠，一起镗孔至尺寸 ϕ45H7，保证垂直度	卧式镗床
8	铣槽	铣 R2.5mm 圆弧槽	卧式铣床
9	检验		

表 4-3　加工下模座的工艺路线

工 序 号	工 序 名 称	工序内容及要求	设 备
1	备料	铸造毛坯	
2	刨（铣）平面	刨（铣）上、下平面，保证尺寸 50.8mm	牛头刨床
3	磨平面	磨上、下平面达尺寸 50mm；保证平面度要求	平面磨床
4	钳工划线	划前部平面、导柱孔线及螺纹孔线	
5	铣床加工	按划线铣前部平面，铣两侧压紧面达尺寸	立式铣床
6	钻床加工	钻导柱孔至尺寸 ϕ30mm，钻螺纹底孔，攻螺纹	立式钻床
7	镗孔	和上模座重叠，一起镗孔至尺寸 ϕ32R7，保证垂直度	卧式镗床
8	检验		

在上述工艺路线中，模座毛坯经过刨（或铣）削加工后，为了保证模座上、下表面的平面度和表面粗糙度，必须在平面磨床上磨削模座上、下平面。以磨好的平面为基准，进行导柱、导套安装孔的加工，这样才能保证孔与模座上、下平面的垂直度。

根据加工条件和生产条件，上、下模座的镗孔工序可以在专用镗床、坐标镗床、双轴镗床上进行。为了保证上、下模座的导柱、导套孔距一致，在镗孔时可以将上、下模座重叠在一起，一次装夹，同时镗出导柱、导套的安装孔。

2. 导柱、导套的加工

导柱和导套在模具中起导向作用。导柱安装在下模座上，导套安装在上模座上，导柱和导套滑动配合，以保证凸模和凹模在工作时具有正确的相对位置。图 4-3 所示为冷冲模的标准导柱和导套。

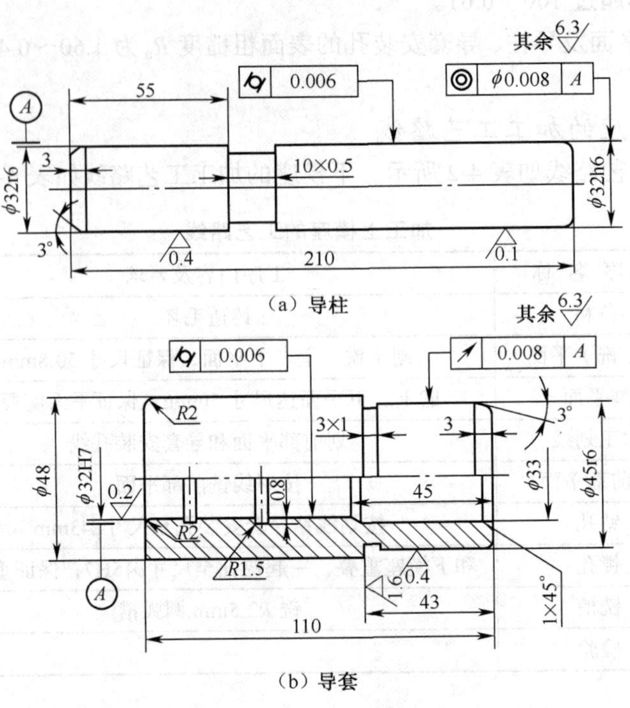

图 4-3 导柱和导套

(1)导柱、导套的技术要求

导柱和导套的基本表面都是圆柱体表面，可以根据图示的结构尺寸，直接选用适当尺寸的热轧圆钢作毛坯，渗碳淬火后，再磨削。导柱的心部要求韧性好，材料一般选用 20 号低碳钢，导套一般选用 20 号圆钢做毛坯。导柱和导套的技术要求如下。

① 为了保证良好的导向作用，导柱和导套的配合间隙应小于凸、凹模之间的间隙，导柱和导套的配合间隙一般采用 H7/h6，精度要求很高时为 H6/h5。导柱与下模座孔，导套与上模座孔采用 H7/r6 的过盈配合。

② 导柱和导套的工作部分的圆度公差应满足：

当直径 d≤30mm 时，圆度公差不大于 0.003mm；当直径 d 为 30～60mm 时，圆度公差不大于 0.005mm；当直径 d≥60mm 时，圆度公差不大于 0.008mm。

(2)导柱的加工

① 导柱的加工工艺路线。对于图 4-3(a)所示的导柱，采用如表 4-4 所示的加工工艺路线。

表 4-4 导柱的加工工艺路线

工序号	工序名称	工序内容	设备
1	下料	按尺寸 φ35mm × 215mm 切断	锯床
2	车端面钻中心孔	车端面保证长度 212.5mm 钻中心孔 调头车端面保证 210mm 钻中心孔	卧式车床

续表

工 序 号	工 序 名 称	工 序 内 容	设 备
3	车外圆	车外圆至ϕ32.4mm 切 10mm × 0.5mm 槽到规定尺寸 车端部 调头车外圆至ϕ32.4mm 车端部	卧式车床
4	检验		
5	热处理	按热处理工艺进行，保证渗碳层深度 0.8～1.2mm， 表面硬度 58～62HRC	
6	研中心孔	研中心孔，调头研另一端中心孔	卧式车床
7	磨外圆	磨ϕ32h6 外圆留研磨量 0.01mm 调头磨ϕ32r6 外圆至规定尺寸	外圆磨床
8	研磨	研磨外圆ϕ32h6 达要求 抛光圆角	卧式车床
9	检验		

② 导柱加工过程中的定位。在导柱加工过程中，为了保证各外圆柱面之间的位置精度和均匀的磨削余量，外圆柱面的车削和磨削一般均采用以两端的中心孔定位，使设计基准与工艺基准重合。因此在车削和磨削之前需要先加工出中心孔，为后继工序提供可靠的定位基准。中心孔的形状精度和同轴度，对导柱的加工质量有着直接的影响。另外保证中心孔和顶尖之间的良好配合也是非常重要的。所以，导柱在热处理后要修正中心孔，以消除中心孔在热处理过程中可能产生的变形和其他缺陷，使中心孔与顶尖之间的良好接触，以保证外圆柱面的形状精度和位置精度要求。

修正中心孔可采用磨、研磨和挤压等方法，可以在车床、钻床和专用机床上进行。

a. 车床用磨削方法修正中心孔。如图 4-4 所示，在被磨削的中心孔处加入少量的煤油或机油，手持工件进行磨削。用这种方法修正中心孔效率高，质量较好，但砂轮磨损快，需要经常修整。

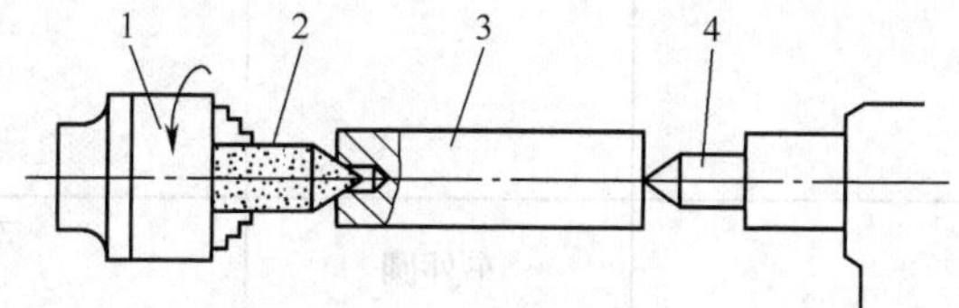

图 4-4 磨中心孔

1—三爪自定心卡盘 2—砂轮 3—工件 4—后顶尖

b. 用研磨法修正中心孔。这种方法是用锥形的铸铁研磨头代替锥形砂轮，在被研磨的中心孔表面加研磨剂进行研磨的。如果用一个与磨削外圆的磨床顶尖相同的铸铁顶尖作研磨工具，将铸铁顶尖与磨床顶尖一起磨出 60° 锥角后研磨出中心孔，则可以保证中心孔和磨床顶尖达到良好配合，能磨削出圆度和同轴度误差不超过 0.002mm 的外圆柱面。

c. 用硬质合金多棱顶尖挤压中心孔。硬质合金多棱顶尖如图 4-5 所示。将硬质合金多棱顶尖装在车床主轴的锥孔内，工件装夹在多棱顶尖和尾架顶尖之间，利用车床的尾架顶尖将工件压向多棱顶尖，通过多棱顶尖的挤压作用来修正中心孔的几何误差。这种方法只需几秒钟，生产率极高，但质量稍差，一般用于大批量生产，且精度要求不高的中心孔修正。

③ 导柱的研磨。导柱的研磨加工，目的在于进一步提高外圆柱表面的质量。在生产量较大

时，可以在专用研磨机床上研磨；单件小批量生产，可以采用简单的研磨工具，如图 4-6 所示，在普通车床上进行研磨。研磨时将导柱安装在车床上，由主轴带动旋转，在导柱表面均匀涂上一层研磨剂，然后套上研磨工具，手持研磨工具作直线往复运动。

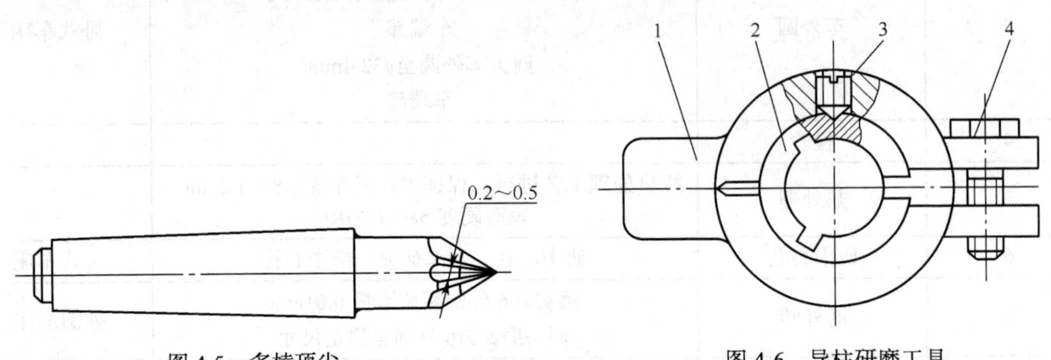

图 4-5　多棱顶尖

图 4-6　导柱研磨工具

1—研磨架　2—研磨套　3—限动螺钉　4—调整螺钉

（3）导套的加工

① 导套的加工工艺路线。对于图 4-3（b）所示的导套，采用如表 4-5 所示的加工工艺路线。

表 4-5　导套的加工工艺路线

工序号	工序名称	工序内容	设备
1	下料	按尺寸 ϕ52mm × 115mm 切断	锯床
2	车外圆及内孔	车端面保证长度 113mm 钻 ϕ32mm 孔至 ϕ30mm 车 ϕ45mm 外圆至 ϕ45.4mm 倒角 车 3mm × 1mm 退刀槽至规定尺寸 镗 ϕ32mm 孔至 ϕ31.6mm 镗油槽 镗 ϕ32mm 孔至规定尺寸 倒角	卧式车床
3	车外圆 倒角	车 ϕ48mm 的外圆至规定尺寸 车端面保证长度 110mm 倒内外圆角	卧式车床
4	检验		
5	热处理	按热处理工艺进行，保证渗碳层深度 0.8～1.2mm，硬度 58～62HRC	
6	磨内、外圆	磨 45mm 外圆达到图样要求 磨 32mm 内孔，留研磨量 0.01mm	万能外圆磨床
7	研磨内孔	研磨 ϕ32mm 孔达到图样要求 研磨圆弧	卧式车床
8	检验		

② 磨削导套的方法。导套在磨削加工时必须正确选择定位基准，以保证内、外圆柱面的同轴度要求。热处理后磨削导套时可采用以下方法。

a. 单件生产。在万能外圆磨床上，利用三爪卡盘夹持ϕ48mm 的外圆柱面，一次装夹后磨出ϕ32H7 和ϕ45r6 的内、外圆柱面。这种方法可以避免由于多次装夹带来的误差，但是每磨一件需要重新调整机床。

b. 批量生产。可以先磨内孔，再把导套装在专门设计的锥度心轴上，这种心轴的锥度在1/1 000～1/5 000，硬度在 HRC60 以上。以心轴两端的中心孔定位，使定位基准和设计基准重合。借助心轴和导套间的摩擦力带动工件旋转，来磨削外圆柱面，如图 4-7 所示。这种方法由于定位基准和设计基准重合，所以能获得较高的同轴度，并且操作过程简化，生产率较高，但是需要制造专用的高精度心轴。

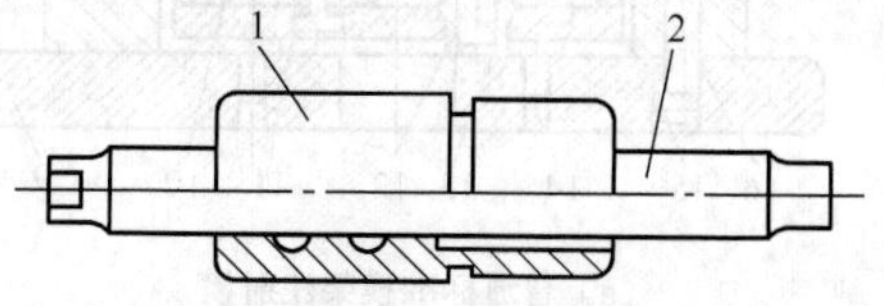

图 4-7 用小锥度心轴安装导套

1—导套 2—心轴

③ 导套的研磨。为了进一步提高被加工表面的质量，导套也需要研磨加工。在生产量较大时，可以在专用研磨机床上研磨；单件小批量生产，可以采用简单的研磨工具，如图 4-8 所示。研磨导套与研磨导柱相类似，由车床主轴带动研磨工具旋转，手持套在研磨工具上的导套作直线往复运动。调整研磨工具上的调整螺钉和螺母，可以调整研磨套的直径，以控制研磨量的大小。

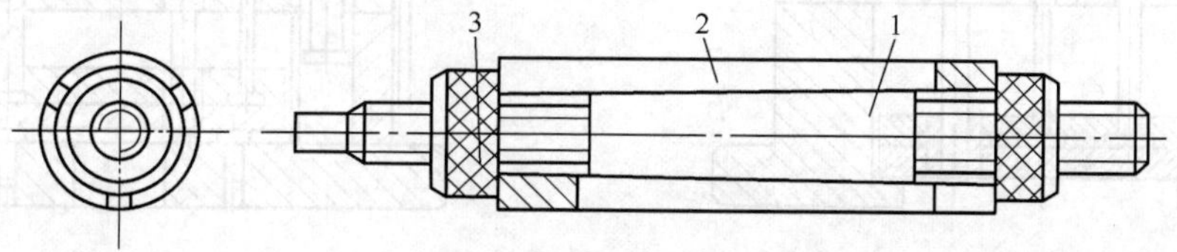

图 4-8 导套研磨工具

1—锥度心轴 2—研磨套 3、4—调整螺母

4.1.2 注射模模架的加工

注射模的结构取决于塑料的种类、制品的结构形状、制品的产量、注射的工艺条件、注射机的种类等多项因素，在结构上有很大差异，但是其基本结构组成有着许多共同的特点。

注射模模架也有一些标准结构可以选用，如大型注射模模架（GB/T12555－1990）、中小型注射模模架（GB/T12556－1990）。

1. 注射模的结构组成

由于注射机、注射工艺条件、塑料种类、制品数量的不同，注射模的结构也有多种形式，如图 4-9 所示。

根据注射模各组成零件与塑料的接触情况，可以将其分为成型零件和结构零件两大类。

（1）成型零件

成型零件是指与塑料接触并构成模腔的模具零件。成型零件决定着塑料制品的几何形状和尺寸，例如凸模（型芯）形成制件的内形，凹模（型腔）形成制件的外形。

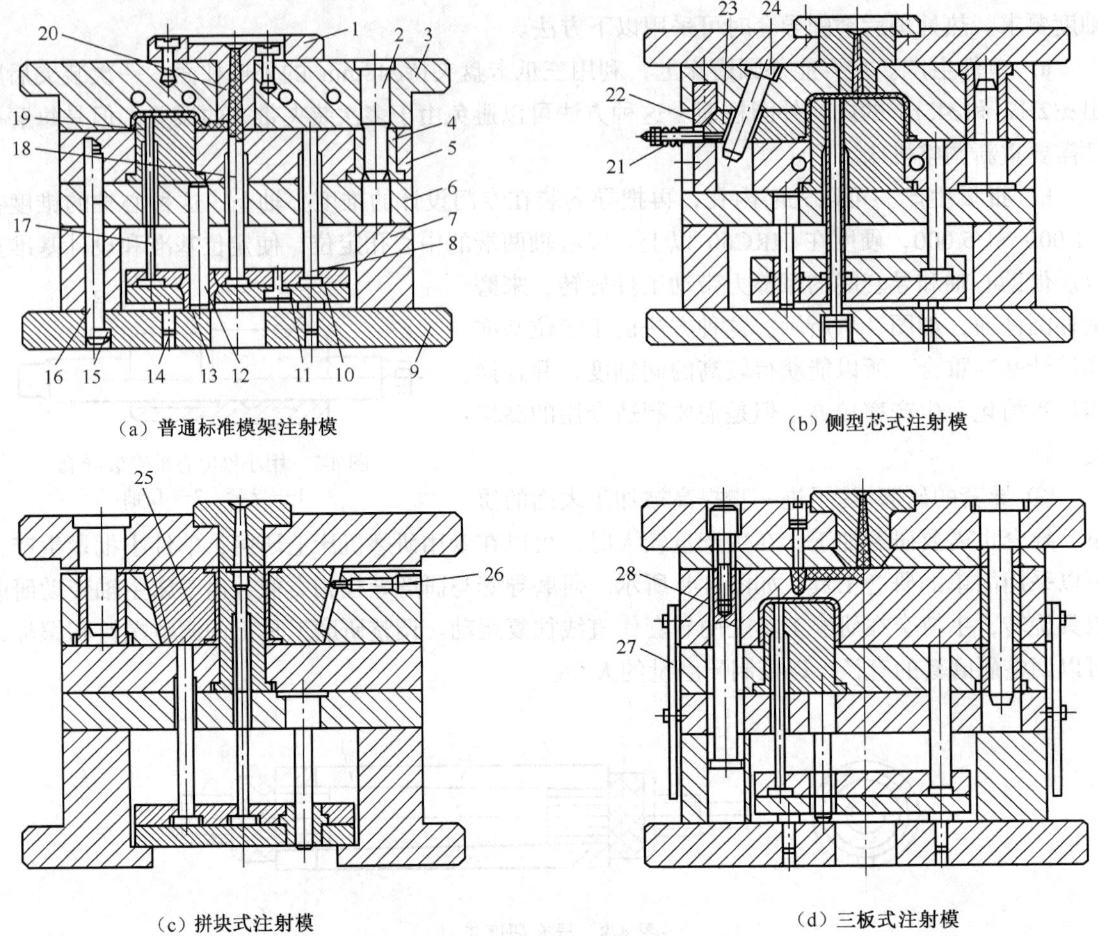

（a）普通标准模架注射模
（b）侧型芯式注射模
（c）拼块式注射模
（d）三板式注射模

图 4-9　不同结构形式的注射模

1—定位圈　2—导柱　3—凹模　4—导套　5—型芯固定板　6—支承板　7—垫块　8—复位杆　9—动模座板　10—推杆固定板　11—推板　12—推杆导柱　13—推板导套　14—限位钉　15—螺钉　16—定位销　17—推杆　18—拉料杆　19—型芯　20—浇口套　21—弹簧 22—楔紧块　23—侧型芯滑块　24—斜导柱　25—斜滑块　26—限位螺钉　27—定距拉板　28—定距拉杆

（2）结构零件

结构零件是指除了成型零件以外的模具零件。这些零件具有支承、导向、排气、顶出制品、侧向抽芯、侧向分型、温度调节、引导塑料熔体向模腔流动等功能。

在结构零件中，合模导向装置与支撑零部件的组合构成注射模模架，如图 4-10 所示。

2. 注射模模架的加工

（1）模架的技术要求

模架是用来安装或支承成型零件和其他结构零件的基础，同时还要保证凸模和凹模上有关零件的准确对合，并避免模具零件之间的干涉。所以模架组合后其安装基准面应保持平行，其平行度公差等级见表 4-6。

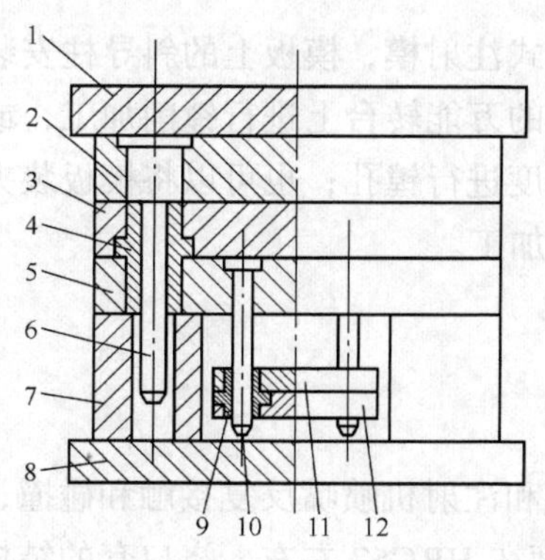

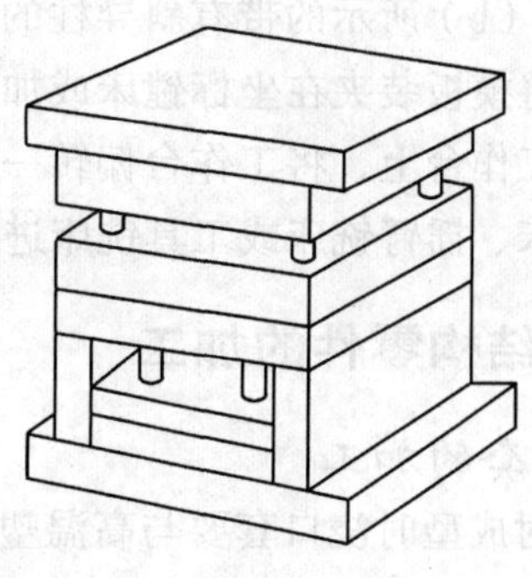

图 4-10　注射模模架

1—定模座板　2—定模板　3—动模板　4—导套　5—支撑板　6—导柱　7—垫块

8—动模座板　9—推板导套　10—导柱　11—推杆固定板　12—推板

表 4-6　　中小型注射模模架公差等级分级指标

项目序号	检查项目	主参数/mm		精度分级 I	精度分级 Ⅱ	精度分级 Ⅲ
				公差等级		
1	定模座板的上平面对动模座板的下平面的平行度	周界	≤400	5	6	7
			400～900	6	7	8
2	模板导柱孔的垂直度	厚度	≤200	4	5	6

导柱、导套和复位杆等零件装配后要运动灵活。无阻滞现象。

模具主要分型面闭合时的贴合间隙值应符合模架精度要求：

Ⅰ级精度模架为 0.02mm；Ⅱ级精度模架为 0.03mm；Ⅲ级精度模架为 0.04mm。

（2）模架零件的加工

模架的基本组成零件有：导柱、导套和各种模板。

导柱、导套的加工主要是内、外圆柱面加工，与冲压模模架的导柱、导套的加工相类似，不再赘述。

各种模板都是平板状零件，起支承作用，它们的工艺过程主要是平面加工和孔系加工。对模板进行平面加工时，应特别注意防止变形，保证装配时有关结合平面的平面度、平行度和垂直度要求。

动、定模板上导柱、导套的安装孔，当精度要求较高时，可采用坐标镗床、双轴镗床或数控坐标镗床进行加工，如果精度要求较低且无上述设备时，也可在卧式镗床或铣床上，将动、定模板重叠在一起，一次装夹，同时镗出导柱、导套的安装孔。对模板进行镗孔加工时，应在模板平面精加工后以模板的大平面及两相邻侧面作定位基准，将模板放置在机床工作台的等高垫铁上，使模板大致达到平行以后，轻轻夹住，然后用百分表找正后将其夹紧。模板用螺栓加压板紧固，压板着力点不应偏离等高垫铁，以免模板产生变形，如图 4-11 所示。

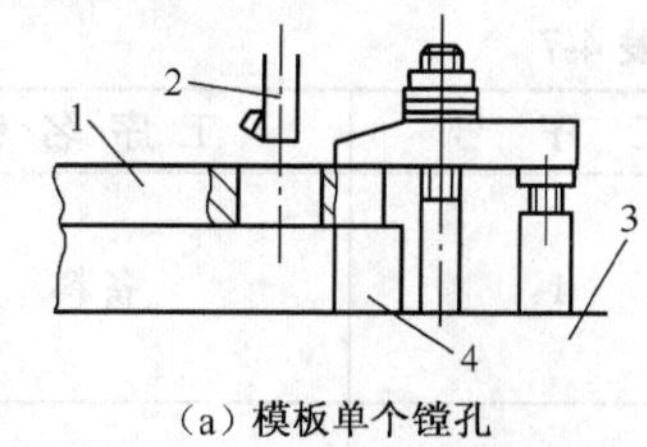

（a）模板单个镗孔

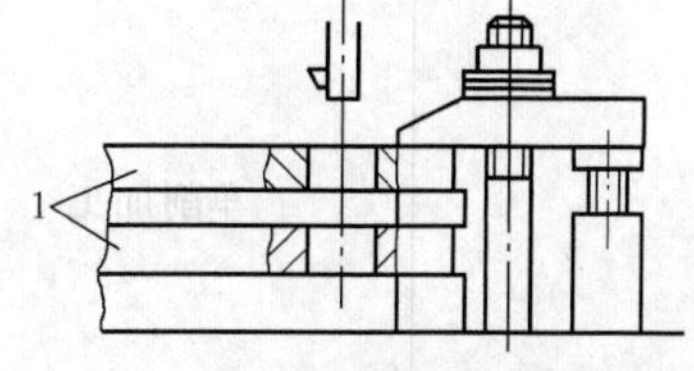

（b）动、定模板同时镗孔

图 4-11　模板的装夹

1—模板　2—镗杆　3—工作台　4—等高垫

对于图 4-9（b）所示的带有斜导柱的侧抽芯式注射模，模板上的斜导柱安装孔可以根据实际加工条件，将模板装夹在坐标镗床或加工中心的万能转台上进行镗削加工，或者将模板装夹在卧式镗床的工作台上，将工作台偏转一定的角度进行镗孔；也可以将模板装夹在自制的夹具上利用摇臂钻床、摇臂铣床或工具铣床进行镗孔加工。

3. 其他结构零件的加工

（1）浇口套的加工

由于在注射成型时浇口套要与高温塑料熔体和注射机喷嘴反复接触和碰撞，因此浇口套一般采用碳素工具钢 T8A 制造，局部热处理，硬度在 HRC57 左右。浇口套的结构类型常见的有 2 种：A 型和 B 型，如图 4-12 所示。

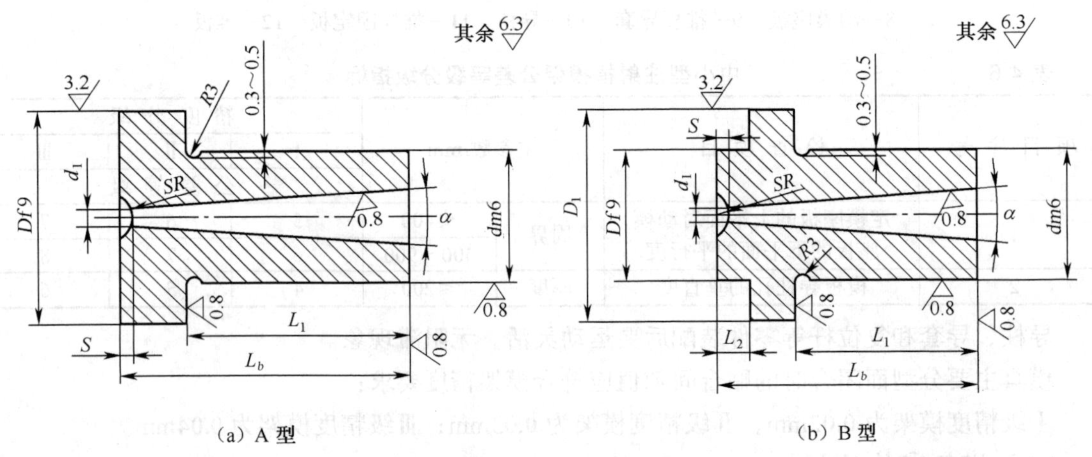

图 4-12　浇口套

浇口套的锥孔较小，其小端直径一般为 3～8mm，加工较困难。同时还应保证浇口套锥孔与外圆柱面同轴，以便在模具安装时使浇口套与注射机的喷嘴对准。

浇口套的加工工艺路线见表 4-7。

表 4-7　加工浇口套的工艺路线

工 序 号	工 序 名 称	工 艺 说 明
1	备料	按零件结构及尺寸大小选用热轧圆钢或锻件作毛坯 保证直径和长度方向上有足够的加工余量 若浇口套凸肩部分长度不能可靠夹持，应将毛坯长度适当加长
2	车削加工	车外圆 d 及端面，留磨削余量 车退刀槽达到设计要求 钻孔 加工锥孔达到设计要求 调头车 D_1 外圆达到设计要求 车外圆 D，留磨削余量 车端面保证尺寸 L_b 车球面凹坑达到设计要求
3	检验	

续表

工 序 号	工 序 名 称	工 艺 说 明
4	热处理	
5	磨削加工	以锥孔定位磨外圆 d 及 D 达设计要求
6	检验	

（2）侧向型芯滑块的加工

当注射成型带有侧凹或侧孔的塑料制品时，模具必须带有侧向分型或侧向抽芯机构，如图 4-9（b）和图 4-9（c）所示。如图 4-13 所示为一种斜导柱抽芯机构的结构图，在侧型芯滑块上装有侧向型芯。

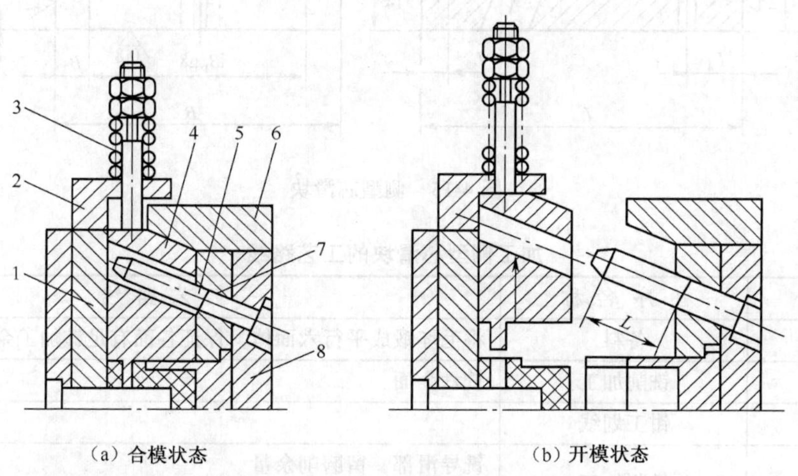

（a）合模状态　（b）开模状态

图 4-13　斜导柱抽芯机构

1—动模板　2—限位块　3—弹簧　4—侧型芯滑块　5—斜导柱

6—楔紧块　7—凹模固定板　8—定模座板

侧型芯滑块的材料常采用 45 钢或碳素工具钢，导滑部分可以局部或全部淬硬，硬度为 40～45HRC。

侧型芯滑块与滑槽可以采用不同的结构组合，常见结构如图 4-14 所示。滑块与滑槽配合常选用 H8/g7 或 H8/h8，配合面的表面粗糙度 R_a 为 1.25～0.63μm。

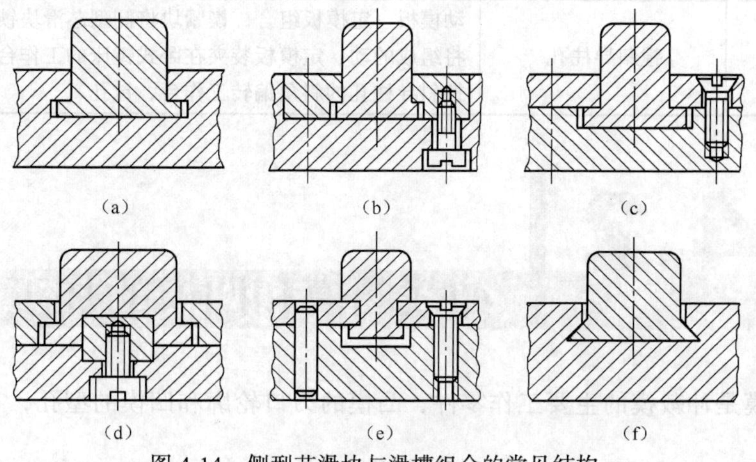

（a）　（b）　（c）　（d）　（e）　（f）

图 4-14　侧型芯滑块与滑槽组合的常见结构

侧型芯滑块的结构如图 4-15 所示，加工工艺路线见表 4-8。

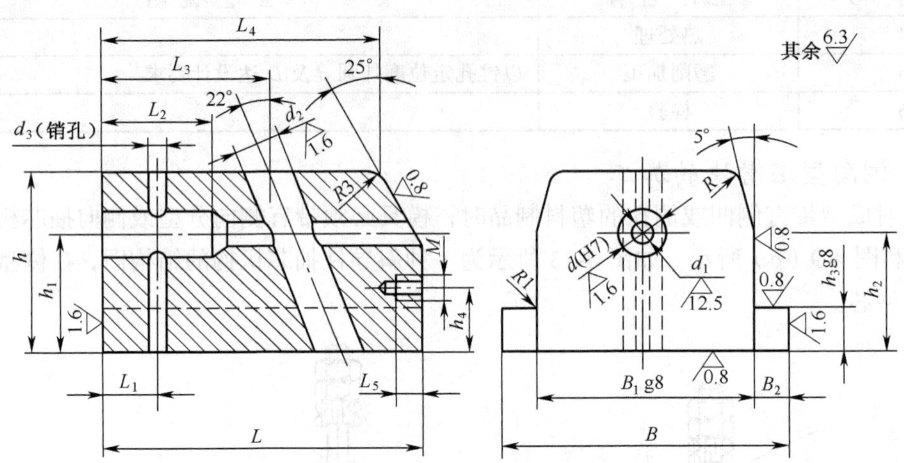

图 4-15　侧型芯滑块

表 4-8　加工侧型芯滑块的工艺路线

工 序 号	工 序 名 称	工 艺 路 线
1	备料	将毛坯锻成平行六面体，保证各面有足够加工余量
2	铣削加工	铣六个面
3	钳工划线	
4	铣削加工	铣导滑部，留磨削余量 铣各斜面达到设计要求
5	钳工划线	去毛刺、倒钝锐边 加工螺纹孔
6	热处理	
7	磨削加工	磨滑块导滑面达到设计要求
8	镗型芯固定孔	将滑块装入滑槽内 按型腔上侧型芯孔的位置确定侧滑块上型芯固定孔的位置尺寸 按上述位置尺寸镗滑块上的型芯固定孔
9	镗斜导柱孔	动模板、定模板组合，楔紧块将侧型芯滑块锁紧 将组成的动、定模板装夹在卧式镗床的工作台上 按斜导柱孔的斜角偏转工作台，镗孔

4.2 冲裁凸模和凹模的加工

凸模和凹模是冲裁模的主要工作零件，凸模的刃口轮廓和凹模的型孔，有着较高的加工要求。

4.2.1 冲裁凸模的加工

冲裁凸模的加工工艺要点有两个：一是工作表面的加工精度和表面质量要求高；二是应考虑热处理变形对加工精度的影响。所以，必须选择合理的加工方法和安排合理的热处理工序。

1. 圆形凸模的加工

圆形凸模结构比较简单，其典型结构如图 4-16 所示。考虑到加工和装配时的强度和刚度，凸模各段台阶过渡处均采用小圆弧过渡，而未采用退刀槽结构。

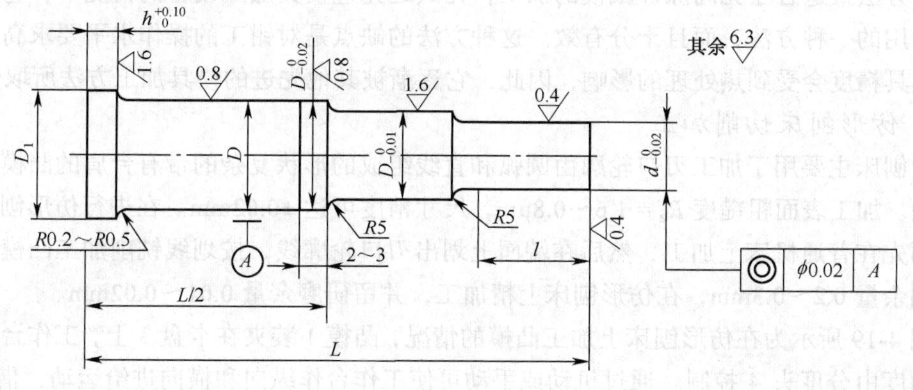

图 4-16 圆形凸模

圆形凸模的加工比较简单，其工艺路线一般为：毛坯→车削加工（留磨削余量）→热处理→磨削。

2. 非圆形凸模的加工

非圆形凸模的加工比较复杂，生产中常用的加工方法有压印锉修、仿形刨削、电火花线切割和成形磨削。

（1）压印锉修

压印锉修是一种钳工加工方法。如图 4-17 所示的凸模，压印前，根据非圆形凸模的形状和尺寸准备坯料，在车床或刨床上预加工凸模毛坯各表面，在端面上按照刃口轮廓划线，然后在铣床上按照划线粗加工凸模工作表面，并留有压印后的锉修余量 0.15～0.25mm（单面）。压印时，在压力机上将粗加工后的凸模毛坯垂直压入已淬硬的凹模型孔内，如图 4-18 所示。通过凹模型孔的挤压和切削作用，凸模毛坯上多余的金属被挤出，并在凸模毛坯上留下了凹模的印痕，钳工按照印痕锉去毛坯上多余的金属，然后再压印，再锉修，反复进行，直到凸模刃口尺寸达到图样要求为止。压印结束后，再按照图样要求的间隙值锉小凸模，并留有 0.01～0.02mm（双面）的钳工研磨余量，热处理后，钳工研磨凸模工作表面，直到间隙合适。

压印深度会直接影响凸模表面的粗糙度，为了使压印工作顺利进行和保证压印表面的粗糙度，首次压印深度应为 0.2～0.5mm，以后各次的压印深度可以大一些。为了改善压印表面的粗糙度，可以用油石将锋利的凹模刃口磨出 0.1mm 左右的圆角，并在凸模表面上涂一层硫酸铜溶液，以减少摩擦。

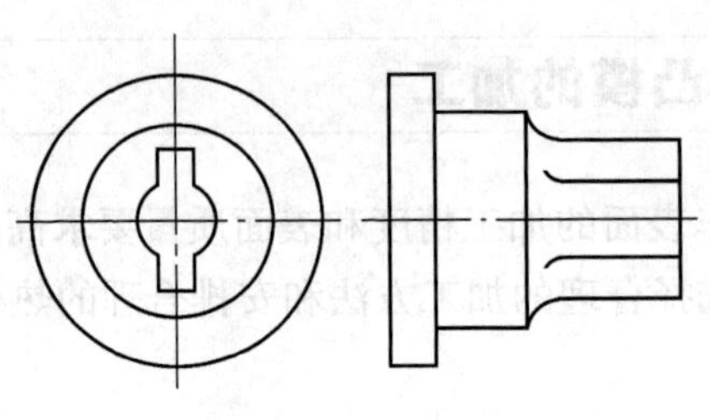
图 4-17　凸模

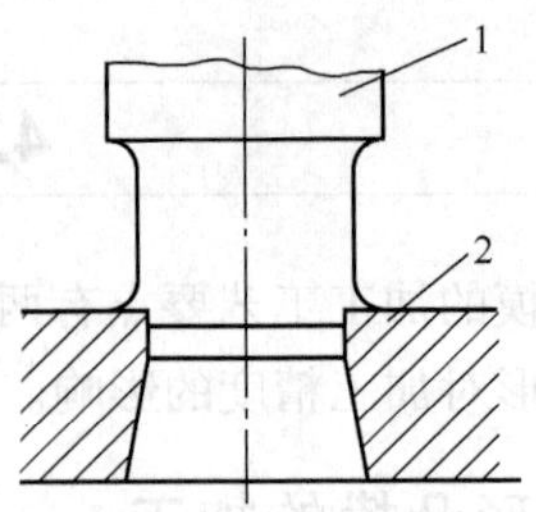

图 4-18　用凹模压印
1—凸模　2—凹模

这种方法最适合于无间隙冲裁模的加工，在缺乏先进模具加工设备的情况下，它是模具钳工经常采用的一种方法，而且十分有效。这种方法的缺点是对钳工的操作水平要求高，生产效率低，模具精度会受到热处理的影响，因此，它逐渐被其他先进的模具加工方法所取代。

（2）仿形刨床切削加工

仿形刨床主要用于加工刃口轮廓由圆弧和直线组成的形状复杂的带有台肩的凸模和型腔冷挤压冲头。加工表面粗糙度 R_a = 1.6～0.8μm，尺寸精度可达 ±0.02mm。在进行仿形刨削前，毛坯各表面先在普通机床上加工，然后在端面上划出刃口轮廓线，按划线铣削加工凸模轮廓，留单边刨削余量 0.2～0.3mm，在仿形刨床上精加工，并留研磨余量 0.01～0.02mm。

如图 4-19 所示为在仿形刨床上加工凸模的情况，凸模 1 装夹在卡盘 3 上，工作台上的卡盘旋转的角度由分度头 4 控制。通过机动或手动可使工作台作纵向和横向进给运动，借助刨刀 2 的垂直向下运动以及工作台作纵向、横向进给和卡盘的旋转运动，仿形刨削可以加工出各种形状复杂的凸模，如图 4-20 所示。

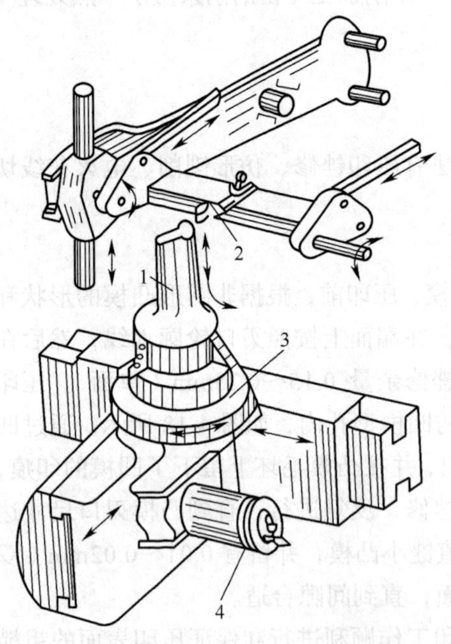

图 4-19　在仿形刨床上加工凸模示意图
1—凸模　2—刨刀　3—卡盘　4—分度头

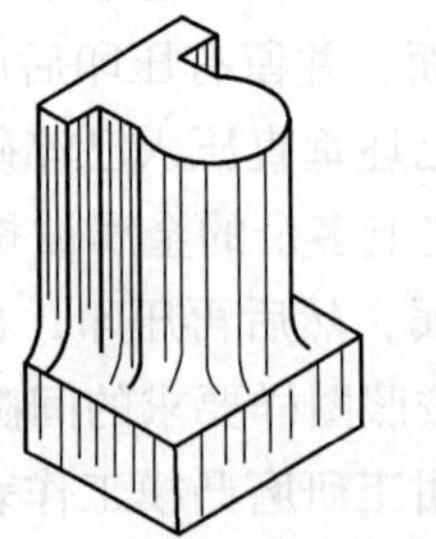
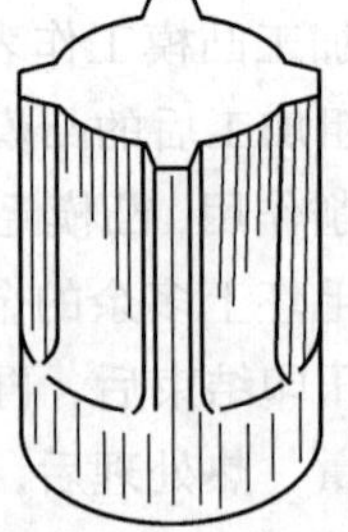
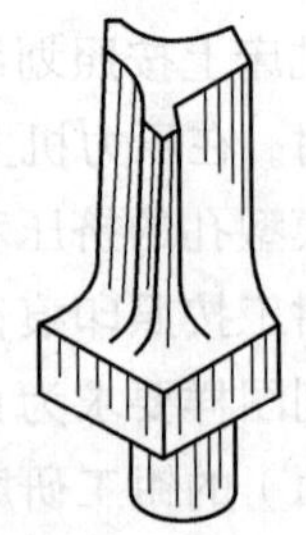
图 4-20　在仿形刨床上加工的各种形状复杂的凸模

仿形刨削加工凸模的生产效率低，对工人的操作水平要求高。由于仿形刨削是在凸模热处理之前进行，加工后的热处理变形将会引起凸模变形，因此它也逐渐被电火花线切割加工和成型磨削所代替。

（3）电火花线切割加工

采用电火花线切割方法加工凸模时，凸模形状应设计成直通形式，而且其长度尺寸不应超过线切割机床的加工范围。

对凸模进行电火花线切割加工之前，应将毛坯锻造成六面体，并用机械加工方法去除其中多余的余量，使切割轮廓线与毛坯之间的余量小于5mm，并注意留出线切割时的装夹部位。

电火花线切割加工是在凸模热处理之后进行的，加工的尺寸精度高，质量好，制造周期短，但被加工工件的尺寸受机床的限制，而且加工出的工作表面呈条纹状的加工痕迹较明显，最后需要由钳工研磨减小表面粗糙度值。

如图4-21所示的凸模的电火花线切割工艺过程如下。

① 准备毛坯，将圆形棒料锻造成六面体，并进行退火处理。

② 在刨床或铣床上加工六面体的六个面。

③ 钻穿丝孔。在线切割加工的起点（图4-21中的O点）处钻出直径为2～3mm的电极丝穿丝孔。

④ 钻孔，攻螺纹，加工出固定凸模用的两个螺钉孔。

⑤ 将工件进行淬火、回火处理，要求表面硬度达到HRC58～HRC62。

⑥ 磨削上、下两平面，表面粗糙度$R_a < 0.8\mu m$。

⑦ 去除穿丝孔内杂质，并进行退磁处理。

⑧ 线切割加工凸模。

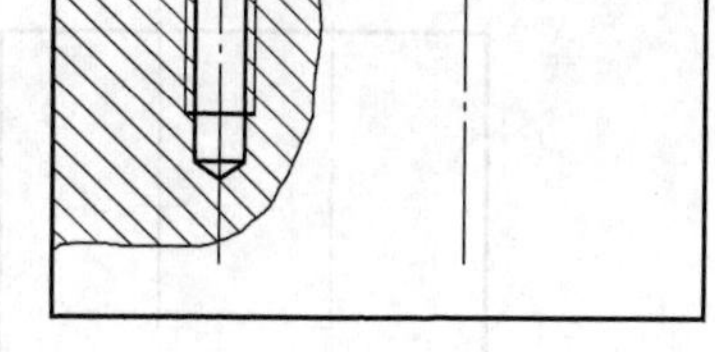

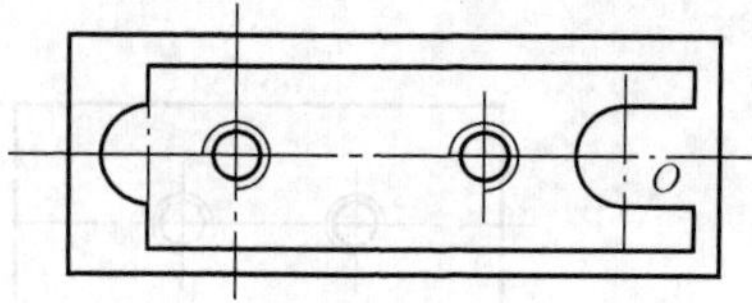

图4-21 线切割加工凸模

⑨ 研磨。线切割加工后，钳工研磨凸模工作部分，保证尺寸精度和表面粗糙度达到设计要求。

（4）成型磨削

成型磨削是将成型磨削工件按磨削轮廓划分成单一的直线和圆弧逐段进行磨削，并使它们在衔接处平整光滑而达到设计要求的一种加工方法。成型磨削主要分为成型砂轮磨削法和夹具成型磨削法两种。

成型砂轮磨削法是将砂轮修整成与凸轮工作表面完全吻合的形状，磨削加工后获得所需要的成型表面的方法。

夹具成型磨削法是借助于夹具使凸轮的被加工表面处在所要求的空间位置上，并获得所需要的成型运动而进行磨削的方法。用万能夹具成型磨削凸模的工艺要点概括如下。

① 应选择合适的直角坐标系，一般取零件的设计坐标系为工艺坐标系。

② 将形状复杂的凸模刃口轮廓划分成数个直线段和圆弧段，然后依次磨削。一般先磨削直线，后磨削斜线及凸圆弧；先磨削凹圆弧，后磨削直线及凸圆弧；先磨削大圆弧，后磨削小圆弧。

③ 成型磨削时，凸模不能带凸肩，如图4-22所示。当凸模形状复杂，某些表面因砂轮不能进入无法直接磨削时，可考虑将凸模改成镶拼结构，如图4-23所示。

④ 选择回转中心，依次调整回转中心与夹具中心重合。

成型磨削是目前常用的加工凸模的最有效方法，具有高精度、高效率等优点。

（a）无凸肩的凸模　（b）带凸肩的凸模

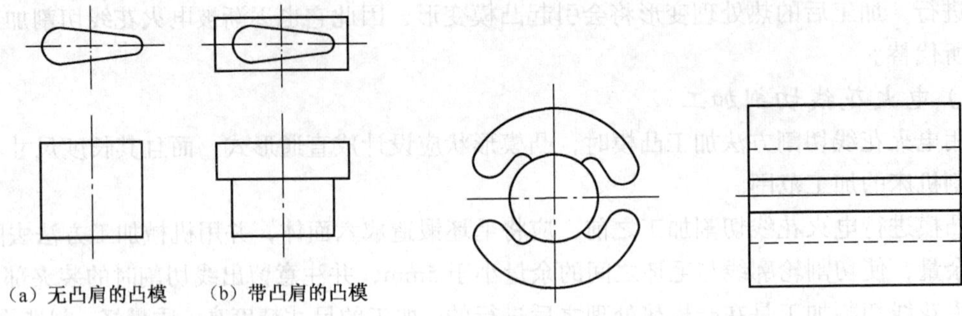

图 4-22　凸模结构

图 4-23　镶拼式凸模

如图 4-24 所示的凸模的成型磨削工艺过程如下。

（a）毛坯外形和螺孔加工　（b）铣削外形　（c）磨削外形

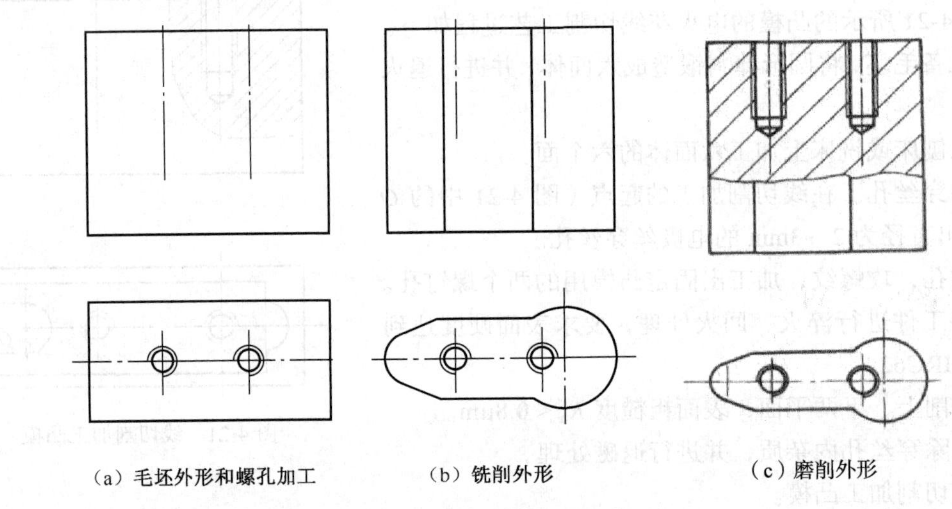

图 4-24　成型磨削凸模

① 准备毛坯，将圆钢锻造成六面体，并进行退火处理。

② 在刨床或铣床上加工六面体的六个面。

③ 磨削上、下两平面及基准面。

④ 钳工划线，钻孔，攻螺纹。

⑤ 用铣床加工凸模外形，并留磨削余量。

⑥ 将凸模进行淬火、回火处理，要求表面硬度达到 HRC58～HRC62。

⑦ 磨削上、下两平面，表面粗糙度 $R_a < 0.8\mu m$。

⑧ 成型磨削。按照一定的磨削程序磨削凸模外形。

⑨ 精修。

4.2.2 冲裁凹模的加工

冲裁凹模的加工主要表现为型孔的加工，而型孔属于内表面，所以其加工工艺独特。

1. 冲裁凹模的工艺特点

冲裁凹模的加工工艺有以下特点。

① 在多孔冲裁模或级进模中，凹模上孔系的位置精度通常要求在±（0.01～0.02）mm 以上，加工较困难。

② 凹模在镗孔时，孔与外形有一定的位置精度要求，加工时要求准确确定孔的中心位置，这给加工带料很大难度。

③ 凹模型孔加工的尺寸往往直接取决于刀具的尺寸，因此刀具的尺寸精度、刚度及磨损将直接影响内孔的加工精度。

④ 凹模型孔加工时，切削区在工件内部，排屑，散热条件差，加工精度和表面质量不容易控制。

2. 冲裁凹模的加工方法

凹模型孔为单个圆孔或一系列圆孔（孔系）时，加工方法在第二章已经叙述，这里不再重复。下面主要介绍凹模非圆形型孔的加工方法。

非圆形型孔的加工比较复杂，首先要去除非圆形型孔中心的废料，然后进行精加工。非圆形型孔的凹模通常是将毛坯锻造成矩形，加工各平面后进行划线，再将型孔中心的余料去除而成的。如图 4-25 所示是沿型孔轮廓线内侧顺序钻孔后，将孔两边的连接部凿断，去除废料的方法。具体要求是：先在凹模上划出型孔轮廓线，然后在轮廓线内划出与型孔轮廓线相似的钻孔中心轮廓线，两线之间的间距为 $\frac{d}{2}+(0.2\sim0.5)$ mm。以钻孔中心轮廓线上的点为圆心，划出一系列直径为 d 的圆，各圆之间保留 0.5～1.0mm 距离，并在各圆的中心处钻中心孔，然后在钻床上顺序钻孔。钻完孔后凿通整个轮廓，敲出中间一块废料。这种方法生产效率低，劳动强度大，而且残留的加工余量也很大。

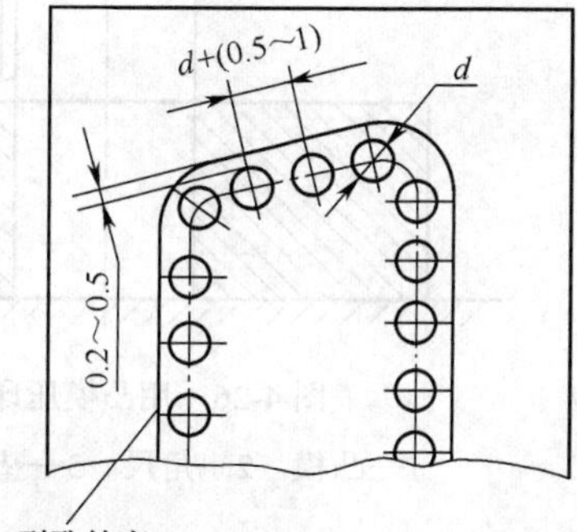

图 4-25 沿型孔轮廓线钻孔

当凹模尺寸较大时，也可以用氧－乙炔火焰气割的方法去除型孔内部的废料，切割时型孔应留足加工余量。切割后的模坯应进行退火处理，以便进行后续加工。

去除余料后，生产中常用的型孔精加工加工方法有压印锉修、仿形铣削、电火花线切割和电火花加工。

（1）压印锉修

用淬硬的加工好的凸模对未淬硬的并留有一定压印余量的凹模毛坯进行压印，方法与凸模的压印方法相同。

图 4-26 所示为凹模的压印过程。将凹模水平放置在压力机工作台上，把加工好的凸模垂直放置在相应的凹模型孔上，放置时应对准凹模型孔轮廓，保证锉修余量均匀。然后用压力机对凸模施以压力，通过凸模的挤压和切削作用，在凹模上产生印痕，钳工按照印痕锉去型孔多余的金属后再压印，再锉修型孔，反复进行。第一次压印深度应为 0.2～0.5mm，以后各次的压印深度可以大一些，每次压印后都要锉去多余的金属，直到凹模型孔尺寸达到图样要求为止。

凹模在压印锉修后，可用油石精细加工。在缺乏专用凹模加工设备的情况下，模具钳工常用这种方法加工凹模型孔。这种方法加工的凹模型孔尺寸精度高，表面粗糙度小，最适合于无间隙冲裁模工作零件的加工。与凸模的压印锉修一样，这种方法也存在着对钳工的操作水平要求高，生产效率低，模具精度会受到热处理影响的缺点。

（2）仿形铣床切削加工

在仿形铣床上采用平面轮廓仿形，对型孔进行半精加工或精加工，加工精度可达 0.05mm，表面粗糙度 R_a 为 2.5～1.5μm。

仿形铣削加工如图 4-27 所示，之前应先进行粗加工，然后将靠模、垫板和凹模一起紧固在铣床工作台上，在铣刀和刀柄上装有一个钢制且淬硬的滚轮。加工时，工人用手操作铣床工作台台面纵向和横向移动，使滚轮始终与靠模接触并且沿着靠模的轮廓运动，最终加工出凹模型孔。

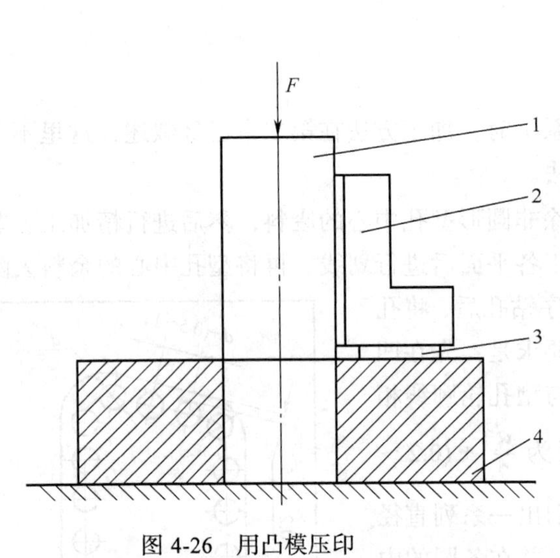

图 4-26　用凸模压印

1—凸模　2—角尺　3—垫块　4—凹模

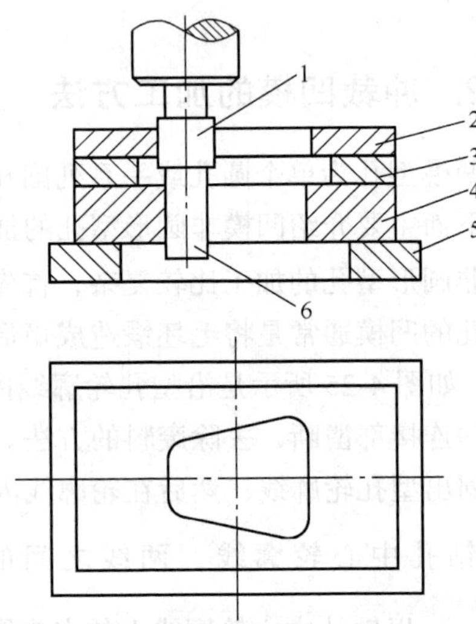

图 4-27　仿形铣削加工凹模型孔

1—滚轮　2—靠模　3、5—垫板　4—凹模　6—铣刀

仿形铣削加工容易获得形状复杂的型孔，可以减轻工人的劳动强度，但需要制造靠模，使生产周期增长。靠模通常都是用容易加工的木材制造，受温度、湿度的影响极易变形，影响加工精度。

（3）电火花线切割加工

当凹模形状复杂，带有尖角、窄缝时，常采用电火花线切割方法加工凹模型孔，型孔的加工精度高，质量好。线切割以后，选用钳工研磨型孔，以保证凸、凹模之间的间隙均匀。凹模的电火花线切割加工应安排在热处理之后进行。如图 4-28 所示的凹模的电火花线切割工艺过程如下。

① 准备毛坯，将圆形棒料锻造成六面体，并进行退火处理。

② 在刨床上加工六面体的六个面。

③ 平磨上、下两平面及角尺面。

④ 钳工划线，加工销孔和螺钉孔。

⑤ 去除型孔内部废料。沿型孔轮廓线划出一系列孔，然后在钻床上顺序钻孔后，凿通整个轮廓，敲出中间废料。

⑥ 将工件进行淬火、回火处理，要求表面硬度达到 HRC58～HRC62。

⑦ 平磨上、下两平面及角尺面。

⑧ 线切割加工型孔。

⑨ 将线切割加工好的凹模进行稳定回火。

⑩ 钳工研磨销孔及凹模刃口，使型孔达到规定的技术要求。

（4）电火花加工

当凹模形状复杂时，采用电火花加工，制模周期短，生产效率高。与电火花线切割相比，电火花加工需要制作成形电极，成本比较高，而且加工过程中，电极的损耗也影响加工精度。电火花线加工尤其适合于小孔和小异形孔的加工。电火花线加工型孔也应该安排在凹模热处理之后进行。

如图 4-29 所示的凹模采用电火花加工，要求凸、凹模的单边配合间隙为 0.05～0.10mm。加工工艺过程如下。

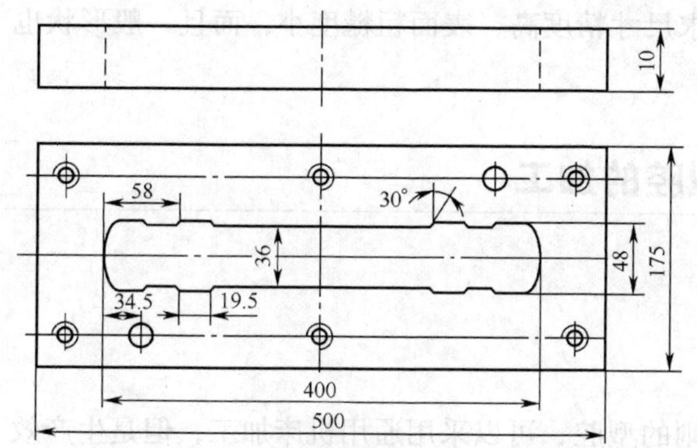

图 4-28 凹模型孔的电火花线切割加工

图 4-29 凹模型孔的电火花加工

① 准备毛坯，将圆形棒料锻造成六面体，并进行退火处理。

② 在刨床上加工六面体的六个面。

③ 平磨上、下两平面及角尺面。

④ 钳工划线，划出型孔轮廓线和销孔、螺钉孔位置。

⑤ 去除型孔内部废料。

⑥ 加工销孔和螺钉孔。

⑦ 将工件进行淬火、回火处理，要求表面硬度达到 HRC58～HRC62。

⑧ 平磨上、下两平面及角尺面。

⑨ 退磁处理。

⑩ 电火花加工型孔。由于凸、凹模的配合间隙较大，所以先用粗规准加工，然后调整平动头的偏心量，再用精规准加工，达到凸、凹模的配合间隙要求。

当凹模型孔形状过于复杂，导致难以加工时，凹模可以采用镶拼结构，这时可以将内表面加工转变成外表面加工，降低了加工难度。凹模采用镶拼结构时，应尽可能将拼合面选在对称线上，如图 4-30 所示，以便一次同时加工几个镶块；凹模的圆形刃口部位应尽可能保持完整的圆形，例如在图 4-31 中，采用（a）图所示的拼合方式比（b）图更容易获得高的圆度精度。

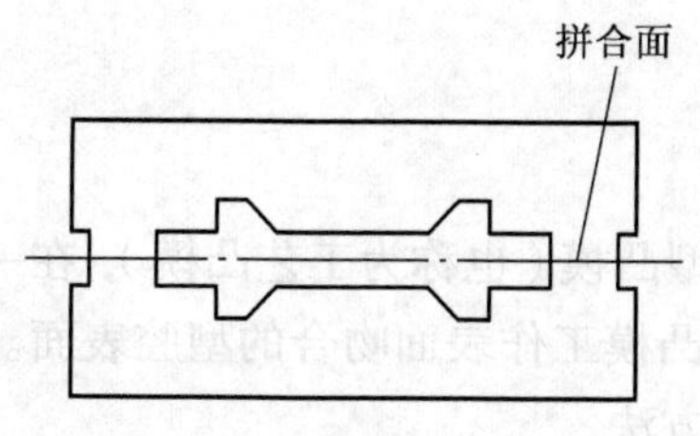

图 4-30 拼合面在对称线上

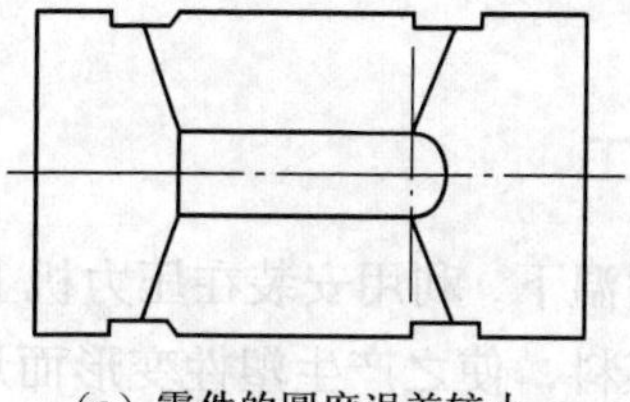

（a）零件的圆度误差较小

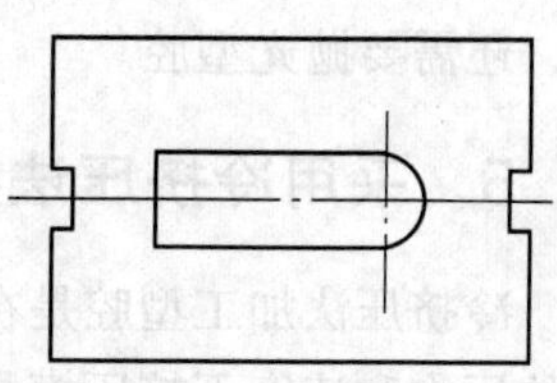

（b）零件的圆度误差较大

图 4-31 圆形刃口的拼合

4.3 塑料模型腔的加工

塑料模型腔作用是形成制件外形表面，要求尺寸精度高，表面粗糙度小，而且一般形状也比较复杂，因此型腔的加工是模具制造的难点。

4.3.1 型腔的加工

型腔的加工方法有以下 6 种。

1. 采用通用机床加工

对于圆形型腔、方形型腔等形状简单、规则的型腔，可以采用通用机床加工，但是生产效率较低，成本较高，加工精度也难以保证。

2. 采用仿形铣床加工

使用仿形铣床可以加工各种结构形状的型腔，特别适合于加工具有曲面结构的大尺寸型腔，如图 4-32 所示。

按照预先制好的靠模，在模坯上加工出与靠模形状完全相同的型腔。这种方法自动化程度较高，能减轻工人的劳动强度，提高生产率。但加工后一般需要修正仿形铣削留下的刀痕、凹角及狭窄的沟槽等部位。

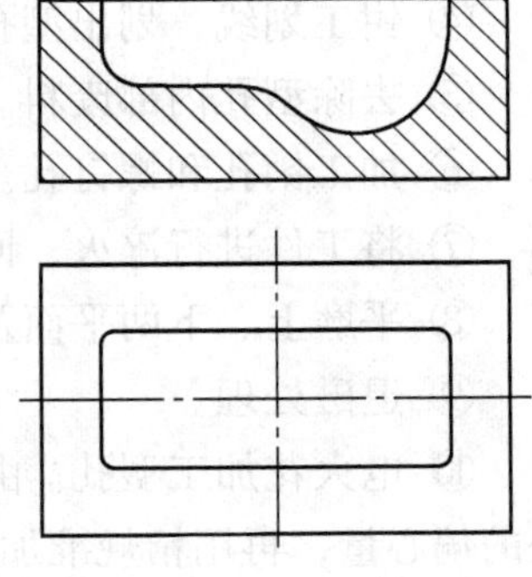

图 4-32　曲面结构的型腔

3. 采用电火花加工

电火花加工可以加工切削困难的小孔、窄缝或带有文字花纹的部位，加工精度高。但是电火花加工后的表面呈粒状麻点，需要手工抛光或机械抛光。由于表面为硬化层，手工抛光较费时。

4. 采用电火花线切割加工

电火花线切割适合于加工镶拼结构的型腔，但是如果线切割加工后的表面粗糙度达不到要求，还需要抛光型腔。

5. 采用冷挤压法加工

冷挤压法加工型腔是在常温下，利用安装在压力机上的成型凸模（也称为工艺凸模），在一定的压力和速度下挤压模具坯料，使之产生塑性变形而形成与凸模工作表面吻合的型腔表面。型腔冷挤压是利用金属塑性变形的原理实现的，属于无屑加工方法。

型腔冷挤压的方法有 2 种：开式挤压和闭式挤压。

（1）开式挤压

开式挤压是将模具的模坯置于挤压凸模下面加压，如图 4-33 所示。在挤压凸模的作用下金属向四周自由流动，挤压凸模压入毛坯形成型腔。但是毛坯上表面出现内陷，挤压后需要机械加工。

开式挤压主要用于型腔较浅，形状简单，精度要求不高，外形还需要加工的凹模型腔。应注意开式挤压时需要有安全措施。

（2）闭式挤压

闭式挤压是将模具的模坯放入凹模内进行挤压加工，如图 4-34 所示。坯料在挤压凸模的作用下由于受到凹模壁的限制，迫使金属与挤压凸模紧密贴合，型腔轮廓清晰，提高了型腔的成型精度，但也造成了挤压力增大。这种方法适于加工精度要求较高，深度较大的型腔。

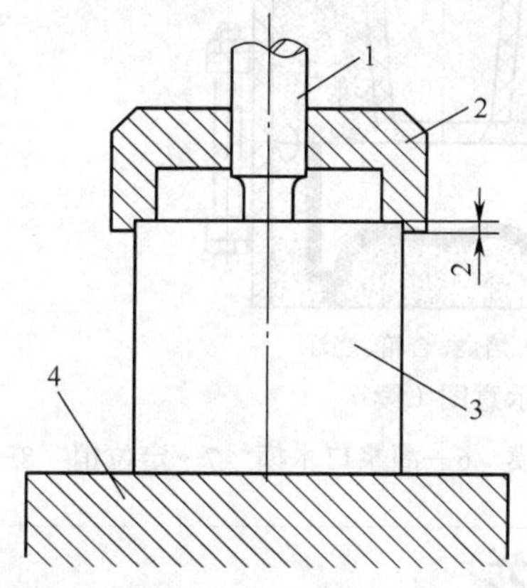

图 4-33 开式挤压

1—挤压凸模 2—导套 3—毛坯 4—压力机工作台

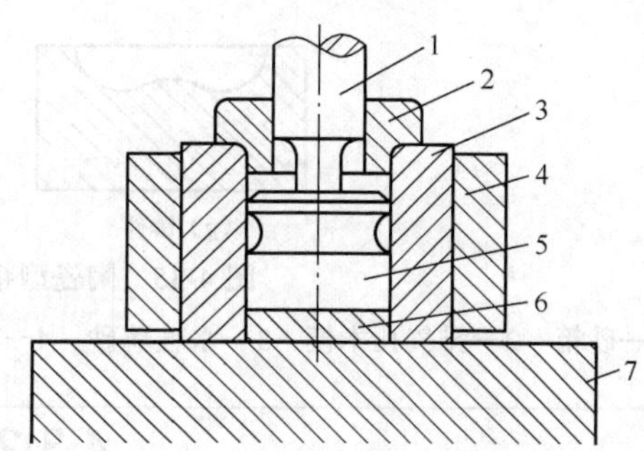

图 4-34 闭式挤压

1—挤压凸模 2—导套 3—凹模 4—加强圈 5—毛坯 6—垫块 7—压力机工作台

6. 精密铸造法

精密铸造方法很多，生产中最为常用的是陶瓷型铸造。

陶瓷型铸造是在砂型铸造和熔模铸造的基础上发展起来的铸造工艺。陶瓷铸造是把颗粒状耐火材料和黏结剂等配制而成的陶瓷材料浇注到母模上，在催化剂的作用下，陶瓷浆结胶硬化而形成陶瓷层，然后再进行拔模，喷烧和焙烧等工序，就形成了耐火度、尺寸精度以及表面质量都很高的精密铸型，再经过合箱，浇注等操作，就可以获得铸件。陶瓷型精密铸造工艺过程如图 4-35 所示。

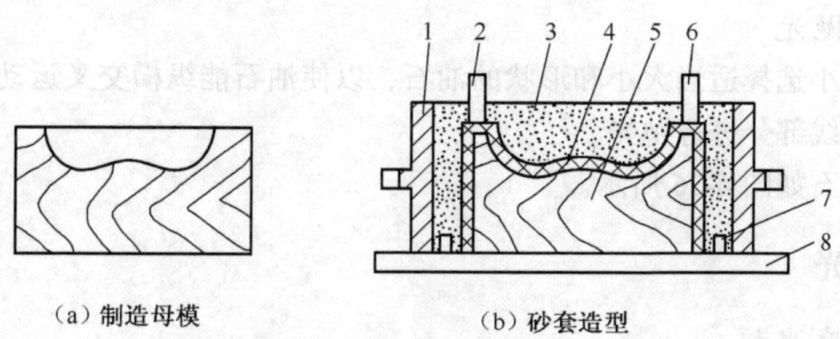

图 4-35 陶瓷型精密铸造工艺过程示意图

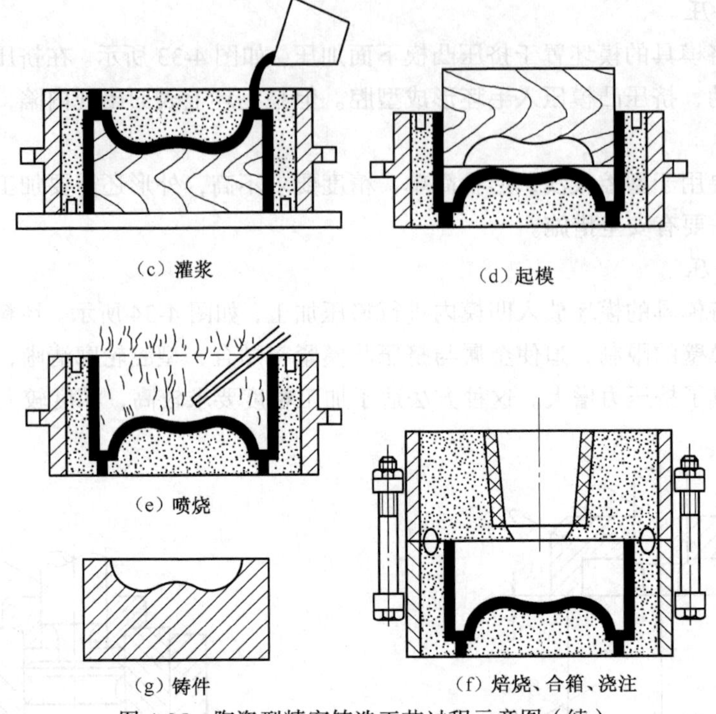

图 4-35　陶瓷型精密铸造工艺过程示意图（续）

1—砂箱　2—排气孔木模　3—水玻璃砂　4—橡皮泥　5—精母模　6—灌浆口木模　7—定位销　8—平板

4.3.2　型腔的抛光

模具型腔在机械加工后表面会留下刀痕，或经过电火花加工后表面会留下一层硬化层。型腔表面的刀痕或硬化层需要抛光去除。抛光加工的质量不仅影响模具的使用寿命，而且影响制件表面光泽、尺寸精度。

抛光可以由钳工手工操作完成，也可以使用抛光机进行。随着现代技术的发展，电解、超声波等技术在型腔的抛光中得到了广泛的运用。

1. 手工抛光

（1）用砂纸抛光

手持砂纸，压在加工表面上作缓慢的运动，以去除机械加工的切削痕迹，使表面粗糙度降低，是一种常见的抛光方法。

（2）用油石抛光

根据抛光面大小选择适当大小和形状的油石，以使油石能纵横交叉运动。主要是对型腔的平坦部位和槽的直线部分进行抛光。

经修整后的油石如图 4-36 所示。

2. 机械抛光

（1）圆盘式磨光机

如图 4-37 所示，可以用手握住使用对一些大型模具去除仿形加工后的走刀痕迹及倒角。这种方法抛光精度不高，其抛光程度接近粗磨。

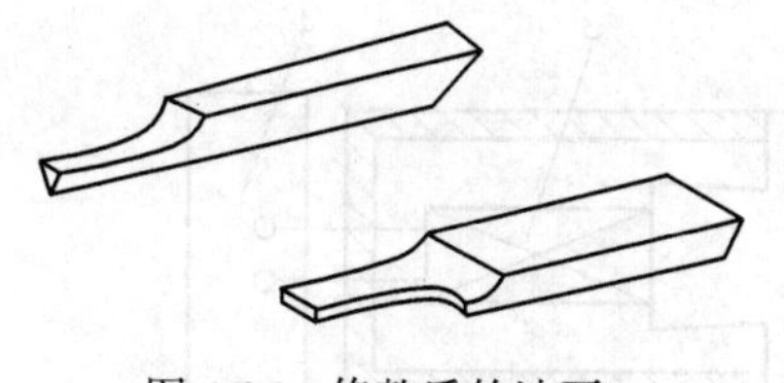

图 4-36　修整后的油石

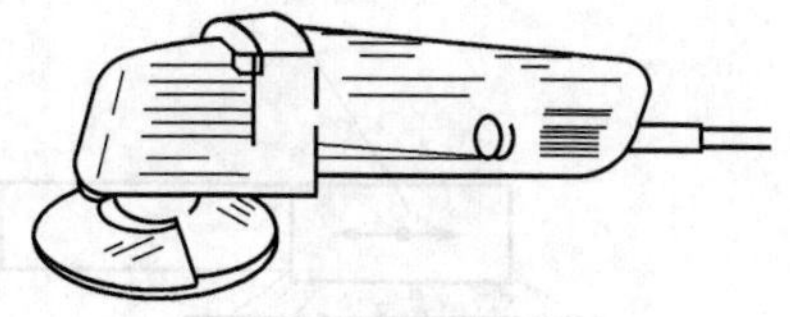

图 4-37　圆盘式磨光机

（2）电动抛光机

电动抛光机由电动机、传动软轴及手持式研抛头组成。使用时电机挂在悬挂架上，电机启动后通过传动软轴传动，使手持式研抛头产生旋转或往复运动。如图 4-38 所示是装有手持式往复研抛头的抛光机的工作示意图。研抛头一端连接软轴，另一端安装研具或油石，在软轴传动下研抛头产生往复运动，可以适应不同的加工需要。研抛头工作端还可按加工需要在 270° 范围内调整，这种研抛头装上球头杆，配上圆形或方形铜（塑料）环作研具，手持研抛头沿研磨面不停地均匀移动，可对某些小曲面或复杂形状的表面进行抛光。

3. 电解修磨抛光

电解抛光是在抛光工件和抛光工具之间以低压直流供电，利用通电后工件（阳极）与抛光工具（阴极）在电解液中发生的阳极溶解作用来进行抛光的一种工艺方法。电解修磨抛光是在电解抛光过程增加了修磨作用，其原理如图 4-39 所示。加工时，抛光工具表面的磨料与工件表面接触并进行锉磨，工件表面在电解液和电流作用下生成很薄的氧化膜，这层氧化膜被移动着的磨料所刮除，使工件表面露出新的金属表面，并继续被电解。这样，电解作用和刮除作用交替进行，能达到抛光型腔表面的目的。电解修磨抛光不会使工件产生热变形或应力，并且电解装置结构简单，操作方便，电解液无毒，工作电压低，生产安全。

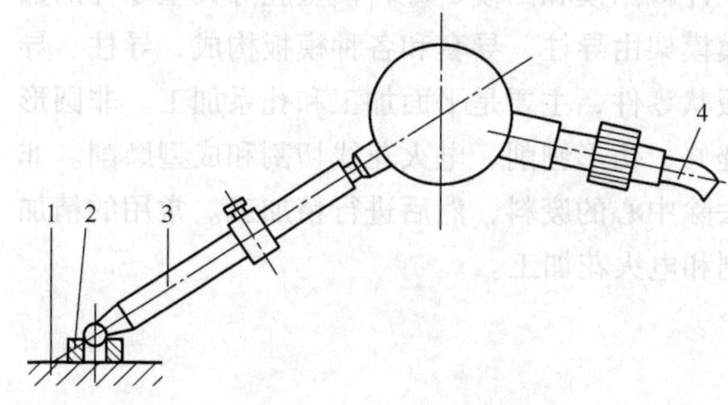

图 4-38　手持往复式研抛头的应用

1—工件　2—研磨环　3—球头杆　4—软轴

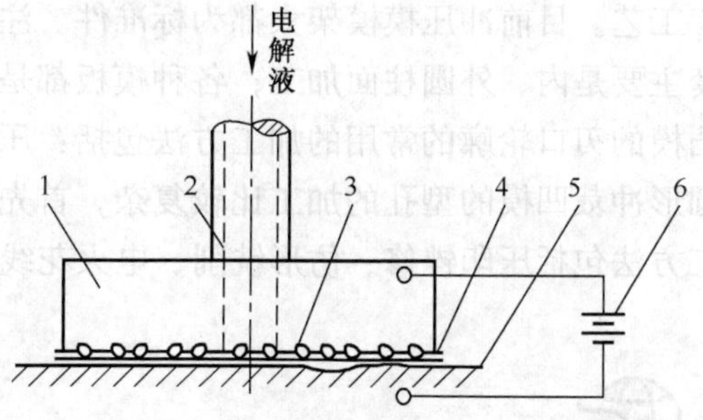

图 4-39　电解修磨抛光原理图

1—工具（阴极）　2—电解液管　3—磨料　4—电解液　5—工件（阳极）　6—电源

4. 超声波抛光

超声波抛光是超声加工的一种形式，是利用超声振动的能量，通过机械装置对型腔表面进行抛光加工的一种工艺方法。图 4-40 所示的是超声波抛光装置的示意图。

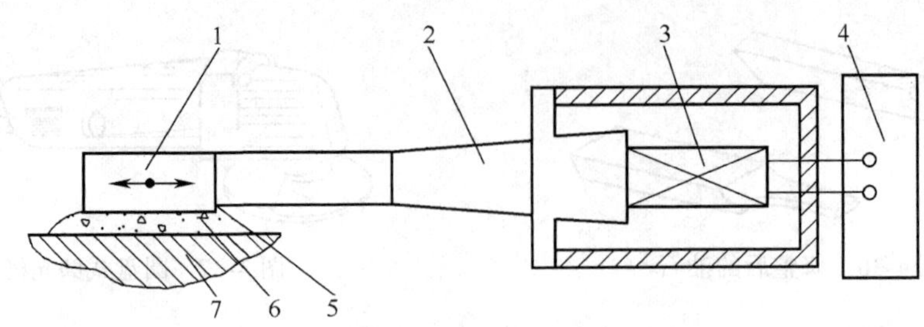

图 4-40　超声波抛光装置的示意图

1—抛光工具　2—变幅杆　3—超声波换能器　4—超声波发生器

5—工作液　6—磨粒　7—工件

超声波发生器能将 50Hz 的交流电转变为具有一定功率输出的超声频电振荡，以提供抛光工具振动的能量。超声波换能器将超声频电振荡转换成机械振动，由变幅杆将机械振动放大，再传至固定在变幅杆端部的抛光工具上，使工具产生超声频振动，从而对工件进行抛光。粗、中抛光时，采用水作为工作液，精细抛光时，采用煤油作为工作液。磨料材料可以是碳化硅、碳化硼、金刚石、刚玉等。

超声波抛光能达到的表面粗糙度 R_a 一般为 0.63～0.08μm。抛光效率高，能减轻劳动强度。适用于各种型腔模具，对窄缝、深槽、不规则圆弧的抛光尤为适用。

小结

本章主要介绍冲压模具和塑料模具的模架、冲裁凸模和凹模、塑料模型腔等典型零件的加工工艺。目前冲压模模架大都为标准件。注射模模架由导柱、导套和各种模板构成，导柱、导套主要是内、外圆柱面加工；各种模板都是平板状零件，主要是平面加工和孔系加工。非圆形凸模的刃口轮廓的常用的加工方法包括：压印锉修、仿形刨削、电火花线切割和成型磨削。非圆形冲裁凹模的型孔的加工比较复杂，首先要去除中心的废料，然后进行精加工。常用的精加工方法包括压印锉修、仿形铣削、电火花线切割和电火花加工。

思考题

1. 冲压模模架的作用是什么？一般由哪些零件组成？
2. 冲压模的上、下模座的作用是什么？
3. 为了保证上、下模座的孔位一致，应如何加工？
4. 导柱和导套的作用是什么？

5. 导柱和导套的材料是如何选用的？对导柱、导套有哪些技术要求？

6. 在导柱加工过程中，为什么采用中心孔作为定位基准？导柱在热处理后为什么要修正中心孔？有哪些修正方法？

7. 磨削导套的方法有哪两种？

8. 在导套加工时，如何保证内、外圆柱面的位置精度要求？

9. 注射模的组成零件可分为哪两类？各有什么作用？

10. 注射模模架的作用是什么？一般由哪些零件组成？

11. 注射模的浇口套和侧型芯滑块一般采用什么材料？热处理后的硬度是多少？

12. 冲裁模的凸模和凹模的加工工艺各有哪些特点？

13. 圆形凸模各段台阶过渡处为什么采用小圆弧过渡？

14. 非圆形冲裁凸模的加工有哪些方法？各有什么特点？

15. 冲裁凹模非圆形型孔中心的废料是用什么方法去除的？

16. 冲裁凹模非圆形型孔的加工有哪些方法？各有什么特点？

17. 塑料模型腔的的作用是什么？加工方法有哪几种？

18. 塑料模型腔抛光的目的是什么？有哪些抛光方法？

19. 电解修磨抛光的原理是什么？超声波抛光的原理是什么？

模具光整加工与模具快速成形加工

【学习目标】

1. 熟悉光整加工的主要方法、基本原理和特点
2. 懂得影响研磨、抛光质量和效率的主要因素
3. 了解典型快速成形技术的原理和特点
4. 了解快速成型制模的主要方法

5.1 模具光整加工

5.1.1 光整加工概述

1. 光整加工的特点

光整加工是精加工后，在工件上不切除或只切除极薄的材料层，以降低表面粗糙度，增加表面光泽和强化其表面为主要目的而进行的研磨和抛光加工（简称研抛）。抛光加工在研磨加工之后进行，能够得到比研磨更低的表面粗糙度值。光整加工是模具加工制造中的重要一环，对于提高模具寿命和制件质量，保证顺利脱模等方面具有重要作用。特点如下。

① 光整加工的加工余量小，主要用来改善表面质量，少量用于提高加工精度（如尺寸精度、形状精度）的加工，但不能用于提高位置精度的加工。

② 光整加工是用细粒度的磨料对工件表面进行微量切削和挤压的过程，表面加工均匀，切削力和切削热很小，可获得很高的表面质量。

③ 光整加工属于微量加工，不能纠正较大的表面缺陷，其加工前要进行精加工。

目前，用户对模具的寿命和制件的质量要求越来越高，对模具的制造质量也提出越来越高的要求，其中模具零件成形表面的质量对模具的寿命和制件的质量有很大的影响。表 5-1 列出某膜片零件的冲孔模不同刃口粗糙度和刃模寿命的对比。

表 5-1　模片冲裁模刃口表面粗糙度与刃磨寿命的对比

刃口表面粗糙度 R_a/μm	刃口表面最终加工方式	模具刃磨寿命/万次
0.8	磨削	1
0.4	研磨、抛光	2
0.2～0.1	研磨、抛光	5～8

另外，模具零件大量用到磨削加工和电火花加工，而磨削加工残留的表面磨痕、裂纹、磨削烧伤等缺陷，电火花加工后残留的表面变质层，是产生模具刃口疲劳断裂、崩刃等模具失效的重要原因，由于模具生产具有单件、小批量生产及形状复杂多样的特点，这些表面缺陷主要靠光整加工来去除。光整加工在模具的成形表面加工中所占工时比重很大，特别是那些形状复杂的塑料模型腔，其光整加工工时的比重可达 45%以上。

2. 光整加工的方法

光整加工的方法很多，按其加工条件主要可分为如下几类。

① 手工研抛。指主要依靠操作者个人技艺（可辅助工具）进行的研抛，是目前用得最多的研抛方法。

② 挤压研磨。指在压力作用下，使含有磨料的弹黏性流体介质强行通过被加工表面而进行的研磨加工。

③ 电化学研抛。利用电化学反应中的阳极溶解原理，使工件表面发生选择性溶解而形成平滑表面的一种光整加工方法，可分为电解研抛和电解修磨研抛。

④ 磁力研抛。利用磁场作用力，使两极吸附磁性磨粒形成磁立刷，再利用磁力刷对被工件进行光整加工。

⑤ 超声波研抛。利用超声波能传递高能量特性，通过产生超声波振动装置，带动工件和抛光工具间的含有磨料的悬浮液冲击和磨削被加工部位而进行的光整加工。

⑥ 玻璃珠喷射研抛。利用压缩空气将微小直径的玻璃珠高速喷射至工件被加工表面，利用玻璃珠的撞击来达到光整加工的目的。

5.1.2　研磨加工

研磨是一种使用研具和游离磨料对被加工表面进行微量加工的精密加工方法，可用于各种钢、铸铁、铜、铝、硬质合金等金属材料和玻璃、陶瓷、半导体等非金属材料的零件表面加工。研磨工艺可降低工件的表面粗糙度，提高尺寸精度和形状精度。研磨装置简单，易于制造，在现代化工业中获得了广泛的应用，已从最初用于加工精密量规，发展到加工模具、钢球、喷油嘴、精密齿轮金属件，及玻璃光学镜面、石英晶体、半导体、陶瓷等材料的非金属制件。

1. 研磨的原理

研磨时，在模具工作表面嵌入或涂覆磨料，并添加研磨液与辅助填料，在研具工作表面与工件被加工表面间施加一定压力，使之接触并作复杂的相对运动，通过磨料颗粒的微切削作用和研磨液的物理化学作用，从工件被加工表面切除一层极薄的材料，以获得尺寸精度高，表面粗糙度值低的工件，工作原理如图 5-1 所示。

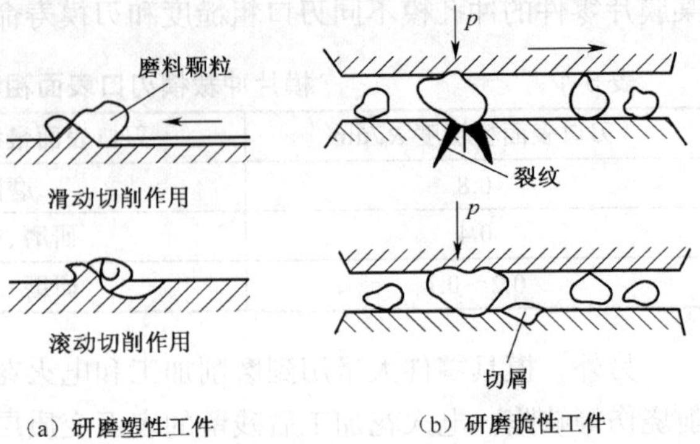

研磨塑性材料时，研具与工件之间的磨粒起滑动、滚动切削作用，如图 5-1（a）所示。滑动切削时，磨料颗粒固定在研具上，靠磨粒在工件上的移动进行切削；滚动切削时，磨料颗粒基本呈自由状态，在研具和磨料之间滚动，靠滚动进行切削。

磨料颗粒
滑动切削作用
滚动切削作用
（a）研磨塑性工件
p
裂纹
p
切屑
（b）研磨脆性工件

图 5-1　研磨时磨料磨粒的切削作用

研磨脆性材料时，除上述作用外，在压力 p 作用下，磨粒颗粒还会使加工表面产生裂纹，随着磨料颗粒运动，裂纹不断扩大、交错，以致形成碎片，最后成为切屑脱离工件，如图 5-1（b）所示。

除磨料磨粒的微切削作用外，金属的去除过程还与物理、化学作用有关。湿研磨时，研磨剂中除含有磨料外，还含有油酸、硬脂酸等酸性物质，这些物质会使工件表面很快产生一层很软的氧化物薄膜，钢铁成膜时间只需要 0.05s，氧化膜厚度为 2～7μm。凸出处的氧化物薄膜很容易被磨料磨去，露出的新鲜表面很快地被继续氧化，继续被去除，如此循环，加速了研磨过程。此外，研磨时磨料颗粒与工件接触点处产生的局部高温高压，也可能产生局部挤压作用，产生微挤压塑性变形，使高点处的金属流入低点，形成光滑表面，降低表面粗糙度值。

2. 研磨的特点

① 尺寸精度高。由于研具和工件所构成的工艺系统处于弹性的浮动状态，磨料采用极细的微粉，在低速、低压下磨除一层极薄的金属，产生热量少，被加工表面的变形和变质层很轻微，可稳定获得高精度表面，尺寸加工经济精度为 0.1～0.01mm，最高可达 0.002 5mm。

② 形状精度高。由于微量切削，且切削运动轨迹复杂，无重复性，因此可获得较高的形状精度，且不影响原来的位置精度，如研磨圆柱体的圆柱度可达 0.1μm。

③ 表面粗糙度值低。磨料轨迹不重复，能均匀去除工件被加工表面的凸峰，有利于降低表面粗糙度，研磨后表面粗糙度 R_a 值可达 0.01μm。

④ 表面耐磨性好。由于研磨表面质量提高，摩擦系数小，摩擦面有效接触面积大，从而提高表面耐磨性。

⑤ 耐疲劳强度提高。由于研磨表面存在着残余压应力，这种应力有利于提高零件表面的耐疲劳强度。

⑥ 研磨存在一些缺点。劳动强度大，研磨时间长，效率较低；不能提高各表面间的位置精度；研磨剂易飞溅，容易污染环境，使临近的机械设备受到腐蚀。

3. 研磨加工方法的分类及应用

（1）按研磨操作方式划分

① 手工研磨。指主要依靠操作者个人技艺或采用辅助工具进行的研磨，适用金属、非金属工件的各种表面，但劳动强度大，研磨效率较低。由于模具零件形状比较复杂，局部窄缝、狭

槽、深孔、盲孔和死角部位较多，受机械研磨范围有限，这些部位目前无法采用机械研磨或用机械研磨效率很低，因而目前模具研磨应以手工研磨为主。

② 机械研磨。指主要依靠机械设备进行的研磨，如挤压研磨抛光、电化学研磨抛光。机械研磨的研磨质量不依赖操作者的技术水平，且研磨效率高，主要用于大批量生产中，特别是几何形状不太复杂的零件，如平面、圆柱面、球面、半球面等表面形状的研磨。

（2）按磨料状态划分

① 湿研。在研磨时，将配置好的液体研磨剂涂覆于研具表面或将研磨剂直接加入工作区域，在压力作用下，部分磨料可嵌入研具表面。研磨过程中，磨料在工件和研具间不停地滚动或滑动，实现对工件表面的切削或挤压，但以滚动切削为主。湿研的研磨效率高，研磨表面不受研具形状限制，可研磨平面、外圆、型孔、锥面、螺纹、球面等，但研磨尺寸精度不如干研，表面粗糙度 R_a 值也较高，一般为 0.04～0.02μm，且湿研后一般表面无光泽，常用于粗研或半精研。

② 干研。在研磨时，先将磨料颗粒均匀压入研具表层中，不加研磨剂对工件进行研磨，磨料的切削作用以滑动切削为主。干研效率低于湿研，但研磨尺寸精度高，表面粗糙度 R_a 值低，一般可达 0.01～0.04μm，常用于精研。

③ 半干研。研磨剂是由研磨液和较软磨料组成的糊状研磨膏，先将研磨膏涂覆于工件表面，再利用研具进行研磨。半干研质量和效率介于干研和湿研之间，粗、精研均可采用。

4. 研磨剂

研磨剂由磨料、研磨液与辅助填料组成。正确选择磨料及研磨剂是提高研磨效率和研磨质量的关键。

（1）磨料

磨料在研磨过程中起微切削作用，常用的磨料有金刚石、氮化硼、刚玉、碳化硅、碳化硼、氧化铁、氧化铬等。磨料的选择包括磨料的种类和磨料的粒度，一般磨料种类主要取决于研磨工件的材料种类，见表 5-2。磨料粒度主要取决于研磨表面粗糙度，见表 5-3。

表 5-2 研磨磨料的性能和应用范围

系列	磨料名称	代号（GB/T2476—1994）	颜色	强度与硬度	应用范围	
					研磨工序	工件材料
超硬磨料系	人造金刚石		灰色至黄白色	最硬的研磨料	粗研、精研	硬质合金等
	立方氮化硼	NP-CBN		硬度略低于金刚石，但硬度、强度远远优于普通磨料	粗研、精研	高硬淬硬钢、高速钢、镍基合金钢等
刚玉系	普通棕刚玉	A	灰色、褐色、暗褐色、粉红色、暗红色	具有较高硬度和韧性，磨刃锋利，能承受很大压力	粗研	各种碳钢、合金钢、可锻铸铁、硬青铜等
	白刚玉	WA	白色	切削性能优于A，比A硬，韧性低于A	粗研、极细研	淬硬钢
	铬刚玉	PA	浅紫色	有较好韧性	粗研、精研	钢
	单晶刚玉	SA	浅黄色或白色	多棱，有高的硬度和强度	粗研、精研	淬硬钢
碳化物系	黑色碳化硅	C	黑色	比刚玉硬，性脆而锋利	粗研	铸铁、钢和非金属材料

续表

系列	磨料名称	代号（GB/T2476—1994）	颜色	强度与硬度	应用范围	
					研磨工序	工件材料
碳化物系	绿色碳化硅	GC	绿色	比C硬，但低于金刚石，性脆，研磨韧性材料时易裂	粗研、精研	淬硬钢、硬质合金、金刚石、工具钢
	碳化硼	BC	灰色至黑色	硬度仅低于金刚石，磨料颗粒能自动脱落，修磨保持锋利，但高温易氧化	粗研、精研	硬质合金、硬铬、宝石、淬硬钢、常作为金刚石系代用品
软磨料系	氧化铁		红色至暗红色、紫色	极细抛光剂	超精研、抛光	硬钢、铸铁、铜、玻璃等
	氧化铬		深绿色	极细抛光剂，硬度比氧化铁高	超精研、抛光	硬钢、铸铁、铜

表 5-3　　常用磨料粒度与表面粗糙度关系

研磨工序	磨料粒度	能达到的表面粗糙度 R_a/μm
粗研	100#～120#	0.80
	150#～W50	0.80～0.20
精研	W40～W14	0.20～0.10
精密件粗研	W14～W10	<0.10
精密件半精研	W7～W5	0.025～0.008
精密件精研	W5～W0.5	

（2）研磨液

研磨液主要起润滑与冷却作用，常用的研磨液有煤油、10＃和20＃机油、工业用甘油、动物油等。研磨液的选择主要根据研磨工件材料和研磨精度来决定，见表5-4。

表 5-4　　工件材料与常用研磨液

工件材料	研磨工序	研磨液成分
钢	粗研	10号机油　1份 煤油　3份 透平油或锭子油　少量 轻质矿物油或变压器油　适量
	精研	10号机油
铸铁	粗研	煤油（其润滑性较差，主要起稀释作用）
淬硬钢、不锈钢	粗研、精研	植物油 透平油或乳化液
铜	粗研、精研	动物油（熟猪油加磨料拌成糊状，加30倍煤油） 锭子油　少量 植物油　适量
硬质合金	粗研、精研	汽油（起稀释作用）
金、银、铂	粗研、精研	酒精或氨水
玻璃、水晶	粗研、精研	水

（3）研磨辅料

研磨辅料是一种混合脂，在研磨过程中起吸附、润滑及化学作用，以提高研磨效率和质量。常用的研磨辅料有硬脂酸、油酸、脂肪酸、蜂蜡、工业甘油等。

5. 研具

研磨时，直接与工件被研磨表面接触的研磨工具称为研具。研具是影响研磨精度和效率的重要因素之一，常用的研具有如下几种。

（1）手工研具

常用的手工研具有研磨砂纸、研磨平板、外圆研磨环、内圆研磨芯棒等，其结构和特点见表5-5。

表5-5 常用手工研具

研具名称	说明
研磨砂纸	① 根据磨料类型，研磨砂纸有氧化铝、碳化硅、金刚砂砂纸，其粒度为60#～600# ② 研磨时，应经常工件，且砂纸粒度应从粗至细逐步加以改变；此外，还可用比零件软的竹棒或硬木棒将工件压在砂纸上以及使用煤油、轻质油等研磨液
研磨平板	① 研磨平板用硬度为120～220HBS的灰铸铁制成。常用方形研磨平板尺寸为300mm×300mm，圆形研磨平板直径为300mm。粗研时，研磨平板上需开沟槽，沟槽宽1～3mm，相距15～20mm，且相交成60°或90° ② 研磨时，在研磨平板上放置微粉和研磨液 ③ 主要用于单一平面及中小型工件端面的研磨，如冲裁凹模端面、塑料模中的单一平面分型面等
外圆研磨环	72° （a）可调式　（b）固定式 ① 在车床或磨床上用于研磨工件外圆表面，用铸铁或铜制成。一般研磨环内径尺寸比工件外径大0.02～0.04mm，研磨壁厚度为5～10mm，研磨环长度取工件长度的1/4～3/4，研磨环宽度取工件宽度的1/2～3/4 ② 固定式研磨环的研磨内径不可调节，用于精研；可调式研磨环的研磨内径可以在一定范围内进行调节，以适应不同尺寸的外圆研磨，用于粗研、半精研
内圆研磨芯棒	（a）直槽式 （b）交叉螺旋槽式 （c）螺纹式 （d）盲孔研磨芯棒 ① 用于研磨工件内圆表面。研磨芯棒外径尺寸比工件孔径小0.01～0.025mm，芯棒长度为研磨工件长度的1～1.5倍。根据研磨工件的外形和结构不同，可在钻床、车床或磨床上进行研磨 ② 直槽式和螺旋式芯棒虽研磨效率较高，但研磨质量较差；交叉螺旋槽式芯棒研磨质量较高，用于精细研；盲孔研磨芯棒的工作部分长度必须大于被研孔深度20～30mm，由于研磨盲孔时磨料不易分布均匀，可在外径开螺旋槽

（2）普通油石

普通油石一般用于粗研。使用时，油石形状要根据工件研磨表面形状进行修整。当研磨工件材料较软时，油石要硬些，研磨工件材料较硬时，油石要软些；油石粒度要按表面粗糙度要求选取。

（3）电动抛光机

为了提高研磨效率，降低劳动强度，目前在模具研磨中越来越多地使用电动抛光机。常用的手持电动抛光机有电动往复式研磨头、电动直杆旋转式研磨头和电动弯头旋转式研磨头，研磨头安装不同的磨削头可进行各种不同的研抛加工，见表 5-6。

表 5-6 电动抛光机的研抛工具

研抛辅助工具类型		结构示意图	说　明
研抛头	手持电动往复式研抛头	1—研磨工件　2—研抛环　3—球头杆　4—软轴	① 手持电动往复式研抛头一端与软轴连接，另一端安装研具或锉刀、油石等，在软轴传动下可作往复直线运动，球头杆最大行程为 20mm，最大往复频率可达 5 000 次/分，球头杆工作端配 2～6mm 圆形或矩形研磨槽，可对狭长沟槽进行研抛 ② 根据加工需要，研抛头工作端可在 270° 范围内调整。安装这种研抛头的研具主要以圆形（或方形）铜环、圆形（或方形）塑料环配上球头杆，进行研抛加工。此外，卸下球头杆可安装金刚石锉刀、油石夹头或砂纸夹头
	手持电动直杆旋转式研抛头	1—抛光套　2—砂轮　3—软轴	在软轴传动下，手持电动直杆旋转式研抛头高速旋转，夹头上配有以各种研抛工具，可进行复杂型面的研抛加工。例如，装夹 $\phi2$～$\phi12$mm 的特型金刚石砂轮，可对复杂曲面进行修磨；配以 R4～R12mm 的塑料研磨套或羊毛毡抛光头，可研抛形状复杂的型腔或型孔
	手持电动角式旋转式研抛头	1—工件　2—研抛环　3—软轴	手持电动角式旋转研抛头便于伸入型腔。安装这种研抛头的研具与铜环配合使用时，可用于研磨；与塑料环配合时，可用于研磨、抛光；用尼龙纤维布、羊毛毡紧固在布用塑料环上时，可用于抛光

续表

研抛辅助工具类型		结构示意图	说　明
磨削头	带轴砂轮		带轴砂轮由氧化铝烧结而成，有圆柱形、圆锥形、反圆锥形、球形等各种形状，其直径为$\phi3\sim\phi16$mm，砂轮轴直径为$\phi3$mm。带轴砂轮可安装在旋转研抛头上使用
	旋转锉刀		旋转锉刀由高速钢或硬质合金制成，与带轴砂轮一样，也有圆柱形、圆锥形、反圆锥形、球形等各种形状，各种形状旋转锉刀的最大直径有ϕ3mm、ϕ6mm、ϕ9mm3 种。旋转锉刀可安装在旋转研抛头上使用
	往复运动锉刀		往复运动锉刀由高速钢或金刚石制成，当工件硬度低于 40HRC 时，选用高速钢锉刀，当硬度高于 40HRC 时，选用金刚石锉刀。往复运动锉刀可安装在手持电动往复式研抛头上使用
毛毡夹紧器		毛毡　尼龙夹紧器　柄	毛毡夹紧器的柄部直径有ϕ3mm 和ϕ6mm 两种，可夹持的毛毡直径为$\phi6\sim\phi36$mm，毛毡长度为 6～30mm。毛毡夹紧器可用于精细抛光
旋转刷		柄　刷毛	旋转刷直径为$\phi5\sim\phi18$mm，在使用磨料进行研磨时使用

6. 研磨工艺参数

（1）研磨运动轨迹

研磨过程中，研具（或工件）上的某一点相对于工件（或研具）所走过的线路称为研磨运动轨迹。为提高研磨质量，研磨轨迹应不断地有规律的改变方向，常见的研磨运动轨迹有直线往复式、正弦曲线式、8 字形和各种摆线式，如图 5-2 所示。研磨时，要根据研磨表面形状合理选择研磨线路轨迹，以提高研磨质量和效率，并延长研具寿命。

（2）研磨压力

在一定范围内，研磨效率随研磨压力的增加而提高，但到达一定值后继续提高压力，研磨效率提高就很慢了，甚至反而下降。这是由于过高的压力会压碎磨粒，降低切削能力。同时，压力增加，研磨表面粗糙度值增加，研具使用寿命下降。因此，研磨时，要根据不同的质量要求选择不同的压力，其参考值见表 5-7。

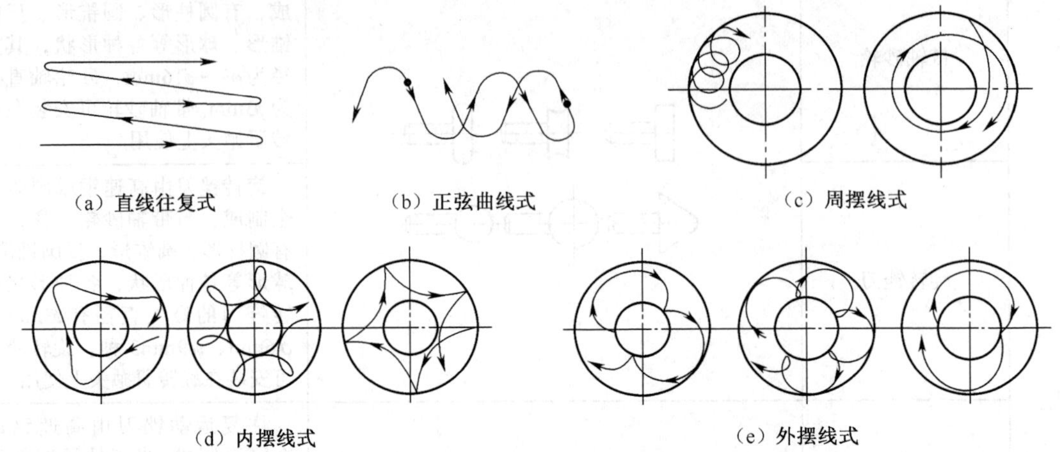

图 5-2　常见研磨运动轨迹

表 5-7　研磨压力

研磨种类	各种型面的研磨压力/MPa			
	单面	双面	内孔（$\phi5$～$\phi20$mm）	其他
湿研	0.10～0.25	0.15～0.25	0.12～0.28	0.08～0.12
干研	0.01～0.10	0.05～0.15	0.04～0.16	0.03～0.10

（3）研磨速度

在一定条件下，提高研磨速度可提高研磨效率。但是，过高的速度会导致发热，甚至会烧伤工件表面，加剧研具磨损，从而影响研磨质量。粗研时易用较低的速度和较高的压力，而精研时易用较高的速度和较低的压力。一般研磨速度应在 10～150m/min 选取，精研速度应在 30m/min 以下，其参考值见表 5-8。

表 5-8　研磨速度

研磨特性	各种型面的研磨速度/$m \cdot min^{-1}$				
	单面	双面	外圆	内孔（$\phi6$～$\phi10$mm）	其　他
湿研	20～120	20～60	50～75	50～100	10～70
干研	10～30	10～15	10～25	10～20	2～8

（4）研磨余量

零件在研磨前的预加工质量与研磨余量，将直接影响到研磨加工的质量和效率。预加工精度和研磨余量的大小，应根据工件的材质、尺寸、最终精度、工艺条件及研磨效率的因素进行综合考虑。工件硬度高，研磨表面尺寸大时，应减小研磨余量，研磨余量的参考值见表 5-9。

表 5-9 研磨余量

研磨面形状及尺寸		手工研磨余量	说 明
内孔	ϕ25～ϕ125mm	0.010～0.030mm	① 表列值的研磨条件：工件表面粗糙度值由原来的 $R_a = 0.1\mu m$ 降至 $R_a = 0.05\mu m$ ② 工件表面粗糙度值由原来的 $R_a = 0.10\mu m$ 降至 $R_a = 0.25\mu m$ 时，研磨余量比表列值高 0.002～0.005mm；工件表面粗糙度值由原来的 R_a=0.10μm 降至 R_a = 0.006～0.0125μm 时，研磨余量比表列值高 0.0025～0.006mm；工件表面粗糙度值由原来的 R_a = 0.20μm 降至 R_a = 0.05μm 时，研磨余量比表列值高 0.03～0.08mm ③ 表列值用于研磨淬硬钢工件。对于铸铁工件，可按表列值的 2 倍选取；对于铜、铝等有色金属工件，可按表列值的 3 倍选取。机械研磨时，按表列值的 1/3 选取。若需粗研、精研两道工序，则精研余量可按表列值的 1/3 选取
外圆	ϕ≤10mm	0.005～0.007mm	
	ϕ11～ϕ28mm	0.006～0.008mm	
	ϕ19～ϕ30mm	0.007～0.009mm	
	ϕ31～ϕ55mm	0.003～0.010mm	
平面		0.005～0.010mm	

（5）研磨时间

研磨初始，随着研磨时间和研磨速度增加，工件表面粗糙度值降低很快，但随着时间的延长，降低得越来越缓慢，当达到某一粗糙度值时，就不再降低，如图 5-3 所示。因此，每个不同的研磨工艺都对应一个最佳研磨时间，确定最佳研磨时间要同时考虑质量和效率，这个时间与工件材质、磨料、研磨液、研磨参数等加工要素有关，可由实验确定。图 5-3 所示为由实验绘制的金刚石研磨块手工研磨曲线，由这个曲线确定的最佳研磨时约 6min。

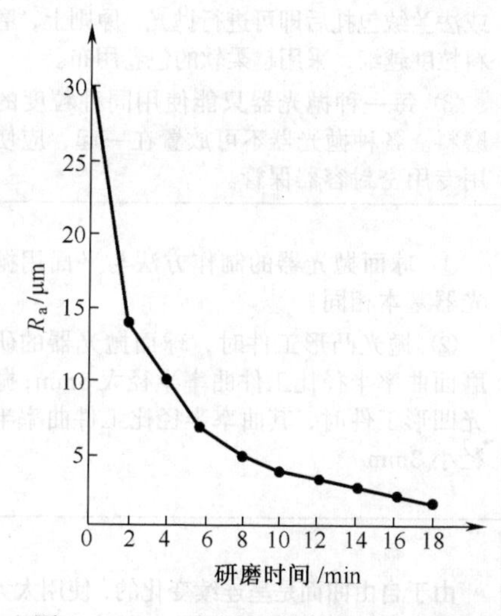

图 5-3 200#金刚石研磨块手工研磨

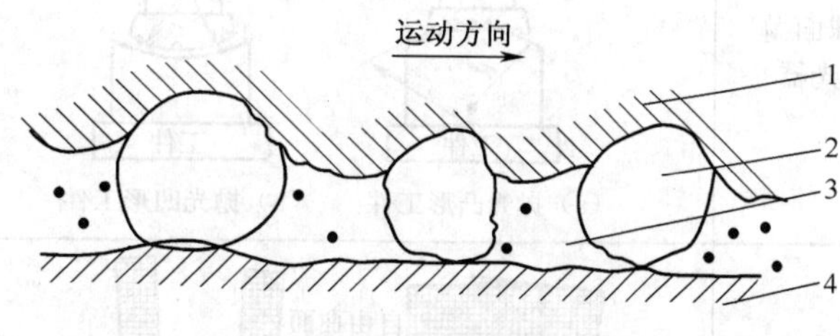

图 5-4 抛光原理

1—软质抛光工具 2—细粒度磨粒 3—微小切屑 4—工件

5.1.3 抛光加工

抛光是利用比研磨更细微的磨粒和软质工具，对工件表面进行加工的一种表面最终加工工序，可获得极低的表面粗糙度值，如图 5-4 所示。抛光与研磨工艺过程与原理基本相同，人们习惯把使用硬质研的加工称为研磨，使用软质研具的加工称为抛光，但抛光一般不能用来提高工件的尺寸精度和形状精度。抛光工艺按抛光精度可分为普通抛光和精密抛光，普通抛光表面粗糙度 R_a 值可达 0.4μm，精密抛光表面粗糙度 R_a 值可达 0.01μm；按驱动方式和研磨工艺一样分为手工抛光和机械抛光。

1. 抛光工具

抛光除了可采用研磨工具和抛光机外，还有一些专用手工抛光工具，如平面抛光器、球面抛光器、自由曲面抛光器等，其结构与使用说明见表 5-10。此外，还有配合抛光机使用的各种抛光磨头、抛光刷、毛毡或尼龙夹持器等。

表 5-10　常用手工抛光工具

工具名称	结构示意图	说　明
平面抛光器	H　W　倒角　L　1　2　3　4 1—人造皮革　2—木制手柄 3—铁丝或铝线　4—尼龙布	① 手柄材料为硬木，用刀在其研磨面上刻出大小适当的凹槽，在离研磨面稍高的地方刻出用于缠绕布类制品的止动凹槽。 ② 使用较粗粒度的研磨剂研磨时，只需将研磨膏涂在抛光器的研磨面上即可进行研磨；使用极细粒度的超微粉（如 W1）抛光时，先将人造皮革缠绕在研磨面上，再将超微粉放在人造皮革上并以尼龙布缠绕，用铁丝沿止动凹槽捆紧后即可进行抛光；使用更细粒度的超微粉抛光时，先将超微粉放在经尼龙布包扎的人造皮革上，再用粗料棉布或法兰绒包扎后即可进行抛光。原则上，磨料粒度越细，采用越柔软的包卷用布。 ③ 每一种抛光器只能使用同种粒度的磨料。各种抛光器不可放置在一起，应使用专用密封容器保管。
球面抛光器	R　r　工件　R　r　工件 （a）抛光凸形工件　（b）抛光凹形工件	① 球面抛光器的制作方法与平面用抛光器基本相同。 ② 抛光凸形工件时，球面抛光器的研磨面曲率半径比工件曲率半径大 3mm；抛光凹形工件时，其曲率半径比工件曲率半径小 3mm
自由曲面抛光器	自由曲面 （a）大型抛光器　（b）小型抛光器	由于自由曲面是呈连续变化的，使用太大的抛光器抛光时，容易损伤工件表面形状，因此，抛光自由曲面时应使用小型抛光器。抛光器越小，越容易模拟自由曲面的形状

2. 影响抛光质量因素

影响抛光的工艺因素和研磨基本相同，但由于抛光工具较软，接触点的摩擦力比研磨大，更易产生升温和塑性流动，容易产生所谓“过抛光”现象。“过抛光”是指抛光时间过长，表面反而更粗糙，主要包括“橘子皮”和“针孔状”缺陷。过抛光一般在机械抛光时产生，手工抛光极少出现。

（1）“橘子皮”问题

抛光时压力过大、抛光时间过长时易出现这种情况，在抛光表面出现橘子皮状纹路，抛光工件材质较软时易出现。主要原因抛光表面压力过大，导致表面产生微小的塑性变形。解决方法是对工件表面进行硬化处理或采用较软质抛光工具。

（2）“针孔状”问题

由于工件材料内含有杂质，抛光时这些杂质从金属组织中脱离出来，形成针状小坑。解决方法是避免用含氧化物抛光膏进行机械抛光，控制好抛光时间，换用优质钢材。

3. 抛光工艺

抛光过程要根据抛光前工件被加工质量确定。对于电火花加工和粗磨削后的表面，清洗后用油石将加工痕迹磨平，而后由粗到细地使用砂纸逐级进行抛光。对于精磨削加工后的表面，可直接用 400#或 600#砂纸进行粗抛光，然后逐渐提高砂纸号数进行抛光。对于要求抛光到镜面的表面，用砂纸抛光至 $R_a = 0.2\mu m$ 之后，用毛毡蘸较粗磨料研磨膏抛光，再逐渐降低研磨膏号数，直至达到要求的表面粗糙度。为了提高抛光效率并保证抛光质量，抛光时应注意以下事项。

① 抛光过程中更换磨料粒度时，应清洗干净，不能把上一道抛光工序的磨料带到下一道抛光工序。

② 每个抛光工具只能用同一粒度的研磨膏。手工抛光时，研磨膏涂覆在抛光工具上；机械抛光时，研磨膏涂覆在工件上。

③ 根据抛光工具硬度和研磨膏粒度选择适当的抛光压力，磨料粒度越细，则抛光压力应越低。

④ 先抛光工件的角部、凸台、边缘及较难抛光部位，最终抛光方向应与模具开启方向一致。对于尖锐的边缘和角，宜采用较硬的抛光工具。

5.1.4 其他光整加工

其他光整加工方法很多，下面介绍几种常用方法的原理和特点。

1. 电化学抛光

又称“电解抛光”，是利用金属在电解液中的电化学阳极溶解现象，使工件表面溶解形成光滑表面的一种抛光方法，其原理如图 5-5 所示。

将工件接正极，以加工好的抛光工具接负极，放入电解槽液内，两极之间保持一定的加工间隙。接通直流电后发生电解反应，阳极一方面发生溶解，另一方面又生成一层薄薄的阳极粘膜。在工件表面微观凹陷处的粘膜相对较厚，电阻较大，溶解速度慢；在工件凸起处粘膜相对较薄，电阻较小，溶解速度快，如图 5-5（b）所示，于是工件表面的粗糙度便逐渐改善而趋于平整。为了获得良好的电化学抛光效果，在抛光前必须进行除油、除锈处理，抛光后还要进行水洗和干燥。

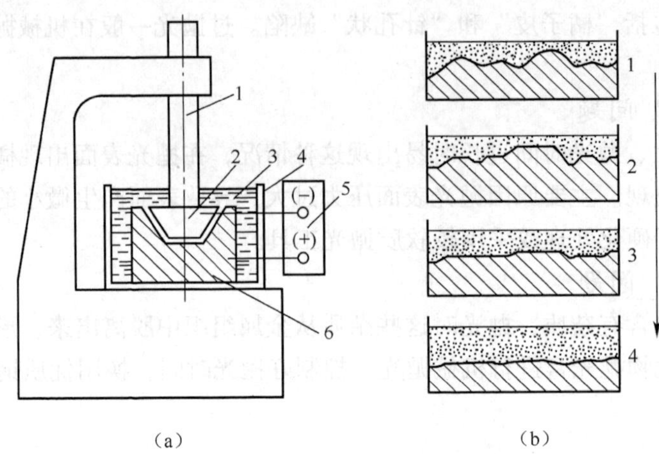

（a）　　　（b）

图 5-5　电化学抛光基本原理

1—主轴　2—工具电极　3—电解液　4—电解液槽　5—电源　6—工件

电化学抛光后表面粗糙度一般可达 $R_a = 0.1\mu m$，还可改善工件表面的物理性能，但不适用于形状和尺寸加工，其特点如下。

① 电解抛光不受工件材质和性能的限制，硬质合金、粉末冶金、淬火钢、不锈钢、耐热钢等都可进行抛光。

② 电解抛光后，在工件表面常常生成致密、牢固的氧化膜，可提高工件表面的耐蚀性能，不产生新的变质层及表面残余应力。

③ 抛光效率高，如抛光余量为 0.10～0.15mm 时，电解抛光时间为 10～15min，是手工抛光效率的几倍。

④ 工艺简单，操作容易，设备简单，投资小。

2. 电解磨削抛光

电解磨削抛光是将金属的电化学阳极溶解作用和机械磨削作用相结合的一种磨削工艺。它是靠金属的溶解（占 95%～98%）和机械磨削（占 2%～5%）的综合作用来实现加工的，其加工原理如图 5-6 所示。

工件 5、修磨工具 1 分别接低压直流电源 6 的正、负极，电解时在两极直接通入电解液 4，磨料 3 控制两极保持一定的电解间隙，防止短路。接通电源后，工件被加工表面在电解液作用下发生阳极溶解，形成很薄的氧化膜，刚形成的这层氧化膜被移动的磨料所刮除，使工件被加工表面又露出新的金属表面而继续电解。这样，在电解和机械刮削的交替作用下，达到去除氧化膜而降低表面粗糙度的目的。电解磨削抛光特点如下。

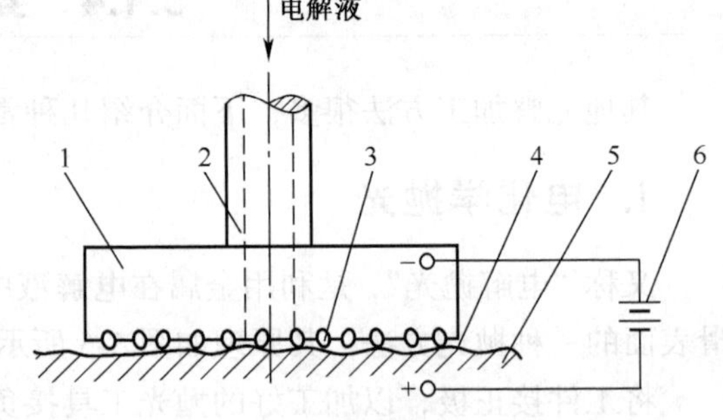

图 5-6　电解修磨抛光原理

1—修磨工具　2—电解液管　3—磨料

4—电解液　5—工件　6—直流电源

① 加工范围广，生产效率高。由于电解磨削主要是电解作用，因此在加工高硬度、高韧性的金属材料时效率更高，如磨削硬质合金时，与普通的金刚石砂轮磨削相比，电解磨削的加工效率要高 3～5 倍。

② 加工精度高，表面质量好。因为砂轮的作用是为了刮除氧化膜，而不是磨削金属，因而磨削力和热都很小，不会产生磨削应力、变形、毛刺、裂纹、烧伤等现象。经电解磨削抛光后的表面，再采用油石或砂布去除残余氧化膜，表面粗糙度 R_a 可达 0.2μm 以下。

③ 砂轮磨损量小。例如磨削硬质合金，用普通机械磨削时，碳化硅砂轮的磨损量大约为磨削掉的硬质合金的 400%～600%；而用电解磨削时，砂轮的磨损量只有硬质合金磨削量的 50%～100%，并且节省时间。

④ 电解磨削抛光装置结构简单，操作方便，工作电压低，电解液无毒，适于抛光尺寸要求不太严格的塑料模、压铸模、橡胶模等。

⑤ 电解磨削抛光的局限性。抛光后质量不高，且残留氧化膜，所以抛光后仍需手工抛光处理；电解磨削抛光模具刃口时，不易磨得非常锋利。

3. 超声波抛光

超声波抛光是利用超声波能传递高能量的特性，通过产生超声振动的装置，带动工具端面作超声频振动，迫使工具和工件间的磨料悬浮液撞击被加工部位而实现加工的一种方法。超声波抛光适合于脆硬材料的抛光，其基本原理如图 5-7 所示。

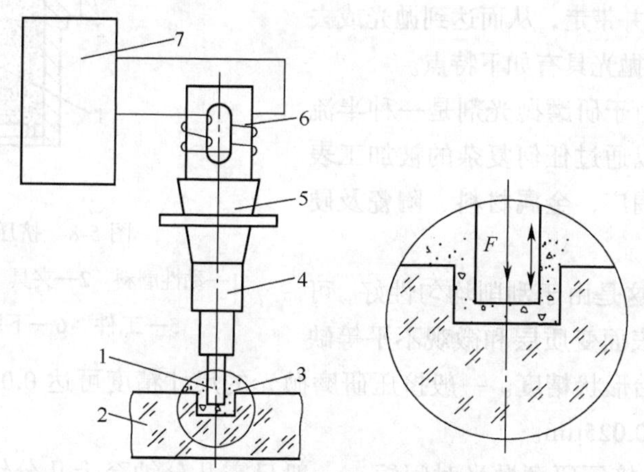

图 5-7 超声波抛光基本原理

1—抛光工具 2—工件 3—磨料悬浮液 4、5—变幅杆

6—超声波换能器 7—超声波发生器

抛光时抛光工具 1 和工件 2 之间加入由磨料和工作液组成的磨料悬浮液，工具以较小的压力压在工件表面上，超声波换能器 6 通入工频交流电，产生 1 600Hz 以上的超声频纵向振动，并借助变幅杆 4、5 把位移振幅放大到 0.05～0.1mm，迫使工具端面作超声振动，带动工作液中的悬浮磨料以很大速度和加速度不断撞击被加工表面，使被加工表面的材料不断遭到破坏变成粉末，起到微切削作用。除此以外，超声波抛光还有工作液“空化”作用，所谓“空化”作用是当工作液对被加工表面产生正面冲击时，进入被加工表面的微裂纹内，加速了机械破坏作用，而后工作液又以很大加速度离开工件表面，工件表面微裂纹间隙内形成负压和局部真空，在工作液内形成很多微小空腔，这样反复作用，形成极强液压冲击波，强化了加工过程。虽然振动每次打击下来的粉末很少，但由于打击频率很高，所以仍保持一定加工效率。超声波抛光有如下特点。

① 超声波抛光适用于加工各种硬脆材料，特别是不导电的非金属材料，如玻璃、陶瓷、石

英、金刚石等。

② 超声波抛光设备简单，使用和维修方便，可用比工件软的材料做成形状复杂的抛光工具，且加工时工具和工件间不需作复杂的相对运动即可对复杂型面、型腔进行抛光。

③ 对材料的作用力和热影响力小，不会产生变形、烧伤和变质层，可以抛光薄壁、薄片、窄缝及低刚度零件，加工精度可达 0.01～0.02mm，表面粗糙度 R_a 值可达 0.63～0.08μm。

4. 挤压研磨抛光

又称磨料流动加工，是利用一种将磨料和黏度大的有机高分子介质混合组成的油泥状研磨抛光剂，在压力作用下通过被加工表面，由磨料的刮削作用去除被加工表面的微观不平材料的工艺方法。挤压研磨抛光原理如图 5-8 所示。

工件 5 安装在夹具 2 中，夹具与上、下磨料缸 3、6 相连，在磨料缸内充满黏性磨料 1，由于上活塞 4、下活塞 7 对黏性磨料施加压力，迫使其作往复运动，使磨料在流动中紧贴工件被加工表面，相当于“软砂轮”，由于压力摩擦和切削作用，将“切屑”从被加工表面刮离并带走，从而达到抛光或去毛刺的目的。挤压研磨抛光具有如下特点。

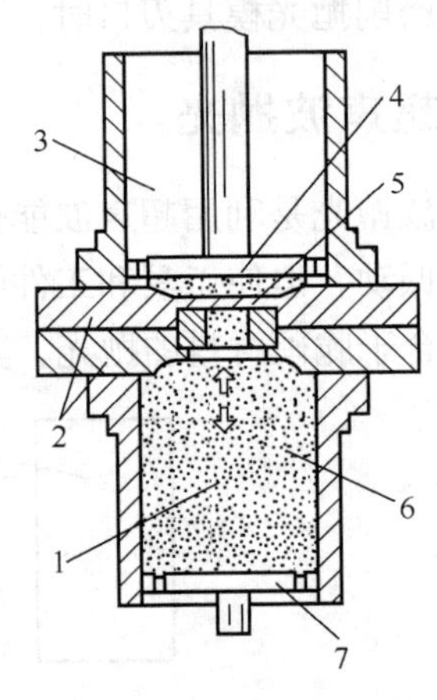

图 5-8　挤压研磨抛光原理

1—黏性磨料　2—夹具　3—上磨料缸　4—上活塞　5—工件　6—下磨料缸　7—下活塞

① 使用范围广。由于研磨抛光剂是一种半流体状的黏性物质，可以通过任何复杂的被加工表面。同时加工材料范围广，金属材料、陶瓷及硬塑料等都可加工。

② 加工质量好。这是由于刮削均匀性好，可去除前工序中形成的表面变质层和微观不平等缺陷，而不破坏工件原始形状精度。一般挤压研磨抛光的尺寸精度可达 0.01～0.0025mm，表面粗糙度 R_a 值可达 0.04～0.025μm。

③ 加工效率高。挤压研磨抛光时间短，一般只需几分钟至十几分钟，是手工研磨效率的 10 倍以上，而且可以实现多件同时抛光。

5.2 模具快速成形技术

5.2.1 模具快速成形技术的原理和特点

1. 快速成形的原理

快速成形（Rapid Prototyping，RP）技术是 20 世纪 80 年代迅速发展起来的一种先进制造技术，其基本原理是首先利用计算机对产品零件进行三维造型，然后进行平面分层处理，再由计算机控制成形装置从零件基层开始，按每层信息控制成形头逐层选择性成形和固化材料，得到与计算机三维造形相对应的三维实体，再进行后处理，得到所需制造的零件。

2. 快速成形的特点

① 成形材料范围广。目前，树脂、塑料、纸、石蜡、金属材料、陶瓷及复合材料都已在快速成形技术中得到应用。

② 可进行自由制造。RP 采用将三维形体转化为二维平面分层的制造原理，不受几何形状限制，能直接制造任意形状复杂的制件，并能制造复合材料的制件。

③ 加工效率高。从零件的三维 CAD 模型设计到制件完成，一般只需要几小时至十几小时，特别适合于新产品的开发试制。同时，快速成形过程高度自动化，制造过程基本无需人看管，一次开机，可自动完成整个制件。

5.2.2 快速成形工艺的种类

目前，快速成形技术已有几十种，根据成形方式大致可分为两类：一类是基于激光或其他光源的成形技术，如立体平板印刷（SLA）、叠层实体制造（LOM）、选择性激光烧结（SLS）等；另一类是基于喷射的成形技术，如熔融沉积成形（FDM）、三维印刷等。下面介绍几种典型的快速成形工艺。

1. 立体平板印刷

立体平板印刷（Stereo-Lithography 或 Stereo-Lithography Apparatus，SL 或 SLA），又称光固化成形，是使用各种光敏树脂为成形材料，以激光为能源，以树脂固化为特性的快速成形技术。

（1）成形原理

首先采用计算机辅助设计构建零件的 CAD 三维立体模型，通过计算机软件对模型进行平面分层（一般为 0.01～0.02mm，也称切片处理），提取每一层截面的形状信息。然后由激光发生器 1 发出激光束 2，按照截面的形状数据，从基层形状开始逐点扫描，如图 5-9 所示。

当激光束照射到液态光敏树脂 6 时，被照射的液态光敏树脂发生固化反应，即可形成一层薄薄的固化层，即零件的截面形状。工作台 4 沿 Z 向下降一个分层厚度，扫描第二层的形状，新固化层粘在前面的固化层上。就这样逐层的进行照射、固化、下沉，最终堆积成三维模型实体，得到设计的零件。常用的光敏树脂材料有丙烯酸树脂、乙烯树脂和双氧树脂。

（2）立体平板印刷特点

① 立体平板印刷的优点。制件尺寸精度高，尺寸误差可控制在 0.1mm 以内；表面质量好，尤其是上表面非常光滑，可直接制造塑料件；SLA 系统稳定性好，可制造结构复杂的中空、精细制件。

② 立体平板印刷的局限性。成形时需要对整个二维截面轮廓进行扫描固化，成形效率低，设备昂贵；制作材料必须是光敏树脂，运行费用很高，且光敏树脂性能不如工业塑料，较脆，易断裂，不便于机械加工；制件成形过程中发生化学反应，使聚合物发生缩胀变化，产生内应力，易引起制件翘曲和其他变形；孤立轮廓和悬臂轮廓等部位不能直接成形，需要制作支撑，如图 5-10 所示。

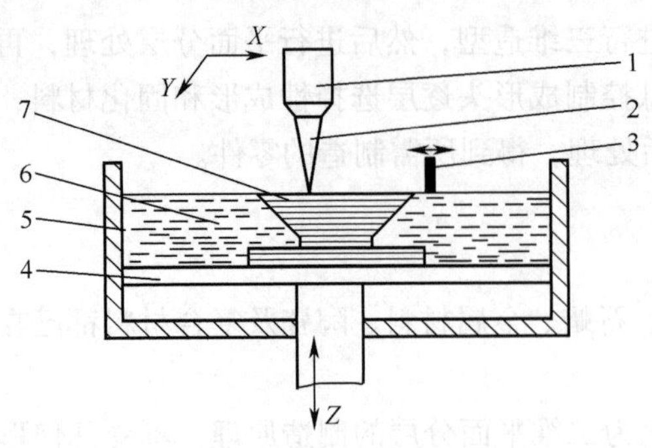

图 5-9 立体平板印刷成形原理

1—激光发生器 2—激光束 3—刮刀 4—工作台
5—液槽 6—液态光敏树脂 7—工件

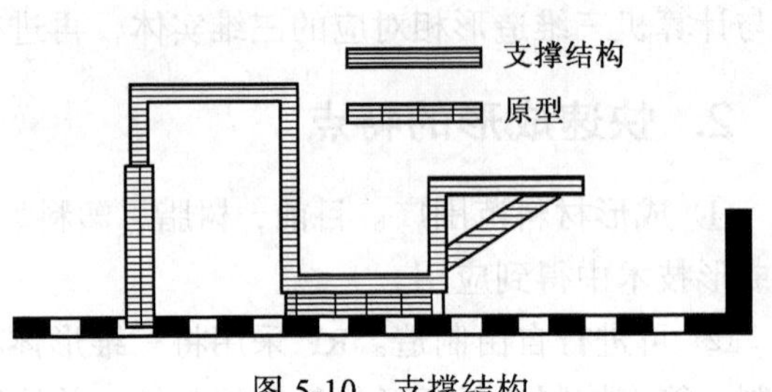

图 5-10 支撑结构

2. 叠层实体制造

叠层实体制造（Laminated Object Manufacturing，LOM）是采用激光束来切割薄层材料并使其依此黏结形成立体制件的方法，与 SLA 不同的是分层截面采用的是二维轮廓信息，是片堆积，而不是点堆积。

（1）成形原理

叠层实体制造加工原理如图 5-11 所示，首先在供料滚筒 6 的作用下，底面涂有热熔胶和添加剂的胶纸带 5 在工作台 7 上自右向左移动预定的距离，同时工作台运动到 Z 向预定位置，再通过热压辊 4 滚动来加热加压，使这层纸带通过热熔胶和下层粘接到一起，激光束在控制系统作用下根据从构建的制件 CAD 三维模型中提取想对应层的二维截面轮廓信息切割出二维截面轮廓线，同时为了成形后能够除去废料，将无轮廓区域切割成小方形网格，完成此层的制作。然后，工作台下降一个截面层厚度（略小于胶纸厚度），进行下一层的送料、黏合和切割，如此重复，直至整个制件层叠完毕。取出制件，去除方形网格废料，进行必要的后处理，便获得所需要 LOM 原型，如图 5-12 所示。

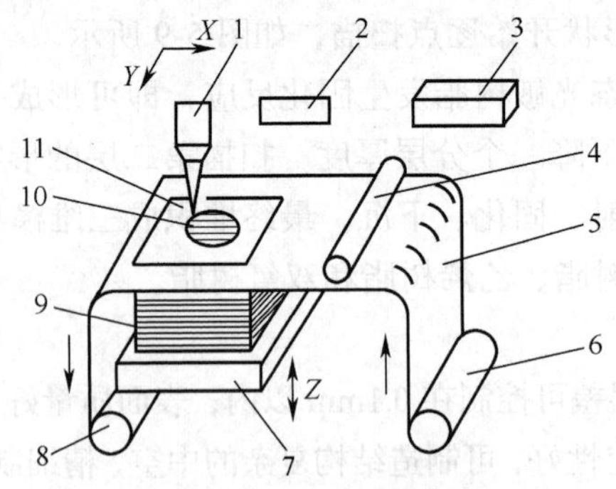

图 5-11 叠层实体制造原理

1—X、Y 扫描系统 2—光路系统 3—激光器
4—热压辊 5—胶纸带 6—供料滚筒
7—可升降工作台 8—回收棍筒 9—工件
10—成形层 11—网格废料

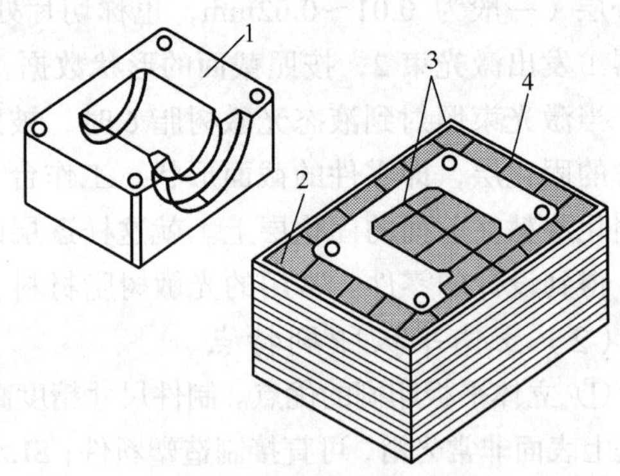

图 5-12 截面轮廓及网格废料

1—原型制件 2—网格废料 3—内轮廓线 4—外轮廓线

（2）叠层实体制造特点

① 叠层实体制造的优点。与 SLA 相比设备加工低廉，需要的激光器功率小，使用寿命长，造型材料便宜，因而总的成本低，且不污染环境；LOM 方法只需切割轮廓截面，成形速度快，且无需设计支撑，制造时间短；造型材料一般是涂有热熔胶及添加剂的胶纸带，制造中无相变，制件尺寸和形状稳定，精度较高，X 和 Y 轴方向尺寸精度可达 0.1～0.2mm，Z 轴方向可达 0.2～0.3mm；能制造大型制件。

② 叠层实体制造的局限性。可供 LOM 制造材料种类少，目前具有商业用途的只有纸，其他材料尚在研制中；纸质零件易受潮，不易长时间存放；LOM 方法难以制造精细形状的制件和内部结构复杂的制件。

3. 选择性激光烧结

选择性激光烧结（Selected Laser Sintering，SLS）是采用 CO_2 激光器对粉末材料进行有选择的照射，照射到的材料熔融凝固而成形制件的方法。SLS 和 SLA 原理类似，只是原材料状态和照射后材料发生的变化不同。

（1）选择性激光烧结原理

SLS 工作原理如图 5-13 所示，先将充有氩气的工作室升温，并使温度低于粉末熔点。成形时，送料筒上升，铺粉滚筒 6 滚动，在工作台 7 上铺上一层粉末材料 1，激光束根据计算机从构建的制件三维 CAD 模型中提取二维截面轮廓信息对粉末进行逐点扫描，使粉末熔化相互黏结形成一层截面轮廓，未照射的粉末作为原型支撑。一层成形后，工作台下降一个截面层厚度，再铺上一层粉末，进行下一层成形。如此反复，直至整个原型制造完毕。成形完成后，进行冷却，取出制件，经高温烧结、熔浸等后处理，即可使用。

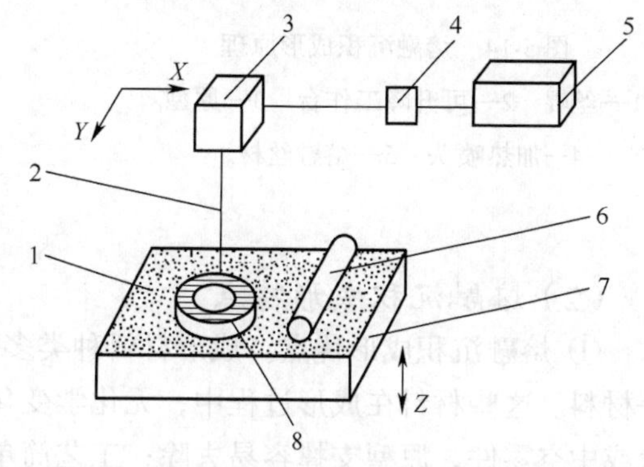

图 5-13　选择性激光烧结原理

1—粉末材料　2—激光束　3—X—Y 扫描系统　4—透镜　5—激光器　6—铺粉滚筒　7—工作台　8—制件

（2）选择性激光烧结特点

① 选择性激光烧结优点。成形材料种类多，如塑料、金属、陶瓷等都可作 SLS 材料；成形工艺简单，可直接制造形状复杂的型腔，尺寸精度可达 0.1mm，无方向差别，余料去除方便；未经烧结的粉末能承托正在烧结的制件，不需设计支撑。

② 选择性激光烧结的局限性。预热和冷却时间长，成形效率低；SLS 制件表面一般是多孔性的，表面粗糙度受粉末颗粒及激光焦点大小的限制，后处理工艺较复杂；成形过程中需要氦气保护以防止氧化，同时成形过程中产生有毒气体，生产条件要求高。

4. 熔融沉积成形

熔融沉积成形（Fused Deposition Molding，FDM），又称熔丝沉积，是采用由加热喷头加热挤出成熔融状态的材料（比材料凝固温度高 1℃左右）逐步堆积成形的。

（1）熔融沉积成形原理

FDM 成形原理如图 5-14 所示，加热喷头 4 在控制系统作用下根据从构建的制件三维 CAD

模型中提取二维截面轮廓信息作 *XY* 平面运动。同时，缠绕在丝辊 1 上的丝状 FDM 材料由原材料存储及送丝机构送至加热喷头 4 中，并在加热喷头中加热至熔融态，然后通过喷头的微细喷嘴有选择地涂覆在工作台上，冷却后形成截面轮廓，一层成形完成后，喷头上升一截面层高度，再进行下一层的涂覆，如此循环，直至整个原型制造完毕。

由于 FDM 原型制造需要设计支撑，而支撑不需要很高质量，为了提高效率和降低成本，目前已有双喷头熔融沉积成形机，如图 5-15 所示。

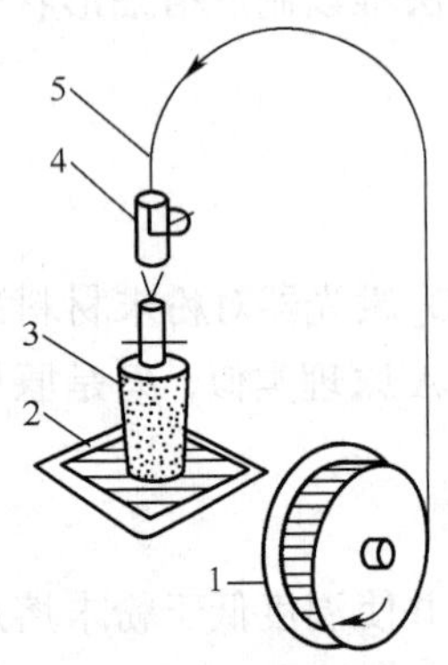

图 5-14　熔融沉积成形原理

1—丝辊　2—可升降工作台　3—原型
4—加热喷头　5—熔融丝材

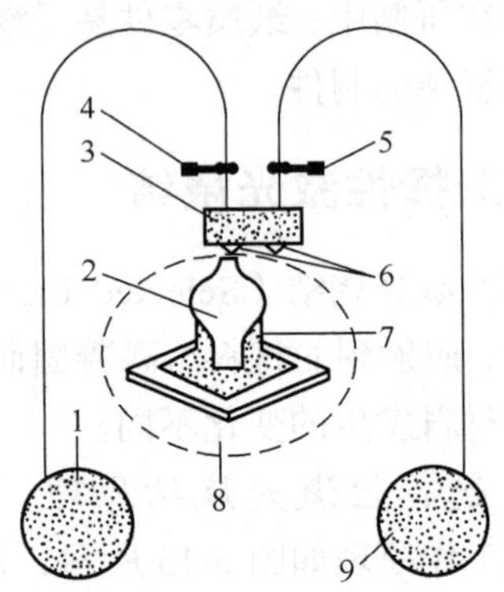

图 5-15　双喷头熔融沉积成形原理

1—原型材料筒　2—原型　3—熔腔　4—原型材料送料系统　5—支撑材料送料系统　6—加热喷头　7—支撑材料　8—温度控制区域　9—支撑材料筒

（2）熔融沉积成形特点

① 熔融沉积成形优点。成形材料种类多，常用的材料有石蜡、尼龙、ABS 和低熔点金属等材料。这些材料在成形过程中，无化学变化，原型成形后变形小，使用寿命长；可以成型瓶状或中空零件，原型支撑容易去除；工艺简单，设备运行费用较低，系统运行安全，可在办公环境下使用。

② 熔融沉积成形的局限性。成形制件的精度较低，表面有明显条纹，且沿成形轴垂直方向的强度比较弱；设计需要支撑，而且需要对整个二维截面进行扫描涂覆，效率较低，不适合制造大尺寸制件和形状复杂制件。

5.2.3　模具快速成形加工的方法

将快速成形技术应用到模具制造中称为快速模具制造（Rapid Tooling，RT）。RT 具有制模周期短、成本低的特点，特别适合于产品试制与小批量生产，是目前一种先进的模具制造技术。

RT 可以分为直接快速模具制造和间接快速模具制造两大类。直接快速模具制造方法是利用 RP 工艺制造的制件，进行一些必要的后处理后，直接作为模具零件使用。间接快速模具制造方法是利用 RP 工艺制造的制件作为母模或过渡模，然后采用传统的模具制造技术（如喷涂、电铸、浇注、电极成形、精密铸造等）制造模具。

1. 直接快速模具制造方法

直接快速模具制造方法制造环节简单，能够充分发挥快速成形技术的优势。例如，利用 LOM 工艺直接制造纸质制件，处理后可用作低熔点合金铸造模具、样件试制用的塑料注射模、精密铸造用的蜡模成形模和砂型铸造的木模；利用 SLS 工艺直接制造金属制件，经适当后处理（烧结、熔渗、打磨），可用作压铸模、锻模、注射模等金属模具，进行大量生产；利用 SLA 工艺直接制造树脂制件，处理后可直接作为部分塑料的真空吸塑模、注射模的型腔件，特别是对于那些需要复杂形状的，内流道冷却的注射模具，直接快速模具制造方法具有其他方法不可替代的优势。

采用直接快速模具制造方法受原型材料和设备限制，在模具精度和性能控制方面比较困难，模具的尺寸也受到很大限制。与之相比，间接快速模具制造方法可以与传统的模具翻制技术相结合，根据不同的要求，制造不同的模具，同时满足模具质量与经济性要求。因此，目前间接快速模具制造方法应用更多。

2. 间接快速模具制造方法

根据材质，间接快速模具制造方法制造的模具可分为软质模具和硬质模具。软质模具是指制造石蜡、硅橡胶、环氧树脂、聚氨脂等软质材料制件的模具，其中应用最多的是硅橡胶模具，主要方法有硅橡胶浇注、金属冷喷涂、树脂浇注等。硬质模具是指钢质模具，主要方法有熔模铸造、电火花加工、陶瓷型精密铸造等。

下面简单介绍几种常用的间接快速模具制造方法。

（1）硅橡胶模

硅橡胶具有良好的柔性和弹性，能复印母模上细微精密特征，对有侧面凸凹、无拔模斜度或具有倒拔模斜度的型腔制件均能顺利脱模等优点；其缺点是固化时间长，制模效率低，导热性差，使用寿命短，其制造的模具只能用于试制或小批量生产，制造硅橡胶模的工艺过程如下。

① 采用 RP 工艺制作母模。母模进行必要后处理后，固定在平板上，然后制作型框，使母模周围型框距离均匀，再在型框、平板内表面上涂覆脱模剂，如图 5-16（a）、图 5-16（b）所示。

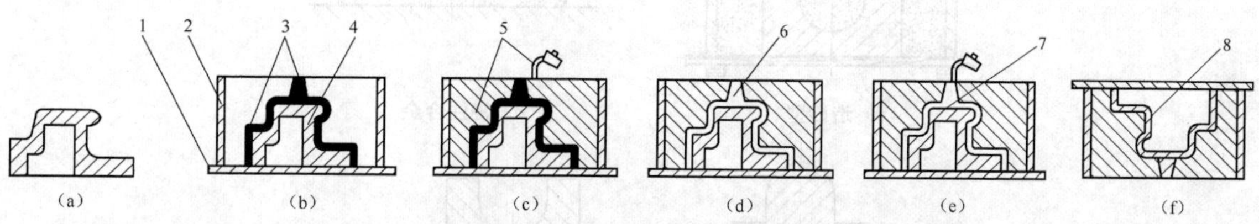

图 5-16　间接快速模具制造方法制造硅橡胶模的工艺流程

1—平板　2—型框　3—黏土或橡皮泥　4—原型

5—石膏　6—型腔　7、8—硅橡胶

② 贴黏土和浇石膏背衬。先在母模表面上贴黏土或橡皮泥，如图 5-16（b）所示，再将配

好的石膏浆浇入型框中，如图 5-16（c）所示，待石膏固化后去除粘在母模上的黏土或橡皮泥层，如图 5-16（d）所示，且清洗干净，以免影响硅橡胶模的表面质量。

③ 浇注硅橡胶。先根据去除的黏土层体积计算出所需配制的硅橡胶体积（加上一定的损耗），硅橡胶调配均匀后，再放入抽真空装置中进行脱气，最后进行硅橡胶浇注，如图 5-16（e）所示。

④ 硅橡胶固化。待硅橡胶初步固化后，取出母模，继续在室温下或加热条件下使硅橡胶模充分固化。

⑤ 修型。如果硅橡胶模有少量缺损，可用新调配的硅橡胶修补，再固化处理即可，如图 5-16（f）所示。

（2）低熔点合金拉深模

熔点低于 370℃的合金称为低熔点合金。用于制造拉深模的低熔点合金一般用锌基合金，熔点为 136℃～160℃，抗拉强度为 63.5～72.8MPa，硬度为 HB17～21，一般用于厚度小于 1.5mm 的板材拉深，模具寿命可达 500～3 000 件。间接快速模具制造方法制造低熔点合金拉深模的工艺过程如图 5-17 所示。首先利用 LOM 工艺制造原型作为母模，然后用母模选砂型，再浇注低熔点合金，得到低熔点合金模的凸模和凹模。

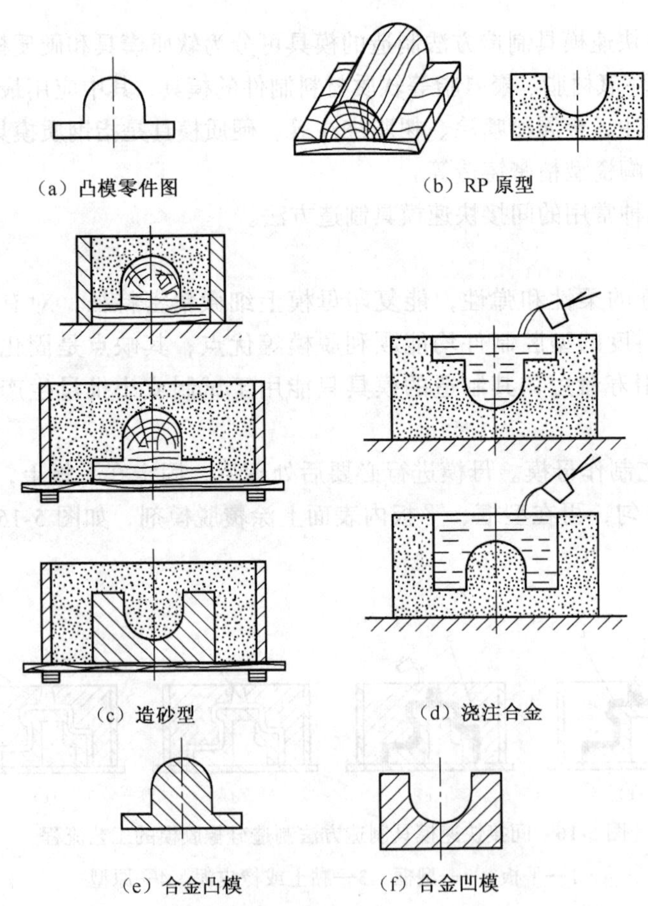

图 5-17　间接快速制模法低熔点合金模制作过程

（3）陶瓷型或石膏型精铸

其工艺过程分为以下几步。

① 用快速成形系统制造母模，浇注硅橡胶、环氧树脂等软质材料，构成软模。

② 移去母模，在软模中浇注陶瓷或石膏，得到陶瓷或石膏模。

③ 在陶瓷或石膏模中浇注钢水，得到所需要的型腔。

④ 型腔表面抛光后，加入相关的浇注系统或冷却系统等后，即成为可批量生产用的塑料模具。

小结

光整加工是在精加工后进行，目的是降低工件表面粗糙度、增加表面光泽和表面强度。主要方法有研磨和抛光两大类。习惯上把使用硬质研具的加工称为研磨，使用软质研具的加工称为抛光。快速成形技术主要有：立体平板印刷、叠层实体制造、选择性激光烧结、溶融沉积成形等。模具快速成形加工的方法分为直接快速模具制造和间接快速模具制造两大类。

思考题

1. 影响研磨质量和效率的工艺参数有哪些？有什么影响？
2. 如何选择研磨磨料？
3. 研磨和抛光有哪些区别？
4. 什么是抛光过程中的“过抛光”现象？如何解决？
5. 简述电解磨削抛光的原理和特点。
6. 简述超声波抛光的原理和特点。
7. 简述快速成形技术的原理和特点。
8. 快速成形技术在模具制造中有哪些应用？

第6章 模具材料和热处理技术

【学习目标】

1. 熟悉模具材料的一般性能要求和选材原则
2. 掌握冷作模具材料的性能、种类和热处理工艺
3. 掌握热作模具材料的性能、种类和热处理工艺
4. 掌握塑料模具材料的性能、种类和热处理工艺
5. 了解模具表面的硬质化合物涂覆技术

随着工业技术的发展，模具的应用越来越广泛。在家用电器、机电产品、塑料制品、陶瓷制品、橡胶制品等行业，模具成型技术已经成为首选的技术手段之一。同时我国在模具材料方面也有了很大的发展，初步建立了具有我国特色的模具材料体系。针对不同的工作条件和环境因素，开发了多种先进的模具材料。

6.1 模具材料概述

模具材料的种类很多，通常按照模具钢种类进行分类，模具钢分为冷作模具钢、热作模具钢、塑料模具钢、玻璃模具钢和压铸模具钢。其他模具材料包括：铸铁、有色金属及合金、硬质合金、钢结硬质合金及非金属材料。

6.1.1 模具材料的一般性能要求

模具材料性能直接影响到模具的质量、成本、使用寿命等，因此对模具材料的性能有较高的要求。模具材料的性能一般分为使用性能和工艺性能两个方面。

1. 使用性能

（1）硬度

硬度是衡量材料软硬程度的性能指标。模具材料应该具有足够的硬度，以保证模具在特定的工作条件下，保持形状和尺寸的稳定而不迅速发生变化。冷作模具一般要求硬度在 60HRC 左右，热作模具一般要求硬度在 42～50HRC，塑料模具一般要求硬度在 45～60HRC。

模具材料还应该具有一定的热硬性，热硬性是指模具在受热或高温条件下，能够保持高硬度的能力。

（2）强度

强度是指材料抗变形、抗断裂、抗疲劳的能力。对模具来说是指整个截面或某个部位在工作过程中抵抗拉伸力、压缩力、弯曲力、扭转力或综合力的能力。

（3）耐磨性

由于模具特有的工作性质，要求模具工作表面必须具有足够的耐磨性，以避免模具工作面的磨损。模具材料的耐磨性是衡量模具使用寿命的重要指标。

（4）韧性

韧性是材料在冲击载荷作用下抵抗产生裂纹的能力。模具材料的韧性反映了模具的抗脆断能力。韧性越高，脆断的危险性越小，热疲劳强度也越高。

2. 工艺性能

（1）热加工工艺性能

热加工工艺性能包括锻轧、铸造、焊接等性能。根据模具的不同制造工艺，可以提出不同的加工性能要求。这些性能受到模具材料的化学成分、冶金质量、组织状态等因素的影响。

（2）冷加工工艺性能

冷加工工艺性能包括切削、抛光、研磨等性能。随着对工业产品的质量要求越来越高，对模具也要求很高的表面质量、低的表面粗糙度及很高的精度。这就要求模具钢杂质少，组织均匀，无纤维方向，并采取一些措施，以改善钢的工艺性能，降低模具的制造费用。

（3）淬硬性和淬透性

淬硬性主要取决于钢的含碳量，淬硬性保证了模具的硬度和耐磨性。淬透性主要取决于钢的化学成分和淬火前钢的原始组织，淬透性保证了大尺寸模具的强韧性及断面性能的均匀性。对于要求表面高硬度的冲裁模具、拉深模具、弯曲模具来说，淬硬性显得重要。而对于要求整个截面的均匀一致性能的热锻模来说，淬透性往往更为重要。

（4）淬火温度和热处理变形

为了便于生产，要求模具钢的淬火温度范围应尽可能宽一些，特别是当模具采用火焰加热局部淬火时，要求模具钢有更宽的淬火温度范围。除了部分采用预硬型钢制作的模具以外，绝大多数模具是在切削加工后，通过热处理而获得所需的组织和性能。因此要求淬火时尺寸变化小，各向具有相近似的变化，且组织稳定。

（5）脱碳敏感性

模具钢在锻造、退火或淬火时，如果在无保护气氛下加热，其表面层会产生脱碳等缺陷，而使模具的耐用度下降。脱碳敏感性取决于钢的化学成分，特别是碳的含量。

6.1.2 模具选材的一般原则

选择模具材料应该综合考虑，不能一味追求某一项指标，模具选材的一般原则主要有以下几个方面。

① 使用性能足够。根据工作条件、失效形式、寿命要求、可靠性的高低等提出材料的硬度、强度、耐磨性、韧性等使用性能要求，选材时要考虑尺寸效应及主要的、关键的性能指标，使所选材料足够满足使用要求。

② 工艺性能良好。根据制造工艺方法不同使所选材料具有良好的工艺性能，首选要保证模具能够制造出来。在批量较大时，对便于制造的要求则显得更为突出。

③ 供应上能保证。所选材料应考虑我国资源和现实供应情况，尽量少使用进口材料，并且材料的品种规格应尽量少而集中，以便于采购管理。

④ 经济性合理。要求所选材料：生产过程简单，成品率高，成本低。要综合考虑总成本，而不能片面追求一次性成本的高低。另外在满足性能、寿命等要求的前提下，尽可能选用价格低的材料，以降低成本。

6.1.3 模具材料的分类

模具材料按照模具类别的不同可以分为：冷作模具材料、热作模具材料、塑料模具材料、其他模具材料。模具材料按照材料的类别的不同，可以分为钢铁材料、非铁金属材料、非金属材料，如图 6-1 所示。

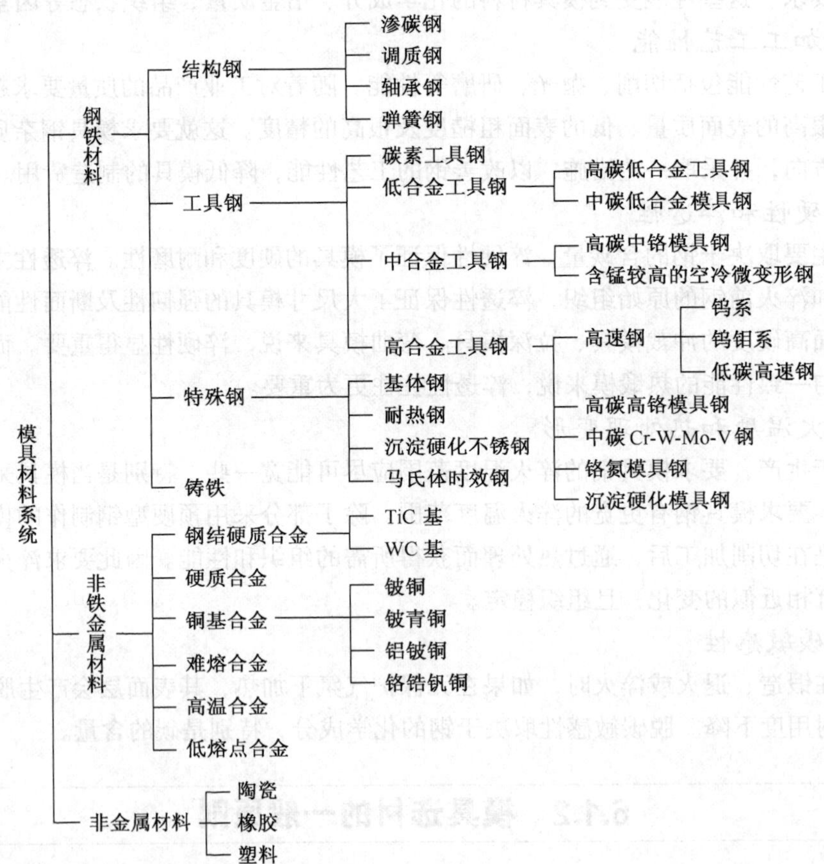

图 6-1 模具材料分类

6.1.4 模具材料的发展趋势

目前，我国各类模具钢、低熔点合金、钢结硬质合金、高温合金等新型模具材料有70余种。在GB/T1299－2000《合金工具钢》中，列入了33个钢种，在JB/T6058-1992《冲模用钢及其热处理技术条件》中，收入新钢种5个，基本上形成了具有我国特色的模具材料体系。随着模具制造技术的不断发展，对模具材料从冶金质量上、数量上、性能要求上不断提高，也促进了模具材料的迅速发展。模具材料的发展趋向表现在以下方面。

① 由于压力加工工艺迅速发展，新工艺不断出现，对模具材料的性能要求也越来越高。模具材料由低级材料向高级材料发展，发展的趋向由碳素合金钢→低合金工具钢→高合金工具钢→高合金材料，相继出现了一系列新型模具材料，例如基体钢、马氏体时效钢等。

② 模具热处理新技术，特别是表面强化处理工艺发展很快，在模具中广泛应用，出现用碳钢及低合金钢等低级材料进行表面强化处理代替高合金钢的动向。

③ 根据生产发展需要和本国资源情况，模具钢号不断筛选精简、补充更新。

模具钢名目繁多，常用者不多，为了便于管理、生产、使用，必须削减那些使用少，性能差的品种，经过筛选优化，保留若干性能优良，经济性合理的新钢种。

④ 当前模具材料以工具钢为主，也使用高强度结构钢、粉末冶金材料、有色金属和塑料等。模具材料已从钢材发展到非钢材料，从金属发展到非金属材料领域。例如非钢材料已应用的有铸铁、硬质合金、难熔合金、低熔点合金；非金属材料已应用的有塑料、橡胶、陶瓷等材料。

6.2 冷作模具材料及热处理

冷作模具是在常温下对材料进行压力加工或其他加工所使用的模具。在模具制造中，目前应用最多的冷作模具材料是冷作模具钢和硬质合金。制造模具的材料特性、热处理方式或工艺等是模具制造的重要环节。根据制造和使用要求合理地选择冷作模具材料则更重要。

6.2.1 冷作模具材料的使用性能要求

冷作模具主要包括：冲裁模、冷镦模、冷挤压模、拉拔模及成形模。各种模具的性能要求有所不同。

1. 冲裁模具钢性能的要求

冲裁模是用于各种板料的冲切成形，其功能可分为落料模、冲孔模和切边模等。冲裁模的工作部分是刃口，工作时刃口部位受到弯曲和剪切力的作用，同时也承受着冲击力的作用. 由于上述原因，致使板料与刃口部位产生强烈的摩擦。

冲裁模的正常失效形式主要是磨损，经过一段时间的使用，刃口会逐渐变得圆钝。当磨损到一定程度，冲裁件则产生毛刺而影响制件质量。

基于上述分析，冲裁模具用钢的主要性能要求应满足高硬度和高耐磨性；应具有足够的抗压和抗弯强度，同时应具有适当的韧性。由于被冲裁板料的厚度不同，其性能要求也有所差异。以冲制板厚小于或等于 1.5mm 为主的薄板冲裁模，其性能要求是高耐磨性和高精度；对于冲制板厚大于 1.5mm 为主的厚板冲裁模，其性能要求除需要高耐磨性以外，还必须具有良好的强韧性。

模具的性能要求还和模具本身的功能有关，不同的功能有不同的性能要求，表 6-1 列出了不同的功能下，冲裁模的硬度要求。

表 6-1　冲裁模中凸、凹模的硬度　HRC

名称	单式、复式硅钢片冲模	级进式硅钢片冲模	薄钢板冲模	厚钢板冲模	修边模	剪刀	直径小于 5mm 的小冲头
凸模	58～62	56～60	58～60	56～58	50～55	52～56	54～58
凹模	58～62	57～61	58～60	56～58	50～55	—	—

2. 冷磁模具钢性能的要求

冷磁模具主要用于制造紧固件、滚动轴承、滚子链条及汽车零件等，其工作过程是使金属棒料在模具型腔内冷变形成型。冷磁模具的工作条件较差，工作过程中的冲击力很大，凸模承受的最大压应力可达 2 500MPa，冲击频率高。凹模的型腔表面和凸模的工作表面在工作过程中，还承受着剧烈的冲击性摩擦，这种摩擦可产生 300℃左右的高温。

冷镦模的主要失效形式是：凸、凹模工作表面的磨损擦伤、凸模折断、凹模开裂、凸模镦粗而凹模模口胀大和棱角堆塌等。

鉴于冷镦模的工作条件恶劣，首先要求其要有足够的硬度。在通常情况下，凸模的硬度为 60～62HRC，凹模的硬度为 58～60HRC。其次是应有很高的抗压强度和很好的韧性。特别是冷镦凹模，需要有良好强韧性配合，因此整个截面不能渗透，硬化层深度应该控制在 1.5～4mm。若硬化层深度过深，容易出现碎裂和崩块；过浅则模腔容易磨损、拉毛及粘模，导致制件的精度下降。

3. 冷拔模具与成型模具钢性能的要求

拉深模、胀形模、弯曲模和拔管模都属于此类模具，这类模具的作用是使板材或棒材延伸并压制成所需要的形状。

工作时受载较轻，但模具表面受到的摩擦力较为强烈。其中凹模主要受到径向张力的作用，凸模主要受到轴向压缩力和摩擦力的作用。

成型模具的主要失效形式是磨损，而拉拔模具除了严重的磨损以外，还会产生胶合现象，产生该现象的原因是在温度和压力作用下，模腔局部表面可与坯料发生焊合，使小块坯料附在模腔表面形成坚硬的小瘤，它们将使制品表面产生划痕和擦伤。

拉拔模的性能要求主要是具有较高的耐磨性，凸模硬度一般要求是 58～62HRC，凹模硬度要求是 62～64HRC，并且还要求具有良好的抗咬合性。成型模具的耐磨性要求比较低，通常凸模的硬度为 54～58HRC，凹模的硬度为 56～60HRC，但要求韧性较高。

6.2.2 冷作模具钢的分类、性能和热处理

冷作模具一直是应用广泛的一类模具，其产值占模具产值的 1/3 左右，采用的材料也很广

泛，主要有冷作模具钢和硬质合金。冷作模具钢一般分为低淬透性冷作模具钢、低变形冷作模具钢、高耐磨微变形冷作模具钢、高强度高耐磨冷作模具钢、高强韧性冷作模具钢、高韧性、高耐磨冷作模具钢、抗冲击冷作模具钢和特殊用途冷作模具钢。

冷作模具在制造过程中必须进行适当的热处理，以改善其工艺性能，从而保证冷作模具应具有的使用性能。冷作模具钢的热处理技术要求具有如下特点。

① 淬透性和淬硬性。淬透性好的模具钢淬火时采用较缓和的冷却介质，就可以获得较深的硬化层。对于形状复杂的小型模具，采用高淬透性的模具钢制造，可以减少模具的变形和开裂；对于大截面、深型腔模具，选用高淬透性的模具钢制造，淬火后心部也能获得良好的组织和硬度。淬硬性主要取决于钢的含碳量，所以对要求耐磨性高的冷作模具，一般选用高碳钢制造。

② 耐回火性。耐回火性是在回火过程中随着温度的升高，钢抵抗硬度下降的能力。回火温度相同，硬度下降少的钢耐回火性好。耐回火性越高，钢的热硬性越高，在相同的硬度下，其韧性也较好。一般对于受到强烈挤压和摩擦的冷作模具，也要求模具材料具有较高的耐回火性。

③ 过热敏感性。模具在加热过程中，出现过热现象，会得到粗大的马氏体，降低模具的韧性，增加模具早期断裂的危险，所以要求冷作模具钢有过热敏感性。

④ 氧化脱碳倾向。模具在加热过程中如果发生氧化脱碳现象，就会改变模具的形状和性能，严重降低模具的硬度、耐磨性和使用寿命，使模具早期失效，所以要求冷作模具钢的氧化脱碳倾向要小。

⑤ 淬火变形和开裂倾向。模具钢的淬火变形和开裂倾向与材料成分及原始组织状态、工件几何尺寸及形状、热处理工艺方法及参数等都有很大关系，模具选材时必须加以考虑。特别是一些形状复杂的精密模具，淬火后难以修整，这就要求材料淬火、回火后变形程度要小，一般应选择微变形钢。

1. 低淬透性冷作模具钢及热处理

（1）低淬透性冷作模具钢的性能

低淬透性冷作模具钢的特点是含合金元素少，回火抗力低，淬透性低，硬化层浅，因而其承载能力低。这类钢的主要用途是各种中、小批量生产的冷冲模，以及需要在薄壳硬化状态使用的整体式冷镦模、冲剪工具。

（2）低淬透性冷作模具钢的种类

低淬透性冷作模具钢包括 T7A、T8A、T12A、T10A、8MnSi、Cr2、9Cr2、Cr06、GCr15、CrW5。

（3）低淬透性冷作模具钢的实例

例 1：T10A 钢

T10A 钢是模具行业应用最多的碳素工具钢。T10A 钢在淬火加热时（温度达 800℃）不致过热，淬火后钢中有未溶的过剩碳化物，所以具有较高的耐磨性，但淬火变形收缩明显。该种钢价格便宜，热处理温度低，热处理后有较高的硬度及耐磨性，但其淬透性差，常规淬火后硬化层浅，通常只有 1.5～5mm。一般采取 220℃～250℃回火时综合性能较好，适合于制作尺寸小，形状简单，受载轻且批量小的冷作模具。

T10A 钢常用的热处理工艺如下。

① 锻造：对于钢锭，加热温度为 1 100℃～1 150℃，始锻温度为 1 050℃～1 100℃，终锻温度为 750℃～850℃，700℃后砂冷；对于钢坯，加热温度为 1 050℃～1 100℃，始锻温度

为 1 020℃～1 080℃，终锻温度为 750℃～800℃，700℃后缓冷。

② 预备热处理。

a. 退火：加热温度为 750℃～770℃，保温 1～2h，炉冷至 550℃以下空冷，退火后硬度≤197HBS。

b. 等温退火：加热温度为 750℃～770℃，保温 1～2h，等温温度为 680℃～700℃，保温 1～2h，炉冷至 550℃以下空冷，硬度≤197HBS。

c. 高温回火：加热温度为 650℃～700℃，保温 2～3h，空冷或炉冷，高温回火后硬度≤197HBS。

d. 正火：加热温度为 800℃～850℃，空冷，硬度为 255～321HBS，目的是细化过热钢的晶粒和消除网状渗碳体。

e. 调质处理：加热温度为 780℃～800℃，油冷，回火温度为 640℃～680℃，炉冷或空冷，硬度为 183～207HBS，目的是为了提高在退火状态硬度低于 183HBS 钢材的切削加工性，以改善加工后的表面粗糙度。

③ 淬火及回火

a. 淬火：加热温度为 770℃～810℃，油冷或空冷。

b. 回火：加热温度为 140℃～180℃，回火后硬度≤64HRC。回火时间延长，硬度略有降低。

例 2：Cr2 钢

与碳素工具钢相比，Cr2 钢添加了一定量的 Cr，在成分上与滚动轴承钢 GCr15 相当，因此其淬透性、硬度都比碳素工具钢高，耐磨性和接触疲劳强度高，在热处理淬火、回火时尺寸变化也不大。由于具有这些特点，Cr2 可以用于制造拉丝模和冷镦模，也可用于制造量具。

Cr2 钢常用的热处理工艺如下。

① 锻造：对于钢锭，加热温度为 1 150℃～1 200℃，始锻温度为 1 100℃～1 150℃，终锻温度为 800℃～880℃，先空冷后坑冷；对于钢坯，加热温度为 1 080℃～1 120℃，始锻温度为 1 050℃～1 100℃，终锻温度为 800℃～850℃，先空冷后坑冷。

② 预备热处理。

a. 退火：加热温度为 770℃～790℃，保温 1～2h，炉冷至 550℃以下出炉空冷，退火后硬度为 187～229HBS。

b. 等温退火：加热温度为 770℃～790℃，保温 1～2h，等温温度为 680℃～700℃，保温 1～2h，炉冷至 550℃以下出炉空冷，硬度为 187～229HBS。

c. 高温回火：加热温度为 600℃～700℃，保温 2～3h，空冷或炉冷，硬度为 187～229HBS。用于消除冷变形加工硬化，消除淬火前切削加工内应力。二次淬火前也应先进行高温回火。

d. 正火：加热温度为 930℃～950℃，空冷，硬度为 302～388HBS，目的是细化过热钢的晶粒和消除网状渗碳体。

e. 调质处理：加热温度为 840℃～860℃，油冷，回火温度为 660℃～680℃，炉冷或空冷，硬度为 197～217HBS。

③ 淬火及回火。

a. 淬火：加热温度为 830℃～860℃，空冷。

b. 回火：加热温度为 160℃～180℃，保温 2～3h，回火后硬度为 58～62HRC。

2. 低变形冷作模具钢及热处理

（1）低变形冷作模具钢的性能

低变形冷作模具钢的基本优点是具有较好的淬硬性（61～64HRC）和淬透性，ϕ60～120mm工件能于油或硝盐中淬硬，淬火操作简便，淬裂、变形倾向低，并易于控制。

低变形冷作模具钢经淬火和低温回火后含有 8%～15% 的残余奥氏体和 5%～10% 的碳化物。残余奥氏体在 250℃左右回火后分解，使体积膨胀，并加剧低温回火脆性。

（2）低变形冷作模具钢的种类

包括 CrWMn、9Mn2V、9CrWMn、9Mn2、MnCrWV、SiMnMo。

（3）低变形冷作模具钢的实例

例 1：CrWMn 钢

W 元素钢在我国沿用较广，这种钢具有高淬透性，由于 W 元素形成碳化物，这种钢在淬火和低温回火后具有比 Cr2 钢更多的过剩碳化物、更高的硬度和耐磨性，此外 W 元素还有助于保存细小晶粒，从而使钢获得较好的韧性。所以 CrWMn 钢制成的冷作模具，崩刃现象较少，并能较好地保持刃口的形状和尺寸。但 CrWMn 钢对网状碳化物比较敏感，这种网状碳化物的存在使模具刃口有剥落的危险，从而缩短模具的使用寿命。CrWMn 钢主要用于制作要求变形小、形状复杂的轻载冲裁（板的厚度小于或等于 2mm）、轻载拉深、弯曲、翻边模具等。

CrWMn 钢常用的热处理工艺如下。

① 锻造：对于钢锭，加热温度为 1 150℃～1 200℃，始锻温度为 1 100℃～1 150℃，终锻温度为 800℃～880℃，先空冷后缓冷；对于钢坯，加热温度为 1 100℃～1 150℃，始锻温度为 1 050℃～1 100℃，终锻温度为 800℃～850℃，先空冷后缓冷。

② 预备热处理。

a. 退火：加热温度为 770℃～790℃，保温 1～2h，炉冷至 550℃以下出炉空冷，退火后硬度为 207～255HBS。

b. 等温退火：加热温度为 770℃～790℃，保温 1～2h，等温温度为 680℃～700℃，保温 1～2h，炉冷至 550℃以下出炉空冷，硬度为 207～255HBS。

c. 高温回火：加热温度为 600℃～700℃，空冷或炉冷，硬度为 207～255HBS，目的是消除冷变形加工硬化，消除切削加工内应力。二次淬火的模具也应先进行高温回火。

d. 正火：加热温度为 970℃～990℃，空冷，硬度为 388～514HBS，目的是细化过热钢的晶粒和消除网状渗碳体。

e. 调质处理：加热温度为 840℃～860℃，油冷，回火温度为 660℃～680℃，保温 2～3h，炉冷或空冷，硬度为 207～255HBS，目的是为了降低切削加工后的表面粗糙度。

③ 淬火及回火

a. 淬火：加热温度为 820℃～840℃，油冷或空冷。

b. 回火：加热温度为 170℃～200℃，回火后硬度 60～62HRC。回火时间延长，硬度略有降低。

例 2：9Mn2V 钢

9Mn2V 钢是利用我国丰富的锰、钒资源研制出来的不含 Cr 的冷作模具钢，其中 Mn 的含量高达 1.7%～2.0%，主要是为了提高钢的淬透性。9Mn2V 钢是一种综合力学性能优于碳素工具钢的低合金工具钢，具有较高的硬度和耐磨性，淬火变形小，淬透性很好。由于钢中含有一定量的V元素，细化了晶粒，减小了钢的过热敏感性，同时碳化物细小和分布较均匀。9Mn2V广泛用于冲件厚度小于4mm的冲裁模具及尺寸较小的弯曲模具、落料模具等。

9Mn2V钢常用的热处理工艺如下。

① 锻造：对于钢锭，加热温度为1 140℃～1 180℃，始锻温度为1 100℃～1 150℃，终锻温度为800℃～850℃，坑冷或热砂缓冷；对于钢坯，加热温度为1 080℃～1 120℃，始锻温度为1 050℃～1 100℃，终锻温度为800℃～850℃，坑冷或热砂缓冷。

② 预备热处理。

a. 退火：加热温度为750℃～770℃，保温2～8h，炉冷至500℃以下出炉空冷，退火后硬度≤229HBS。

b. 等温退火：加热温度为760℃～780℃，保温3h，等温温度为680℃～700℃，保温4～5h，炉冷至500℃以下出炉空冷，硬度≤229HBS。

③ 淬火及回火。

a. 淬火：加热温度为780℃～820℃，油冷，硬度≥62HRC。

b. 回火：加热温度为150℃～200℃，保温2～3h，回火后硬度为60～62HRC。

3. 高耐磨微变形冷作模具钢及热处理

（1）高耐磨微变形冷作模具钢的性能

高耐磨微变形冷作模具钢的特点是具有高淬透性、微变形、高耐磨性、高热稳定性、高的抗压强度（仅次于高速钢），是制造冷冲裁模、冷镦模、螺纹搓丝板的主要材料，这种钢的消耗量在冷作模具钢中居于首位。

（2）高耐磨微变形冷作模具钢的种类

包括Cr12、Cr12MoV、Cr12Mo1V1、Cr5Mo1V、Cr4W2MoV、Cr12Mn2SiWMoV、Cr6WV、Cr6W3Mo2.5V2.5。

（3）高耐磨微变形冷作模具钢的实例

例1：Cr12钢

Cr12是一种应用广泛的冷作模具钢，属于高碳高铬类型的莱氏体钢，碳的质量分数高达2%以上，所以冲击韧性较差、易脆裂，而且容易形成不均匀的共晶碳化物，而形成的渗碳体型的碳化物极少。淬火加热时碳化物大量溶入奥氏体中，淬火后得到高硬度马氏体；回火时马氏体析出大量弥散分布的碳化物。由于硬度很高，因而提高了钢的耐磨性。Cr12在冷作模具中应用最广，但是由于脆性大、易断裂，因此适合于制造冲击负荷小，耐磨性要求高的冲切薄硬钢板的冲裁模具。

Cr12钢常用的热处理工艺如下。

① 锻造：对于钢锭，加热温度为1 140℃～1 160℃，始锻温度为1 100℃～1 120℃，终锻温度为900℃～920℃，缓冷；对于钢坯，加热温度为1 120℃～1 140℃，始锻温度为1 080℃～1 100℃，终锻温度为880℃～920℃，缓冷。

② 预备热处理。

a. 退火：加热温度为850℃～870℃，保温4～5h，炉冷至500℃以下出炉空冷，退火后硬度≤229HBS，组织为粒状珠光体＋碳化物。

b. 等温退火：加热温度为 830℃～850℃，保温 2～3h，炉冷至 720℃～740℃，保温 3～4h，炉冷至 550℃以下出炉空冷，退火后硬度≤269HBS，组织为粒状珠光体＋碳化物。

③ 淬火及回火。

a. 淬火：加热温度为 950℃～980℃，油冷，硬度≥60HRC。

b. 回火：加热温度为 180℃～200℃，回火后硬度≥60HRC。为了防止电火花线切割裂纹和磨削裂纹，提高 Cr12 钢模具的韧性，建议采取 400℃回火。回火后硬度为 54～58HRC。回火脆性区为 275℃～375℃，在回火时应该尽量避开回火脆性区。

例 2：Cr12MoV 钢

Cr12MoV 钢比 Cr12 钢含碳量低，且加入了适量的 Mo 和 V 元素，碳化物的不均匀度有所改善。Mo 元素能够减轻碳化物偏析并提高钢的淬透性，V 元素能够细化晶粒，增加韧性。Cr12MoV 钢具有高淬透性，截面在 400mm 以下可以完全淬透，在 300℃～400℃时仍然可以保持良好的硬度和耐磨性，淬火时体积变化量小，具有良好的综合机械性能。Cr12MoV 钢广泛用于制造大截面，形状复杂的重载冷作模具，如切边模具、落料模具、滚边模具、拉丝模具等。

Cr12MoV 钢常用的热处理工艺如下。

① 锻造：对于钢锭，加热温度为 1 100℃～1 150℃，始锻温度为 1 050℃～1 100℃，终锻温度为 850℃～900℃，坑冷或热砂缓冷；对于钢坯，加热温度为 1 050℃～1 100℃，始锻温度为 1 000℃～1 050℃，终锻温度为 850℃～900℃，坑冷或热砂缓冷。

② 预备热处理。

a. 退火：加热温度为 850℃～870℃，保温 1～2h，炉冷至 500℃以下出炉空冷，退火后硬度为 207～255HBS，组织为细珠光体＋碳化物。

b. 等温退火：加热温度为 850℃～870℃，保温 1～2h，炉冷至 720℃～750℃，保温 3～4h，炉冷至 550℃以下出炉空冷，退火后硬度为 207～255HBS，组织为细珠光体＋碳化物。

c. 高温回火：加热温度为 760℃～790℃，保温 2～3h，空冷或炉冷，硬度为 207～255HBS。

③ 淬火及回火。

a. 淬火：第一次预热为 550℃～600℃，第二次预热为 840℃～860℃，淬火温度为 950℃～1 040℃，油冷，硬度 58～63HRC。

b. 回火：加热温度为 150℃～170℃，回火后硬度为 61～63HRC。

4. 高强度高耐磨冷作模具钢及热处理

（1）高强度高耐磨冷作模具钢的性能

高强度高耐磨冷作模具钢的具有高强度、高抗压性、高耐磨性和高热稳定性等特点，主要用于制造重负荷冲头，如冷挤压黑色金属的凸模，冷镦冲头，中厚钢板孔冲头（直径范围：ϕ10mm～ϕ25mm）；直径小于ϕ5mm～ϕ6mm 的小凸模，以及用于冲裁奥氏体钢、弹簧钢、高强度钢板的中、小型凸模和粉末冶金模等。

但是这种钢作为冷作模具钢也有一定的局限性，主要表现在合金元素消耗量大，价格贵，制造工艺性能不佳，热处理工艺复杂，淬火、回火后的变形难以控制。

（2）高强度高耐磨冷作模具钢的种类

包括 W18Cr4V、W6Mo5Cr4V2、W12Mo3Cr4V3N 等高速钢。

（3）高强度高耐磨冷作模具钢的实例

例 1：W18Cr4V 钢

W18Cr4V 是钨系高速钢，是莱氏体钢，具有高硬度、高强度、高抗压性、高耐磨性和高热稳定性等特点。这种钢热处理范围较宽，淬火不易过热，热处理过程中不易氧化脱碳，磨削加工性能较好。W18Cr4V 在 500℃和 600℃时，硬度分别保持在 57～58HRC 及 52～53HRC。对于大多数的被加工材料具有良好的切削性能。W18Cr4V 钢中有较多的共晶碳化物，虽然经过轧制但仍然呈不均匀分布，大截面钢材的碳化物偏析尤为严重，高温塑性较差。W18Cr4V 适于制作具有很高硬度、抗压强度和耐磨性要求，承受高负荷，加工硬质材料的模具，如重载冲头、冷挤压模具。

W18Cr4V 钢常用的热处理工艺如下。

① 锻造：对于钢锭，加热温度为 1 220℃～1 240℃，始锻温度为 1 120℃～1 140℃，终锻温度≥950℃，砂冷或堆冷；对于钢坯，加热温度为 1 180℃～1 220℃，始锻温度为 1 120℃～1 140℃，终锻温度≥950℃，砂冷或堆冷。

由于高速钢中含有大量的 W、Mo、Cr、V 等合金元素，铸造组织中含有大量的莱氏体共晶碳化物，必须经过改锻，在锻造成形过程中要反复镦粗和拔长来改善碳化物的分布，锻造比要求大于 5，才能改善碳化物的分布（其他高速钢与此相同）。

② 预备热处理。高速钢锻造后要立即进行球化退火，以降低硬度，便于切削加工，同时使共晶碳化物球粒化，为进一步热处理打下基础。

a. 球化退火：加热温度为 860℃～880℃，保温 2h，缓慢冷却到 500℃～550℃出炉，退火后硬度≤277HBS。

b. 等温球化退火：加热温度为 860℃～880℃，保温 2～4h；炉冷到 740℃～760℃，保温 4～6h，炉冷至 500℃～550℃出炉空冷，退火后硬度≤255HBS。

③ 淬火及回火。

a. 淬火：加热温度为 1 200℃～1 240℃，油冷或分级淬火，硬度 62～64HRC。

b. 回火：加热温度为 560℃～580℃，回火后硬度≥62HRC。高速钢在 560℃～580℃回火，硬度显著提高并达到最高值，即发生所谓“二次硬化”现象。高速钢必须经过 3 次以上回火，主要是因为前 2 次回火冷却过程中残留奥氏体转变成马氏体，必须经过再次回火才能消除前次回火时产生的组织应力。

例 2：W6Mo5Cr4V2 钢

W6Mo5Cr4V2 钢是钨钼系通用高速钢的代表，以 Mo 代替了部分 W，使铸态莱氏体得到细化，轧制后碳化物不均匀程度较轻，粒度也细，因此该钢具有碳化物细小均匀、韧性高、热塑性好等优点。由于资源和价格的关系，许多国家用 W6Mo5Cr4V2 钢代替 W18Cr4V 钢成为高速钢的主要牌号。W6Mo5Cr4V2 钢的韧性、耐磨性、热塑性均优于 W18Cr4V 钢，硬度、热硬性、高温硬度与 W18Cr4V 钢相当，因此应用更广泛，制作重载冲头的使用效果更好。

W6Mo5Cr4V2 钢常用的热处理工艺如下。

① 锻造：对于钢锭，加热温度为 1 180℃～1 190℃，始锻温度为 1 080℃～1 100℃，终锻温度≥950℃，砂冷或堆冷；对于钢坯，加热温度为 1 140℃～1 150℃，始锻温度为 1 040℃～1 080℃，终锻温度≥900℃，砂冷或堆冷。

② 预备热处理。

a. 退火：加热温度为 840℃～860℃，保温 2～4h，缓慢冷却到 500℃以下出炉空冷或炉冷到室温，退火后硬度≤285HBS。由于 W6Mo5Cr4V2 钢易氧化、脱碳，应采用装箱或在保护气氛下退火。

b. 等温退火：加热温度为 840℃～860℃，保温 2～4h；炉冷到 740℃～760℃，保温 4～6h，炉冷至 500℃以下出炉空冷，退火后硬度≤255HBS。

③ 淬火及回火

a. 淬火：预热温度为 800℃～850℃，淬火温度为 1 150℃～1 200℃，油冷，硬度为 62～64HRC。

b. 回火：回火温度为 560℃，回火 3 次，硬度为 62～66HRC。与 W18Cr4V 钢一样，W6Mo5Cr4V2 钢也出现回火"二次硬化"现象，硬度最高值在 560℃左右。

5. 高强韧性冷作模具钢及热处理

（1）高强韧性冷作模具钢的性能

长期以来，重载冷镦模具、冷挤压模具，均采用高速钢或高碳高铬钢制造。由于这些钢的韧性较低，模具的早期脆断失效严重，使用寿命不高。近年来，国内外研制开发了多种高强韧性冷作模具钢，其强度、韧性、冲击疲劳断裂抗力，均优于高速钢或高碳高铬钢，而抗压性和耐磨性稍逊于前者。使用寿命比高速钢或高碳高铬钢大幅提高。

（2）高强韧性冷作模具钢的种类

包括 6W6Mo5Cr4V、65Cr4W3Mo2VNb、7Gr7Mo2V2Si、7GrSiMnMoV、6GrNiSiMnMoV、8Gr2MnWMoVS。

（3）高强韧性冷作模具钢的实例

例 1：6W6Mo5Cr4V 钢

6W6Mo5Cr4V 属于降碳减钒型钨钼系高速钢。由于含碳量和钒元素的含量降低，碳化物的总量减少，使碳化物的不均匀性得到改善，淬火硬化状态的抗弯强度和塑性提高了 30%～50%，冲击韧性提高了 50%～100%，但是淬火后硬度减少了 2～3HRC。

6W6Mo5Cr4V 钢已定型列入我国合金工具钢标准，是我国目前较为成熟的一种高韧性、高承载能力的冷作模具钢。主要用于取代高速钢 Cr12 型钢，制作易于脆断或开裂的冷挤压凸模或冷镦模具，寿命可提高 2～10 倍。用于大规格的圆钢下料剪刀，可提高寿命数十倍。

6W6Mo5Cr4V 钢常用的热处理工艺如下。

① 锻造：对于钢锭，加热温度为 1 140℃～1 180℃，始锻温度为 1 150℃～1 200℃，终锻温度≥900℃，坑冷或热砂缓冷；对于钢坯，加热温度为 1 100℃～1 140℃，始锻温度为 1 100℃～1 150℃，终锻温度≥850℃，坑冷或热砂缓冷。

② 预备热处理。锻造后要立即进行球化退火，以降低硬度，便于切削加工，同时使共晶碳化物球粒化，为进一步热处理打下基础。

a. 退火：加热温度为 850℃～860℃，保温 2～4h；炉冷至 550℃以下出炉空冷，退火后硬度为 197～229HBS。退火的目的是：降低硬度，以利于切削加工；为淬火作组织准备；消除锻造加工中产生的内应力。

b. 等温球化退火：加热温度为 850℃～860℃，保温 2～4h；等温温度为 740℃～750℃，保温 4～6h，炉冷至 500℃以下出炉空冷，硬度为 197～229HBS。

③ 淬火及回火。

a. 淬火：预热温度为830℃～850℃，淬火温度为1 180℃～1 200℃，加热介质为熔融盐，淬火介质为油、空气或熔融盐，硬度达到58HRC左右。

b. 回火：推荐回火温度为560℃～580℃，回火3次，每次1h，硬度为58～63HRC。

例2：7Gr7Mo2V2Si钢

7Gr7Mo2V2Si钢是一种高强韧性、高耐磨性的冷作模具钢，经适当的热处理后的抗弯强度可达5 000MPa以上，冲击韧度值可达100J/cm^{2}以上，其强韧性远高于高速钢或高碳高铬钢，同时具有高耐磨性。在抗弯强度达到5 000MPa时，7Gr7Mo2V2Si钢的冲击韧度值比6W6Mo5Cr4V钢高出近一倍。7Gr7Mo2V2Si钢适用于制造冷挤压、冷镦、冲压和弯曲等冷作模具，如轴承滚子冷镦、标准件冷镦凸模等，其寿命比高铬钢和高速钢提高几倍到几十倍。

7Gr7Mo2V2Si钢常用的热处理工艺如下。

① 锻造：加热温度为1 120℃～1 130℃，始锻温度为1 080℃～1 120℃，终锻温度≥850℃，坑冷或沙冷。

② 预备热处理。

a. 退火：加热温度为840℃～860℃，保温2～3h，炉冷至550℃以下出炉空冷，退火后硬度≤220HBS。

b. 等温退火：加热温度为840℃～860℃，保温2～3h；炉冷到700℃～720℃，保温4～6h，炉冷至550℃以下出炉空冷，退火后硬度≤220HBS，组织为铁素体基体上均匀分布着球状碳化物。

③ 淬火及回火。

a. 淬火：淬火温度为1 100℃～1 150℃，油冷或空冷，硬度为60～61HRC。淬火后约有34%的残留奥氏体，所以淬火后变形小。

b. 回火：回火温度为530℃～540℃，回火2～3次，每次回火时间1～2h，回火硬度为58～66HRC。

6. 抗冲击冷作模具钢及热处理

(1) 抗冲击冷作模具钢的性能

抗冲击冷作模具钢的特点是过剩碳化物少，组织均匀，由于多元合金的固溶强化作用和回火碳化物的弥散强化，使其具有高强度、高韧性、高冲击疲劳抗力，主要用于冲剪工具和大、中型冷镦模、精压模等。抗冲击冷作模具钢的弱点是抗压能力低，热稳定性差，淬火变形难以控制。

(2) 抗冲击冷作模具钢的种类

包括4GrW2Si、5GrW2Si、6GrW2Si、9GrSi、60Si2Mn、5GrMnMo、5GrNiMo、5SiMnMoV等。

(3) 抗冲击冷作模具钢的实例

例1：60Si2Mn钢

60Si2Mn钢是一种弹簧专用钢，国外的同类型钢S5也用作冷作模具钢。60Si2Mn钢具有高屈服强度、高疲劳极限和优良的塑性，而且价格低廉，热处理工艺简单，在标准件行业多用来制造冷镦模冲头、螺母冷镦模具、冷冲孔模具等。60Si2Mn钢具有较高的强韧性和抗回火稳定性，但是耐磨性稍低，淬透性也不高；而且含硅量高，因此有石墨化倾向，脱碳敏感性也较高。

60Si2Mn钢常用的热处理工艺如下。

① 锻造：对于钢锭，加热温度为 1 150℃～1 200℃，始锻温度为 1 100℃～1 150℃，终锻温度为 850℃～950℃，堆冷；对于钢坯，加热温度为 1 100℃～1 150℃，始锻温度为 1 050℃～1 100℃，终锻温度为 850℃～900℃，堆冷。

② 预备热处理。

a. 常规球化退火不易使钢中的片状珠光体球化，因此很少采用。

b. 快速球化退火：加热温度为 850℃，油冷淬火；等温球化温度为 790℃，保温 25min；急冷至 680℃，保温 1h；炉冷到 500℃出炉。可以获得球状珠光体。

c. 正火：加热温度为 830℃～860℃，空冷，硬度≤254HBS。

d. 高温回火：加热温度为 640℃～680℃，空冷。

③ 淬火及回火。

a. 常规热处理工艺：淬火温度为 840℃～870℃，油冷，硬度为 60～62HRC。回火温度一般选 200℃～350℃，但必须避开 300℃左右的回火脆性区。

b. 等温淬火工艺：淬火温度 870℃，等温温度选择 250℃～350℃。

例 2：4GrW2Si 钢

4GrW2Si 钢是在铬硅钢的基础上加入一定量的钨元素而形成的冷作模具钢，由于加入 W 有助于淬火时保持比较细的晶粒，因此有可能在回火状态下获得较高的韧性。4GrW2Si 钢的含碳量较低，淬硬性低，但渗碳淬火后，表面硬度和热稳定性显著上升，综合力学性能良好，具有外硬内韧的特点，承载能力和耐磨性均超过低淬透性冷作模具钢，主要用来制造大中型重载冷镦冲头和精压模具，如轴承滚子冷镦、标准件冷镦凸模等，其寿命比高铬钢和高速钢提高几倍到几十倍。

4GrW2Si 钢常用的热处理工艺如下。

① 锻造：对于钢锭，加热温度为 1 180℃～1 220℃，始锻温度为 1 150℃～1 180℃，终锻温度≥850℃，缓冷；对于钢坯，加热温度为 1 150℃～1 180℃，始锻温度为 1 100℃～1 140℃，终锻温度≥800℃，缓冷。

② 预备热处理。

a. 退火：加热温度为 800℃～820℃，保温 3～5h，炉冷至 550℃以下出炉空冷，退火后硬度为 179～217HBS，组织为珠光体 + 少量碳化物。

b. 高温回火：加热温度为 710℃～740℃，保温 3～4h；炉冷或空冷。目的是为了改善切削加工性能。

③ 淬火及回火。

a. 淬火：淬火温度为 860℃～900℃，油冷，硬度≥53HRC。

b. 回火：如果为了消除内应力和稳定组织，回火温度为 200℃～250℃，加热介质为油或熔融硝盐，空冷，回火硬度为 53～58HRC；如果为了消除内应力和降低硬度，回火温度为 430℃～470℃，加热介质为空气炉、硝盐或熔融碱，空冷，回火硬度为 45～50HRC。

7. 特殊用途冷作模具钢及热处理

(1) 特殊用途冷作模具钢的性能

特殊用途冷作模具钢主要包括耐腐蚀模具钢和无磁模具钢。

耐腐蚀模具钢制造的模具，除了应具有冷作模具的一般使用性能外，还要求具备良好的耐腐蚀性。为了保证钢的耐腐蚀性，其马氏体组织必须含有12%左右的铬，同时为了保持钢的高硬度和高耐磨性，钢中的含碳量又不能低，所以国内外常用高碳高铬型的马氏体不锈钢制作耐腐蚀模具。

无磁模具钢除了应具有冷作模具的一般使用性能外，还要求在磁场中使用不被磁化。常用的材料有奥氏体不锈钢和奥氏体耐热钢。

（2）特殊用途冷作模具钢的种类

特殊用途冷作模具钢中，9Gr18、Gr18MoV、Gr14Mo、Gr14Mo4 等为耐腐蚀模具钢；1Gr18Ni9Ti、5Gr21Mn9Ni4W、7Mn15Gr2Al3V2WMo 等为无磁模具钢。

（3）特殊用途冷作模具钢的实例

例 1：9Gr18 钢

9Cr18 钢属于高碳高铬马氏体型不锈钢，该钢的耐腐蚀性能比低碳不锈钢差，但它的力学性能，特别时强度、硬度、耐磨性和切削性能显著提高。主要用于制造耐腐蚀及耐磨损的模具。该钢的热处理一般采用淬火+低温回火，热处理后具有高硬度、高耐磨性和良好的耐腐蚀性能，适于制造承受高耐磨、高负荷以及在腐蚀介质下工作的模具。该钢为莱氏体钢，容易形成不均匀的碳化物偏析而影响模具使用寿命，所以在热加工时必须严格控制热加工工艺。

9Cr18 钢的热处理工艺如下。

① 锻造：装炉温度，冷装炉温≤600℃，热装炉温不限；始锻温度为 1 050℃～1 100℃，终锻温度>850℃，锻后炉冷。

注意必须严格控制热加工工艺，最好采用冷装（<600℃）加热，加热速度不宜太快，尤其在 700℃以下时。同时，应严格控制较高的停锻温度，并严格注意缓冷条件。

② 预备热处理。

a. 软化退火：加热温度 800℃～840℃，炉冷到 500℃以下出炉空冷，退火组织为珠光体，硬度≤255HBS。

b. 完全退火：加热温度 840℃～860℃，炉冷，硬度≤255HBS。

③ 淬火及回火：淬火温度为 1 030℃～1 070℃，油冷，硬度≥55HRC，组织为马氏体+碳化物。回火温度为 200℃～300℃，硬度为 55～56HRC。

例 2：7Mn15Gr2Al3V2WMo 钢

7Mn15Gr2Al3V2WMo 钢在各种状态下都能保持稳定的奥氏体组织，具有非常低的导磁系数，高的硬度、强度，较好的耐磨性。由于冷作硬化现象，这种钢切削加工比较困难。采用高温退火工艺，可以改变碳化物的颗粒与分布状态，从而明显地改善钢的切削加工性能。采用气体软氮化工艺，可以进一步提高钢的表面硬度，增加耐磨性，显著提高零件的使用寿命。7Mn15Gr2Al3V2WMo 主要用于制造无磁模具、无磁轴承和其他在强磁场中不产生磁感应的结构零件。此外，由于这种钢具有高的高温强度和硬度，也可用来制造在 700℃～800℃工作的热作模具。

7Mn15Gr2Al3V2WMo 钢常用的热处理工艺如下。

① 锻造：对于钢锭，加热温度为 1 150℃～1 170℃，加温时间≥8h，始锻温度为 1 100℃～1 120℃，终锻温度≥950℃，空冷；对于钢坯，加热温度为 1 140℃～1 160℃，加温时间≥8h，始锻温度为 1 080℃～1 100℃，终锻温度≥950℃，空冷。

7Mn15Gr2Al3V2WMo 钢导热性较差，锻造时装炉温度不宜过高，需缓慢升温，保温时间要足够长，以保证钢中的碳化物充分固溶，锻造后硬度为 33～35HRC。

② 预备热处理。高温退火工艺：加热温度为 870℃～890℃，保温 3～6h，炉冷至 500℃以下出炉空冷，退火后硬度为 28～30HRC，组织为细晶粒奥氏体＋均匀分布的颗粒状碳化物。

采用高温退火工艺，能够改善 7Mn15Gr2Al3V2WMo 钢的切削加工性能。

③ 固溶处理：固溶温度为 1 150℃～1 180℃，保温时间为盐浴炉 15～20min/mm，空气炉 30min/mm，冷却介质为水，固溶硬度为 20～22HRC。组织为奥氏体＋未溶一次碳化物。

④ 时效处理：时效温度为 650℃，油冷，时效时间为 20h，硬度为 48HRC；时效温度为 700℃，时效时间为 2h，硬度为 48.5HRC。

⑤ 气体氮碳共渗：渗氮温度为 560℃～570℃，渗氮时间为 4～6h，渗氮层深度为 0.03～0.04mm，渗氮层硬度为 950～1 100HV。

8. 硬质合金模具材料及热处理

（1）硬质合金模具材料的性能

硬质合金模具材料包括普通硬质合金（简称硬质合金）和钢结硬质合金两类。

硬质合金是用难熔高硬度碳化物的粉末与少量的黏结剂粉末混合后加压成型，再经烧结而成的粉末冶金材料。硬质合金有高的耐磨性和热硬性，高的抗压强度，其耐磨性比高速钢高 15～20 倍，常用来制作高效率、高精度的模具，如冲裁模、冷镦模、热挤压模，特别是用来制作多工位级进模的凸凹模部分。但是硬质合金比较脆，抗弯强度和冲击韧性差，且不能进行机械加工，所以其使用受到一定限制。

钢结硬质合金是 20 世纪 50 年代国际上开始发展起来的一种新型模具材料。20 世纪 60 年代中期，我国研制成功，随即得到迅速发展。钢结硬质合金是以碳化物（主要是碳化钛、碳化钨）为硬质相，以钢为黏结相，用粉末冶金方法生产的复合材料。其微观组织是细小的硬质相弥散均匀地分布于钢的基体中。钢结硬质合金的热硬性、耐磨性比一般硬质合金差，但是比高速钢好，而韧性比一般硬质合金强，可以进行冷加工及热处理，是一种介于高速钢和硬质合金之间的模具材料。钢结硬质合金已在冷冲模、冷挤压模、整形模、冷镦模上得到较广泛的应用。

（2）硬质合金模具材料的种类

普通硬质合金包括 YG8、YG15、YG20、YG25 等。钢结硬质合金包括 GT23、TLMW50、DT 等。我国生产的钢结硬质合金的热处理规范如表 6-2 所示。

表 6-2　模具用钢结硬质合金的热处理规范

牌　号	退火温度（℃）	淬火温度（℃）	保温时间（min/mm）	冷 却 介 质	淬火硬度 HRC
GT35	790 ± 10	960～980	0.5	油	69～72
R5	830 ± 10	1 000～1 050	0.6	油或空气	70～73
T1	830 ± 10	1 220～1 240	0.3～0.4	560℃盐浴油冷	72～74
D1	830 ± 10	1 220～1 240	0.6～0.7	560℃盐浴油冷	72～74
TLMW50	810 ± 10	1 030～1 050	0.5～0.7	油	68
GW50	800 ± 10	1 050～1 100	2～3	油	68～72
GJW50	810 ± 10	1 020～1 040	0.5～1.0	油	68～72

6.3 热作模具材料及热处理

热作模具主要用于热变形加工和压力铸造的模具。热作模具在工作中承受着很大的冲击力，模腔和高温金属接触后，模具本身温度达 300℃～400℃，局部可达 500℃～700℃，有的甚至达到 1 000℃左右，还要经受反复的加热和冷却。在时冷时热状态下，容易使模具的工作表面产生热疲劳裂纹，另外炽热金属被强制变形时，与模具型腔表面摩擦，模具极易磨损并且硬度降低。

6.3.1 热作模具材料的性能要求

热作模具主要包括：锤锻模具、热挤压模具、压铸模具和热冲切模具等。各种模具的性能要求有所不同。

1. 锤锻模具

热锻模具分为锤锻模具、压力机锻模具、热镦模具和高速锻模具等，最具有代表性的是锤锻模具。

锤锻模具工作时受到很大的压力和冲击载荷作用，而且冲击频率很高，模具型腔表面受到高温金属的不断加热，可使模具升温到 300℃～400℃，局部温度达到 500℃～600℃。因此，锻完一个零件毛坯之后，必须用水或者油冷却模具，从而对模具产生急冷急热的作用。另外，坯料对模具型腔还会产生强烈摩擦。

对锤锻模具的性能要求是：具有较高硬度和良好的韧性；具有良好的耐磨性和耐冷热疲劳性；由于模具尺寸比较大，应具有很高的淬透性。

2. 热挤压模具

热挤压模具的工作条件比较差，同时承受压缩力和弯曲力，脱模时还承受一定的拉应力，还受到冲击载荷的作用；模具与高热金属接触时间较长，使其受热温度比锤锻模具温度更高，尤其是挤压钢件和难熔金属时，工作温度高达 600℃～800℃。

由于热挤压模具的尺寸一般比锤锻模具尺寸小，所以热挤压模具的性能要求是：具有较高的热稳定性，有良好的抗冷热疲劳强度，有较高的耐高温强度和足够的韧性。

3. 压铸模具

压铸模具工作时与高温的液态金属接触，受热时间长且受热温度比热锻模具高，同时承受着 20～120MPa 压力。整个工作过程受到反复加热和冷却的作用及金属液流的高速冲刷。因此，压铸模具的失效形式有热疲劳开裂、热磨损和热熔蚀。

对压铸模具的性能要求是：具有较高的耐热性和良好的高温力学性能；具有优良的耐冷热

疲劳性和较高的导热率；具有良好的抗氧化性和耐蚀性；具有较高的淬透性。

4. 热冲切模具

热冲切模具由切边凹模和凸模组成，在切边时凸模无刃口，只起传力作用，由凹模切除飞边、连皮。

由于切边凹模完成剪切过程，因而凹模刃口与毛坯相摩擦，同时受到一定的冲击载荷。另外，刃口还受到高热而升温。所以失效形式是刃口磨损、崩刃、卷边等。

热冲切模具的主要性能要求是：具有较高的耐磨性，较高的硬度和热硬性；为避免崩刃，应具有一定的韧性；应具有良好的工艺性。

6.3.2 热作模具钢的分类、性能和热处理

热作模具是在机械载荷和温度均发生循环变化情况下工作的，由于采用的成形装备和被加工的材料不同，模具的工作条件也会产生较大的差异。按照模具工作温度和失效形式不同，热作模具可以分为低耐热高韧性钢（工作温度 350℃～370℃）、中耐热韧性钢（工作温度 550℃～600℃）、高耐热钢（工作温度 600℃～650℃）等。有特殊要求的热作模具也可以采用奥氏体耐热钢、高温合金或硬质合金，甚至是用难熔合金来制造。

热作模具在制造过程中必须进行适当的热处理，以改善其工艺性能，从而保证热作模具应具有的使用性能。热作模具钢的热处理技术要求具有如下特点。

① 淬透性和淬硬性。热作模具对这两种性能要求根据其工作条件不同有所侧重。对于小型模具，由于尺寸小，容易淬透，所以只要求高的硬度，偏重于高淬透性；对于大尺寸的模具，如果截面未淬透，则回火后未淬透部分的屈服点和韧性会显著降低，影响模具工作寿命，所以其淬透性更为重要。

② 热处理变形性。热作模具在热处理时，尤其是在淬火过程中，要产生体积、形状变化，为保证模具质量，要求模具钢的热处理变形小，各方向变化相近似，且组织稳定。它主要取决于热处理工艺和钢的冶金质量等。

③ 脱碳敏感性。热作模具如果在无保护气氛下加热，其表面会发生氧化、脱碳现象，会使其硬度、耐磨性、使用性能和使用寿命降低。因此，要求模具钢的氧化、脱碳敏感性好。对于某些氧化、脱碳敏感性强的热作模具钢，可采用特种热处理，如真空热处理、可控气氛热处理等。

1. 低耐热高韧性热作模具钢及热处理

（1）低耐热高韧性热作模具钢的性能

低耐热高韧性热作模具钢主要用于生产承受很大冲击载荷的锤锻模、平锻机锻模、大型压力机锻模等，是在高温下通过冲击加压强迫金属成形的模具，锻模型腔与炽热的工件表面会产生剧烈摩擦。由于在锻造过程中，模具型腔表面与被加热到很高温度的锻坯接触，使模具表面常升温到 300℃～400℃，有时局部可达到 500℃～600℃。因此要求钢冲击韧度好、淬透性高、导热性能好、有较高的热疲劳能力，同时还应具有好的耐热性、抗氧化性和加工工艺性。

（2）低耐热高韧性热作模具钢的种类

低耐热高韧性热作模具钢包括 5CrNiMo、5CrMnMo、4CrMnSiMoV、5Cr2NiMoV、

45Cr2NiMoVSi 等。

（3）低耐热高韧性热作模具钢的实例

例 1：5CrNiMo 钢

5CrNiMo 钢是传统的热锻模具钢，从 20 世纪 30 年代应用至今。5CrNiMo 钢具有十分良好的韧性，同时具有良好的强度和高耐磨性，室温时的力学性能与 500℃～600℃时几乎相同，在加热到 500℃时，仍能保持 300HBS 左右的硬度。由于钢中含有 Mo，所以对回火脆性并不敏感，但是由于碳化物形成元素含量低，二次硬化效应微弱，所以热稳定性不高。

5CrNiMo 钢具有良好的淬透性，300mm×400mm×300mm 的大块钢料，经 820℃油淬和 560℃回火后，断面各部分的硬度几乎一致。这种钢主要用来制作形状复杂、冲击载荷较大的大型及特大型锻模。

5CrNiMo 钢常用的热处理工艺如下。

① 锻造：对于钢锭，加热温度为 1 140℃～1 180℃，始锻温度为 1 100℃～1 150℃，终锻温度为 800℃～880℃，坑冷或砂冷；对于钢坯，加热温度为 1 100℃～1 150℃，始锻温度为 1 050℃～1 100℃，终锻温度为 800℃～850℃，坑冷或砂冷。

5CrNiMo 钢在空气中冷却即能淬硬，并易形成白点，因此锻造后应缓慢冷却。对大型锻件，必须放到 600℃的炉中，待温度一致以后，再缓慢冷却到 150℃～200℃，然后再在空气中冷却。对于较大的锻件，建议在冷却到 150℃～200℃以后，立即进行回火加热。

② 预备热处理。

a. 退火：加热温度为 760℃～780℃，保温 4～6h，炉冷至 500℃以下出炉空冷，退火后硬度为 197～241HBS，组织为珠光体＋铁素体。

b. 等温退火：加热温度为 850℃～870℃，保温 4～6h，等温温度为 680℃，保温 4～6h，炉冷至 500℃以下出炉空冷，退火后硬度为 197～241HBS，组织为珠光体＋铁素体。

c. 锻模翻新退火：加热温度为 710℃～730℃，保温 4～6h，炉冷至 500℃以下出炉空冷，退火后硬度为 197～241HBS。

③ 淬火及回火。

a. 淬火：淬火温度为 830℃～860℃，介质为油，油温 20℃～60℃，冷却到 150℃～180℃以后，立即回火，硬度为 53～58HRC。

b. 回火：加热温度为 520℃～580℃，回火后硬度 34～42HRC。回火的目的是消除应力、稳定组织和尺寸。

回火后需要油冷，以防回火应力的产生。为了消除油冷时产生的应力，可以在 160℃～180℃再回火一次。

例 2：4CrMnSiMoV 钢

4CrMnSiMoV 钢是近二十年来，我国在低合金大截面热作模具钢领域发展的钢种之一。这种钢具有较高的强度、耐磨性、良好的冲击韧度、淬透性，并有较高的抗回火性以及好的高温强度和耐热疲劳性能。其高温性能、抗回火稳定性、热疲劳性均比 5CrNiMo 钢好，主要用于制造大型锤锻模和水压机锻造用模。

4CrMnSiMoV 钢常用的热处理工艺如下。

① 锻造：对于钢锭，加热温度为 1 160℃～1 180℃，始锻温度为 1 100℃～1 150℃，终锻温度≥850℃，坑冷或砂冷；对于钢坯，加热温度为 1 100℃～1 150℃，始锻温度为 1 050℃～1 100℃，

终锻温度≥850℃，坑冷或砂冷。

② 预备热处理。等温退火工艺：加热温度为 840℃～860℃，保温 2～4h，等温温度为 700℃～720℃，保温 4～8h，炉冷至 500℃以下出炉空冷。

③ 淬火及回火。

a. 淬火：淬火温度为 860℃～880℃，油冷，硬度为 56～58HRC。

b. 回火：回火温度为 580℃～660℃，回火后硬度为 37～43HRC。

2. 中耐热韧性热作模具钢及热处理

（1）中耐热韧性热作模具钢的性能

许多热挤压模、热镦锻模、精锻模以及在锻压机、高速锤上的模具等都是在繁重的条件下工作的。这些模具工作时需要长时间与被加工金属接触，受热温度往往比锤锻模具要高，特别是当加工黑色金属及难熔金属时。这类模具尽管尺寸不是很大，往往比锤锻模要小，但承受着较高的应力，挤压比大的模具和细长的芯棒承受的应力更高。所以要求模具钢具有高的热稳定性、比较高的高温强度和耐热疲劳性以及高的耐磨性。

中耐热韧性热作模具钢主要包括含 5%的铬（质量分数）型热作模具钢和铬钼系热作模具钢。

（2）中耐热韧性热作模具钢的种类

中耐热韧性热作模具钢主要包括含 5%的铬（质量分数）型热作模具钢和铬钼系热作模具钢。含 5%的铬（质量分数）型热作模具钢有 4Cr5MoSiV（H11）、4Cr5MoSiV1（H13）、4Cr5W2SiV 等；铬钼系热作模具钢有 3Cr3Mo3W2V（HM1）、25Cr3Mo3VNb（HM3）、2Cr3Mo2NiVSi（PH）等。

（3）中耐热韧性热作模具钢的实例

例 1：4Cr5MoSiV（H11）钢

4Cr5MoSiV（H11）钢是一种空冷硬化型热作模具钢，在中温条件下具有很好的韧性，有较好的热强度、热疲劳性能和一定的耐磨性，在较低的奥氏体化温度下空淬，热处理变形小，空淬时产生氧化皮倾向小，而且可以抵抗熔融铝的冲蚀作用。4Cr5MoSiV（H11）钢常用来制造加工铝铸件用的压铸模、热挤压模、穿孔用的工具、芯棒、压力机锻模以及塑料模。

4Cr5MoSiV（H11）钢常用的热处理工艺如下。

① 锻造：对于钢锭，加热温度为 1 140℃～1 180℃，始锻温度为 1 100℃～1 150℃，终锻温度为 900℃，坑冷或砂冷；对于钢坯，加热温度为 1 120℃～1 150℃，始锻温度为 1 070℃～1 100℃，终锻温度为 850℃～900℃，坑冷或砂冷。

② 预备热处理。

a. 锻后退火：加热温度为 860℃～890℃，保温 2～4h，炉冷至 500℃以下出炉空冷，退火后硬度≤229HBS。

b. 消除应力退火：加热温度为 730℃～760℃，保温 3～4h，炉冷或空冷。

③ 淬火及回火。

a. 淬火：淬火温度为 1 000℃～1 030℃，油冷或空冷，硬度为 53～55HRC。

b. 回火：回火温度为 530℃～580℃，空冷，回火两次，硬度为 47～49HRC。

例 2：3Cr3Mo3W2V（HM1）钢

3Cr3Mo3W2V（HM1）钢是参照国外 4Cr3Mo3SiV（H10）钢和 3Gr-3Mo 系的热作模具钢，

结合我国的资源条件而研究成功的新型热作模具钢。这种钢的冷加工、热加工性能良好，淬火温度范围宽，具有较高的热强度、热疲劳性能，良好的耐磨性和耐回火性等特点，是综合性能优良的中耐热韧性热作模具钢。3Cr3Mo3W2V（HM1）钢适合制造镦锻模、压力机锻造用模、挤压模，模具使用寿命高，是目前国内研制的工艺性能好，使用面广，具有较广阔应用前景的新钢种之一。

3Cr3Mo3W2V（HM1）钢常用的热处理工艺如下。

① 锻造：对于钢锭，加热温度为 1 170℃～1 200℃，始锻温度为 1 100℃～1 150℃，终锻温度≥900℃，坑冷或砂冷；对于钢坯，加热温度为 1 150℃～1 180℃，始锻温度为 1 050℃～1 100℃，终锻温度≥850℃，坑冷或砂冷。

② 预备热处理。等温退火工艺：加热温度为 860℃～880℃，保温 4h，等温温度为 720℃～740℃，保温 6h，炉冷至 500℃以下出炉空冷，硬度≤255HBS。

③ 淬火及回火。

a. 淬火：淬火温度为 1 060℃～1 130℃，油冷，硬度为 52～56HRC。

b. 回火：如果以增加耐磨性为目的，回火温度为 640℃，回火介质为空气，回火后硬度为 52～54HRC；如果以提高韧性为目的，回火温度为 680℃，回火介质为空气，回火后硬度为 39～41HRC。

3. 高耐热热作模具钢及热处理

（1）高耐热热作模具钢的性能

高耐热热作模具钢主要用于较高温度下工作的热顶锻模具、热挤压模具、铜及黑色金属的压铸模具、压力机模具等。其中压力铸造是在高的压力下，使熔融的金属挤满型腔而压铸成型，在工作过程中模具反复与炽热金属接触，因此要求有较高的回火抗力和热稳定性。这类钢的钨、钼含量较高，比低耐热高韧性钢和中耐热韧性钢在高温下有更高的强度、硬度和耐磨性，组织稳定性好，但其韧性和抗疲劳性能不及低耐热高韧性钢。

（2）高耐热热作模具钢的种类

高耐热热作模具钢主要包括 3Cr2W8V（H21）、5Cr4W5Mo2V、5Cr4Mo3SiMnVAl、4Cr3MoW4VNb、6Cr4Mo3Ni2WV、4Cr3Mo2NiVNbB 等。

（3）高耐热热作模具钢的实例

例 1：3Cr2W8V（H21）钢

3Cr2W8V（H21）钢是钨系高耐热热作模具钢的代表钢号，早在 20 世纪 20 年代就开始用于生产，这种钢的合金元素以钨为主，钨的质量分数高达 8%以上。由于钨含量高，这种钢在高温下具有较高的强度和硬度，在温度不小于 600℃时，钢的强度和硬度明显要高于铬系热作模具钢。这种钢的淬透性较好，钢材截面尺寸在 80mm 以下时可以淬透，但是韧性和塑性较差。3Cr2W8V（H21）钢是我国热作模具钢的传统用钢，应用极为广泛，要求高承载能力、高热强性和高耐回火性的压铸模、热压模和压型模等模具，常选用此钢种。

3Cr2W8V（H21）钢常用的热处理工艺如下。

① 锻造：对于钢锭，加热温度为 1 150℃～1 200℃，始锻温度为 1 100℃～1 150℃，终锻温度为 850℃～900℃，先空冷，后坑冷或砂冷；对于钢坯，加热温度为 1 130℃～1 160℃，始锻温度为 1 080℃～1 120℃，终锻温度为 850℃～900℃，先空冷，后坑冷或砂冷。

② 预备热处理。

a. 退火：加热温度为 800℃～820℃，保温 2～4h，炉冷至 600℃以下出炉空冷，退火后硬度为 207～255HBS，组织为珠光体 + 碳化物。

b. 等温退火：加热温度为 840℃～880℃，保温 2～4h；等温温度为 720℃～740℃，保温 2～4h，炉冷至 550℃以下出炉空冷，退火后硬度≤241HBS。

③ 淬火及回火。

a. 淬火：淬火温度为 1 050℃～1 150℃，空冷，硬度为 49～52HRC。

b. 回火：回火温度为 500℃～700℃，空冷，回火两次，硬度为 32～53HRC。回火后的硬度随着回火温度的升高而下降。

例 2：4Cr3Mo2NiVNbB 钢

随着少、无切削工艺的发展，常采用热挤压方法来加工黑色金属及铜合金等的有色金属，热挤压模具的工作温度可达 700℃左右。4Cr3Mo2NiVNbB 钢是为了适应 700℃左右工作温度而研制的新型热作模具钢。这种钢通过降低 Mo、V 的含量，加入质量分数为 1%的 Ni 和 0.15%的 Nb，提高了钢的室温和高温韧性及热稳定性，在 700℃仍然可以保持 40HRC 的硬度。在硬度相同的条件下，4Cr3Mo2NiVNbB 比 3Cr2W8V（H21）钢的断裂韧度高 50%，700℃高温时抗拉强度高 70%，热疲劳抗力和热磨损性能分别高出 100%和 50%。4Cr3Mo2NiVNbB 钢用于黑色及有色金属热挤压模，使用寿命比 3Cr2W8V（H21）钢有显著提高。

4Cr3Mo2NiVNbB 钢常用的热处理工艺如下。

① 锻造：加热温度为 1 100℃～1 150℃，始锻温度为 1 000℃～1 050℃，终锻温度≥850℃，缓冷。

② 预备热处理。退火工艺：加热温度为 840℃～860℃，保温 4h，炉冷至 550℃以下出炉空冷。

③ 淬火及回火。

a. 淬火：淬火温度为 1 130℃，油冷，硬度为 53.5HRC。

b. 回火：回火温度为 650℃～700℃，回火后硬度为 40～47HRC。

4. 特殊用途的热作模具钢及热处理

随着科学技术的日益发展，新的热加工工艺方法不断涌现，为了满足对模具性能的要求，出现了几种特殊用途的热作模具钢，主要有奥氏体耐热钢、高温合金、难熔合金等。

（1）奥氏体热作模具钢

近年来为了满足模具在 750℃以上能耐高温、耐蚀、抗氧化要求而引入的奥氏体耐热钢，作为热作模具材料，并且已经逐渐获得了广泛的应用。

奥氏体耐热钢的优点是组织比较稳定，在加热和冷却过程中均不发生相变，具有很高的高温强度和耐热性，缺点是线膨胀系数大，导热性差，降低了热疲劳性能，不适宜作为强烈水冷的模具材料。

奥氏体耐热钢主要包括铬镍系奥氏体钢和高锰系奥氏体钢。

① 铬镍系奥氏体钢。代表钢种有 4Cr14Ni14W2Mo、Cr14Ni25Co2V。铬镍系奥氏体钢在 700℃以下具有良好的热强性，在 800℃以下具有良好的抗氧化性及耐蚀性。例如 4Cr14Ni14W2Mo 钢在 800℃时仍有 250MPa 的强度，且具有很好的塑性和韧性，可以进行 1 150℃～1 180℃或

1 050℃～1 150℃的固溶处理，再作 750℃的时效处理，适合制造钛合金蠕变成型模具和具有强烈腐蚀性的玻璃成型模具。

② 高锰系奥氏体钢。代表钢种有 5Mn15Cr8Ni5Mo3V2、7Mn10Cr8Ni10Mo3V2。高锰系奥氏体钢在加热和冷却过程中不发生相变，始终保持奥氏体组织，经 1 150℃～1 180℃的固溶处理和 700℃的时效处理后，具有较好的综合力学性能，硬度为 45～46HRC，但是时效软化抗力很高，直到 800℃失效，硬度仍能保持在 42HRC 左右。适合制造使用温度高于 700℃但低于 900℃、工作应力较高、形状简单的模具，例如铜合金挤压模、钢或高温合金挤压模、粉末烧结模等。

（2）高温合金

当挤压耐热钢管时，模具型腔温度会高达 900℃～1 000℃，就需要采用高温合金来制造模具，如铁基、镍基、钴基合金，常用的镍基合金中，以尼莫尼克 100 号热强度最高，在 900℃时持久强度仍有 150MPa，可用于制作挤压耐热钢零件或挤压铜管的凹模及芯棒。

（3）难熔合金

通常将熔点在 1 700℃以上的金属称为难熔金属。在压铸钢铁材料时，压铸模型腔的工作温度可高达 1 000℃，型腔表面受到严重的氧化、腐蚀和冲刷，常因为产生严重的塑性变形和网状裂纹而失效，只能压铸几十件或几百件。因此可以采用钨、钼、铌等熔点在 2 600℃以上的难熔合金来制作压铸模的型腔。由于它们的再结晶温度高于 1 000℃，可长时间在此温度上工作。钼基合金的热强度和持久强度较高，热导性好，热膨胀小，因此几乎不引起热裂。用钼基合金作压铸模具用得比较成功，主要用于铜合金、钢铁材料的压铸模，也可用作钛合金、耐热钢的热挤压模，其使用寿命远远高于其他各种热作模具钢。

6.4 塑料模具材料及热处理

随着塑料产量的提高和应用领域的扩大，对塑料模具提出了越来越高的要求，促进了塑料模具的不断发展，同时也带动了塑料模具材料的快速发展，主要表现在塑料模具材料的开发加快 ，品种迅速增加，但目前塑料模具材料仍然以钢材为主。据统计，我国的塑料模用钢已占全部模具用钢的一半以上。合理地选择塑料模具材料及热处理工艺 对保证塑料模具质量，提高塑料模具使用寿命和降低生产成本具有重要作用。

6.4.1 塑料模具的工作条件

塑料模具按照成型固化不同可以分为热固性成型塑料模和热塑性成型塑料模。热固性成型塑料模，如压塑模，工作时塑料呈固态粉末料或预制坯料，加入型腔并在一定温度下经热压成型。模具承受较大的机械负荷，并有一定的冲击，摩擦较大，磨损严重。热塑性成型塑料模，如注射模、挤压模，工作时塑料在粘流状态下通过注射、挤压等方法进入型腔并加工成型。塑变抗力小，模具虽然受热，受压，受磨损，但都不是很高。当加入固体填充料，如玻璃纤维、石英粉等，磨损会大大增加。

塑料模具的工作条件如表 6-3 所示。

表 6-3　　塑料模具的工作条件

条件 分类	工作压力/MPa	工作温度/℃	摩擦状况	进入型腔时物料状态	腐蚀状况	小　结
热固性塑料模	2 000～8 000	150～250	摩擦磨损较大	固体粉末状态或预制坯料	有时有腐蚀	受热，受力大，磨损较大
热塑性塑料模	3 000～6 000	150～250	摩擦磨损较小，当加入某些固态填充料时，磨损增大	粘流状态	有时有腐蚀	受热，受力小、磨损较小

6.4.2　塑料模具的失效分析

塑料模具的主要失效形式是磨损失效，有时也会发生局部塑性变形失效和断裂失效。

1．磨损失效

由于塑料模具在工作中会受到塑料填充和流动的压应力及摩擦力而受到磨损，塑料模具的磨损方式主要为磨粒磨损，其次为粘着磨损、腐蚀磨损和疲劳磨损。磨损失效主要表现为尺寸磨损超差，表面粗糙度值因拉毛而变大，表面质量恶化。特别固体填充料进入型腔时会加剧磨损。另外塑料加工时可能有氯、氟等及其化合物因受热而分解，逸出腐蚀性气体，对模具型腔产生腐蚀磨损。

2．塑性变形失效

塑料加工时如果存在超载，持续受热，应力分布不均匀，模具型面硬化层过薄，变形抗力不足等因素，模具产生塑性变形而引起表面皱纹凹陷、麻点、棱角堆塌超过要求限度而造成失效。

3．断裂失效

断裂失效危害性较大，主要发生在塑料模具形状复杂，多棱角薄边，应力集中严重而韧性不足处。

6.4.3　塑料模具材料的性能要求

1．塑料模具材料的使用性能要求

（1）较高的硬度和耐磨性

硬度是模具材料的主要性能指标，为了使模具在应力作用下能够正常工作，可通过选择合适的模具材料，并进行适当的热处理，使塑料模具获得所需的硬度。一般要求型腔表面硬度为 30～60HRC，淬硬性>55HRC，并要有足够的硬化深度，心部要有足够强韧性，以免脆断、塑性变形。一般情况下，模具的磨粒磨损主要决定于材料的硬度，硬度越高，则模具的磨粒磨损抗力越高。

（2）一定的耐热和耐蚀性

塑料模具一般在150℃～250℃的温度范围内工作，如果塑料流动性不好，在高速成型时，模具型腔的局部区域温度在较短时间内会超过 400℃。当模具的工作温度较高时，模具型腔的局部表面在压力和高温的共同作用下，可能产生回火软化并且产生塑性变形，或由于模具型腔表面的回火转变产生拉应力，加之交变热载荷的作用使其产生热疲劳裂纹。因此，要求模具材料应该具有良好的耐热性，使塑料模具材料在高温服役条件下，基体组织不发生变化 强度不降低，以防止模具的变形甚至开裂。

（3）良好的尺寸稳定性

为保证塑料制品的成型精度，塑料模具在长期工作过程中必须具有良好的尺寸稳定性。因此，塑料模具材料应具有较低的热膨胀系数和稳定的组织。表 6-4 列出了几种塑料模具材料的热膨胀系数。

表 6-4 部分塑料模具材料的热膨胀系数

材料牌号	45	55	P20	18Ni	QBe2	Zn-22Al	ZL101	7A09
温度范围/℃	20～400	20～400	20～400	—	20～300	20～300	20～300	20～200
$\alpha/10^{-6}K^{-1}$	13.1	13.4	13.7	10.0	17.6	24.2	24.5	24.0

（4）良好的热导性

由于高速注射成型塑料制品的需要，模具材料应具有良好的热导性，以使塑料制品尽快在模具中冷却成型，表 6-5 列出了几种塑料模具材料的热导率λ。

表 6-5 部分塑料模具材料的热导率

材料牌号	45	55	T10	18Ni	ZL101	7A09	QBe2	ZcuCr1
温度/℃	100	100	100	100	100	100	—	—
λ/[W/（m·k）]	77.5	50.7	44.0	20.9	155	142	104.7	312

2. 塑料模具材料的工艺性能要求

（1）良好的切削加工性

塑料模具材料应具有良好的切削加工性，易于抛光，且有良好的光刻蚀性能。模具材料的成分、组织、力学性能和加工硬化特性等，都会影响其切削加工性能。一般情况下，硬度对材料的切削加工性影响最大，硬度过高或过低都会使切削加工性变坏，尤其是经过淬火加低温回火的高硬度模具钢，切削加工十分困难。一般要求模具材料退火后硬度 HBS≤227 为宜，对大、中型塑料模具可进行预硬处理，即切削成形前预先进行热处理，使模具材料达到 35～45HRC 的硬度要求，切削成形后不再进行热处理，以保证塑料模具的尺寸精度和表面粗糙度。这就要求模具材料在较高硬度的状态下，仍具有良好的切削加工性。

塑料模具材料的抛光性和光刻蚀性，对材料的冶金质量要求很高。一般要求材料基体组织细密均匀，夹杂物少，硬度较高且均匀。

（2）良好的冷压成型性

对于冷压成型塑料模具，材料应具有良好的冷压成型性，即材料的塑性好，变形抗力低，硬度 HBS≤150、$\delta \geqslant 35\%$。形状复杂的深型腔塑料模，其材料应硬度 HBS≤130、$\delta \geqslant 45\%$，以便成型加工，但淬火后变形抗力要高。

（3）热处理工艺性

塑料模具材料的热处理工艺应简单，热处理变形小，对于精密模具要求热处理变形＜0.05%，并且应具有足够的淬透性和淬硬性。

（4）焊接性能

塑料模具由于结构设计的更改，使用中要修复磨损或开裂，经常要对其进行补焊或堆焊作业。所以尽管塑料模具钢的含碳量一般相对较高，但要求其也必须具有一定的焊接性能，即在预热、缓冷等条件的支持下，能够完成补焊或堆焊工作。

6.4.4 塑料模具钢的分类、性能和热处理

塑料模具材料体系的主要组成是塑料模具钢，它包括从碳素钢到合金钢的许多钢种。根据其性能不同，一般分为渗碳型塑料模具钢、预硬型塑料模具钢、时效硬化型塑料模具钢、耐蚀型塑料模具钢等。

塑料模具在制造过程中必须进行适当的热处理，以改善其工艺性能的，从而保证塑料模具应具有的使用性能。塑料模具钢的热处理技术要求具有如下特点。

① 保证适中的硬度和良好的韧性。不同类型的模具钢，根据其具体的服役条件应具有不同的硬度。表 6-6 所列为不同类型塑料模具钢所要求的工作硬度。

表 6-6　不同类型塑料模具钢的工作硬度

模具类型	模具用钢	工作硬度	说明
形状简单，压制加有无机填料的热固性塑料模具	Cr12MoV 或 5CrW2Si	56～60HRC	在高压力作用下要求耐磨性好
形状简单的小型高寿命塑料模具	9Mn2V、Cr2 等	54～58HRC	保证较高耐磨性的同时，具有良好的强韧性
形状复杂，精度高的淬火微变形塑料模具	T7A、T10A 等	45～50HRC	用于易折断部件（如型芯）
软质塑料注射模具	T7A、T10A、3Cr2Mo 等	280～320HBS	无填充剂的软质塑料

② 保证淬火变形小。塑料模具的尺寸精度直接关系到塑料制品的尺寸精度。表 6-7 所列为由碳素工具钢、低合金工具钢和渗碳钢制作的三种塑料模具所允许的淬火变形参考值。

表 6-7　塑料模具所允许的淬火变形参考值

模具尺寸/mm	允许变形量/mm		
	碳素工具钢	低合金工具钢	渗碳钢 12CrNi3A
260～400	+0.20～-0.30	+0.15～-0.20	+0.15～-0.08
110～250	+0.15～-0.20	+0.10～-0.15	+0.10～-0.05
≤100	±0.10	±0.06	±0.04

③ 模具在热处理时，应特别注意对型腔表面的保护，防止其产生各种热处理缺陷。

④ 热固性塑料模具长期在受热，受压条件下工作，热处理应具有较高的抗塌陷能力。

1. 渗碳型塑料模具钢的性能

（1）渗碳型塑料模具钢的性能

渗碳型塑料模具钢主要应用于冷挤压成型塑料模具，一般要求含碳量较低，含碳量为0.1%～0.25%，同时钢中加入 Cr、Ni 元素，以能提高钢的淬透性，并且对铁素体固溶强化作用也较小，而 Si 元素的含量应尽量低。由于这类钢采用冷挤压成型法制造模具，所以退火后要求具有较低的硬度、高塑性和低变形抗力。成型复杂型腔时，退火后硬度≤100HBS；成型浅型腔时，退火后硬度≤160 HBS。此类钢在冷挤压成型后一般需要进行渗碳和淬火、回火处理，可使模具型腔表面具有高的硬度和耐磨性，表面硬度可以达到 58～62HRC，而中心部分具有较好的韧性。

由于模具为冷挤压成型，无需再进行切削加工，所以模具制造周期短，适合批量加工，而且精度较高。

（2）渗碳型塑料模具钢的种类和应用

我国渗碳型塑料模具钢常用的种类有碳素渗碳钢和合金渗碳钢，前者有 10、20 钢，后者有 20Cr、12CrNi3A、20Cr2Ni4、2CrNi3MoAlS 等。渗碳型塑料模具钢在国外由专用钢种，如美国的 P1、P2、P4、P6，日本的 CH1、CH2、CH41，瑞典的 8416 等。

10、20 钢是价格最便宜的渗碳钢。渗碳后虽然表面具有较高的硬度和耐磨性，但由于淬透性差，模具淬火后的心部强度仍然很低，所以只适宜制造一些承受载荷较小，强度指标要求不高的塑料模具。

合金渗碳钢的淬透性较高，可采用较缓和的冷却介质进行淬火，从而减小了模具的热处理变形，所以适合于制造截面大，承受载荷大的塑料模具。

（3）渗碳型塑料模具钢的实例

例 1：20Cr 钢

20Cr 钢的强度和淬透性比相同含碳量的碳素钢都有明显提高。经淬火、低温回火后具有良好的综合力学性能，低温冲击韧性良好，回火脆性不明显。渗碳时钢的晶粒有长大倾向，所以要求二次淬火以提高心部韧性，不宜降温淬火。当正火后硬度为 170～217 HBS 时，20Cr 钢的相对切削加工性为 65%，焊接性能中等，焊接前要预热到 100℃～150℃，冷变形时塑性中等。20Cr 钢适于制造中、小型塑料模具。为了提高模具型腔的耐磨性，模具成形后要进行渗碳热处理或碳氮共渗热处理，然后再进行淬火和低温回火，从而保证模具表面具有高硬度、高耐磨性而心部具有很好的韧性。对于使用寿命要求不高的模具，也可以直接进行调质处理。

20Cr 钢常用的热处理工艺如下。

① 锻造：加热温度为 1 220℃，始锻温度为 1 200℃，终锻温度≥800℃，锻后冷却方式为堆冷。

② 预备热处理。

a. 退火：加热温度为 860℃～890℃，炉冷，退火后硬度≤179HBS。

b. 正火：加热温度为 870℃～900℃，空冷，正火后硬度≤217HBS。

c. 高温回火：加热温度为 700℃～720℃，空冷，高温回火后硬度≤179HBS。

③ 淬火及回火。

a. 淬火：加热温度为 860℃～880℃，油冷或水冷。

b. 回火：加热温度为 450℃～480℃，回火后硬度≤250HBS。

④ 渗碳及淬火、回火。渗碳：加热温度为 900℃～920℃，保温时间依据渗碳层厚度和渗碳方式不同具体确定，渗碳后油冷至室温。淬火：一次淬火的温度为 860℃～890℃，油冷或水冷；二次淬火的温度为 780～820℃，油冷或水冷。回火温度为 170℃～190℃，模具表面硬度为 58～62HRC。

⑤ 渗碳及表面感应加热淬火、回火。渗碳：加热温度为 900℃～920℃，渗碳后油冷至室温。感应加热（根据需要）。回火温度为 150℃～170℃，模具表面硬度为 58～65HRC。

⑥ 碳氮共渗及淬火、回火。碳氮共渗的温度为 840℃～860℃，碳氮共渗后直接淬火。淬火温度为 840℃～860℃，油冷或水冷，硬度≥60HRC。回火温度为 160℃～180℃，硬度为 58～62HRC。

例 2：20Cr2Ni4 钢

20Cr2Ni4 钢是优质渗碳钢，强度、韧性和淬透性均较好。渗碳后不能直接淬火，在淬火前需进行一次高温回火。20Cr2Ni4 钢冷变形时塑性中等，切削加工性一般，焊接性能差，焊接前要预热，有回火脆性倾向。20Cr2Ni4 钢也适合在调质状态下使用。

20Cr2Ni4 钢是有高淬透性，所以模具可以有较大的截面尺寸。20Cr2Ni4 钢淬火、回火后有良好的综合性能，可以用切削加工性或冷挤压的方法制造模具。为了提高模具表面的硬度和耐磨性，可以采用渗碳、淬火、回火的热处理方法或碳氮共渗、淬火、回火的热处理方法，从而提高模具表面的硬度和耐磨性，而模具心部仍然保持较好的韧性。20Cr2Ni4 钢主要用于制造大、中型塑料模具。

20Cr2Ni4 钢常用的热处理工艺如下。

① 锻造：加热温度为 1 200℃，始锻温度为 1 150℃～1200℃，终锻温度≥850℃，锻后冷却方式为缓冷。

② 预备热处理。

a. 退火：加热温度为 670℃～680℃，炉冷，退火后硬度≤229HBS。

b. 正火：加热温度为 880℃～940℃，空冷。

c. 高温回火：加热温度为 670℃～680℃，空冷，高温回火后硬度≤229HBS。

③ 淬火及回火。

a. 淬火：加热温度为 860℃，油冷。

b. 回火：加热温度为 200℃～600℃（按需要进行回火）。

④ 渗碳及淬火、回火。渗碳：加热温度为 900℃～920℃，油冷。高温回火温度为 640℃～680℃。淬火温度为 820℃～840℃，油冷，硬度≥60HRC。回火温度为 160℃～200℃，空冷，硬度≥58HRC。

⑤ 碳氮共渗及淬火、回火。碳氮共渗的温度为 840℃～860℃，出炉后直接油冷，硬度≥60HRC。回火温度为 160℃～180℃，空冷，表面硬度≥58HRC。

2. 预硬型塑料模具钢

（1）预硬型塑料模具钢的性能

预硬型塑料模具钢是钢厂供货时已预先对模具钢进行了热处理，使之达到了模具使用时的硬度。根据模具的工作条件，这个硬度范围变化较大，较低硬度为 25～35HRC，较高硬度为 40～50HRC。这样模具切削加工成形后不再进行热处理而直接进行使用，从而避免了由于热处理而引起的模具变形和裂纹问题。用预硬型塑料模具钢制造的模具，如果在制造过程中需要进行锻造加工或者进一步改变硬度和力学性能，可以重新进行淬火、回火，而且必须在锻造后进行退火处理。预硬型塑料模具钢主要用于制造型腔复杂、精密，使用寿命要求长的大、中型塑料模具。

（2）预硬型塑料模具钢的种类和应用

预硬型塑料模具钢分为调质预硬型塑料模具钢和易切削预硬型塑料模具钢。

① 调质预硬型塑料模具钢。此类钢一般是以中碳钢为基础，含碳量一般在 0.35%～0.65% 之间，并适当加入 Cr、Mn、Mo、Ni、V 等合金元素，以保证具有较高的淬透性，尤以 Cr－Ni、Cr－Ni－Mo、Cr－Mn－Mo 的配合效果更佳。经过淬火加高温回火的调质预硬处理后，可获得均匀的组织和所需的硬度。调质预硬型塑料模具钢常用的种类有 10、20 钢，后者有 3CrMo 、3Cr2MnNiMo、42CrMo、4Cr5MoSiV 等。

② 易切削预硬型塑料模具钢。调质预硬型塑料模具钢在较高硬度区间时，切削加工性能较差。为了改善切削性能，减少机械加工工时、延长刀具寿命、降低模具成本，在冶炼时适当加入 S、Ca、Pb、Se 等元素，从而得到易切削预硬型塑料模具钢，使模具在较高硬度下可以进行车、铣、刨、磨、钻、镗等切削加工过程。易切削预硬型塑料模具钢常用的种类有 5CrNiMnMoSCa（5NiSCa）、8Cr2MnWMoVS（8Cr2S）、40CrMnVBSCa（P20BSCa）、Y55CrNiMnMoV（SM1）等。

（3）预硬型塑料模具钢的热处理工艺实例

例 1：3CrMo（P20）钢

3CrMo（P20）是我国引进的美国塑料模具钢常用钢号，综合力学性能较好，淬透性高，可以使截面尺寸较大的钢材获得较均匀的硬度。3CrMo 钢具有很好的抛光性能，制成的模具的表面粗糙度值低。该钢适用于制造大、中型精密塑料模具，如电视机、洗衣机壳体等塑料模具，并已得到了广泛的应用。

3CrMo 钢常用的热处理工艺如下：

① 锻造：对于钢锭，加热温度为 1 180℃～1200℃，始锻温度为 1 130℃～1 150℃，终锻温度≥850℃，坑冷；对于钢坯，加热温度为 1 120℃～1 160℃，始锻温度为 1 070℃～1 100℃，终锻温度≥850℃，砂冷或缓冷。

② 预备热处理。

a. 等温退火：加热温度为 840℃～860℃，保温 2h；等温温度为 710℃～730℃，保温 4h，炉冷至 500℃以下出炉空冷，硬度≤229HBS。

b. 高温回火：加热温度为 720℃～740℃，保温 2h，炉冷至 500℃以下出炉空冷。

③ 淬火及回火。

a. 淬火：加热温度为 850℃～880℃，油冷，硬度为 50～52HRC。

b. 回火：加热温度为 580℃～640℃，空冷，硬度为 28～36HRC。

④ 化学热处理。3CrMo 钢经渗碳、渗氮、碳氮共渗或离子渗碳后再抛光，表面粗糙度 R_a 值可以降到 0.03μm 左右，表面硬度≥58HRC。模具使用寿命大大提高。

例 2：5CrNiMnMoSCa（简称 5NiSCa）钢

5CrNiMnMoSCa 钢是一种典型的易切削预硬型塑料模具钢，预硬处理后的硬度为 35～45HRC，具有良好的切削加工性能，因此可以作为预硬化钢直接加工成模具，这样既能保证模具的使用性能，又可以避免由于最终热处理而引起的热处理变形。5CrNiMnMoSCa 钢的淬透性高，镜面抛光性能好，表面粗糙度低，花纹刻蚀性好，并有良好的渗碳性能，调质钢材在渗碳处理后基体硬度变化不大。此钢通常用于制造型腔复杂、截面多变、质量要求高的各种塑料精密注射模具，以及压塑模和橡胶模等。

5CrNiMnMoSCa 钢的热处理工艺如下。

① 锻造：对于钢锭，加热温度为 1 140℃～1 180℃，始锻温度为 1080℃，终锻温度为 900℃，炉冷；对于钢坯，加热温度为 1 100℃～1 150℃，始锻温度为 1 040℃，终锻温度为 850℃，炉冷（>ϕ60mm）或砂冷（≤ϕ60mm）。

② 预备热处理。

a. 锻后退火：加热温度为 750℃～770℃，保温 2h，炉冷至 600℃以下出炉空冷，退火后硬度为 217～255HBS。

b. 锻后等温退火：加热温度为 750℃～770℃，保温 2～4h；等温温度为 670℃～690℃，保温 4～6h，炉冷至 550℃以下出炉空冷，退火后硬度为 217～220HBS，组织为球状珠光体+易切削相。

③ 淬火及回火。

a. 淬火：加热温度为 860℃～920℃，油冷，硬度为 62～63HRC。

b. 回火：加热温度为 600℃～650℃，空冷，硬度为 35～45HRC。

3. 时效硬化型塑料模具钢

（1）时效硬化型塑料模具钢的性能

时效硬化型塑料模具钢的特点是含碳量低，合金度较高，经高温淬火（固溶处理）后，钢处于软化状态，组织为单一的过饱和固溶体。若将其在一较低温度进行时效处理后，固溶体中能析出细小弥散的金属化合物，使模具钢的硬度和强度大幅度提高，并且，这一强化过程引起的尺寸、形状变化极小。因此，此类钢制造模具时，可在固溶处理后进行模具的机械成形加工，然后通过时效处理，使模具获得较高的强度和硬度，这就有效的保证模具的最终尺寸和形状精度。

由于时效硬化型塑料模具钢一般采用真空冶炼，钢的纯净度高，所以镜面抛光性和表面刻蚀性良好。另外这一类钢还可以通过镀铬、渗氮、离子束增强沉积等表面处理方法来提高耐磨性和耐蚀性。

时效硬化型塑料模具钢经过时效处理能获得高的力学性能，适合制作强度和韧性、尺寸精度、表面粗糙度和耐蚀性都要求较高的塑料模具，以及透明塑料模具等。

时效硬化型塑料模具钢的热处理工艺基本分为两个步骤：首先进行固溶处理，将钢加热至高温，使各种合金元素充分溶入奥氏体，然后进行淬火处理获得马氏体组织；第二步进行时效处理，使模具达到所需的力学性能。固溶处理的加热一般在盐浴炉中进行，而后油浴淬火。淬透性好的钢种也可采用空冷淬火。时效处理最好在真空炉中进行，若在箱式电炉中进行需通入保护气体，以防止模具型腔表面的氧化。

（2）时效硬化型塑料模具钢的种类和应用

时效硬化型塑料模具钢有马氏体时效硬化钢和马氏体析出（沉淀）硬化钢两大类。马氏体时效硬化钢有高屈强比，良好的切削加工性能和焊接性能，热处理工艺简单等优点。

高合金马氏体时效硬化钢的典型代表是 18Ni 钢，此类钢的碳含量极低，目的是改善钢的韧性。依据屈服强度可分为 18Ni200、18Ni250、18Ni300、18Ni350。18Ni 马氏体时效钢中的 Ti、

Al、Co、Mo 等合金元素，起时效硬化作用。大量加入元素 Ni，其主要作用是确保模具固溶体淬火后，能获得单一的马氏体组织，Ni 与 Mo 相互作用形成时效强化相 Ni3Mo，镍的质量分数超过 10%后，还可显著提高其断裂韧度。此类钢主要用于制作精度高，超镜面，型腔复杂，大截面，大批量生产的塑料模具。

低合金马氏体时效硬化钢如 25CrNi3MoAl 钢、10Ni3MnMoCuAl（PMS）钢、0Cr16Ni14Cu13Nb（PCR）钢、20CrNi3AlMnMo（SM2）钢等。

10Ni3MnCuAl（PMS）钢，是一种新型的时效硬化型塑料模具钢，具有良好的冷加工性能、电加工性能和综合力学性能。该钢热处理工艺简便，适宜进行表面强化处理，固溶后的硬度仅为 30HRC 左右，可进行模具型腔的挤压成型。该钢具有优良的镜面加工性能，模具表面粗糙度值可达 $R_a = 0.05\mu m$，适于制造要求高镜面、高透明度、高精度的各种热塑性塑料光学镜片的注射模具，以及外观要求光洁和光亮的各种家用电器塑料模具，如电话机、石英钟、车辆灯具等塑料壳体模具。

0Cr16Ni14Cu13Nb（PCR）钢是一种马氏体沉淀硬化型不锈钢，经固溶处理后，获得单一的板条马氏体组织，硬度为 32～35HRC，具有良好的切削加工性能。成形后再经过时效处理，硬度升高至 42～44HRC，具有较好的综合力学性能。该钢淬透性高，热处理变形小，变形率为 0.04%～0.05%，且具有良好的抛光性能，同时由于其优良的耐蚀性，因而适用于制造氟塑料、聚氯乙烯等塑料的成型模具。它在时效和抛光后，再于 300℃～400℃的温度下进行 PVD 表面离子涂镀处理，其硬度高于 1 600HV，可用于高硬度，高耐磨而又耐腐蚀的塑料模具。

还有一类低钴、无钴、低镍的马氏体时效硬化钢，代表钢种如 06Ni6CrVTiAl（06Ni）钢，该钢含镍量较低，其显著的性能特点是：热处理变形小，抛光性能好，固溶体硬度低，切削加工性好，具有良好的综合力学性能以及渗碳和焊接能力。此钢可用于制作磁带盒、照相机、电传机、打字机等塑料制品的模具。

（3）时效硬化型塑料模具钢的热处理工艺实例

例 1：25CrNi3MoAl 钢

25CrNi3MoAl 属低镍无钴时效硬化钢，由我国自行研制开发。这是参考了国外同类钢的成分，并根据我国冶炼工业的特点及使用企业对材料性能的要求加以改进而研制的一种新型时效硬化钢。其特点是：钢中碳含量和镍含量低，使其价格远低于马氏体时效钢，调质硬度是 230～250HBS，常规切削加工性能和电加工性能良好，时效后硬度为 38～42HRC；镜面耐磨性好，表面刻蚀性好，焊接补修性好，可用于制作普通和高精密的各种塑料模具。

25CrNi3MoAl 钢的热处理工艺如下。

① 用作一般精密塑料模具：淬火加热温度 880℃，空冷或水冷淬火，淬火硬度 48～50HRC，再经 680℃，4～6 h 高温回火，空冷或水冷，回火硬度 22～23HRC，经机加工成形。再经时效处理，时效温度 520℃～540℃，保温 6～8 h，空冷，时效硬度 39～42HRC。再经研磨、抛光或光刻花纹后装配使用。时效变形率大约为-0.039%。

② 用于高精密塑料模具：淬火加热温度 880℃，再经 680℃高温回火，其余工艺同上。但在高温回火后对模具进行粗加工和半精加工，再经 650℃保温 1 h，消除加工后的残留内应力，然后再进行精加工。此后的时效、研磨、抛光等工艺仍同上。经此处理后时效变形率仅为-0.01%～-0.02%。

③ 用于对冲击韧度要求不高的塑料模具：对退火的锻坯直接经粗加工、精加工，进行 520℃～

540℃、6～8 h 的时效处理，再经研磨、抛光即可装配使用。经此处理后，模具硬度 40～43HRC，时效变形率≤0.05%。

④ 用作冷挤型腔工艺的塑料模具：模具锻坯经固溶、高温回火软化处理后，即对模具挤压面进行加工、研磨、抛光。然后对冷挤压模具型腔和模具外形进行修整，最后对模具进行真空时效处理或表面渗氮处理后再装配使用。

例 2：20CrNi3AlMnMo（SM2）钢

20CrNi3AlMnMo（SM2）为一种易切削时效硬化型塑料模具钢。钢中增加了 0.1%（质量分数）左右的易削元素 S，切削加工性能得到了改善。这种钢生产工艺简单，性能稳定，使用性能寿命长。现在已在电子、仪表、家电和玩具等行业推广应用，效果显著。

20CrNi3AlMnMo（SM2）钢的热处理工艺如下：

① 锻造：对于钢锭，加热温度为 1 140℃～1 180℃，始锻温度为 1080℃，终锻温度≥850℃，缓冷；对于钢坯，加热温度为 1 100℃～1 150℃，始锻温度为 1040℃，终锻温度≥850℃，缓冷。

② 预备热处理。

a. 锻后不必退火。

b. 软化处理工艺：加热温度为 870℃～930℃，油冷，680℃～700℃高温回火 2h，油冷，热处理后硬度≤30HRC。

③ 固溶处理。固溶温度为 870℃～930℃，油冷，硬度为 42～45HRC。回火温度为 680℃～700℃，油冷，硬度 28HRC。固溶回火后温度较低，便于机械加工。

④ 时效处理。时效温度为 500℃～520℃，时效时间为 6～10h，硬度为 40HRC。

4. 耐蚀型塑料模具钢

（1）耐蚀型塑料模具钢的性能

在生产聚氯乙烯、聚苯乙烯和 ABS 加抗燃树脂等化学性腐蚀塑料的塑料制品时，成形过程中会分解出腐蚀性气体，并对模具产生腐蚀作用，为此要求模具材料必须具有较好的防腐蚀性能。当塑料制品的产量不大，要求不高时，可以在塑料模具表面镀铬加以保护。但最佳防腐蚀方式是采用耐蚀型塑料模具钢制造模具，目前已经得到推广。耐蚀型塑料模具钢除了要具有良好的腐蚀性能以外，和其他类型的塑料模具钢一样，也需要一定的硬度、强度和耐磨性等使用性能要求。

（2）耐蚀型塑料模具钢的种类和应用

常用的耐蚀型塑料模具钢的钢种有：高碳高铬型耐蚀钢，如 9Cr18、9Cr18Mo、Cr18MoV、Cr14Mo4V、4Cr13 等；马氏体不锈耐酸钢，如 1Cr17Ni2；析出硬化不锈钢，如 0Cr16Ni4Cu3Nb 等。

高碳高铬型耐蚀塑料模具钢有较高的碳含量，以保持钢的高硬度和高耐磨性。为了保持钢的耐蚀性能，淬火后马氏体组织必须含有 11%～12%的铬，所以此类钢中含有的 14%～18%的铬，以保证马氏体中的铬含量。

高碳高铬型耐蚀塑料模具钢的热处理，大体分为预先热处理和最终热处理两部分。常用的预先热处理为球化退火，目的是降低模具钢锻造后的硬度，改善切削加工性能，并为淬火做组织准备。退火组织为粒状珠光体和均匀分布的粒状碳化物，退火后的硬度为 197～255HBS，一般的最终热处理工艺为淬火加低温回火。

高碳高铬型耐蚀钢具有较好的淬透性，淬火一般采用油冷，亦可采用空冷或在 100℃～150℃

的热油中冷却。用后两种方法冷却，可有效地防止模具的变形和开裂，但它只适用于薄壁模具的淬火冷却。对于大型或形状较复杂的模具，为减少模具的变形和开裂，可以进行分级淬火或等温淬火。

（3）耐蚀型塑料模具钢的热处理工艺实例

例 1：9Cr18Mo 钢

9Cr18Mo 钢属于高碳高铬马氏体型不锈钢，是在 9Cr18 钢的基础上加 Mo 元素而发展起来的钢种，因此比 9Cr18 钢具有更高的硬度、耐磨性、耐回火性和耐腐蚀性能，该钢还具有较好的高温尺寸稳定性，适宜制造要求承受高负荷，高耐磨及在腐蚀环境条件下工作的塑料模具。该钢为莱氏体钢，容易形成不均匀的碳化物偏析而影响模具使用寿命，所以在热加工时必须严格控制热加工工艺。

9Cr18Mo 钢的热处理工艺如下。

① 锻造：对于钢锭，加热温度为 1 130℃～1 150℃，始锻温度为 1 080℃～1 100℃，终锻温度为 850℃～900℃，砂冷；对于钢坯，加热温度为 1 100℃～1 120℃，始锻温度为 1 050℃～1 080℃，终锻温度为 850℃～900℃，砂冷。

注意：必须严格控制热加工工艺，最好采用冷装炉加热，加热速度不宜太快，尤其在 700℃以下时。同时，应控制较高的终锻温度，并严格注意缓冷条件。

② 预备热处理。

a. 软化退火：加热温度 850℃～870℃，保温 4～6h，炉冷到 600℃以下空冷，退火组织硬度≤255HBS。

b. 再结晶退火：加热温度 730℃～750℃，空冷。

③ 淬火及回火：淬火温度为 1 050℃～1 100℃，油冷，硬度≥58HRC。回火温度为 168℃～180℃，保温 2～5h，硬度≥58HRC。

例 2：0Cr16Ni4Cu3Nb（PCR）钢

0Cr16Ni4Cu3Nb（PCR）是一种析出硬化不锈钢，该钢经过淬火后得到单一的马氏体，硬度为 32～35HRC，可进行切削加工，然后再经过 460℃～480℃时效处理，合金碳化物呈弥散析出，使其获得较好的综合力学性能。该钢具有良好的耐腐蚀性，适于制造原料中含有氟和氯等元素的塑料制品，如用于氟塑料或聚氯乙烯塑料成形模、氟塑料微波板、塑料门窗、各种车辆把套、氟氯塑料挤出机螺杆、料筒以及添加阻燃剂的塑料成型模，聚三氟氯乙烯阀门盖模具，四氟塑料微波板模具。

0Cr16Ni4Cu3Nb（PCR）钢的热处理工艺如下：

① 锻造：加热温度 1 180℃～1 200℃，始锻温度为 1 100℃～1 150℃，终锻温度≥1 000℃，锻后空冷或砂冷。

② 固溶处理：加热温度 1 050℃，空冷，硬度为 32～35HRC。基体组织为低碳马氏体，在此硬度下可以进行切削加工。

③ 时效处理：加热温度为 420℃～480℃，推荐时效温度为 460℃，时效后的硬度可达 42～44HRC。但是不应在 440℃的温度下进行时效，否则会使钢的冲击韧性指标降至最低。

5. 其他塑料模具材料及热处理

在某些工作条件下，还可以选用铜合金、铝合金、锌合金等材料制作塑料模具。例如苯乙烯泡沫塑料的发泡成型模具，要求导热、耐蚀并能承受脉动热载荷，当塑料产品大批量生产时可采用不锈钢或铍青铜制造模具；中小批量生产时可采用铸造铝合金制造模具。又如低发泡注射成型的模具工作压力低，冷却时间长，对模具的机械强度要求不高而要求热导性好，这时可采用铝合金或锌合金等制造模具。

（1）铜合金

塑料模具材料的铜合金主要是铍青铜，如 ZCuBe2、ZCuBe2.4 等。一般采用铸造方法制模，不仅成本低，周期短，而且还可制出形状复杂的模具。铍青铜可以通过固溶时效处理实现强化，固溶后合金处于软化状态，塑性较好，便于机械加工。成型后进行时效处理，合金的抗拉强度可达 1 100～1 300MPa，硬度可达 40～42HRC。铍青铜适用于制造吹塑模、注射模等，以及一些高导热性，高强度和高耐腐蚀性的塑料模。

（2）铝合金

铝合金的密度小，熔点低，加工性能和导热性都优于模具钢，常用于塑料模具制造的铝合金包括铸造铝合金和变形铝合金。

铸造铝合金除了具有上述优点以外，还具有优良的铸造成型性能，因此在有些场合可选用铸造铝合金来制造塑料模具，以缩短制模周期，降低制模成本。常用的铸造铝合金牌号是 ZL101，它适于制作要求高导热率，形状复杂和制造周期短的塑料模具。

变形铝合金 LC9 也是一种常用于塑料模制造的铝合金，由于它的强度比 ZL101 高，可制作要求强度较高且有良好导热性的塑料模。

（3）锌合金

用于制作塑料模具的锌合金大多为 Zn-4Al-3Cu 共晶型合金，其主要化学成分如表 6-8 所示。

表 6-8　Zn-4Al-3Cu 的主要化学成分

化学成分	Zn	Al	Cu	Mn
质量分数（%）	92～93	3.9～4.5	2.8～3.5	0.03～0.06

此外锌合金中还含有少量 Pb、Cd、Sn、Fe 等杂质。用此合金通过铸造方法易于制出光洁而复杂的模具型腔，并可降低制模费用和缩短制模周期。合金的不足之处是高温强度较差，且合金易于老化，因此锌合金塑料模长期使用后易出现变形甚至开裂。锌合金适合制造注射模和吹塑模等。

用于塑料模具的锌合金还有铍锌合金和镍钛锌合金。铍锌合金有较高的硬度（150HBS），耐热性好，所制作的注射模的使用寿命可达几万至几十万件。镍钛锌合金由于镍和钛的加入可使强度、硬度提高，从而使模具寿命成倍增长。

6.5 模具表面硬化处理技术

模具表面硬化的目的是提高模具的耐用度。一般说来，如果预先按照用途选择优质的模具材料进行适当的热处理，结果仍不能获得满意的耐用度时，就应该对模具进行表面硬化处理。但是必须注意，表面硬化处理时必须选择能保持模具精度，不影响模具内部强度的工艺方法。

模具的表面硬化方法，除了传统的镀硬铬、氮化方法以外，从 20 世纪 70 年代到 80 年代，硬质化合物涂覆技术已被推广应用到模具上，现在，对模具进行硬质化合物涂覆处理已成为提高模具寿命最有效的方法之一。大力推广这项技术，对于提高模具的加工效率和质量，减少昂贵模具材料的消耗有着十分深远的意义。目前，适用于模具的硬质化合物涂覆方法主要有化学气相沉淀（CVD）法、物理气相沉淀（PVD）法、在盐浴中向工件表面浸镀碳化物的方法（TD），如表 6-9 所示。

表 6-9　适用于模具的硬质化合物涂覆方法

工艺和性能		CVD	PVD	TD
工艺	处理温度（℃）	800～1 100	400～600	800～1 100
	处理时间（h）	2～8	1～2	0.5～10
	介质	真空中（2.6～6.6）×10^3Pa	真空中 1.3×（10^{-1}～10^{-2}）Pa	盐浴中（常压）
	原料	金属的卤化物、碳氢化合物、N_2等	纯金属、碳氢化合物、N_2等	纯金属、铁合金等的粉末
涂层性质	涂覆物质	碳化物、氮化物、氧化物、硼化物	碳化物、氮化物、氧化物、硼化物	VC、NbC、TiC、铬的碳化物、硼化物
	厚度（μm）	1～15	1～10	1～15
	硬度 HV	2 000～3 500 随沉积物而异	2 000～3 500 随沉积物而异	2 000～3 500 随沉积物而异
	与基体的结合性	良好（有扩散层）	欠佳	良好（有扩散层）
	结晶组织	柱状晶粒	细晶粒	等轴晶粒
基体性质	形状	可用于复杂形状	背对蒸发源部分涂不上	可用于复杂形状
	化学成分	不限制（最好是高碳钢）	不限制（低温回火材料不宜用）	含碳量大于 0.3%的钢
	热处理（后处理）	需再淬火、回火	高温回火材料不需要再热处理	需再淬火、回火
	变形	涂覆处理后有变形	涂覆处理后变形很小	涂覆处理后有变形

6.5.1　化学气相沉淀（CVD）法

化学气相沉淀法是在高温下将盛放工件的炉内抽成真空或通入氢气，再导入反应气体，气体的化学反应在工件表面形成硬质化合物涂层，通常称为 CVD（Chemical Vapour Deposition）法。对于模具，主要是气相沉积 TiC，其次是 TiN 和 Al_2O_3。气相沉积 TiC 是将工件在氢气保护下加热到 900℃～1 100℃，再以氢气作载流气体将四氯化碳和碳氢化合物（如 CH_4）输入盛放工件的反应室内，使之在基体表面发生气相化学反应，得到 TiC 涂层。

1. CVD 法的优点

① 处理温度高，涂层与基体之间的结合比较牢固。

② 由于是气相反应，用于形状复杂的模具也能获得均匀的涂层。

③ 设备简单，成本低，效果好（可提高模具寿命 2～6 倍），易于推广。

2. CVD 法的缺点

① 由于涂层厚度较薄（不超过 15μm），处理后不允许研磨修正。

② 由于处理温度高，模具的基体会软化，对高速钢和高碳高铬钢模具，必须进行涂覆处理后在真空或惰性气体中再进行淬火、回火处理。

6.5.2 物理气相沉淀（PVD）法

物理气相沉淀法是在真空中把 Ti 等活性金属熔融蒸发离子化后，在高压静电场中使离子加速并沉积于工件表面形成涂层，通常称为 PVD（Physical Vapour Deposition）法。PVD 法有离子镀、蒸气镀和溅射三种。由于离子镀沉积效果最明显，所以目前模具 PVD 处理的研究应用主要集中于离子镀方面。离子镀处理时先将工件置于真空室中（真空度为 10^{-2}～10^{-4}Pa），然后通入反应气体（如 H_2 或 C_2H_2＋Ar）。在工件和蒸发源（涂覆用金属，如 Ti）之间加有 3～5kV 的加速电压，在工件周围形成一个阴极放电的等离子区。工件因气体正离子的轰击而被加热。这时，以电子枪轰击蒸发源的金属（Ti），使之熔融、蒸发，并部分离子化。Ti 离子、原子和气体离子在加速电压的作用下飞向工件（经过等离子区时，尚未电离的 Ti 原子被气体离子、电子碰撞而电离为 Ti 离子），在工件表面发生反应而成为 TiC 涂层。

1. PVD 法的优点

① 处理温度一般为 400℃～600℃，不会影响 Cr12 型模具钢原先的热处理效果。

② 处理温度低，模具变形小。

2. PVD 法的缺点

① 涂层与基体的结合强度较低。

② 涂覆处理温度低于 400℃，涂层性能下降，所以不适于低温回火的模具。

③ 采用一个蒸发源，对形状复杂的模具覆盖性能不好；如采用多个蒸发源或使工件绕蒸发源旋转来弥补，又会使设备复杂，成本提高。

6.5.3 在盐浴中向工件表面浸镀碳化物（TD）法

这种方法是将工件浸入添加有质量分数为 15%～20%的 Fe－V、Fe－Nb、Fe－Cr 等铁合金粉末的高温（800℃～1 250℃）硼砂盐浴炉中，保温 0.5～10h（视要求的涂层厚度、工件材料和盐浴温度而定），在工件表面上形成 1～10μm 或更厚些的碳化物涂覆层，然后进行水冷、油冷或空冷（尽量与基体材料的淬火结合在一起进行），通常称为 TD（Toyota Diffusion Coating Process）法。

TD 法的优点与 CVD 法类似。其处理设备非常简单，生产率高，适合于各种小型模具。但是由于 TD 法中碳化物的形成需要消耗基体中的碳，所以对于含碳量小于 0.3%的钢或尺寸过小的模具零件不宜采用。

小 结

本章主要介绍了冷作模具钢、热作模具钢和塑料模具钢的性能、种类和热处理工艺。冷作模具钢一般分为低淬透性钢、低变形钢、高耐磨微变形钢、高强度高耐磨钢、高强韧性钢、高韧性、高耐磨钢、抗冲击钢和特殊用途钢。热作模具可以分为低耐热高韧性钢、中耐热韧性钢、高耐热钢和特殊用途钢等。塑料模具钢一般分为渗碳型钢、预硬型钢、时效硬化型钢、耐蚀型钢等。介绍每一种类型钢时，均举出其中代表性的钢号作为实例讲解。

思考题

1. 模具材料一般可以分为哪几类？
2. 模具材料的性能要求有哪些？
3. 模具材料的选用原则是什么？
4. 简述冷作模具材料的性能要求。
5. 冷作模具钢的热处理技术要求具有哪些特点？
6. 简述热作模具材料的性能要求。
7. 热作模具钢的热处理技术要求具有哪些特点？
8. 简述塑料模具材料的性能要求。
9. 塑料钢模具的热处理技术要求具有哪些特点？
10. 适用于模具的硬质化合物涂覆方法有哪些？

第7章 模具的装配工艺

【学习目标】

1. 了解模具装配的概念和内容
2. 了解装配精度的概念和保证装配精度的方法
3. 熟悉模具主要零件的固定方法
4. 掌握模具间隙和壁厚的控制方法
5. 掌握冲压模具和塑料模具的装配方法和装配过程

模具装配是整个模具制造过程的最后阶段，模具装配图和验收技术条件是装配的依据，构成模具的所有符合技术要求的零件，包括标准件、通用件及成型零件等是模具装配的基础。但是有了合格的零件，还必须制定合理的装配工艺，才能装配出符合设计要求的模具。

7.1 模具装配的概念和内容

7.1.1 模具装配的概念

根据模具装配图和规定的技术要求，将模具的零件、部件按照一定工艺顺序进行配合和连接，使之成为符合设计要求的模具的过程，称为模具装配。机械中的制造单元称为零件，它是不可拆卸的基本单元，如模具中的导柱、导套、模柄、固定板、垫板、整体凸模、整体凹模等。机械中的运动单元称为构件，它可以是一个零件，也可以由几个无相对运动的零件组成，如模具中的拼块凸模、上模座、下模座等。当许多零件装配在一起（构成零件组），直接成为模具产品的组成部分时，称为模具部件，它可以是一个构件或者由多个构件组成，部件在机器中能完成一定的、完整的功能。把零件装配成构件、部件和最终产品的过程分别称为构件装配、部件装配和总装配。

7.1.2 模具装配的特点

模具装配过程也是一种工艺过程，只有通过模具装配，才能使各种成型工艺（如冲压工艺、注射工艺等）以及模具设计的意图得以最后实现。模具装配的质量直接影响冲压件和塑料制件的质量、模具的技术状态和模具的使用寿命。

由于模具生产属于单件小批量生产，因此模具装配也适合于采用集中装配。其特点是工序集中，工艺灵活性大，工艺文件不详细，手工操作所占的比重较大，要求工人有较高的技术水平和多方面的工艺知识，另外所使用的设备和装配工具也以通用设备和工具为主。

7.1.3 模具装配的内容

模具装配过程一般包括准备、组件装配、总装配、检验调试 4 个阶段。

1. 准备阶段

① 研究装配图。装配图是整个装配工作的依据。通过对装配图的分析和研究，了解模具产品的结构特点和技术要求，有关零件的连接方式和配合性质，从而确定合理的装配基准、装配方法和装配顺序。

② 清理检查零件。根据零件明细表，清点和清洗零件，检查主要零件的尺寸和形位精度，查明各部分配合面的间隙、加工余量、有无变形、裂纹等缺陷。

③ 准备装配工具。准备好装配时所需要的工具、夹具、量具和辅助设备。清理好工作台。

2. 组件装配阶段

按照各零件所具有的功能进行部件组装，如模架的组装，凸模和凹模与固定板的组装，型芯和型腔与固定板的组装，卸料与推件机构的组装等。

3. 总装配阶段

① 选择好装配基准件，安排好上、下模的装配顺序。

② 将零件及组装后的部件，按照装配顺序组装结合在一起，成为一副完整的模具。

③ 模具装配完成后，必须保证装配精度，达到规定的技术要求。

4. 检验调试阶段

① 按照模具验收技术条件，检验模具各部分功能。

② 在实际生产条件下进行试模、调整、修正模具，直到模具产品合格为止。

7.2 模具装配精度

7.2.1 装配精度的概念

为了保证模具的正常工作性能，必须使其达到规定的装配精度。模具的装配精度是指模具产品装配完成后，实际几何参数与理想几何参数的符合程度。模具的装配精度通常包含4个方面：相互配合精度、相互位置精度、相对运动精度、相互接触精度。

1. 相互配合精度

是指模具产品中相互配合的零部件之间的间隙或过盈量是否符合技术要求。例如，冲裁模中凸、凹模之间的间隙和间隙的均匀性，是确定冲裁模精度等级的重要因素。

2. 相互位置精度

是指模具产品中相关零部件之间的距离精度和相互位置精度，包括平行度、垂直度、位置度等。例如，冲裁模中上、下模底面的平行度，导柱、导套与其固定板的垂直度，塑料模中型腔、型孔与型芯之间的位置精度等。

3. 相对运动精度

是指模具产品中有相对运动的零部件之间在运动方向和运动位置上的精度。例如，导柱与导套的配合精度，送料装置的送料精度，卸料板与凸模的配合精度等。

4. 相互接触精度

是指模具中相互配合表面、接触表面之间达到规定接触面积的大小和接触点的分布情况。例如，塑料模具分型面的接触状态如何，间隙大小是否符合技术要求，弯曲模、拉深模的上下成形面的吻合一致性等。

7.2.2 保证装配精度的方法

装配工作的主要任务是保证模具产品在装配后能够达到规定的各项精度要求。保证装配精度的方法可归纳为：互换装配法、选择装配法、修配装配法和调整装配法4大类。

1. 互换装配法

互换装配法是指在装配过程中，零件互换后仍能达到规定的装配精度要求的装配方法。采用互换法装配，其装配精度主要取决于零件的制造精度，因此要有先进的模具精密制造设备及测量装置才能保证模具的质量。根据模具零件能够达到的互换程度，互换装配法可分为完全互换装配法和不完全互换装配法。

（1）完全互换装配法

完全互换装配法是指被装配的每一个零件不需要作任何挑选、修配和调整就能达到规定的装配精度要求。完全互换装配法的实质是通过控制零件的制造误差来保证模具的装配精度要求，即所有装配零件的制造公差之和不大于装配公差。用公式表示如下：

$$T_{\Sigma} = T_1 + T_2 + \cdots + T_n \leqslant \sum_{i=1}^{n} T_i$$

式中：T_{Σ}——装配精度所允许的误差范围，即装配公差，μm；

T_i——影响装配精度的零件尺寸的制造公差，μm；

完全互换装配法的优点是装配过程简单，对工人技术水平要求不高，装配质量稳定可靠，易于流水作业，装配效率高，产品维修方便。缺点是当装配精度要求较高，装配零件的数量又较多时，允许各装配零件的制造误差就很小，这样会造成零件制造困难，加工成本高。

完全互换装配法主要适用于在成批生产、大量生产中，零件数较少、装配精度要求不高的场合。

（2）不完全互换装配法

不完全互换装配法是指在确定相关零件的制造公差时，采用概率法将零件的允许公差适当放大，使零件容易加工，这样制造出来的零件绝大部分能够保证装配精度，只有极少数零件装配后的精度会超出规定要求，但这种情况的概率只有 0.27%，很少发生。所以当产品批量较大，从总的经济效果分析，不完全互换装配法仍然是经济可行的。

不完全互换装配法的优点是扩大了相关零件的制造公差，零件制造成本低，装配过程简单，生产效率高，适用于成批和大量生产；缺点是装配后有极少数产品达不到规定的装配精度要求，必须采取另外的返修措施。

但是，随着计算机技术和数控加工技术的发展，越来越多的数控加工方法应用到模具制造中，可以对模具进行高精度的加工，零件的制造精度将可以满足互换装配法的要求，所以互换装配法在模具制造业中的应用将会越来越多。

2. 选择装配法

选择装配法是将配合副中的各零件的制造公差放大到经济精度，然后选择合适的零件进行装配，以保证装配精度要求的装配方法。常用的选择装配法有以下 3 种。

（1）直接选配法

直接选配法是在装配时，工人从许多待装配的零件中，直接选择合适的零件进行装配，以保证装配精度要求的装配方法。

直接选配法特点是装配零件不需要事先分组，装配时凭经验来选择零件，装配精度在很大程度上取决于工人的技术水平，装配时间不易准确控制。直接选配法适用于装配零件数较少的模具产品，不适用于节拍要求严格的大批量的流水线装配中。

（2）分组选配法

分组选配法是将配合副中的各零件的公差相对完全互换法所要求数值放大数倍，使其能按经济精度加工，再按实际测量尺寸将零件分组，按对应的组分别进行装配，以达到装配精度要求的装配方法。

分组选配法的优点是零件的制造精度不高，但却可获得很高的装配精度；同组内零件可以互换，装配效率高。缺点是增加了零件测量、分组、存储、运输的工作量。分组装配法适用于在大批大量生产中装配零件数较少而装配精度又要求较高的场合。

（3）复合选配法

复合选配法是以上两种方法的结合，先将零件预先测量分组，装配时再在各对应组内凭工人的经验直接选择装配。这种装配方法的特点是配合公差可以不等，装配质量高，装配速度快，能满足一定生产节拍的要求。

3. 修配装配法

修配装配法是指各相关模具零件按经济精度加工制造，装配时，则根据需要，再修去指定零件的预留修配量，来保证装配精度的装配方法。

如图 7-1 所示为用于大型注射模具的浇口套组件。浇口套装入定模板后要求上表面高出定模板 0.02mm，以便定位圈将其压紧，下表面则与定模板平齐。为了保证零件加工和装配的经济可行性，上表面高出定模板的 0.02mm 由加工精度保证，下表面则选择浇口套为修配零件，预留高出定模板平面的修配余量 h，将浇口套压入模板配合孔后，在平面磨床上将浇口套下表面与定模板平面一起磨平，使之达到装配精度的要求。

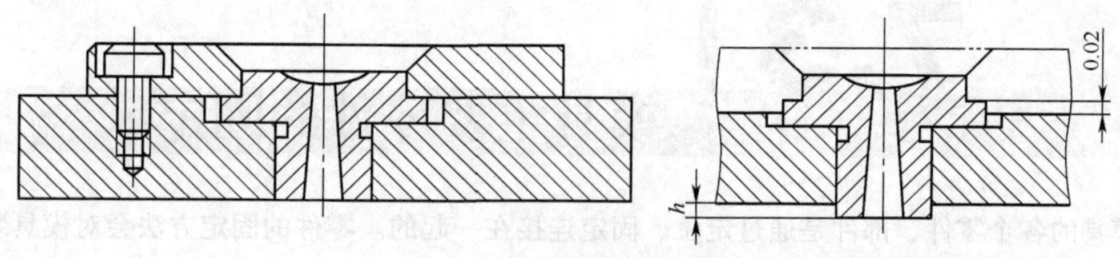

图 7-1　浇口套组件的修配装配

修配装配法的优点是各零件可以按照经济精度制造，但却可以获得很高的装配精度；缺点是增加了修配工作量，生产效率低，对装配工人的技术水平要求高。

修配装配法适用于单件小批量生产中装配零件数较多而装配精度又要求较高的模具结构。

4. 调整装配法

调整装配法是指各相关模具零件按经济精度加工制造，在装配时用改变模具中可调整零件的相对位置或选用合适的调整件以达到装配精度的方法。常用的调整装配法有以下 2 种。

（1）可动调整法

可动调整法是指在装配时用改变调整件的位置来达到装配精度的方法。图 7-2 所示为用螺钉作为调整件调整滚动轴承的间隙，转动调整螺钉，可使轴承外环相对于内环作轴向移动，使轴承外环、滚动体、内环之间保持适当的配合间隙。

可动调整法在调整过程中不需要拆卸零件，调整方便，装配精度高，还能补偿因磨损和变形引起的误差，所以应用较广。

（2）固定调整法

固定调整法是指在装配过程中选用合适的调整件以达到装配精度的方法。图 7-3 所示为塑料注射模滑块型芯水平位置的装配调整示意图。根据预装配时对间隙的测量结果，从一套不同厚度的调整垫片中，选择一个适当厚度的调整垫片进行装配，从而达到所要求的型芯位置。

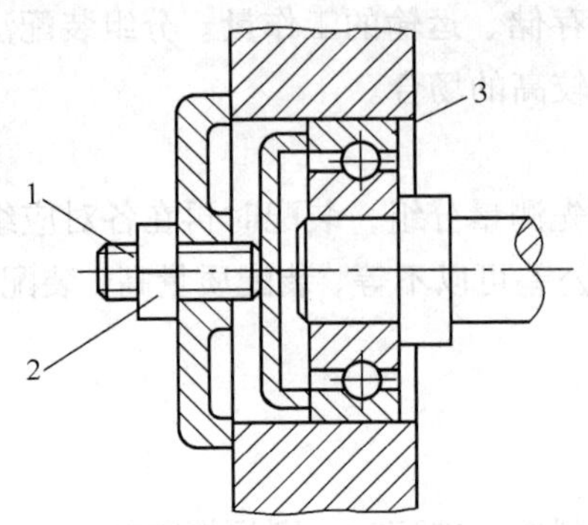

图 7-2　可动调整法装配

1—调整螺钉　2—锁紧螺母　3—滚动轴承

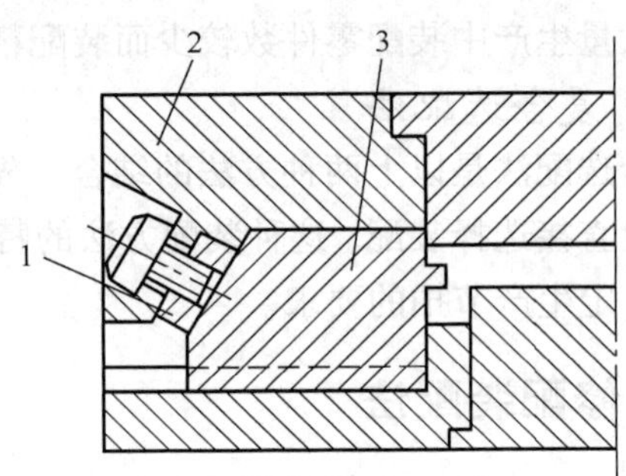

图 7-3　固定调整法装配

1—调整垫片　2—楔紧块　3—滑块型芯

可动调整法适用于在小批量生产，固定调整法则主要适用于大批量生产。

调整装配法与修配装配法的原理基本相同。调整装配法的优点是各零件可以按照经济精度制造，但却可获得较高的装配精度，装配效率比修配装配法高；缺点是要另外增加一套调整装置。

7.3 模具主要零件的固定

模具的各个零件、部件是通过定位、固定连接在一起的。零件的固定方法会对模具装配工艺路线产生影响，因此必须掌握常用模具零件的固定方法。

7.3.1 机械固定法

在模具装配中采用机械固定法固定凸模和凹模比较普遍，常用的机械固定法有以下几种。

1. 紧固件法

紧固件法主要通过定位销和螺钉将零件相连接，如图 7-4 所示。图 7-4（a）所示紧固件法主要适用于大型截面成型零件的连接，其圆柱销的最小配合长度 $H_2 \geqslant 2d_2$；螺钉拧入长度，对于钢件，$H_1 = d_1$ 或稍长，对于铸铁件，$H_1 = 1.5d_1$ 或稍长。图 7-4（b）所示为螺钉吊装固定方式，凸模定位部分与固定板配合孔采用基孔制过渡配合 H7/m6 和 H7/n6，或采用小间隙配合 H7/h6。螺钉的直径根据卸料力大小而定。图 7-4（c）、（d）所示紧固件法适用于截面形状比较复杂的凸模或壁厚较薄的凸凹模零件，其定位部分配合长度应保持在板厚的 2/3，用圆柱销卡紧。

2. 斜块固定法

斜块固定法适用于不便于在凸、凹模上加工出螺孔的场合，如图 7-5 所示为用斜块固定凹模。首先将凹模放入凹模固定板型孔内调好位置，然后压入斜块并用螺钉紧固。应用这种方法固定的凹模、斜块和凹模固定板型孔的斜度均为 10°，而且要准确配合。

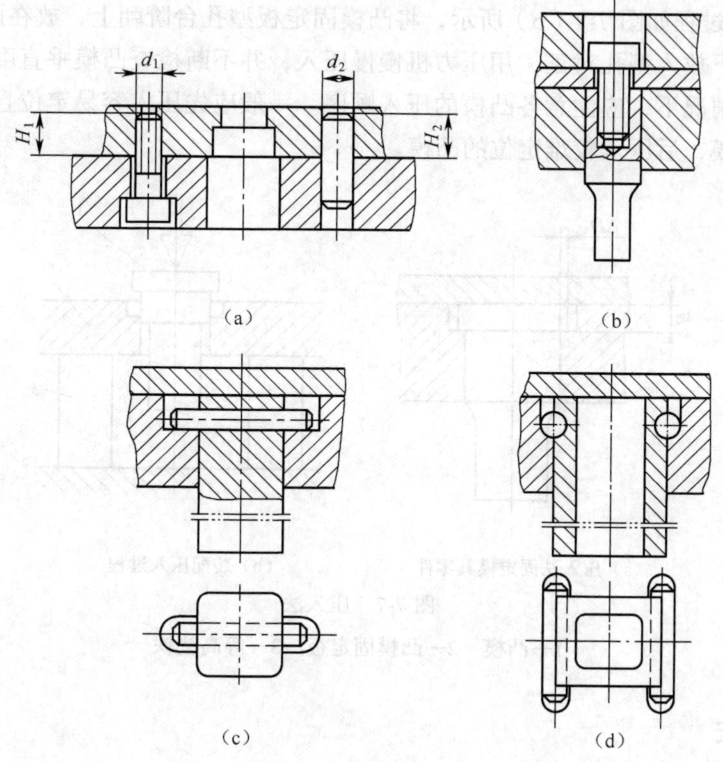

图 7-4 紧固件法

3. 钢丝固定法

钢丝固定法如图 7-6 所示。在凸模固定板上铣出安放钢丝的长槽，再将凸模和钢丝一起从上向下装入凸模固定板。这种方法结构紧凑，适用于在同一固定板上安装多个凸模的场合。

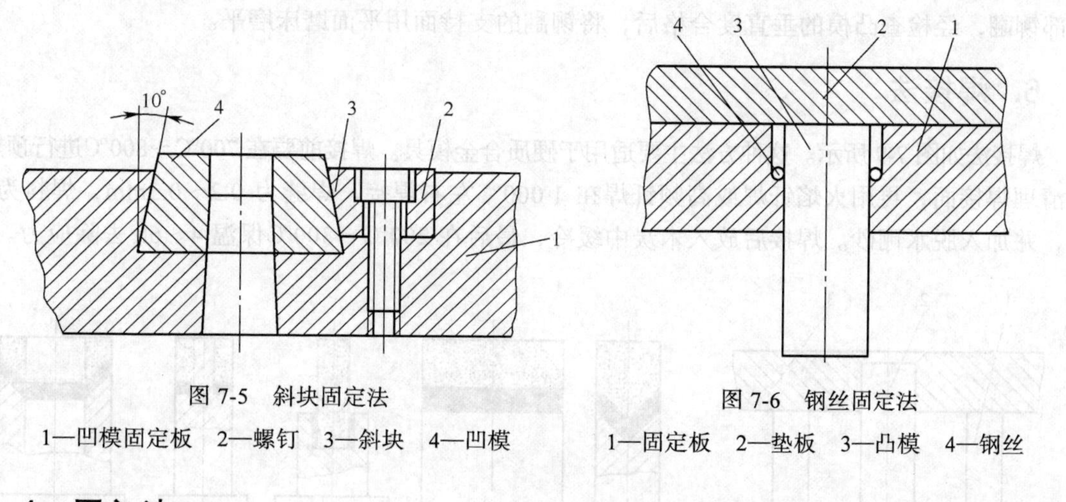

图 7-5 斜块固定法

1—凹模固定板 2—螺钉 3—斜块 4—凹模

图 7-6 钢丝固定法

1—固定板 2—垫板 3—凸模 4—钢丝

4. 压入法

压入法如图 7-7 所示。该方法适用于冲裁板厚 $t \leqslant 6\text{mm}$ 的冲裁凸模和各类模具零件，利用台阶结构限制轴向移动，应注意台阶结构尺寸，使 $H > \Delta D$，$\Delta D = 1.5 \sim 2.5\text{mm}$，$H = 3 \sim 8\text{mm}$。压入法的特点是连接牢固可靠，但对配合孔的加工精度要求较高，配合部分一般采用 H7/m6 和

H7/r6。装配压入过程如图 7-7（b）所示，将凸模固定板型孔台阶朝上，放在两个等高垫铁上，将凸模工作端朝下放入型孔对正，用压力机慢慢压入，并不断检查凸模垂直度，以防倾斜。在固定多个凸模的情况下，应注意各凸模的压入顺序。一般应先压入容易定位且便于作为其他凸模安装基准的凸模，后压入较难定位的凸模。

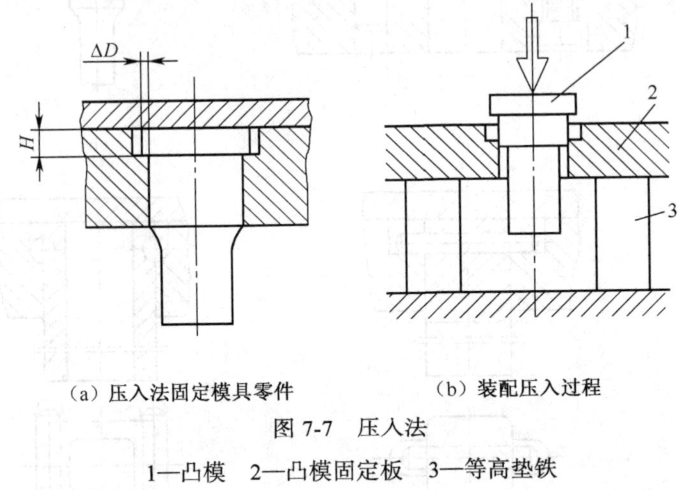

（a）压入法固定模具零件　（b）装配压入过程

图 7-7　压入法

1—凸模　2—凸模固定板　3—等高垫铁

5. 铆接法

铆接法适用于冲裁板厚 $t\leq 2$mm 的冲裁凸模和其他轴向拔力不大的零件。凸模和型孔配合部分保持 0.01～0.03mm 的过盈量，凸模铆接端硬度≤HRC30，而凸模工作部分必须淬硬，淬硬长度应为这个凸模长度的 1/2～1/3，固定板型孔铆接端倒角为 C0.5～C1。

图 7-8 所示为用铆接法固定凸模，将凸模固定板放在置于装配平台上的两等高垫铁上，使其与工作台面平行，用压力机或手锤将凸模压入到固定板的型孔中，然后用手锤和凿子将凸模尾部铆翻，经检查凸模的垂直度合格后，将铆翻的支持面用平面磨床磨平。

6. 焊接法

焊接法如图 7-9 所示。这种方法主要适用于硬质合金模具。焊接前要在 700℃～800℃进行预热，并清理焊接面，再用火焰钎焊或高频钎焊在 1 000℃左右焊接，焊缝为 0.2～0.3mm，焊料为黄铜，并加入脱水硼砂。焊接后放入木炭中缓冷，最后在 200℃～300℃保温 4～6h 去除应力。

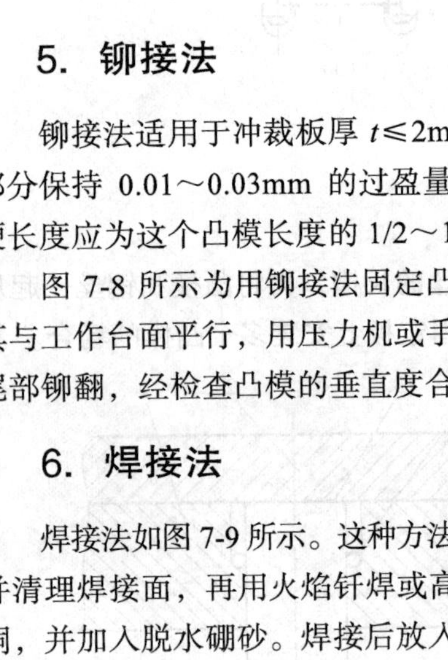

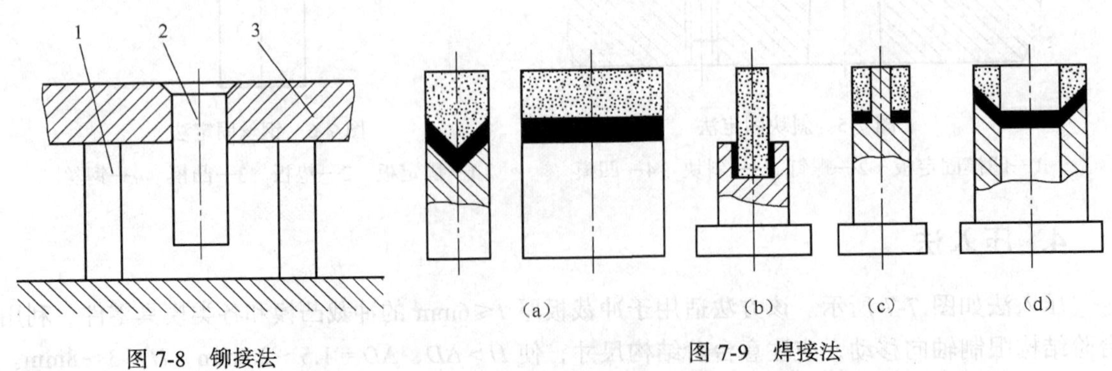

图 7-8　铆接法

1—等高垫铁　2—凸模　3—凸模固定板

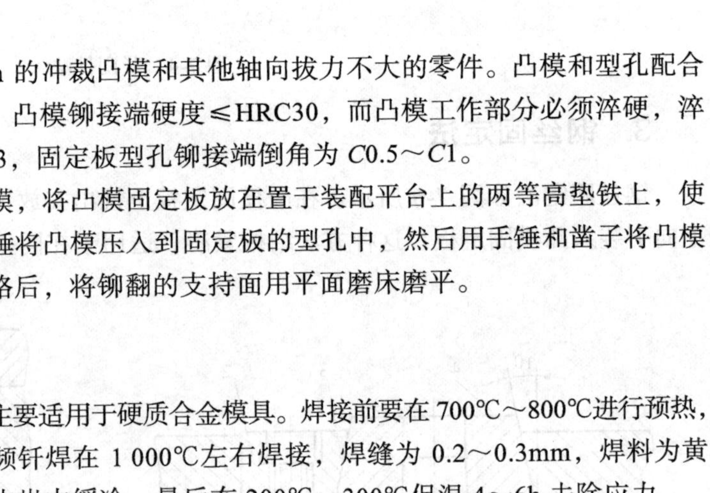

图 7-9　焊接法

7.3.2 物理固定法

物理固定法主要有热套法和低熔点合金固定法两种。

1. 热套法

热套法是利用金属材料热胀冷缩的物理特性对模具零件进行固定的方法，这种方法主要适用于镶拼式凸、凹模的固定和硬质合金凹模的加固。

用热套法固定凹模镶块的方法如图 7-10 所示。对于材料为合金工具钢的凹模镶块一般不预热，将模套加热到 300℃～400℃，保温 1h 后即可进行热套，等到模套冷却后即可将凹模镶块固定。

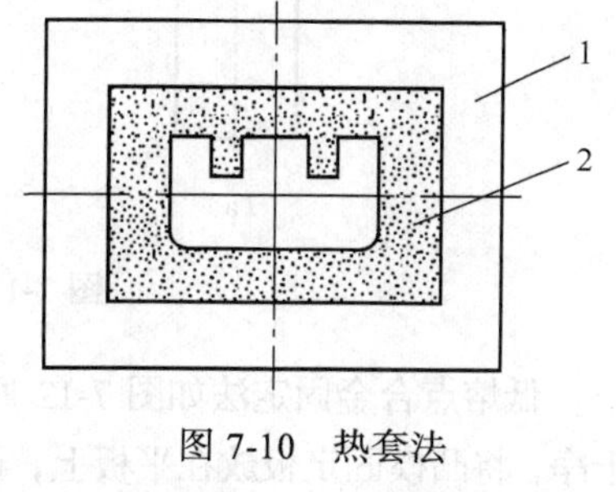

图 7-10 热套法

1—模套 2—凹模块

用热套法固定硬质合金模块时，为了减少内应力，应将硬质合金模块加热到 200℃～250℃，将模套加热到 400℃～450℃，再进行热套。

热套法装配的过盈量控制在(0.001～0.002)D 范围内。

2. 低熔点合金固定法

低熔点合金是指用铋、铅、锡、锑、镉等金属元素配置的一种合金，也称为易熔合金。根据不同需要，各金属元素在合金中的质量分数也不相同。模具制造中常用的低熔点合金见表 7-1。

表 7-1 模具制造中常用的低熔点合金的配方、性能和适用范围

	构成元素	名称 锑（Sb）	铅（Pb）	镉（Cd）	铋（Bi）	锡（Sn）	合金熔点℃	合金硬度 HB	抗拉强度 MPa	抗压强度 MPa	冷凝膨胀值	适用范围						
	熔点℃	630.5	327.4	320.9	271	232						固定凸模	固定凹模	固定导套	固定电极	卸料板导向孔	浇电气靠模	浇成型模
	密度 g/cm³	6.69	11.34	8.64	9.8	7.28												
1	成分质量分数%	9	28.5	—	48	14.5	120	—	88.3	108	0.002	√	√	√	—	√	—	—
2		5	35	—	45	15	100	—	—	—	—	√			—	√	—	—
3		—	—	—	58	42	135	18～20	78.5	85.3	0.005	—	—	—	—	—	—	√
4		1	—	—	57	42	135	21	75.5	93.2	—	—	—	—	—	—	—	√
5		—	27	10	50	13	70	9～11	39.2	72.6	—	—	—	—	√	—	√	—

低熔点合金固定法是利用低熔点合金在冷凝时体积膨胀的特性对模具零件进行固定的方

法。这种方法在模具装配中主要用于固定凸模、凹模、导柱和导套，以及浇注成型卸料板等。图 7-11 所示为低熔点合金固定凸模的几种结构形式。

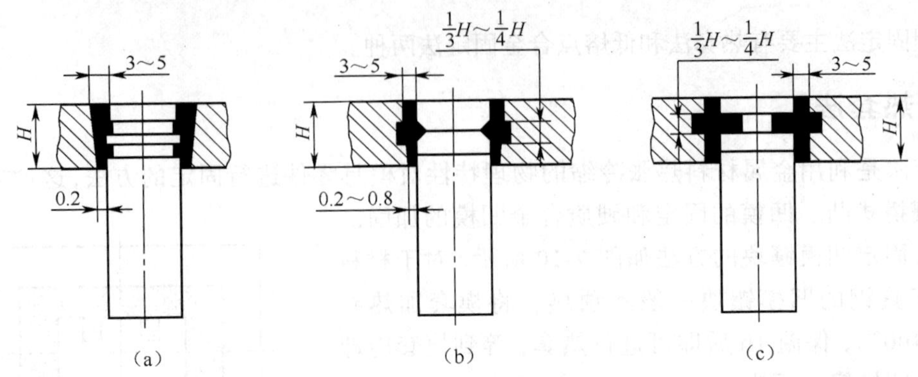

图 7-11　低熔点合金固定凸模的几种结构形式

低熔点合金固定法如图 7-12 所示。首先将凸模和凸模固定板浇注低熔点合金处去除油污并清洗干净，将凸模固定板放在平板上，再放上等高垫铁，然后放好凹模，以凹模的型孔作定位基准安装凸模，并调整好凸、凹模之间的间隙。浇注低熔点合金时，要预热浇注部位至 100℃～150℃，用金属勺浇入融好的低熔点合金，经过 24h 充分冷却，再用平面磨床将浇注处多余的合金磨掉。

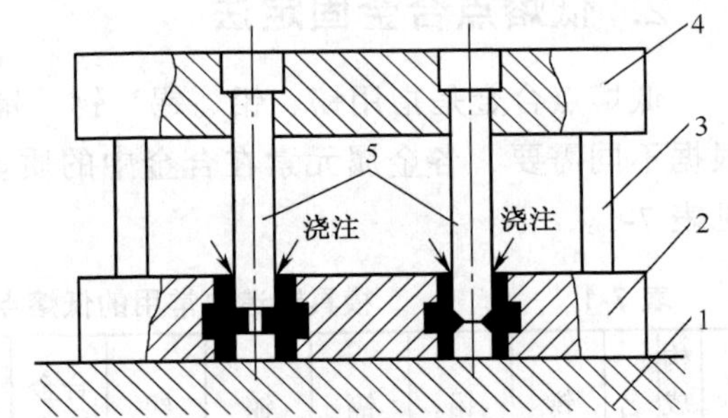

图 7-12　低熔点合金浇注示意图
1—平板　2—凸模固定板　3—等高垫铁
4—凹模　5—凸模

低熔点合金固定法的优点是：①熔点低，易熔化，工艺简单，操作方便，可以显著降低配合部位的加工精度，减少加工工时和缩短生产周期；②有一定强度，可以固定冲裁 2mm 以下钢板的凸模；③低熔点合金回收后熔化可以重复使用，节约了能源，一般可以回收再利用 2～3 次。

低熔点合金固定法的缺点是：①浇注合金时，模具零件需预热，且易产生热变形，对于大型拼块结构的冲模，在装配时不易控制间隙均匀；②要耗费铋等贵重金属，成本较高。

7.3.3　化学固定法

1. 环氧树脂固定法

环氧树脂是一种有机合成树脂，当其硬化后对金属和非金属材料有很强的粘接力，而且硬化时收缩率小，粘接时也不需要加温加压，使用非常方便。但环氧树脂硬度低，脆性大，不耐高温，使用温度低于 100℃。

环氧树脂固定法常用于固定凸模、导柱、导套和浇注成型卸料孔等。图 7-13 所示为用环氧树脂粘接法固定凸模的几种结构形式，其中图（a）和图（b）适用于冲制厚度小于 0.8mm 的材料，图（c）适用于冲制厚度大于 0.8mm 的材料。

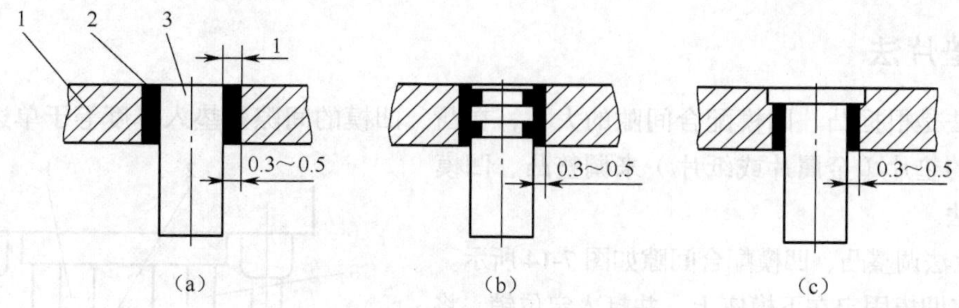

图 7-13 用环氧树脂粘接法固定凸模的形式

1—凸模固定板 2—环氧树脂 3—凸模

用环氧树脂固定模具零件基本上与低熔点合金固定法相似，也是去除粘接表面油污，找准各个零件位置，调整凸、凹模之间间隙，最后固定。

2. 无机粘结剂固定法

无机粘结剂固定法是将由氢氧化铝、磷酸溶液和氧化铜粉末定量混合而成的粘结剂，填充到待固定的模具零件及固定板的间隙内，经化学反应固化而固定模具零件的方法。

用这种方法固定的模具零件的结构形式与低熔点合金固定法时相同，但是间隙应小一些，一般取单面间隙为 0.1～0.3mm，粘接处表面应粗糙。

无机粘结剂固定法的优点是工艺简单，粘接强度高，不变形，耐高温（耐热温度可达 600℃左右）以及不导电；缺点是承受冲击能力较差，不耐酸碱腐蚀，一般用于冲裁薄板的冲模。

7.4 模具间隙和壁厚的控制方法

在模具装配时，冷冲模的凸、凹模之间的配合间隙和塑料模型腔、型芯之间形成的制件壁厚，对于保证模具的加工质量是十分重要的。为了保证间隙和壁厚尺寸，在装配时应根据具体模具的特点，先固定一件的位置，然后以其为基准，控制好间隙或壁厚尺寸，再固定另一件的位置。

根据模具的特点、间隙或壁厚的大小和装配条件的不同，可以选择不同的方法，目前常用的控制间隙或壁厚的方法主要有以下几种。

1. 透光法

透光法是将上、下模合模以后，把灯光从底面照射，用眼睛观察凸、凹模刃口四周的光隙大小，来判断冲裁间隙是否均匀。如果间隙不均匀，再进行调整、固定，直到间隙均匀为止。

透光法虽然简单，便于操作，但是不容易掌握，常为有经验的工人所采用。这种方法适用于薄板料冲裁模。

2. 垫片法

垫片法是根据凸、凹模配合间隙的大小，在凸、凹模的间隙处垫入厚度等于单边间隙值且厚薄均匀的垫片（金属片或纸片）来调整凸、凹模间隙的方法。

用垫片法调整凸、凹模配合间隙如图 7-14 所示。

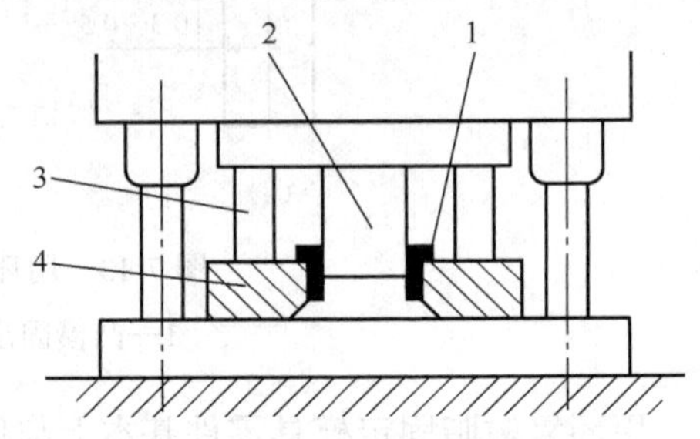

图 7-14 用垫片法调整间隙
1—垫片 2—凸模 3—等高垫铁 4—凹模

首先将凹模固定在下模座上，并打入定位销，将凸模与固定板安装在上模座上，初步对准位置，稍用螺栓紧固，不打定位销。将厚薄均匀，其值等于间隙的纸片、金属片或成形制件，放在凹模刃口四周的位置，然后慢慢合模，将等高垫铁放好，使凸模进入凹模内，观察凸、凹模的配合间隙状况。如果间隙不均匀，敲击固定板进行调整，直到间隙均匀为止。然后拧紧螺栓，使固定板与上模座紧固连接。

最后放入纸片试冲，以观察间隙是否均匀，不均匀时再重新调整。等到试冲合格后对上模座与固定板同钻同铰定位销孔，并打入定位销。

这种方法是模具装配中最简便的一种控制好间隙或壁厚的方法，广泛应用于中、小冲裁模、拉深模、弯曲模和各种塑料型腔模。

3. 镀铜法

对于形状复杂，凸模数量较多的小间隙冲裁模，用垫片法调整凸、凹模配合间隙比较困难。这时可以在凸模刃口部分 8～10mm 长度上镀一层铜，镀层厚度等于凸、凹模单边间隙值。镀层厚度用电流及电镀时间来控制，厚度均匀则容易保证模具冲裁间隙均匀。然后再按照垫片法进行调整、固定和定位。镀层在模具使用过程中可以自行剥落而在装配后不必去除。

4. 涂层法

涂层法与镀铜法类似，是在凸模刃口部分表面涂一层薄模材料，如磁漆或氨基醇酸绝缘漆等。通过使用不同黏度的涂料或涂抹不同的次数，使涂层在恒温箱内烘干后的厚度等于凸、凹模的单边配合间隙，装配方法与镀铜法相同。涂层在装配后也不必去除，在使用过程中会自然脱落。

涂层法非常简便，对于小间隙模具非常适用。

5. 测量法

测量法是利用塞尺检查凸、凹模之间的间隙大小和均匀程度，并据此来调整凸、凹模之间的位置，以达到间隙均匀。

用测量法调整间隙时，先将凹模固定在下模座上，然后安装上模，但是不必固定上模就与下模合模，用塞尺检测凸、凹模刃口周边间隙，并随时进行调整，直到间隙均匀后再将上模固定。

测量法调整凸、凹模间隙虽然工艺过程复杂，但是调整结果理想，常用于单边配合间隙大于 0.02mm 的大间隙模具的调整。

6. 工艺尺寸法

工艺尺寸法如图 7-15 所示。制造凸模时，将凸模长度适当加长，并使加长部位的尺寸按与凹模型孔尺寸零间隙配合来加工，以便装配时凸、凹模对中，并保证间隙的均匀。装配完成后，将凸模加长部分磨去。工艺尺寸法主要适用于圆形凸模和凹模。

7. 利用工艺定位器调整间隙

利用工艺定位器调整间隙的方法如图 7-16 所示。装配前先加工一个专用工具，即工艺定位器，如图 5-16 所示，其尺寸 d_1、d_2、d_3 分别按照与冲孔凸模、落料凹模、凸凹模上相应孔的尺寸的零间隙配合来加工，并且 d_1、d_2、d_3 要在一次装夹中加工出来，以保证它们同轴。装配时用工艺定位器来保证各部分的冲裁间隙。这种方法主要用于复合模，也适用于塑料模型腔壁厚的控制。

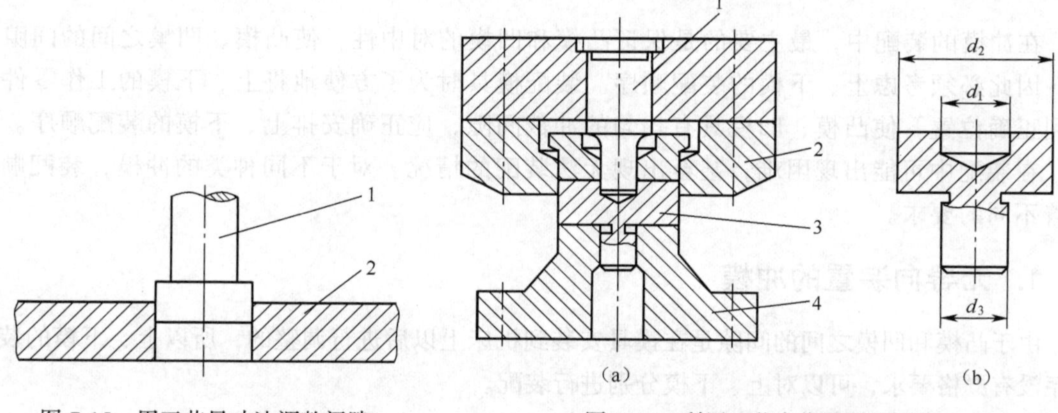

图 7-15　用工艺尺寸法调整间隙

1—凸模　2—凹模

图 7-16　利用工艺定位器调整间隙

1—凸模　2—凹模　3—工艺定位器　4—凸凹模

7.5 冲压模具的装配

冲压模具装配完成后，各模具零件组成模具的上模部分和下模部分。冲压模具工作时，下模部分安装在压力机的工作台上，是模具的固定部分；上模部分通过模柄安装在压力机滑块上，是模具的活动部分。

7.5.1　冲压模具装配的技术要求

① 模具各组成零件的材料、尺寸精度、几何形状精度、表面粗糙度和热处理工艺以及相对位置精度等都要符合图样要求，零件的工作表面不允许有裂纹和机械伤痕等缺陷。

② 模具装配后，所有模具的活动部位都应该保证位置准确，配合间隙适当，动作可靠，运

动平稳。固定的零件应牢固可靠，在使用过程中不得出现松动和脱落。

③ 凸模和凹模的配合间隙应符合设计要求，沿整个刃口轮廓间隙应均匀一致。

④ 模柄装入上模座后，其轴心线对上模座上平面的垂直度误差，在全长范围内不大于0.05mm。

⑤ 上模座的上平面应和下模座的底平面平行。导柱和导套装配后，其轴心线应分别垂直于下模座的底平面和上模座的上平面。

⑥ 装配好的模架，其上模座沿导柱上下移动应平稳，无阻滞现象。导柱和导套的配合精度应符合规定要求。

⑦ 定位装置要保证毛坯定位正确可靠。

⑧ 卸料装置和顶件装置动作应灵活、正确，出料孔畅通无阻，保证制件及废料不卡在冲模内。

⑨ 模具应在生产的条件下进行试验，冲出的制件应符合设计要求。

7.5.2 冲压模具的装配顺序

在冲模的装配中，最主要的是保证凸模和凹模的对中性，使凸模、凹模之间的间隙均匀。因此必须考虑上、下模的装配顺序。装配模具时为了方便地将上、下模的工作零件调整到正确位置，使凸模、凹模具有均匀的冲裁间隙，应正确安排上、下模的装配顺序。否则，在装配中可能出现困难，甚至出现无法装配的情况。对于不同种类的冲模，装配顺序有着不同的要求。

1. 无导向装置的冲模

由于凸模和凹模之间的间隙是在模具安装到机床上以后进行调整的，所以上、下模的装配顺序没有严格要求，可以对上、下模分别进行装配。

2. 有导向装置的冲模

装配前要先选择基准件，如导板、凸模、凹模或凸凹模等。装配时，先安装基准件，再以其为基准装配有关零件，然后调整凸模、凹模之间的间隙，保证间隙均匀，最后再安装其他辅助零件。如果凹模是安装在下模上的，一般先装配下模，再以下模为基准安装上模较为方便。

3. 有导柱的复合模

一般先安装上模，再借助上模的冲孔凸模和落料凹模孔，找正下模的凸凹模的位置及调整好间隙后，固定下模。

4. 有导柱的连续模

为了便于调整准确步距，在装配时应先将凹模装入下模板，然后再以凹模为基准件安装上模部分。

7.5.3 冲裁模的装配

以图 7-17 所示的冲孔模为例，说明冲裁模的装配方法。

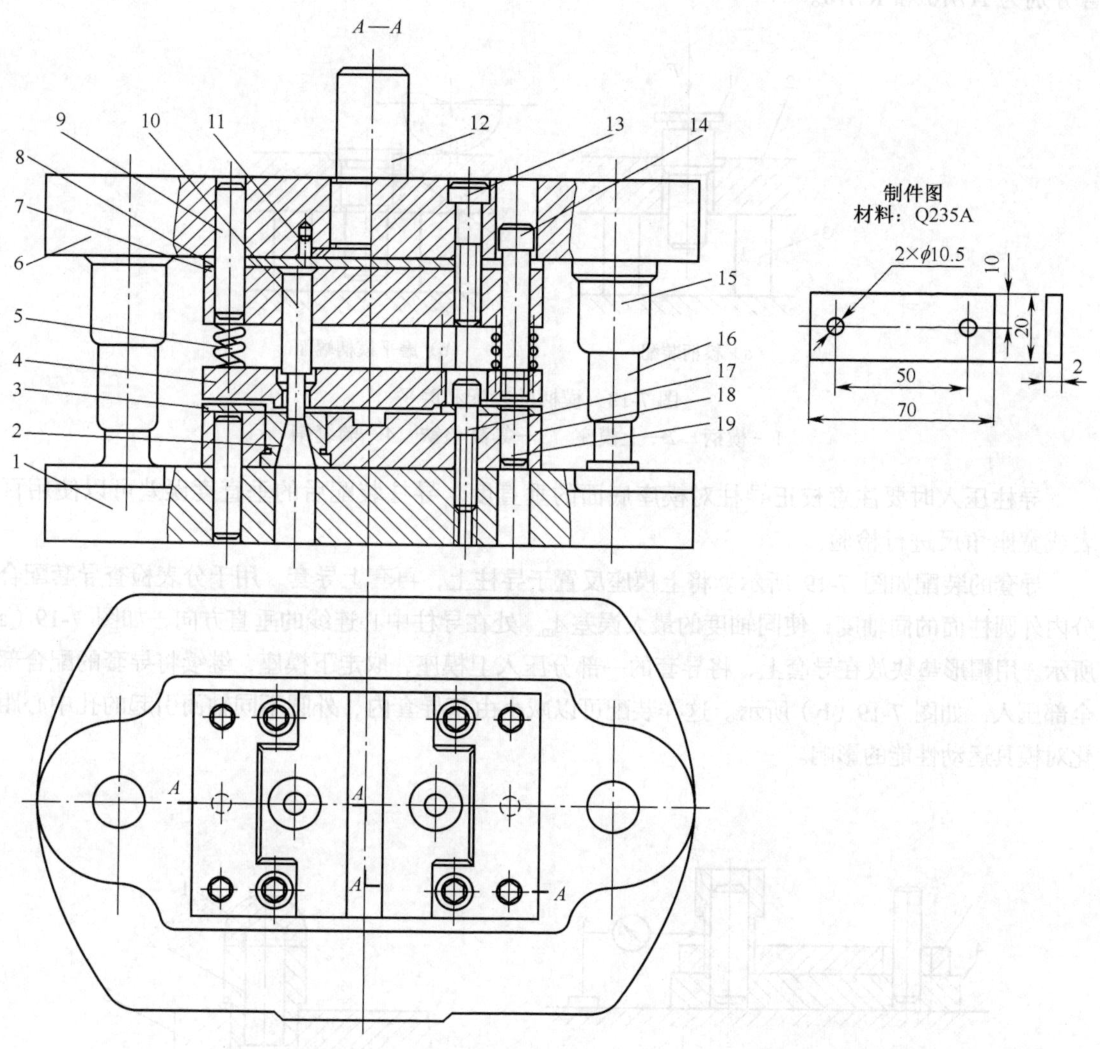

图 7-17 冲孔模

1—下模座 2—凹模 3—定位板 4—弹压卸料板 5—弹簧 6—上模座 7—凸模固定板 8—垫板 9、11、19—销钉 10—凸模 12—模柄 13、17—螺钉 14—卸料螺钉 15—导套 16—导柱 18—凹模固定板

1. 主要组件的装配

(1) 模柄的装配

图 7-17 所示的冲裁模采用压入式模柄，在安装凸模固定板和垫板之前应先将模柄压入上模座内，模柄与上模座的配合为 H7/m6。

装配时，先在压力机上将模柄压入，如图 7-18（a）所示，再加工定位销钉孔或螺纹孔，然后将模柄端面突出部分在平面磨床上磨平，如图 7-18（b）所示。安装好模柄后，用角尺检查模柄与上模座上平面的垂直度，若偏斜要及时进行调整，直到合适后再加工骑缝销孔，打入销钉 4。

(2) 导柱和导套的装配

图 7-17 所示冲裁模的导柱、导套与上、下模座均采用压入式连接，导柱、导套与模座的配

合分别为 H7/r6 和 R7/r6。

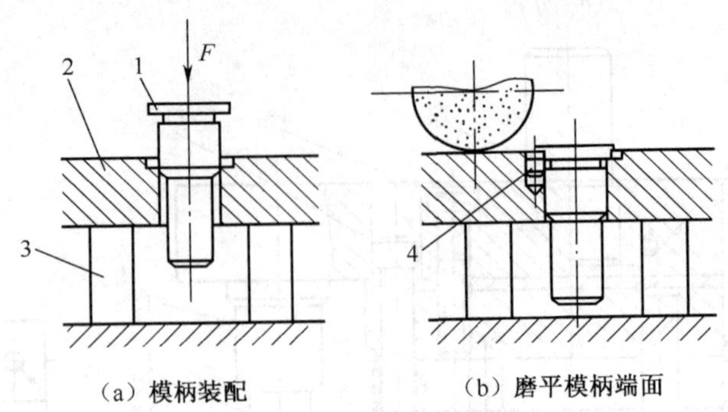

（a）模柄装配　　（b）磨平模柄端面

图 7-18　模柄的装配和磨平

1—模柄　2—上模座　3—等高垫铁　4—骑缝销

导柱压入时要注意校正导柱对模座底面的垂直度。导柱装配后的垂直度误差可以使用百分表或宽座角尺进行检验。

导套的装配如图 7-19 所示。将上模座反置于导柱上，再套上导套，用千分表检查导套配合部分内外圆柱面的同轴度，使同轴度的最大误差Δ_{max}处在导柱中心连线的垂直方向，如图 7-19（a）所示。用帽形垫块放在导套上，将导套的一部分压入上模座，取走下模座，继续将导套的配合部分全部压入，如图 7-19（b）所示。这样装配可以减小由于导套内、外圆不同轴而引起的孔中心距变化对模具运动性能的影响。

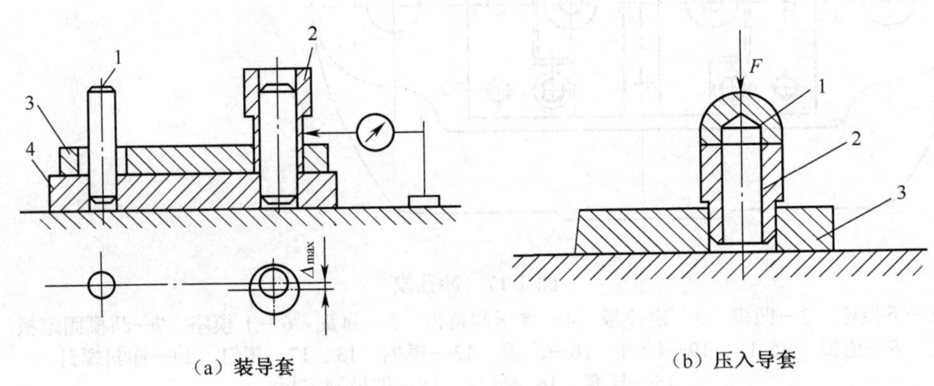

（a）装导套　　（b）压入导套

图 7-19　导柱、导套的装配

1—帽形垫块　2—导套　3—上模座　4—下模座

将装配好导柱和导套的模座组合在一起，在上、下模座之间垫以球形垫块，在检验平板上按照规定的测量方向，检查模座上平面对底面的平行度，如图 7-20 所示。根据模架大小，可以移动模座或百分表座。在整个被测表面内取百分表的最大与最小读数之差，作为被测模架的平行度误差。

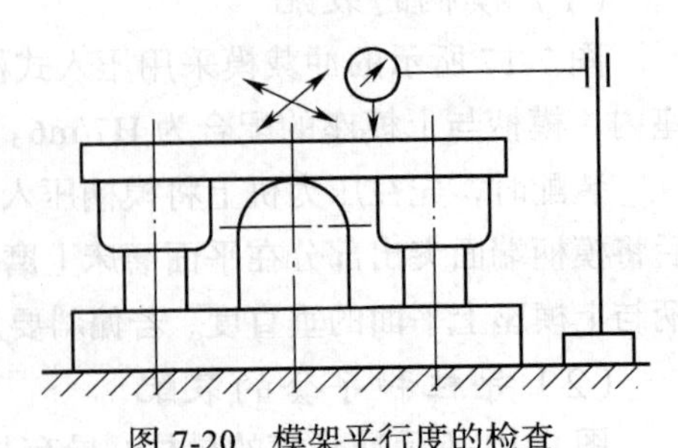

图 7-20　模架平行度的检查

（3）凹模和凸模的装配

凹模与固定板的配合经常采用 H7/n6 或 H7/m6。

装配时将凹模压入凹模固定板内，在平面磨床上将上、下平面磨平。

凸模与固定板的配合经常采用H7/n6或H7/m6。装配时，先在压力机上将凸模压入凸模固定板内，如图7-21（a）所示。检查凸模中心线与固定板支承面的垂直度，然后在平面磨床上将凸模固定板的上平面与凸模尾部一起磨平，如图7-21（b）所示。为了保持凸模刃口的锋利，还应以固定板支承面定位，将凸模的端面磨平，如图7-21（c）所示。

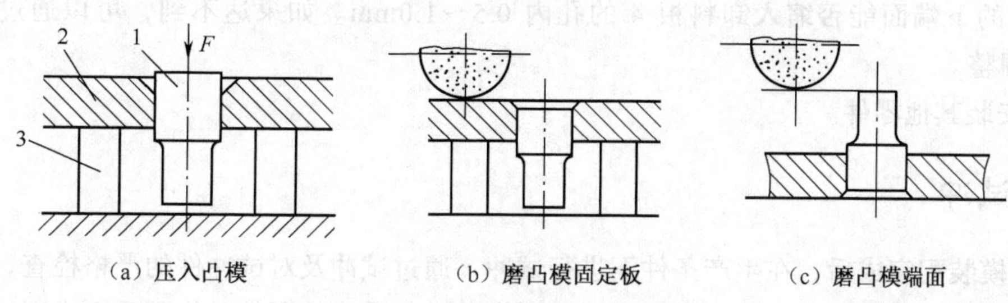

（a）压入凸模　（b）磨凸模固定板　（c）磨凸模端面

图7-21　凸模的装配

1—凸模　2—固定板　3—等高垫铁

（4）弹压卸料板的装配

弹压卸料板起压料和卸料的作用，所以应保证它与凸模之间具有适当的间隙。装配时，先将弹压卸料板套在已装入固定板的凸模内，在固定板和卸料板之间垫上等高垫铁，并用夹板夹紧，然后按照卸料板上的螺钉位置在固定板上钻出锥窝，拆开后钻固定板上的螺纹孔。

2. 总装配

如图7-17所示，冲裁模宜先装下模，总装配步骤如下。

① 将凹模2装入的凹模固定板18中，磨平底面。

② 将凹模固定板18安放在下模座1上，找正凹模固定板18的位置后，用平行夹头夹紧，通过螺钉孔在下模座上钻出锥窝。拆去凹模固定板，在下模座上按锥窝钻螺纹底孔并加工出螺纹孔。重新将凹模固定板置于下模座上找正，用螺钉紧固。再加工销钉孔，装入销钉定位，拧紧螺钉。

③ 将定位板3安装在凹模固定板上。

④ 将凸模10装入凸模固定板7内，将弹压卸料板4套在凸模上，在凸模固定板上钻出锥窝，拆开后按照锥窝位置钻凸模固定板上的螺钉沉头孔。

⑤ 取下弹压卸料板，将凸模插入凹模的型孔中。在凹模2与凸模固定板7之间垫入适当高度的等高垫铁，将垫板8放在固定板7上。再以导柱导套定位安装上模座6，用平行夹头将上模座6和固定板7夹紧。通过凸模固定板孔在上模座上钻出锥窝，拆开后按照锥窝位置钻孔，然后用螺钉将上模座、垫板、凸模固定板稍加紧固。

⑥ 调整凸、凹模的配合间隙。

a. 透光法：再将模具翻转过来，用手灯从侧面进行照射，从下模板的漏料孔观察凸、凹模之间的配合间隙是否均匀。调整间隙时，用手锤轻轻敲击凸模固定板7，改变凸模的位置，以得到均匀的间隙。

b. 切纸法：经上述调整后，以纸作冲压材料，放入凸、凹模之间，用锤子敲击模柄，在纸上切出制件的形状。如果冲出的纸样轮廓齐整，没有毛刺或毛刺均匀，说明间隙是均匀的，如果局部有毛刺，则说明间隙是不均匀的，有毛刺的一边间隙过大，应重新进行调整直到间隙均匀为止。

⑦ 调好间隙后，将凸模固定板的紧固螺钉拧紧。钻、铰定位销孔，装入定位销钉 9。

⑧ 将弹压卸料板 4 套在凸模上，装上弹簧和卸料螺钉，检查卸料板运动是否灵活。并检查凸模的下端面能否缩入卸料板 4 的孔内 0.5～1.0mm。如果达不到，可以通过卸料螺钉 14 进行调整。

⑨ 安装其他零件。

3. 试冲

冲裁模装配完成后，在生产条件下进行试冲，通过试冲及对试冲件的严格检查，可以发现模具的设计和制造的缺陷，找出产生原因，对模具进行适当的调整和修理后再进行试冲，直到模具能正常工作，冲出合格的制件，模具的装配过程就完成了。

试冲件的数量根据使用部门的要求来确定，一般小型冲裁模应大于 50 件；硅钢片冲裁模应大于 200 件；贵重金属冲裁模的试冲件数量由使用部门自定；自动冲裁模连续试冲时间应大于 3min。

冲裁模试冲时出现的缺陷、原因和调整方法见表 7-2。

表 7-2　　冲裁模试冲时出现的缺陷、原因和调整方法

试冲的缺陷	产生原因	调整方法
送料不通畅或料被卡死	① 两导料板之间的尺寸过小或有斜度 ② 凸模与间隙板之间的间隙过大，使搭板翻扭 ③ 用侧刃定距的冲裁模导料板的工作面和侧刃不平行形成毛刺，使条料卡死 ④ 侧刃与侧刃挡块之间不密合形成毛刺，使条料卡死	① 根据情况修整或重装卸料板 ② 根据情况采取措施减小凸模与卸料板之间的间隙 ③ 重装导料板 ④ 修整侧刃档块，清除间隙
卸料不正常退不下来	① 由于装配不正确，卸料机构不能动作，如卸料板与凸模配合过紧，或因卸料板倾斜而卡紧 ② 弹簧或橡皮的弹力不足 ③ 凹模和下模座的漏料孔没有对正，凹模孔有倒锥度造成堵塞，料不能排出 ④ 顶出器过短或卸料板行程不够	① 修整卸料板、顶板等零件 ② 更换弹簧或橡皮 ③ 修整漏料孔,修整凹模 ④ 加长顶出器的顶出部分或加深卸料螺钉沉孔的深度
凸凹模的刃口相碰	① 上模座、下模座、固定板、凹模、垫板等零件安装面不平行 ② 凸、凹模错位 ③ 凸模、导柱等零件安装不垂直 ④ 导柱与导套配合间隙过大，导向不准确 ⑤ 卸料板的孔位不正确或歪斜，使凸模位移	① 修整有关零件，重装上模或下模 ② 重新安装凸、凹模，使其对正 ③ 重装凸模或导柱 ④ 更换导柱或导套 ⑤ 修理或更换卸料板

续表

试冲的缺陷	产生原因	调整方法
凸模折断	① 冲裁时产生的侧向力未抵消 ② 卸料板倾斜	① 在模具上设置靠块抵消侧向力 ② 修正卸料板或加凸模导向装置
凹模胀裂	①凹模孔有倒锥度现象(上口大下口小) ② 凹模孔内卡住工件(废料)太多	①修磨凹模孔，消除倒锥现象 ② 修低凹模型孔高度
冲裁件的形状和大小不正确	凸模和凹模的刃口形状及尺寸不正确	先将凸模和凹模的形状及尺寸修准，然后调整冲模的间隙
落料外形和冲孔位置不正成偏位现象	① 挡料销位置不正 ② 落料凹模上导正销尺寸过小 ③ 导料板和凹模送料中心线不平行使孔偏斜 ④ 侧刃定距不准确	① 修正挡料销 ② 更换导正销 ③ 修正导料板 ④ 修磨或更换侧刃
冲压件不平整	① 落料凹模有上口大、下口小的倒锥,冲件从孔中通过时被压弯 ② 冲模结构不当，落料时无压料装置 ③ 在连续模中，导正销与预冲孔配合过紧，工件压出凹陷 ④ 导正销与挡料销之间的距离过小，导正销使条料前移，被导正销挡住产生弯曲	① 修磨凹模孔，去除倒锥现象 ② 加压料装置 ③ 修小导正销 ④ 修小挡料销
冲裁件的毛刺过大	① 刃口不锋利和刃口淬火硬度不够 ② 凸、凹模配合间隙过大或间隙不均匀	① 修磨工作部分刃口 ② 重新调整凸、凹模间隙

7.5.4 弯曲模和拉深模的装配

弯曲模和拉深模都是通过坯料的塑性变形来获得制件的形状。由于金属的塑性变形过程中，必然伴随弹性变形，而弹性变形的回弹会影响到制件的加工精度。

1. 弯曲模的装配特点

① 弯曲模工作部分形状比较复杂，几何形状和尺寸精度要求较高。制造时，凸、凹模工作表面的曲线和折线应用事先做好的样板或样件来控制。

② 凸模与凹模工作部分的表面精度要求较高，一般应进行抛光，粗糙度值 $R_a < 0.63\mu m$。

③ 凸模和凹模的尺寸和形状应在试模合格以后再进行淬火处理。

④ 装配时可按冲裁模装配方法进行装配，借助样板或样件调整间隙。

⑤ 选用卸料弹簧或橡皮，一定要保证弹力，一般在试模时确定。

⑥ 试模的目的不仅是要找出模具的缺陷加以修正和调整，而且还是为了最后确定制件的毛坯尺寸。由于这一工作涉及材料的变形问题，所以弯曲模的调整工作比一般冲裁模要复杂得多。

弯曲模试模时出现的缺陷、原因和调整方法见表 7-3。

表 7-3　弯曲模试模时出现的缺陷、原因和调整方法

试模的缺陷	产生的原因	调整方法
制件的弯曲角度不够	① 凸、凹模的弯曲角制造不能克服回弹 ② 凸模进入凹模的深度太浅 ③ 凸、凹模之间的间隙过大 ④ 校正弯曲的实际单位校正力过小	① 修正凸、凹模，使弯曲角度达到要求 ② 增加凹模深度，增大制件的有效变形区域 ③ 采取措施减小凸、凹模的配合间隙 ④ 增大校正力或修整凸（凹）模形状，使校正力集中在变形部位
制件的弯曲位置不符合要求	① 定位板位置不正确 ② 弯曲件两侧受力不平衡 ③ 压料力不足	① 重新移装定位板，保证其位置正确 ② 分析制件受力不平衡的原因并纠正 ③ 采取措施增大压料力
制件尺寸过长或不足	① 间隙过小，将材料拉长 ② 压料力过大，使材料伸长 ③ 设计计算错误	① 修整凸、凹模，增大间隙值 ② 采取措施减小压料装置的压料力 ③ 坯件落料尺寸在弯曲试模后确定
制件表面擦伤	① 凹模圆角半径过小，表面粗糙度值过大 ② 润滑不良，使坯料贴附在凹模上 ③ 凸、凹模之间的间隙不均匀	① 增大凹模圆角半径，减小表面粗糙度值 ② 合理润滑 ③ 修整凸、凹模，使间隙均匀
制件弯曲部位产生裂纹	① 坯料塑性差 ② 弯曲线与板料的纤维方向平行 ③ 剪切断面的毛刺在弯曲的外侧	① 将坯料退火后再弯曲 ② 改变落料排样或改变条料下料方向使弯曲线与板料纤维方向垂直 ③ 使毛刺在弯曲的内侧,圆角带在外侧

2. 拉深模的装配特点

① 拉深模凸、凹模的工作部分边缘要求修磨出光滑的圆角。

② 拉深模凸、凹模工作部分的表面粗糙度要求较高，一般为 R_a = 0.32～0.04μm。

③ 装配时可按冲裁模装配方法进行装配，借助样板或样件调整间隙。

④ 拉深模即使组成零件制造很精确，装配得也很好，但由于材料弹性变形的影响，拉深出的制件不一定合格，因此，试模后常常要对模具进行修整加工。

拉深模试模时出现的缺陷、原因和调整方法见表 7-4。

表 7-4　拉深模试模时出现的缺陷、原因和调整方法

试模的缺陷	产生原因	调整方法
制件拉深高度不够	① 毛坯尺寸小 ② 拉深间隙过大 ③ 凸模圆角半径太小	① 放大毛坯尺寸 ② 更换凸模或凹模，使间隙适当 ③ 加大凸模圆角半径
制件拉深高度太大	① 毛坯尺寸太大 ② 拉深间隙太小 ③ 凸模圆角半径太大	① 减小毛坯尺寸 ② 修整凸、凹模，加大间隙 ③ 加大凸模圆角半径
制件壁厚和高度不均	① 凸模和凹模的间隙不均匀 ② 定位板或挡料销位置不正确 ③ 凸模不垂直 ④ 压边力不均匀 ⑤ 凹模几何形状不正确	① 调整凸模或凹模，使间隙均匀 ② 调整定位板或挡料销位置，使之正确 ③ 修整凸模后重装 ④ 调整托杆长度或弹簧位置 ⑤ 重新修整凹模

续表

试模的缺陷	产生原因	调整方法
制件起皱	① 压边力太小或不均匀 ② 凸、凹模间隙太大 ③ 凹模圆角半径太大 ④ 板料塑性差	① 增加压边力或调整顶件杆长度、弹簧位置 ② 减小拉深间隙 ③ 减小凹模圆角半径 ④ 更换塑性好的材料
制件破裂或有裂纹	① 压料力太大 ② 压料力不够，起皱引起破裂 ③ 拉深间隙太小 ④ 凹模圆角半径太小，表面粗糙 ⑤ 凸模圆角半径太小 ⑥ 拉深系数太小 ⑦ 凸模与凹模不同轴或不垂直 ⑧ 板料质量不好	① 调整压料力 ② 调整顶杆长度或弹簧位置 ③ 加大拉深间隙 ④ 加大凹模圆角半径，修磨凹模圆角 ⑤ 加大凸模圆角半径 ⑥ 增加拉深工序或增加中间退火工序 ⑦ 重装凸、凹模，保证位置精度 ⑧ 更换材料或增加中间退火工序，改善润滑条件
制件表面拉毛	① 凹模圆角半径太小，表面粗糙太小或不均匀 ② 凹模圆角表面太粗糙 ③ 模具或板料不清洁 ④ 凹模硬度太低，板料粘附 ⑤ 润滑油中有杂质	① 修整拉深间隙 ② 修光凹模圆角 ③ 清洁模具或板料 ④ 提高凹模硬度或进行镀铬及氮化处理 ⑤ 更换润滑油
制件表面不平	① 凸模、凹模（顶出器）无出气孔 ② 顶出器在冲压的最终位置时顶力不足 ③ 材料本身存在弹性	① 钻出气孔 ② 调整冲模结构，使冲模闭合时，顶出器处于刚性接触状态 ③ 改变凸模、凹模和压料板形状

7.6 塑料模具的装配

塑料模具装配与冲压模具装配相似，也包括组件装配和总装配。

7.6.1 主要组件——型芯的装配

由于塑料模的结构不同，型芯在固定板上的固定方式也不相同，常见的固定方式有以下几种。

1. 采用压入式固定

如图 7-22 所示，压入式型芯与固定板孔之间采用过渡配合。装配时用等高垫铁垫平固定板，用手动压力机将型芯慢慢压入固定板孔中。在压入过程中要注意校正型芯的垂直度，防止压入时损坏孔壁和固定板产生变形。在型芯和型腔的配合经修配合格后，要在平面磨床上磨平端面 A。

2. 采用埋入式固定

如图 7-23 所示，将型芯尾部压入固定板沉孔中，型芯尾部与固定板沉孔之间采用过渡配合。校正型芯的垂直度合格后，用螺钉紧固。

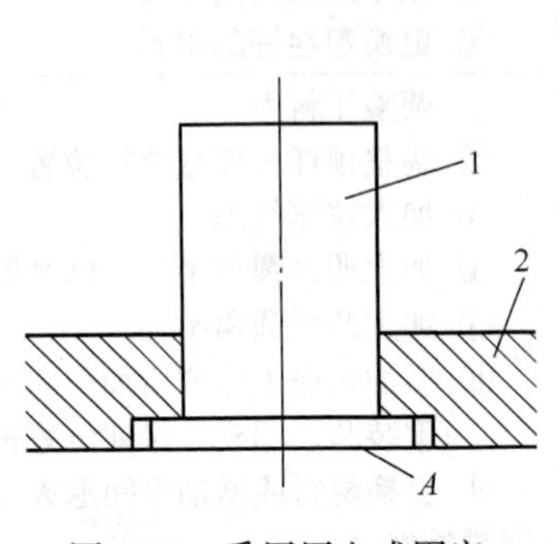

图 7-22 采用压入式固定

1—型芯 2—固定板

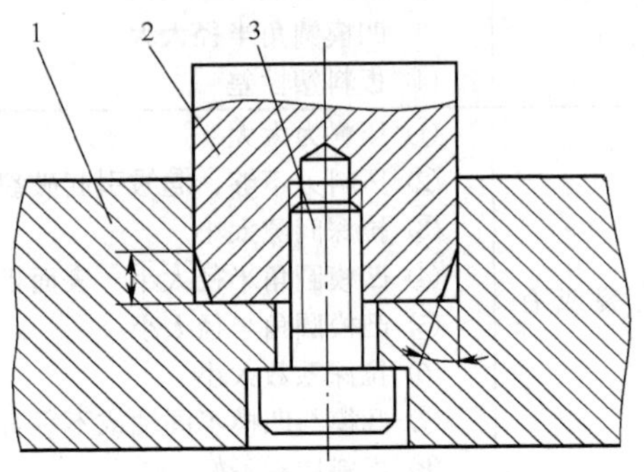

图 7-23 采用埋入式固定

1—固定板 2—型芯 3—螺钉

由于这种方法装配的固定板沉孔一般采用立铣加工，当沉孔较深时，沉孔侧面会形成斜度难以修正。为了保证装配精度，可以按照固定板沉孔的实际斜度对型芯配合段进行修整。

当型芯埋入固定板较深时，应将型芯尾部周边修出斜度，否则将影响固定强度，此时，为了避免切坏固定板孔壁而失去定位精度，应将型芯尾端的棱边修磨成小圆弧。

3. 采用螺纹固定

如图 7-24 所示，这种型芯为旋入式型芯，常用于热固性塑料压模。装配时将型芯的螺纹旋紧在固定板上，检验型芯的垂直度精度，合格后钻骑缝螺钉孔并旋入骑缝螺钉紧固定位。

对于某些有方向要求的型芯，当螺纹旋紧后型芯的实际位置与理想位置之间常常会出现角度偏差 α，如图 7-25 所示。这个角度偏差α可以通过修磨平面 A 或 B 来消除，方法为：预装型芯于固定板后实测出角度偏差α的值，然后根据这个值计算出来修磨量Δ，再来修磨平面 A 或 B。修磨量Δ的计算公式为

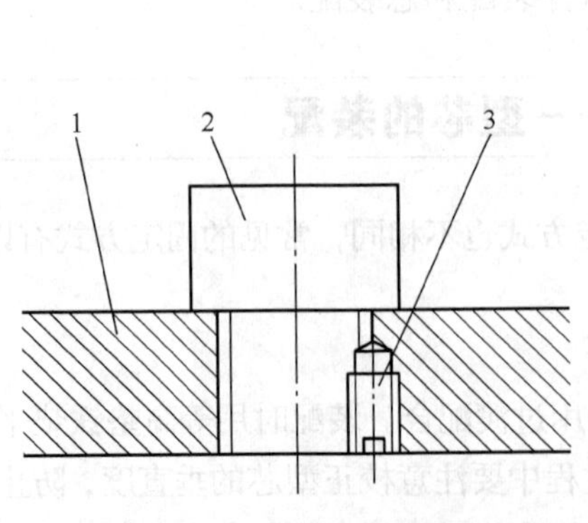

图 7-24 采用螺纹固定

1—固定板 2—型芯 3—骑缝螺钉

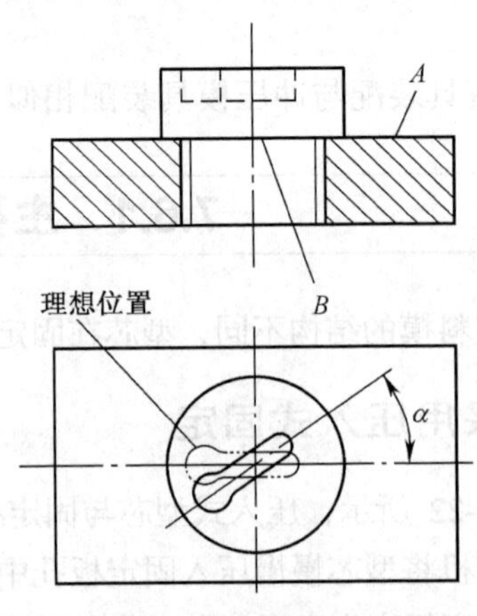

图 7-25 型芯的位置误差

$$\Delta = \alpha t/360°$$

式中：α——角度偏差，单位为（°）；

t——连接螺纹的螺距，单位为 mm。

采用螺纹固定旋入式型芯比较麻烦，因此，对于有方向要求的型芯，为了方便装配和保证装配质量，常采用螺母固定型芯。

4. 采用螺母固定

如图 7-26 所示，对于某些有方向要求的型芯，装配时只需按设计要求将型芯调整到正确位置后，用螺母固定，钻骑缝螺钉孔并旋入骑缝螺钉紧固定位。这种固定形式装配过程简便，适合于固定外形为任何形状的型芯，以及在固定板上同时固定几个型芯的场合。

5. 大型芯的固定

如图 7-27 所示，装配时可按下列顺序进行。

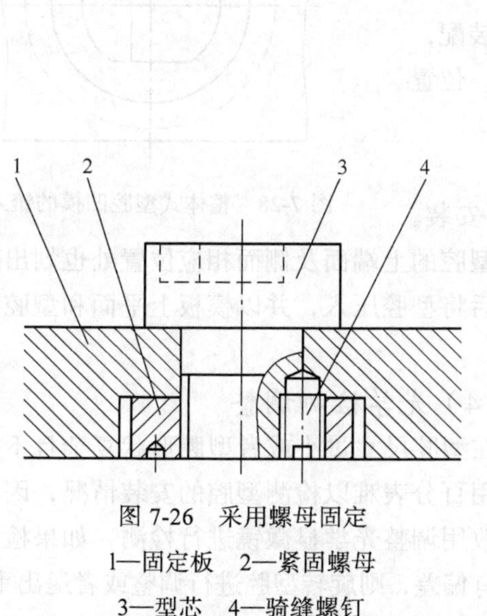

图 7-26 采用螺母固定

1—固定板 2—紧固螺母

3—型芯 4—骑缝螺钉

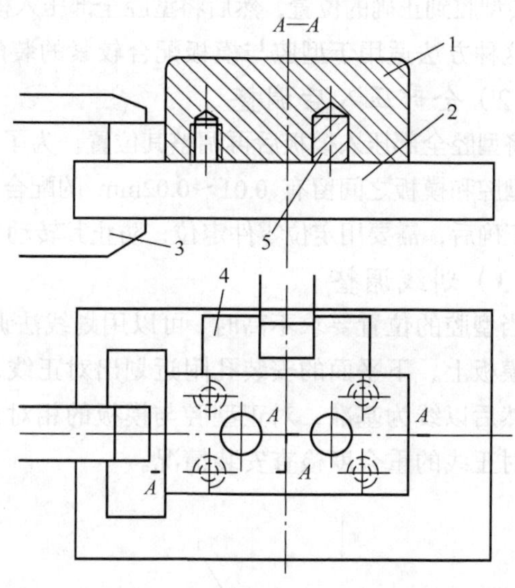

图 7-27 大型芯与固定板的装配

1—型芯 2—固定板 3—平行夹头

4—定位块 5—定位销套

① 将加工好的型芯 1 压入实心的定位销套 5（型芯淬火前预钻定位销套孔；型芯如不淬火，则不需要钻孔压入定位销套）。

② 在型芯螺孔口部抹红丹粉，根据型芯在固定板上的要求位置，用定位块 4 定位，把型芯和固定板合拢，将定位块用平行夹头夹紧在固定板上。

③ 将螺钉孔位置复印到固定板上，取下型芯，在固定板上钻螺钉过孔及锪沉孔，用螺钉将型芯初步固定。

④ 通过导柱导套将卸料板、型芯和支承板装合在一起，将型芯调整到正确位置后拧紧固定螺钉。

⑤ 在固定板的背面划出销孔位置线。钻、铰销孔，打入销钉。

7.6.2 主要组件——型腔的装配

1. 整体式型腔

图 7-28 所示为圆形整体式型腔镶块结构形式。型腔和动、定模板镶合后，其分型面要求紧密贴合。因此，对于压入式配合的型腔，其压入端一般都不允许有斜度，通常将压入时的导入部分设在模板上，可在固定孔的入口处加工出 1° 的导入斜度，其高度不超过 5mm。

这种型腔的装配，关键是调整和最终定位型腔形状和模板的相对位置。调整的方法有以下几种。

（1）部分压入后调整

先将型腔压入模板一小部分后，用百分表检测型腔的平面部分（如图 7-28 中的 *A* 面），如有位置偏差，则用管子钳等工具旋转型腔到正确的位置，然后将型腔全部压入模板。

这种方法适用于型腔与模板配合较紧的装配。

（2）全部压入后调整

将型腔全部压入模板后再调整其位置。为了方便装配，常将型腔和模板之间留有 0.01～0.02mm 的配合间隙。位置调整正确后，需要用定位零件定位，防止其转动。

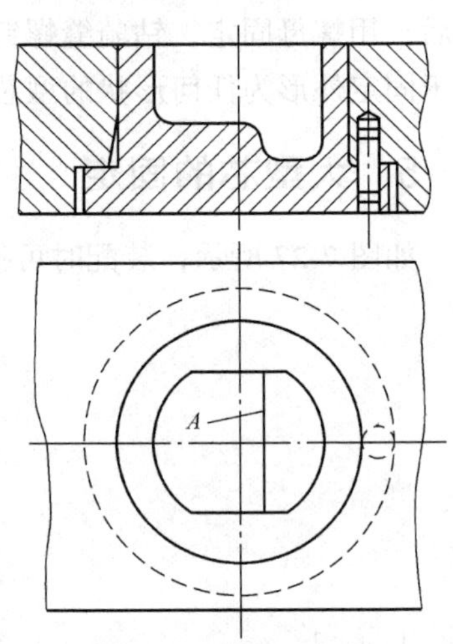

图 7-28 整体式型腔凹模的镶入

（3）划线调整

当型腔的位置要求不高时，可以用划线法调整、安装。先在模板上、下平面的安装孔附近划出对正线，在型腔的上端面及侧面相应位置处也划出对正线，然后以线为基准，对正型腔与模板的相对位置后将型腔压入，并以模板上平面和型腔上端面上对正线的重合度检查安装情况。

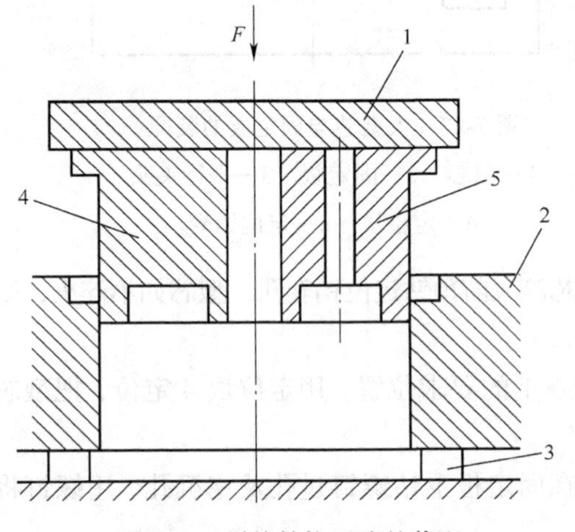

图 7-29 拼块结构型腔的装配

1—平垫板 2—模板 3—等高垫铁

4、5—型腔拼块

（4）光学检测调整

在型腔尺寸过小或者型腔形状复杂且不规则时，用百分表难以检测型腔的安装情况，因此，可以改用调整光学显微镜进行检测，如果检测出位置有偏差，则旋转型腔进行调整或者退出重装。

型腔用上述方法装入模板中以后，要在平面磨床上将两端面与模板一起磨平。

2. 拼块结构的型腔

拼块结构的型腔是将几块拼块同时压入模板孔中拼合出来单个或多个型腔。

图 7-29 所示为拼块结构的型腔，这种型腔的拼合面在热处理后要进行磨削加工，以保证拼合处紧密、无缝隙，因此，型腔拼块在热处理前要留出修磨量在热处理后进行修磨，以达到尺寸精度的要求。

为了不使拼块结构的型腔在压入模板的过程中，各拼块在压入方向上产生错位，应在拼块的压入端放一块平垫板 1，通过平垫板推动各拼块一起平稳地压入模板中。

7.6.3 其他主要组件的装配

1. 浇口套的装配

浇口套与定模板的配合一般采用 H7/m6 的配合。它压入模板后，其台肩应和沉孔底面贴紧。装配好的浇口套，其压入端与配合孔之间应无缝隙。所以，浇口套的压入端不允许有导入斜度，如果需要导入斜度，应将导入斜度开在模板上浇口套配合孔的入口处。为了防止在压入时浇口套将配合孔壁切坏，常将浇口套的压入端倒成小圆角。在浇口套加工时应留有去除圆角的修磨余量 Z，压入后使圆角凸出在模板之外，如图 7-30（a）所示。然后在平面磨床上磨平，如图 7-30（b）所示。最后再把修磨后的浇口套稍微退出，将固定板磨去 0.02mm，重新压入后成为如图 7-30（c）所示的形式。台肩对定模板的高出量 0.02mm 也可以采用修磨来保证。

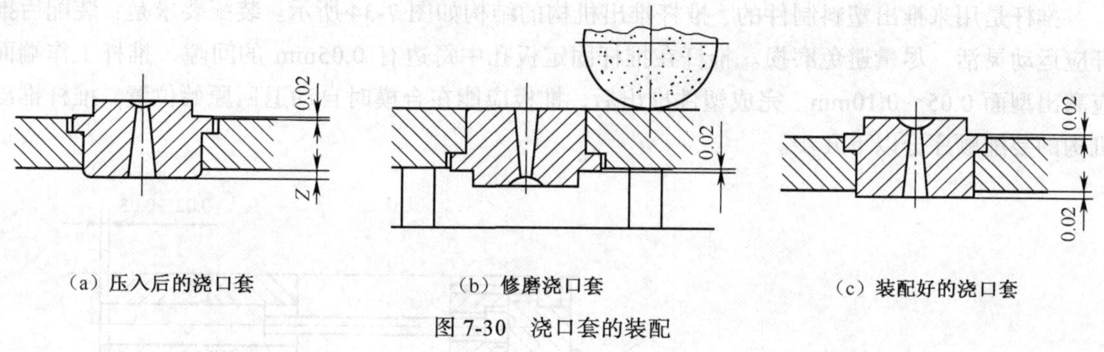

（a）压入后的浇口套　（b）修磨浇口套　（c）装配好的浇口套

图 7-30　浇口套的装配

2. 导柱和导套的装配

导柱、导套是脱模机构的定位导向装置，分别安装在塑料模的动模和定模部分上。

导柱、导套采用压入方式装入模板的导柱和导套孔内。导柱、导套与模板一般采用过盈配合。

（1）导柱的装配

对于不同结构的导柱所采用的装配方法也不同。短导柱可以采用图 7-31 所示的方法压入，长导柱应在定模板上的导套装配完成之后，以导套导向将导柱压入固定板内,如图 7-32 所示。

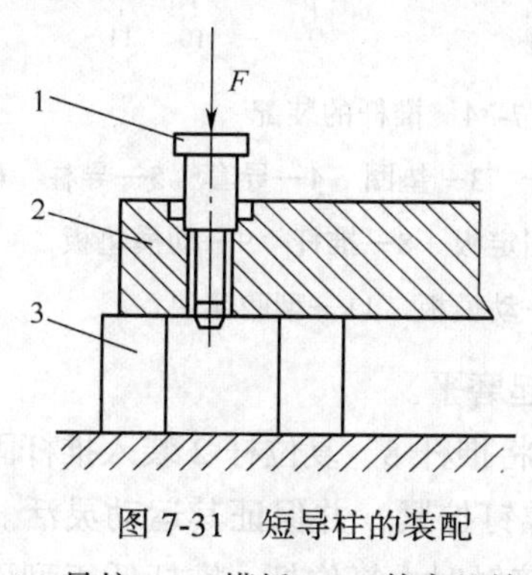

图 7-31　短导柱的装配

1—导柱　2—模板　3—等高垫铁

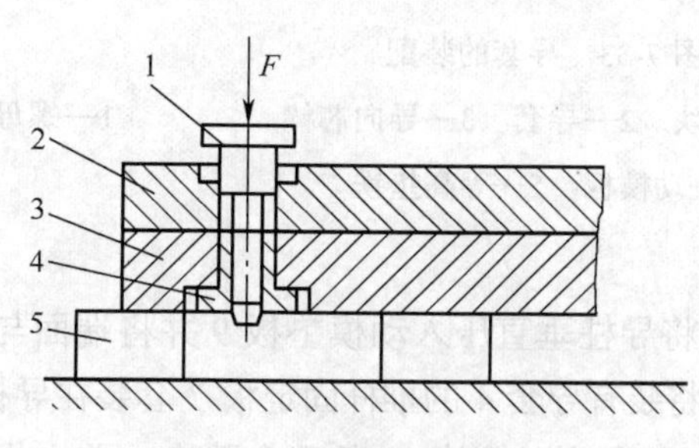

图 7-32　长导柱的装配

1—导柱　2—固定板　3—定模板　4—导套　5—等高垫铁

（2）导套的装配

导套的装配通常是利用导向芯棒在压力机上将导套逐个压入模板，如图 7-33 所示。先将导向芯棒以 H7/f7 的间隙配合固定在模板内，再将导套套在导向芯棒上，用压力机慢慢压入。由于导套内孔在导套压入模板后会有微量收缩，因此导向芯棒直径与导套孔径之间应留有 0.02～0.03mm 的间隙。

（3）导柱、导套装配注意事项

① 压入前应对导柱、导套进行选配。保证导柱、导套和模板等零件间的配合符合要求，以及保证动、定模板上导柱和导套安装孔的中心距一致（其误差不大于 0.01mm）。

② 装配时压入模板后，导柱和导套孔应与模板的安装基面垂直。

③ 导柱、导套装配后，应保证脱模机构灵活滑动，无卡滞现象。如果达不到要求，可用红丹粉涂于导柱表面，往复拉动动模板，观察卡滞部位，分析原因，然后将导柱退出，重新装配。

④ 装配时应首先装配距离最远的两根导柱，装配合格后再装配第三、第四根导柱。每装入一根导柱均应保证脱模机构运动灵活。

3. 推出机构的装配

推杆是用来推出塑料制件的，推杆推出机构的结构如图 7-34 所示。装配要求是：装配后推杆应运动灵活，尽量避免磨损。推杆在推杆固定板孔中每边有 0.05mm 的间隙，推杆工作端面应高出型面 0.05～0.10mm。完成塑件推出后，推板应能在合模时自动退回原始位置。推杆推出机构的装配顺序分以下几步。

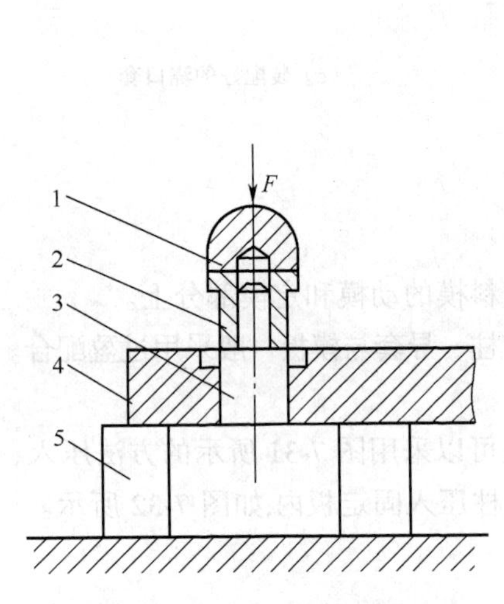

图 7-33 导套的装配

1—压块 2—导套 3—导向芯棒 4—动模板 5—等高垫铁

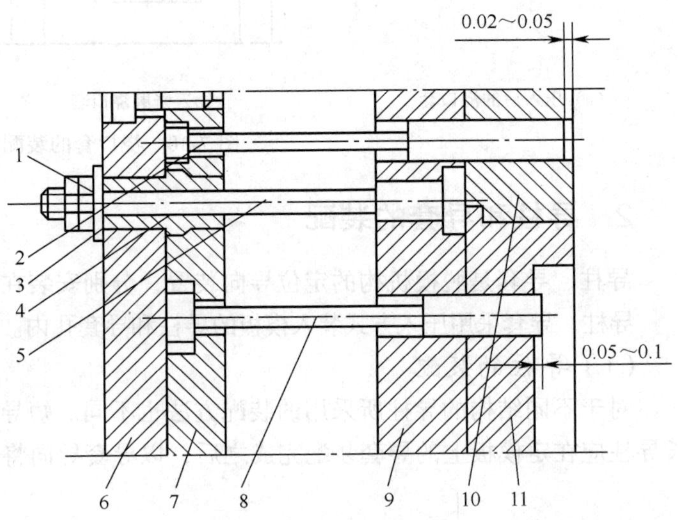

图 7-34 推杆的装配

1—螺母 2—复位杆 3—垫圈 4—导套 5—导柱 6—推板 7—推杆固定板 8—推杆 9—动模垫板 10—动模板 11—型腔镶块

① 将导柱垂直压入动模垫板 9 并将端面与支承板一起磨平。

② 将装有导套 4 的推杆固定板 7 套装在导柱 5 上，并将推杆 8、复位杆 2 装入推杆固定板、动模垫板 9 和型腔镶块 11 的配合孔中，盖上推板 6，用螺钉拧紧，并保证其运动灵活。

③ 修磨推杆和复位杆的长度。如果推板 6 和垫圈 3 接触时，复位杆、推杆低于型面，则修

磨导柱的台肩。如果复位杆、推杆高于型面，则修磨推板 6 的底面。一般将推杆和复位杆在加工时留长一些，装配后将多余部分磨去。修磨后的复位杆应低于型面 0.02～0.05mm，推杆工作端面应高出型面 0.05～0.10mm。

4. 抽芯机构的装配

塑料模中常用的抽芯机构是斜导柱抽芯机构，如图 7-35 所示。装配要求是：闭模后，滑块的上平面与定模底面必须留有 $x = 0.2$～0.8mm 的间隙，斜导柱外侧与滑块斜导柱孔留有 $y = 0.2$～0.5mm 的间隙。

斜导柱抽芯机构的装配的装配顺序分以下几步。

① 型芯装入型芯固定板成为型芯组件。

② 安装导滑槽。按设计要求在固定板上调整滑块和导滑槽的位置，待位置确定后，用平行夹板将其夹紧，钻导滑槽安装孔和动模板上的螺孔，安装导滑槽。

③ 安装定模板锁紧楔。保证锁紧楔斜面与滑块斜面有 70%以上的面积贴合。如侧型芯不是整体式，在侧型芯位置垫上相当于制件壁厚的铝片或钢片。

④ 闭模，检查间隙 x 值是否合格。如不合格，可以通过修磨或更换滑块尾部垫片保证 x 值。

⑤ 镗斜导柱孔。将定模板、滑块和型芯组合一起用平行夹板夹紧，在卧式镗床上镗斜导柱孔。

⑥ 松开模具，安装斜导柱。

⑦ 修正滑块上的斜导柱孔口为圆环状。

⑧ 调整导滑槽，使其与滑块松紧适应，钻导滑槽销钉孔，安装销钉。

⑨ 镶侧型芯。

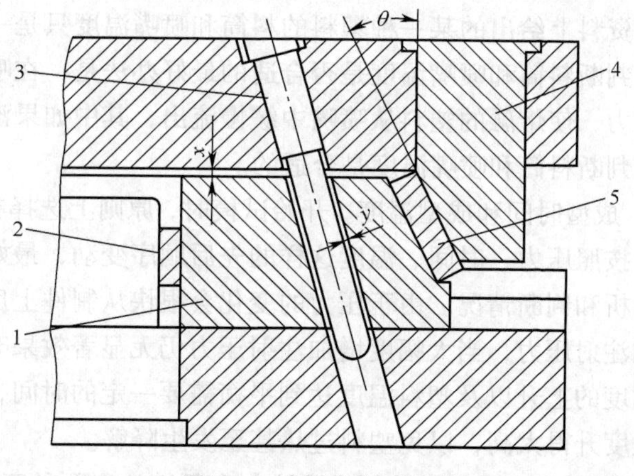

图 7-35 斜导柱抽芯机构

1—滑块 2—壁厚垫片 3—斜导柱 4—锁紧楔 5—垫片

7.6.4 总装

由于塑料模的种类很多，结构比较复杂，因此在装配前要根据塑料模的结构特点制订详细合理的装配工艺。

1. 塑料模的常规装配过程

① 确定装配基准。

② 装配前对零件进行检测，对合格零件必须去磁处理并清洗干净。

③ 调整各零件组合后的累积误差，保证分型面接触紧密，防止飞边产生。

④ 装配中尽量保持原加工尺寸的基准面，以便总装合模调整时检查。

⑤ 组装导向机构，并保证开模、合模动作灵活，无松动和卡滞现象。

⑥ 组装调整推出机构，并调整好复位及推出位置。

⑦ 组装调整型芯、镶件，并保证配合面间隙达到要求。

⑧ 组装冷却或加热系统，保证管路畅通，不漏水，不漏电，阀门动作灵活，

⑨ 组装液压或气动系统，保证运行正常。

⑩ 紧固所有连接螺钉，装配定位销。

⑪ 试模，合格后打上模具编号、合模标记、组装基面等标记。

⑫ 最后检查各种配件、附件及起重吊环等零件，保证模具装备齐全。

2. 塑料模的试模

塑料模的试模过程一般包括以下几步。

① 检查设备。试模前，必须对设备的油路、电路、水路以及机械运动部分进行检查，并按照规定保养设备，做好开机的准备。

② 检查原料。检查原料的品种、规格、牌号是否符合设计图样要求，检查原料的成型性能是否符合有关规定。

③ 调试料筒和喷嘴温度。由于制件大小、形状和壁厚不同，设备规格、性能的不一样以及塑料性能的差异，所以资料上给出的某一种塑料的料筒和喷嘴温度只是一个大致范围，必须根据具体条件现场调试。判断料筒和喷嘴温度是否合适的最好办法是：在喷嘴和主流道脱开的情况下，用较低的注射压力，使熔融的塑料从喷嘴中缓慢流出，其中如果没有硬块、气泡、银丝和变色等现象，就可以判断料筒和喷嘴温度是合适的。

④ 调节注射压力、成型时间和成型温度。开始试模时，原则上选择在低压、低温和较长的时间条件下成型，然后按照压力、时间、温度这样的先后顺序变动，最好不要同时变动两个或三个工艺条件，以便分析和判断情况。由于压力的变化会很快从制件上反映出来，所以如果制件未充满，应首先增加注射压力，当大幅度增加注射压力仍无显著效果时，才考虑变动注射时间和温度。由于料筒温度的上升以及塑料温度达到平衡需要一定的时间，一般为 15min 左右。所以不能立刻把料筒温度升得太高，以免塑料过热甚至发生降解。

⑤ 调节注射速度。注射成型时可以选择高速注射和低速注射两种工艺。一般来说，在制件壁薄而面积大时，应采用高速注射；在制件壁厚而面积小时，应采用低速注射；在高速注射和低速注射都能充满型腔的情况下，除了玻璃纤维增强塑料以外，均宜采用低速注射。

⑥ 调整螺杆转速和加料背压。螺杆转速和加料背压（预塑化时螺杆的后退阻力）主要与物料的黏度和热稳定性有关，对于黏度高和热稳定性差的塑料，应采用较慢的螺杆转速和略低的背压加料预塑，对于黏度低和热稳定性好的塑料，应采用较快的螺杆转速和略高的背压加料预塑。

⑦ 记录试模情况。在试模过程中应做好详细记录，并将试模结果、制件成型工艺条件、操

作要点和模具质量等情况填入试模记录卡，最好能附上试模加工出来的制件，以供参考。如果模具需要返修，还应提出返修意见。

试模后，将合格的模具清理干净，涂上防锈油，然后入库。

注射模试模过程中常见的问题及解决方法见表 7-5。

表 7-5　　注射模试模中常见问题及解决方法

试模中的常见问题	解决问题的方法与步骤
主流道	①抛光主浇道→②重合喷嘴与模具中心→③降低模具温度→④缩短注射时间→⑤增加冷却时间→⑥检查模具表面→⑦抛光模具表面→⑧检查材料是否污染
塑件脱模困难	①降低注射压力→②缩短注射时间→③增加冷却时间→④降低模具温度→⑤抛光模具表面→⑥增加脱模斜度→⑦减小镶块间隙
尺寸稳定性差	①改变料筒温度→②增加注射时间→③增加注射压力→④改变螺杆背压→⑤升高模具温度→⑥增大注射速度→⑦调节供料量→⑧减小回料比例
表面波纹	①调节供料量→②升高模具温度→③增加注射时间→④增大注射压力→⑤提高物料温度→⑥增大注射速度→⑦增加浇道与浇口的尺寸
塑件翘曲和变形	①降低模具温度→②降低模具物料温度→③增加冷却时间→④降低注射时间→⑤降低注射压力→⑥增加螺杆背压→⑦缩短注射时间
塑件脱皮分层	①检查塑料种类和级别→②检查材料是否污染→③升高模具温度→④物料干燥处理→⑤提高物料温度→⑥降低注射速度→⑦缩短浇口长度→⑧减小注射压力→⑨改变浇口位置→⑩采用大孔喷嘴
银丝斑纹	①降低物料温度→②干燥物料处理→③增大注射压力→④增大浇口尺寸→⑤检查塑料的种类和级别→⑥检查塑料是否污染
表面光泽差	①物料干燥处理→②检查材料是否污染→③提高物料温度→④增大注射压力→⑤升高模具温度→⑥抛光模具表面→⑦增大浇道与浇口的尺寸
凹模	①调节供料量→②增大注射压力→③增大注射时间→④降低物料速度→⑤降低模具温度→⑥增加排气孔→⑦增加浇道与浇口的尺寸→⑧缩短浇道长度→⑨改变浇口位置→⑩降低注射压力→⑪增大螺杆背压
气泡	①物料干燥处理→②降低物料温度→③增大注射压力→④增加注射时间→⑤升高模具温度→⑥降低注射速度→⑦增大螺杆背压
塑料填充不足	①调节供料量→②增大注射压力→③增加冷却时间→④升高温度→⑤增加注射速度→⑥增加排气孔→⑦增加浇道与浇口的尺寸→⑧增加冷却时间→⑨缩短浇道长度→⑩增加注射时间→⑪检查喷嘴是否堵塞
塑件溢边	①降低注射压力→②增大锁模力→③降低注射速度→④降低物料温度→⑤降低模具温度→⑥重新校正分型面→⑦降低螺杆背压→⑧检查塑件投影面积→⑨检查模板平直度→⑩模具分型面是否锁紧
熔接痕	①升高模具温度→②提高物料温度→③增加注射速度→④增大注射压力→⑤增加排气孔→⑥增大浇道与浇口的尺寸→⑦减少脱模剂量→⑧减少浇口个数
塑件强度下降	①物料干燥处理→②降低物料温度→③检查材料是否污染→④升高模具温度→⑤降低螺杆转速→⑥降低螺杆背压→⑦增加排气孔→⑧改变浇口位置→⑨降低注射速度
裂纹	①升高模具温度→②缩短冷却时间→③提高物料温度→④增加注射时间→⑤增大注射压力→⑥降低螺杆背压→⑦预热嵌件→⑧缩短注射时间
黑点及条纹	①降低物料温度→②重新对正喷嘴→③降低螺杆转速→④降低螺杆背压→⑤采用大孔喷嘴→⑥增加排气孔→⑦增大浇道与浇口的尺寸→⑧降低注射压力→⑨改变浇口的位置

7.6.5 塑料模装配实例

图 7-36 所示为热塑性塑料注射模的装配图，下面以其为例，说明塑料模的装配方法。

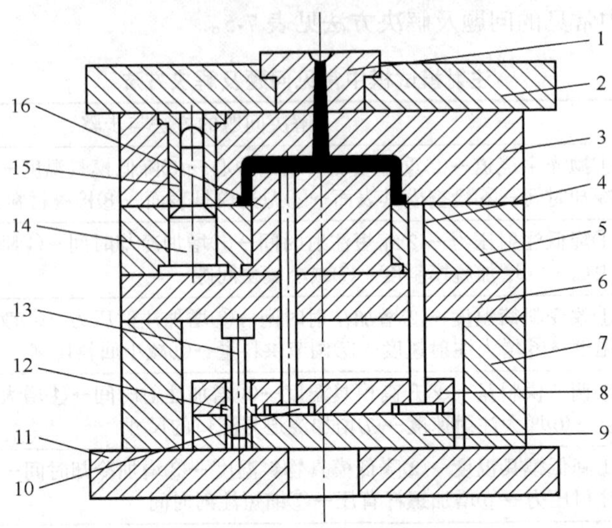

图 7-36 热塑性塑料注射模

1—浇口套 2—定模座板 3—定模 4—复位杆 5—动模固定板 6—垫板 7—支承板 8—推板 9—推板垫板 10—顶杆 11—动模座板 12—推板导套 13—推板导柱 14—导柱 15—导套 16—动模型芯

1. 精修定模

① 定模经锻、刨后，磨削六面。上、下平面留修磨余量。

② 划线加工型腔。在铣床上铣削型腔或用电火花加工型腔。深度按要求尺寸增加 0.2mm。

③ 用油石修整型腔表面。

2. 精修动模型芯及动模固定板型孔

① 按照图纸将预加工的动模型芯精修成形，钻、铰顶杆孔。

② 按划线加工动模固定板型孔，并与型芯配合加工。

3. 同镗导柱、导套孔

① 将定模、动模固定板叠合在一起，使分型面紧密接触，然后夹紧，镗削导柱、导套孔。

② 锪导柱、导套孔的台阶孔。

4. 复钻各螺孔、销孔及推杆孔

① 将定模 3 与定模座板 2 叠合在一起，夹紧后复钻螺孔、销孔。

② 将动模座板 11、动模固定板 5、垫板 6、支承板 7 叠合夹紧，复钻螺孔、销孔。

5. 将动模型芯压入动模固定板

① 将动模型芯 16 压入动模固定板 5 并配合紧密。

② 装配后型芯外露部分要符合图纸要求。

6. 压入导柱、导套

① 将导套 15 压入定模 3。

② 将导柱 16 压入动模固定板 5。

③ 检查导柱、导套之间的配合松紧程度。

7. 磨平安装基面

① 将定模 3 上基面磨平。

② 将动模固定板 5 下基面磨平。

8. 复钻推板上的推板导柱及顶杆孔

通过动模固定板 5 及动模型芯 16，复钻推板 8 上的推板导柱孔及顶杆孔。卸下后再复钻垫板 6 上各孔。

9. 将浇口套压入定模板

用压力机将浇口套 1 压入定模板。

10. 装配定模部分

在定模座板 2、定模 3 上复钻螺钉孔、销钉孔后，拧入螺钉、打入销钉并紧固。

11. 装配动模

在动模固定板 5、垫板 6、支撑板 7、动模座板 11 上复钻螺钉孔、销钉孔后，拧入螺钉、打入销钉并紧固。

12. 修正推板导柱、复位杆、顶杆长度

① 将动模部分全部装配后，使支撑板 7 底面和推板 8 底面紧贴于动模座板 11。从型芯表面测出推板导柱、复位杆、顶杆长度。

② 修磨长度后，进行装配，并检查推板导柱、复位杆、顶杆的灵活性。

13. 试模与调整

各部位装配完成后进行试模，并检查塑料制件，验证模具质量状况。

小结

模具装配主要采用集中装配，装配过程一般包括准备、组件装配、总装配、检验调试 4 个阶段。保证模具装配精度的方法可归纳为：互换装配法、选择装配法、修配装配法和调整装配

法等 4 大类。模具零件的常用固定方法分为机械固定法、物理固定法和化学固定法三类。控制模具间隙或壁厚的方法主要有透光法、垫片法、镀铜法、涂层法、测量法、工艺尺寸法、利用工艺定位器调整间隙等。冲压模具和塑料模具的装配都包括组件装配和总装配。总装配前要根据模具的结构特点制定详细合理的装配工艺。总装配后要进行试模。

思考题

1. 模具装配的概念是什么？模具装配有哪些特点？
2. 模具装配的内容有哪些？
3. 什么是模具装配精度？它包括哪些方面？
4. 保证模具装配精度的方法有哪些？如何选用？
5. 模具零件的固定方法有哪些？各适应于哪类模具？
6. 模具装配时，控制凸、凹模间隙的方法有哪些？
7. 冷冲模装配的技术要求和装配顺序是什么？
8. 弯曲模和拉深模的装配特点是什么？
9. 塑料模型芯的固定方法有哪些？
10. 塑料模型腔的装配方法有哪些？
11. 对于塑料模导柱、导套的装配，应注意什么问题？
12. 塑料模的常规装配顺序是什么？
13. 塑料模的试模过程一般包括哪些过程？
14. 注射模试模过程中常出现哪些问题？应如何调整、修理？

第8章 模具的维护与管理

【学习目标】

1. 了解冷作模具、热作模具和塑料模具的失效形式及影响模具失效的主要因素
2. 了解模具管理工作的主要内容及模具标准化的意义
3. 熟悉模具修复的主要方法

模具产品的特点之一是模具成本高，先期投入较大，而用模具加工产品的单件成本随着模具的寿命提高而降低。因此，延长模具的寿命是降低产品成本关键因素。模具的寿命不尽与模具材料、制造精度等因素有关，模具制造后的维护与管理也是影响模具寿命的重要因素。因此，合理地使用模具、妥善的维护和保管模具,对于模具企业也是非常重要的。

8.1 模具的失效

研究模具失效的目的是通过对模具以往的失效进行分析，找出失效原因，判断失效的性质，研究解决和预防失效的措施，以避免或减少同类失效现象的重复发生，延长模具的使用寿命，提高经济效益。

8.1.1 模具的失效过程和失效形式

模具受到损坏或破坏，不能通过修复而继续服役称为模具失效，其过程可分为早期失效、随机失效和耗损失效 3 个阶段，如图 8-1 所示。

1. 模具的失效过程

（1）早期失效

早期失效发生在模具使用的初期，属于非正常失效。早期失效主要是由于模具设计和制造

过程中的缺陷引起的，失效的概率很高，且随着模具使用时间的延长而迅速降低。在交付使用前，对模具进行可靠性试验或短时间的试用，及时发现隐患，进行补救，是避免非正常失效的有效措施。

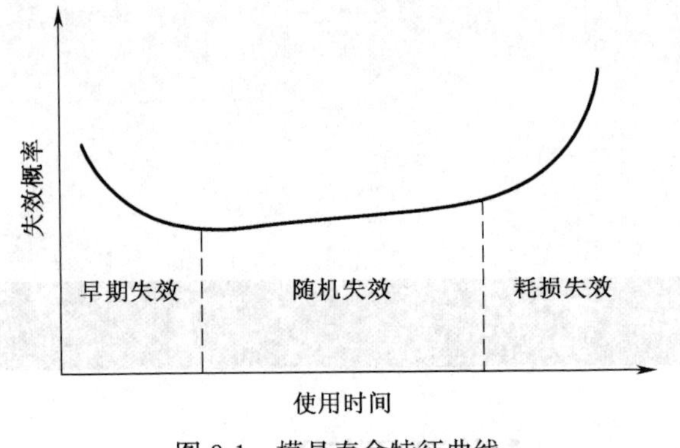

图 8-1　模具寿命特征曲线

（2）随机失效

随机失效是模具经大量的生产使用，因缓慢塑性变形或较均匀地磨损或疲劳断裂而不能继续服役，属于正常失效。模具发生随机失效时，已达到或超过模具的正常寿命，主要是由于工作条件的变化、操作者的使用水平、管理者的失误等原因造成的某些损伤，导致模具的失效。这种失效的概率很低，且随着使用期限的延长其增长也很缓慢，呈随机分布，这一阶段是模具工作的最佳时期。

（3）耗损失效

模具经过长期使用后，由于使用损伤大量累积，失效的概率增高，进入到损耗失效阶段。这时达到了模具使用寿命的极限，耗损失效属于正常失效。

模具正常失效前生产出合格产品的数目称为模具正常寿命，简称模具寿命 S。模具首次修复前生产出合格产品的数目称为首次寿命 S_1。模具一次修复后到下次修复前所生产出的合格产品的数目称为修模寿命 S_2。模具寿命是首次寿命与各次修模寿命的总和：$S = S_1 + \Sigma S_2$。

2. 模具的失效形式

模具的失效形式主要有 3 大类：表面磨损、过量变形和断裂。

要正确分析出模具失效的原因，找出提高模具寿命的措施，首先要认识模具的工作条件和可能产生的失效形式。模具按工作条件可分为冷作模具、热作模具和塑料模具。模具工作条件不同，在服役过程中发生失效的形式和特点也各不相同。

8.1.2　冷作模具的工作条件与失效形式

冷作模具是指对常温下的材料进行压力加工的模具，主要包括：冲裁模、拉深模、冷挤压模、冷镦模等。下面仅以冲裁模和拉深模为例进行分析。

1. 冲裁模

（1）冲裁模工作条件

冲裁模，包括落料、冲孔、切边等，如图 8-2 所示是简单冲裁模的工作示意图。

冲裁模的工作部位是凸模、凹模刃口，工作时刃口承受着冲击力、剪切力和弯曲力，同时还受到被冲板料的强烈摩擦。所以，冲裁模刃口部分都要求有高的硬度、耐磨性和抗弯强度，还要有一定的韧性。其中，凸模的工作条件比凹模恶劣，凸模刃口的压应力通常大于凹模刃口的压应力，尤其是细长凸模更容易弯曲和断裂，对其强度和韧性指标要求更高。同时在完成一个冲裁动作时，凸模与板料是往复摩擦，而凹模的摩擦是单向的，所以凸模刃口磨损更快。

（2）冲裁模失效形式

模具刃口在压力摩擦力的作用下，最常见的失效形式是磨损，尤其是凸模。磨损使模具刃口变钝，棱角变圆，甚至产生表面剥落，从而使冲裁制件毛刺增大，尺寸超差。这时，必须对刃口进行修磨才能使用。由于被冲板料的厚度对模具的负荷影响较大，所以常把冲裁模分为薄板冲裁模（$t \leq 1.5$mm）和厚板冲裁模（$t > 1.5$mm）。薄板冲裁模受力较小，其主要失效形式是磨损，如图 8-3 所示。

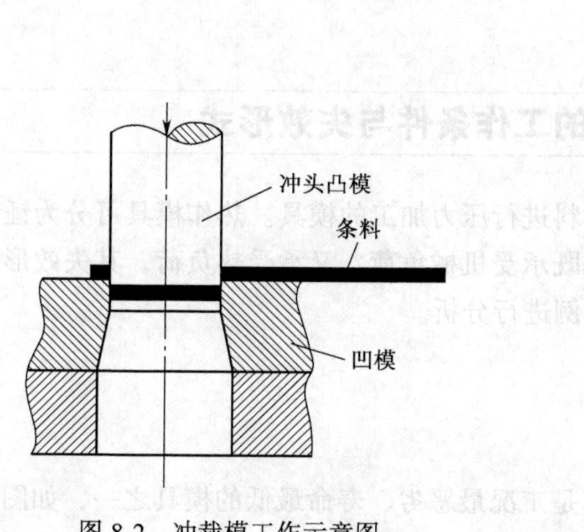

图 8-2　冲裁模工作示意图

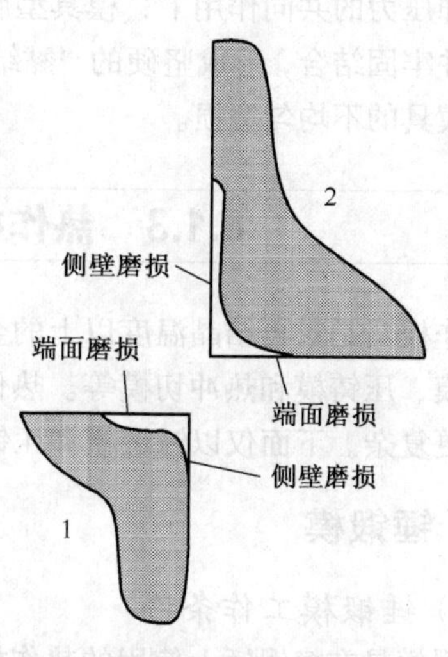

图 8-3　冲裁模凸、凹模磨损

1—凹模　2—凸模

厚板冲裁模受力较大，其主要失效形式除了磨损外，还有崩刃和局部断裂等失效形式，如图 8-4 所示。当 d/t 较小时（d 为冲头直径），还会引起凸模的塑性变形或折断。

2. 拉深模

（1）拉深模工作条件

拉深模主要用于板材拉深成形，图 8-5 是拉深模工作示意图。

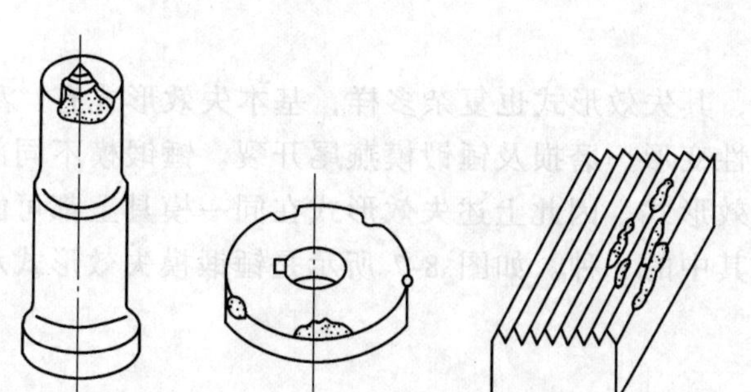
图 8-4　冲裁模崩刃、局部断裂示意图

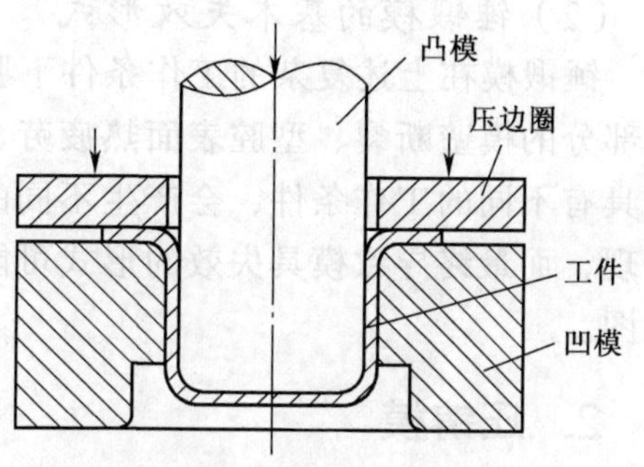

图 8-5　拉深模工作示意图

拉深模的主要工作部位也是凸模刃口和凹模刃口。与冲裁模不同的是拉深模刃口圆钝不锋利，凸、凹模之间的工作间隙较大。在冲压力作用下，凸模将板料压入凹模，板料只产生弹性变形和塑性变形，不易产生偏载及应力集中。一般凸模主要承受压力和摩擦力，凹模主要承受径向张力和摩擦力。模具所受冲击力很小，单位面积压力也不大，但在模具凸模、凹模和压边圈接触的部位受到板料变形时的激烈摩擦。

（2）拉深模的失效形式

因为拉深模在工作中受到较大的摩擦力，所以这种模具的主要失效形式是磨损。在拉深过程中，模具表面的局部薄弱部位负荷较重，承受的挤压力较大，摩擦热积累较多使温度升高，在温度和压力的共同作用下，模具型腔局部表面易与板料发生咬合，使小块板料粘附在模具型腔表面并牢固结合，形成坚硬的“黏结瘤”。黏结瘤形成后，将使拉深件表面产生擦伤或划伤，并加速模具的不均匀磨损。

8.1.3 热作模具的工作条件与失效形式

热作模具是对再结晶温度以上的金属材料进行压力加工的模具。热作模具可分为锤锻模、热挤压模、压铸模和热冲切模等。热作模具既承受机械负荷，又承受热负荷，其失效形式和影响原因更复杂。下面仅以锤锻模和压铸模为例进行分析。

1. 锤锻模

（1）锤锻模工作条件

锤锻模是在模锻锤上使用的热作模具，是工况最恶劣、寿命最低的模具之一，如图 8-6 所示是锤锻模工作示意图。

它在工作中的机械负荷主要是冲击力和摩擦力的作用，吨位越大，产生的冲击力越大，同时模具型腔受坯料变形的反作用，使型腔表面承受很大的压力。热负荷主要是交替受热和冷却产生内应力，锤锻模使用前要预热，在使用中与炽热坯料接触又进一步被加热。随着模具温度升高，模具材料的力学性能发生变化；当模具局部温度超过模具材料的回火温度时，这些部位产生组织和性能的变化，同时模具中温度不均匀，都会导致出现内应力；为减轻锤锻模热负荷，控制其温升，通常在模具工作间歇，对之进行冷却。这样，在模具工作中，锤锻模型腔不断地受到加热和冷却的作用，从而使模具产生热疲劳现象。所谓“热疲劳”是零件在循环热应力的反复作用下所产生的疲劳裂纹或破坏。

（2）锤锻模的基本失效形式

锤锻模在上述复杂的工作条件下服役，其失效形式也复杂多样，基本失效形式有：型腔部分的模壁断裂、型腔表面热疲劳、塑性变形、磨损及锤锻模燕尾开裂。锤锻模不同部位具有不同的工作条件，会产生不同的失效形式，因此上述失效形式在同一模具上都可能出现，而最终导致模具失效的形式可能是其中的一种。如图 8-7 所示是锤锻模失效形式示意图。

2. 压铸模

压铸模是在压铸机上用来压制金属铸件的成型模具，其工作过程如图 8-8 所示。

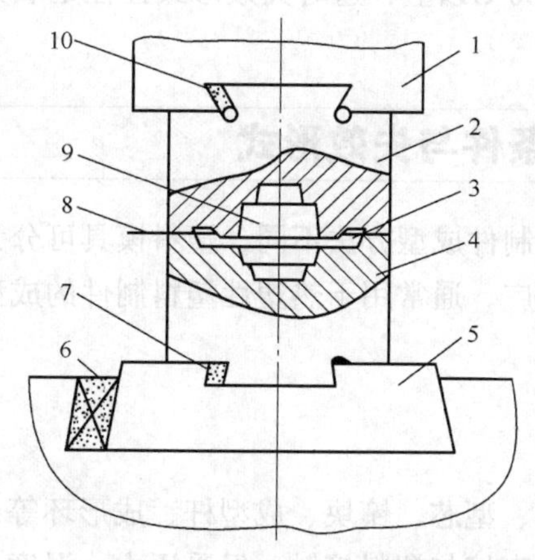

图 8-6 锤锻模工作示意图

1—锤头 2—上模 3—飞边槽 4—下模 5—模座

6、7、10—紧固楔铁 8—分模面 9—模膛

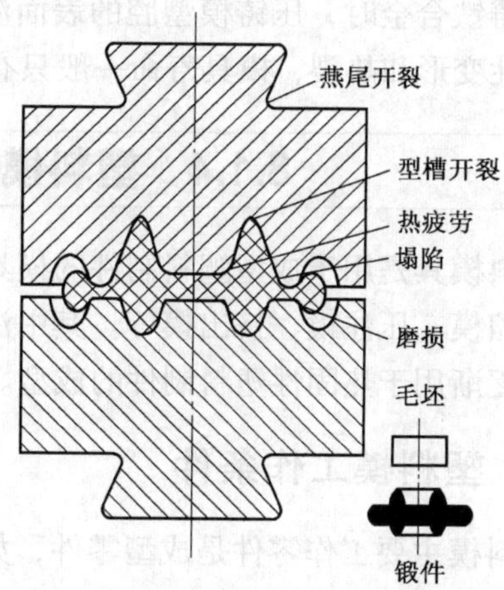

图 8-7 锤锻模失效形式示意图

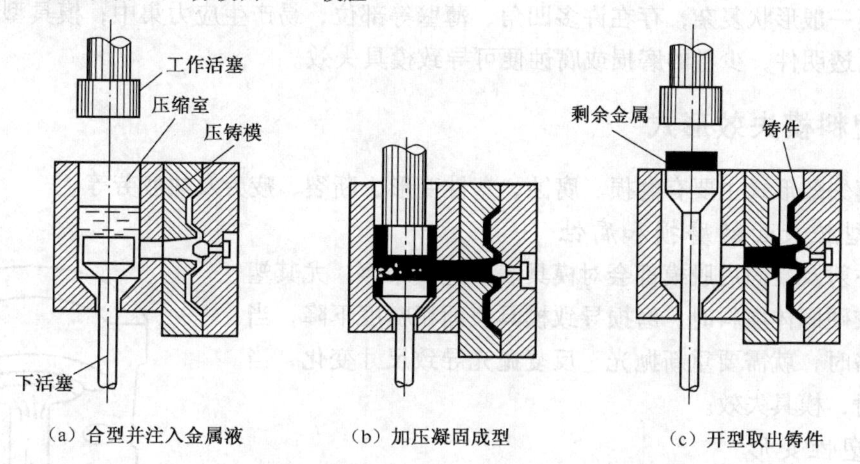

（a）合型并注入金属液　（b）加压凝固成型　（c）开型取出铸件

图 8-8 压铸模工作示意图

（1）压铸模工作条件

压铸模是在高压（一般为 30～150MPa）下，将 400℃～1 600℃的熔融金属压入模具型腔，熔融金属高速喷射到型腔内，和模壁不断接触，冲蚀模具，使模具型腔极快升温，摩擦也很激烈。因此，压铸模是各类热作模具中工作条件最为苛刻的。特别是压铸高熔点金属的压铸模，例如压铸铜及铜合金和黑色金属的压铸模，熔融态金属的温度高达 1 000℃以上，对模具冲蚀更严重，模具的磨损和热疲劳现象也更严重。

（2）压铸模的失效形式

压铸模的失效形式主要有热疲劳失效、热熔蚀失效、冲蚀和气蚀失效、粘模失效等。但由于被压铸的金属材料不同，其熔点相差很大，使压铸模失效形式有很大差别。

压铸锌合金时，压铸模型腔的表面温度不超过 400℃，热负荷较小，模具寿命较长。

压铸铝合金时，压铸模型腔的表面温度可达 600℃，且熔融的铝合金容易粘模，工作时必须对模具型腔频繁地涂抹防粘涂料，由此造成型腔表面温度的剧烈波动。因而铝合金制件压铸模的失效形式主要是粘模、侵蚀、热疲劳和磨损。形状复杂的型腔，还可能出现断裂失效。

压铸铁合金时，压铸模型腔的表面温度可达 1 000℃以上，这时失效形式往往是氧化、腐蚀、塑性变形和热裂，模具寿命一般只有几百次。

8.1.4 塑料模具的工作条件与失效形式

塑料模具是用于成型塑料制件的模具。按照塑料制件成型方法不同，塑料模具可分为注射模、压缩模、压注模、挤出模等。其中注射模应用最广，通常用于热塑性塑料制件的成型，近年来也逐渐用于热固性塑料制件的成型。

1. 塑料模工作条件

塑料模主要工作零件是成型零件，如凸模、凹模、型芯、镶块、成型杆、成形环等，它们构成模具的型腔，以成型塑料制件的各种表面。它们直接与塑料接触，经受压力、温度、摩擦和腐蚀的作用。压制时，塑料模型腔承受压力一般为 40～140MPa，闭模压力 80～300MPa 或更高，受热温度为 150℃～300℃。

塑料模一般形状复杂，存在许多凹角、薄壁等部位，易产生应力集中；模具型腔要求质量高，特别是透明件，少量的磨损或腐蚀便可导致模具失效。

2. 塑料模失效形式

塑料模失效形式主要有磨损、腐蚀、塑性变形、断裂、疲劳及热疲劳等。

（1）型腔表面的磨损和腐蚀

塑料注射及凝固后脱模都会对模具表面造成摩擦，尤其塑料中含有较硬固体填料时，磨损导致模具表面粗糙度下降，当制件不合格时，就需要重新抛光。反复抛光导致尺寸变化，当尺寸超差时，模具失效。

（2）塑性变形

塑料模型腔表面受压、受热可引起塑性变形失效，塑性变形多发生在受力较大的棱角处，表现形式为棱角堆塌，如图 8-9 所示。在型腔其他部位可出现凹陷、麻点、表面起皱等。

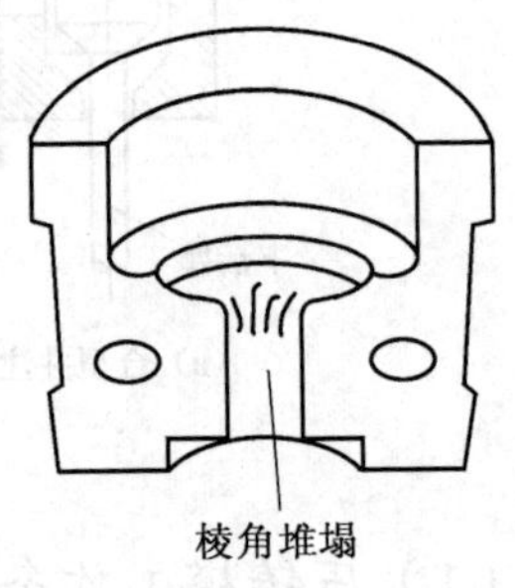

图 8-9 塑料模型腔失效示意图

（3）断裂

当塑料模结构复杂，同时受力较大时，局部可能出现复杂的应力状态，可能使模具产生断裂失效。

（4）疲劳和热疲劳

塑料模承受的机械负荷是循环变化的，使模具型腔承受循环应力，可能引起疲劳断裂。同时，塑料模承受的热负荷也是循环变化的，容易产生热疲劳裂纹，导致热疲劳失效。一般压缩模易产生疲劳断裂，注射模易产生热疲劳裂纹。

8.1.5 影响模具失效的基本因素

1. 模具结构对失效的影响

合理的模具结构，可以减轻模具危险部位的实际工作应力或受热程度，提高模具的承载能力和使用寿命。影响模具失效的模具结构基本因素包括模具几何形状、结构形式、模具工作间隙、凸模的长径比、过渡圆角半径、凸模端面形状、凹模锥角和凹模截面变化等，下面介绍其中几个主要的影响因素。

（1）圆角半径

模具的圆角分为外（凸）圆角和内圆角（凹），如图 8-10 所示。

一般来说，凸的圆角半径主要影响模具的成型工艺，如在拉深模中，过小的圆角增加成型力及容易开裂；在锻模中，过小的圆角易造成锻件折叠。凹的圆角半径主要影响模具寿命，小的凹圆角处易产生大的应力集中，易产生裂纹，导致断裂。

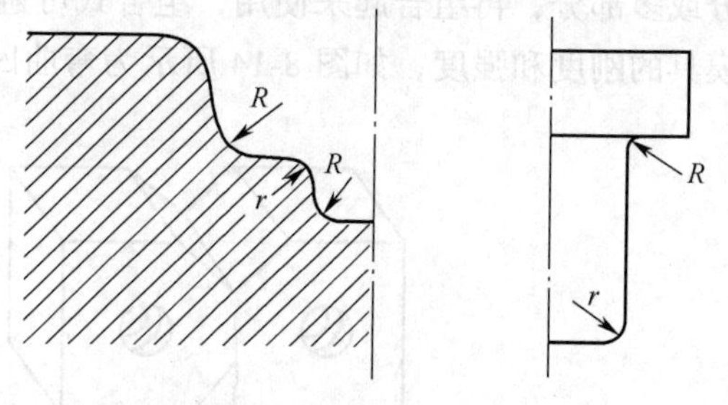

图 8-10 模具圆角半径

不同的圆角半径应力分布如图 8-11 所示，对模具寿命的影响如图 8-12 所示。

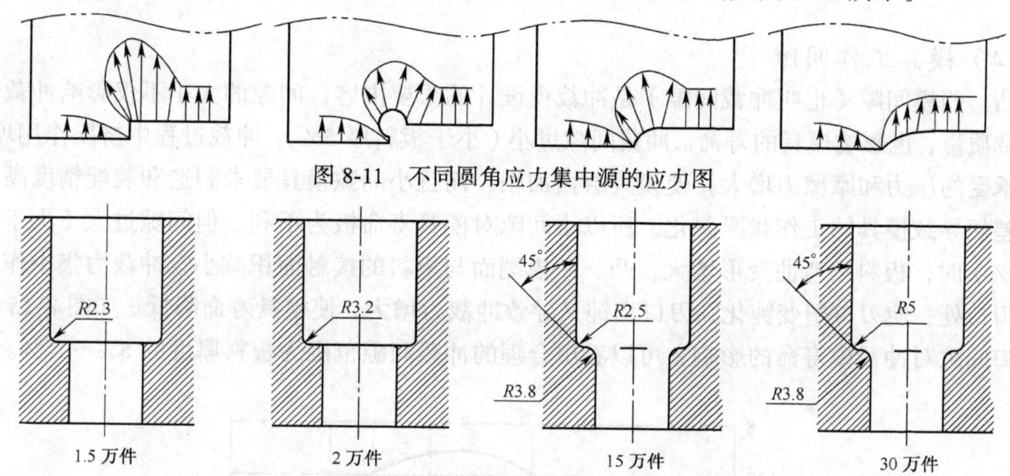
图 8-11 不同圆角应力集中源的应力图

图 8-12 正挤压凹模过渡圆角半径对模具寿命的影响

（2）凸模端面形状

凸模端面形状对成型力和模具寿命有很大影响，如图 8-13 所示为各种不同端面形状的反挤压凸模。图 8-13（a）所示端面形状的凸模比图 8-13（b）所示端面形状的凸模单位面积承受挤压力可降低 20%。如果将端面形状改为图 8-13（d）所示锥角形，挤压力会明显降低，且圆心锥角α越小，挤压力越小，但α过小，易造成侧向力不平衡，引起凸模偏斜、弯曲或折断，合理的角度为$\alpha = 120° \sim 130°$。

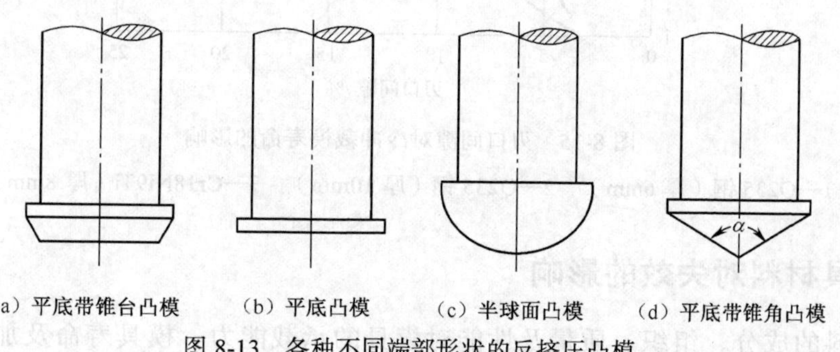

（a）平底带锥台凸模　（b）平底凸模　（c）半球面凸模　（d）平底带锥角凸模

图 8-13 各种不同端部形状的反挤压凸模

（3）凸、凹模结构形式

凸、凹模结构形式包括整体式和组合式，整体式指凸模或凹模由一块金属加工而成，整体式不可避免地存在凹角半径，易造成应力集中，引起开裂；组合式把模具在集中处分割为两部分或多部分，再组合起来使用，组合式可避免应力集中，但有时增加了制造的时间，同时影响模具的刚度和强度，如图 8-14 所示为弯曲凹模的两种结构形式。

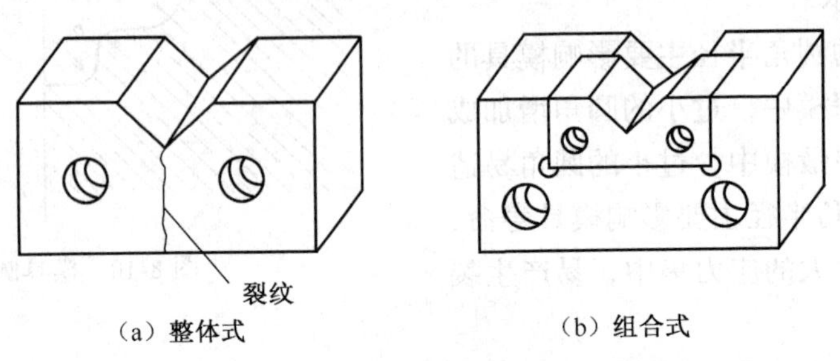

图 8-14　弯曲凹模结构

（4）模具工作间隙

凸、凹模间隙（也叫冲裁间隙）是冲裁模设计的重要内容，间隙的大小不仅影响冲裁过程和冲裁质量，也影响模具的寿命。冲裁间隙过小（小于板料厚 5%），冲裁过程中挤压作用增强，模具承受的压力和摩擦力增大，使模具磨损加剧，而且小间隙模具要求制造和装配精度高，稍有误差便导致模具的工作状况恶化，所以小间隙对模具寿命极为不利。但间隙过大（大于板料厚 15%）时，板料的弯曲变形增大，凸、凹模端面与板料的接触面积减小，冲裁力集中作用于模具刃口处，使刃口塑变钝化，刃口变钝又导致冲裁力增大，使模具寿命降低。如图 8-15 所示是刃口间隙对冲裁模寿命的影响，可以看出合理的冲裁间隙范围为板料厚度的 5%～15%。

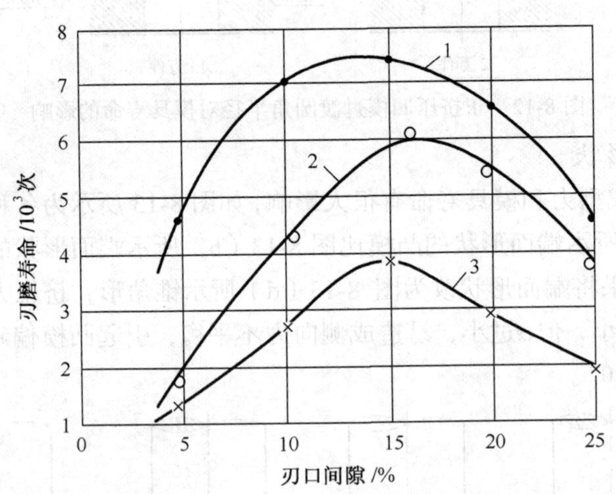

图 8-15　刃口间隙对冷冲裁模寿命的影响

1—Q235 钢（厚 6mm）　2—Q235 钢（厚 10mm）　3—Cr18Ni9Ti（厚 8mm）

2. 模具材料对失效的影响

模具材料的成分、组织、质量及性能对模具的承载能力、模具寿命及加工精度、制造成本等均有很大影响。选材不当，性能要求不合理，将导致模具早期失效或者造成经济浪费。因此，根据模具的工作条件，合理选用模具材料，是保证模具既安全可靠，又经济合理的关键因素。

在模具材料对模具寿命的影响因素中，材料的类别影响很大。如某一冲裁模，模具结构、制造精度、使用设备完全相同，采用 9Mn2V 钢时，模具寿命为 5 万次；采用 Cr12MoV 时，模具寿命可达 40 万次。再如聚氯乙烯等塑料在注射过程中会分解出腐蚀性气体，采用普通模具钢，模具寿命较低，采用不锈钢或能进行表面防腐蚀性的材料制作模具，才能提高模具寿命。有些金属材料具有亲合性，加工时产生咬合现象，因而要避免用和被加工材料有亲合性的材料制造模具，如镍合金与硬质合金，合金刚与黑色金属材料都是具有亲合性材料。

模具材料的硬度对模具寿命也有显著的影响，经验表明，模具的早期失效，大多数是由于硬度过高而引起的断裂，少数是由于硬度过低引起的塑性变形和磨损。因而，在一定条件下，存在着模具硬度的最佳值。如采用 T10 钢制作硅钢片冲裁模，硬度为 53～56HRC 时，只冲裁几千次，模具便由于磨损过快而需要刃磨；若将模具硬度提高到 60～63HRC，则刃磨寿命可达 2～3 万次。但如果硬度继续提高，则会使模具出现早期断裂。硬度范围应根据具体工作条件及主要失效形式进行综合确定。一般表面硬度越高，抛光效果越好，因而塑料模型腔表面需要有较高硬度，以满足塑料制品表面质量要求高的特点。

为了提高整套模具的使用总寿命且便于维修，凸、凹模的硬度应合理匹配。如在薄板冲裁模中，凸模相对便于制造和更换，因而凹模硬度应略高于凸模，利用凸模进行修整和更换，减少凹模的磨损和损坏。但对“无间隙”冲模或小批量冲裁薄板的冲模，常采用“半硬凹模加全硬冲头”的硬度匹配，凸模冲头取 56～58HRC，凹模取 38～42HRC。这样，一方面可防止两者均被啃伤；另一方面，当凹模损伤或磨钝后，可采用锤击凹模刃口的方法修复凹模尺寸。

材料的冶金质量对模具失效有很大影响，钢中的非金属夹杂物自身强度和塑性很低，容易形成裂纹源，引起模具早期断裂失效。特别是高碳、高铬钢，非金属夹杂，碳化物偏析、疏松和白点等都严重影响材料的性能，引起模具崩块、折断、劈裂。

3. 模具的热处理与表面硬化对模具失效的影响

热处理与表面硬化是发挥材料潜力，提高模具使用寿命的关键。一般模具零件都要进行热处理，热处理过程会产生各种缺陷。热处理缺陷可分为两大类，一类是热处理的一般缺陷，主要包括过热和过烧、脱碳和腐蚀、淬火裂纹、淬火温度过高或过低、回火不足等，一般缺陷可通过采取相应技术措施予以防止。另一类是热处理变形，包括热应力引起变形、相变和组织应力引起变形、畸形变形等，这类缺陷有些可通过校正或修磨方法解决，有些缺陷模具只能报废。

过烧和过热是由于淬火时模具零件整体或局部温度过高引起的。过热会引起组织晶粒粗大，碳化物聚集，使模具的冲击韧性下降。过烧则表面为局部熔化，变形十分显著，性能急剧下降，模具只能报废。脱碳和腐蚀是由于淬火时保护不良，介质中含有较多的氧化物或腐蚀物质，使模具零件表面氧化、脱碳或腐蚀，影响表面质量和精度，并造成软点、软块，降低模具零件耐磨性、抗咬合性和热疲劳抗力。淬火裂纹是由于预处理组织不良，淬火操作不当，模具零件本身形状复杂等因素造成的。发现淬火裂纹只能报废，未发现的淬火裂纹将引起模具早期断裂，是模具较大隐患。淬火温度过高或过低将影响模具韧性、硬度、高温强度、热稳定性、抗疲劳性、耐磨性和其他力学性能。回火的目的是消除内应力，稳定组织，获得所需要的硬度和韧性。如果回火温度过低，将造成回火不足，则影响模具零件的内应力消除和韧性提高，容易引起早期断裂。

热应力引起变形是由于模具零件表面和心部之间或不同截面尺寸之间加热和冷却中温度差而引起胀缩量不一致造成的拉、压内应力，当这个应力超过材料的屈服极限时，即产生塑性变形，称为热应力变形。相变和组织应力引起变形是由于模具热处理时会发生相变，而不同的相组织具有不同的体积。由于模具零件不同部位相变温度不一致，相变过程不同，导致在同一时间各部位相组织不同，体积变化不同，产生相互牵制的应力，即相变和组织应力，由此引起的变形称为相变和组织应力变形。

畸形变形是由于模具零件结构和形状存在明显不规则和不对称，或受其他因素影响，在加热和冷却时会造成热处理应力不平衡，从而引起畸形变形，如杠杆弯曲，板状件翘曲，薄壁圆筒件椭圆变形等，如图 8-16 所示为 T8A 钢长条凸模冲头热处理畸形变形。

模具零件的表面强化可以改善模具材料的表面特性，获得硬度、耐磨性、韧性、抗疲劳强度的良好配合，得到“外硬内韧”的效果，有时可提高模具寿命几倍至几十倍。表面强化的方法很多，除常用的渗碳、渗氮、碳氮共渗、渗硼、渗钒等工艺外，还有电火花强化，激光强化，化学气相沉积，物理气相沉积等工艺。

4. 模具加工工艺对失效的影响

模具加工工艺包括锻造、切削加工、磨削加工和电火花加工等，这些工艺中的质量问题对模具失效都有较大影响。

合理的锻造工艺可以大大提高材料的加工和使用性能。但如果锻造不合理，则达不到细化晶粒，改善金属流线分布，提高钢的致密度的目的，甚至产生锻造裂纹等缺陷。因此，对锻造温度、加热时间、锻后冷却速度等均应严格控制，锻后要安排退火处理，以消除锻造应力。经过锻造退火的锻件毛坯，一般表面都存在一定缺陷层，切削加工时必须全部除去，否则残留的脱碳层将会使模具多种力学性能受到影响。切削加工要注意尺寸准确，保证尺寸过渡处的圆角半径。还要注意保证表面粗糙度要求，不留刀痕，避免尖角。

模具工作零件通常要求较高的表面硬度和较高的制造精度及表面质量，最终热处理后的精加工一般采用磨削。在磨削过程中，由于局部摩擦升温，容易引起表面磨削烧伤和磨削裂纹等缺陷。并在磨削表面残留拉应力，造成对零件力学性能的影响，成为影响模具失效的因素。引起磨削缺陷的主要原因有：磨削量过大，砂轮太钝，磨粒种类和大小与磨削零件材料不匹配等。磨削裂纹一般垂直于磨削方向，少数裂纹与磨削方向平行，轻微的磨削裂纹难以用肉眼观察。因此，磨削加工时，要控制磨削厚度和磨削用量，配合切削液冷却可防止和减少磨削缺陷的产生。同时注意，对于塑料模零件，最后加工的刀痕方向要与脱模方向相同。

电火花加工是现代模具加工必不可少的加工手段，但电火花加工后存在表面变质层，变质层大致可分为熔化层和热影响层，如图 8-17 所示。表面变硬层耐磨性较高，但存在拉应力和微观裂纹，疲劳强度较低。因此，在承受较大拉应力及工作频率高的模具零件时必须去除表面变硬层。

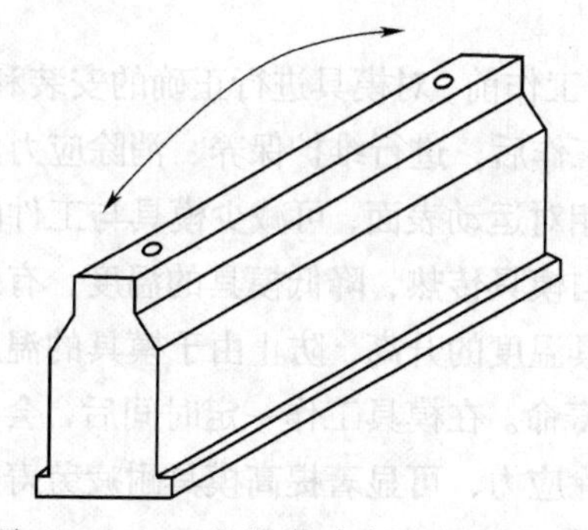
图 8-16 T8A 钢长条冲头淬火畸形变形

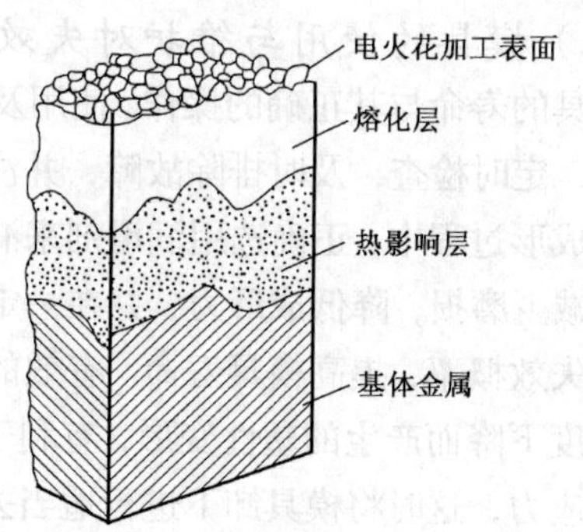

图 8-17 电火花加工表面缺陷层

5. 模具服役条件对失效的影响

模具的服役条件包括被加工坯料的状况、锻压设备的特性及工作状况，模具工作中的润滑、冷却及使用维修状况等。这些因素均对模具的失效和寿命造成影响。

（1）坯料状况的影响

坯料的材质和性能，如塑变抗力、磨损作用、咬合倾向及腐蚀性等对模具失效都有很大影响。此外，坯料的表面状况和加工温度也影响模具的使用寿命。如表面粗糙的坯料使模具磨损增大，磨损加重，降低模具的使用寿命。如 T10A 钢制冷冲模，当冲裁光亮的薄钢板时，每次刃磨寿命为 3 万次；而当冲裁等厚度的热轧钢板时（表面有氧化黑皮），每次刃磨寿命降至 1.7 万次。对于热作模具，提高坯料的温度可以降低模具的冲压力，但使热负荷增加，加大氧化磨损和粘着磨损发生的可能性，因而不能随意为降低冲压力而提高坯料温度。

（2）锻压设备对失效的影响

锻压设备的刚度和精度对模具寿命影响较大。如在开式压力机上进行冲裁加工，若压力机刚度差，在冲裁力作用下，机架开口处发生如图 8-18（a）所示的弹性变形，使凸模和凹模的中心线相对倾斜和偏移。其结果，轻者造成间隙不均匀，加剧模具磨损；重者会造成凸模和凹模咬死，导致崩刃或划伤。同时，在冲裁过程结束的瞬时，由于载荷骤减，弹性变形突然恢复，使凸、凹模之间的相对运动瞬间加速，也将加剧磨损。为了提高开式压力机机架的刚性，可在其开口处安装两根拉杆加固，如图 8-18（b）所示。Cr12MoV 钢制硅钢片冲裁模在图 8-18（a）开式压力机上工作，平均寿命仅 1～4 万次；采用图 8-18（b）改进的压力机结构后，寿命可提高到 8～15 万次。

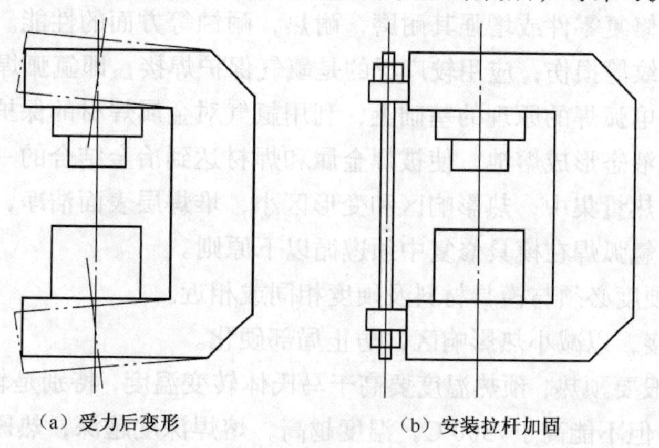

图 8-18 开式压力机

（3）模具的使用与维护对失效的影响

模具的寿命与其正确的操作、使用及维护有很大关系。工作前，对模具进行正确的安装和调整；工作中，定时检查，及时排除故障，并注意润滑、冷却；工作后，进行维护保养、消除应力。

在成形过程中，正确选用润滑剂来润滑模具及工件的相对运动表面，可减少模具与工件的直接接触，减少磨损，降低成形力，并在一定程度上阻碍坯料向模具传热，降低模具的温度，有助于降低模具失效概率，提高模具寿命。有效的冷却可以减缓模具温度的升高，防止由于模具的温度升高造成强度下降而产生的塑性变形，有利于提高模具的使用寿命。在模具工作一定时间后，会积累较大的内应力，这时将模具卸下进行适当去应力回火，以消除应力，可显著提高模具耐疲劳寿命。

8.2 模具的维修与修复

8.2.1 模具修复的方法

模具修复在模具使用过程中的作用非常重要，没有任何一副模具可以不经任何维修与修复而一直使用的。模具的数量大，使用频繁，在模具不断的使用过程中，不可避免地会出现对模具的伤害，诸如磨损、划伤、针孔、裂纹以及缺损等缺陷，影响制品的精度和模具的使用，这时模具并不一定报废，对模具进行适当修复，即可达到原来的精度要求，继续进行使用。因而，模具修复可大大延长模具使用寿命。模具的修复主要方法有堆焊、电阻焊、电刷镀、镶拼、挤胀和更换新件等，采用什么样的方法修复，关键是找出问题根源，“对症下药”进行修复，下面介绍几种常用的模具修复方法的基本原理和特点。

1. 堆焊

堆焊是用电焊或气焊法把金属熔化，堆在工具或机器零件上的焊接法，通常用来修复磨损和崩裂部分。堆焊与一般焊接目的不同，不是为了连接零件，而是通过在零件表面堆覆一层具有一定性能的材料，修复零件或增强其耐磨，耐热，耐蚀等方面的性能。在模具中常用来修复磨损、局部缺陷和裂纹等损伤，应用较广泛的是氩气保护焊接，即氩弧焊。

氩弧焊是在普通电弧焊的原理的基础上，利用氩气对金属焊材的保护，通过高电流使焊材在被焊基材上熔化成液态形成熔池，使被焊金属和焊材达到冶金结合的一种焊接技术。氩弧焊堆焊层具有质量高，热量集中，热影响区和变形区小，堆焊层表面洁净，适应性强等特点，修复厚度可达几毫米。氩弧焊在模具修复中须遵循以下原则。

① 焊丝材料及硬度必须与模具材料及硬度相同或相近。

② 用小电流焊接，以减小热影响区，防止局部硬化。

③ 修复零件一般要预热，预热温度要高于马氏体转变温度，特别是较大零件，以减小局部过热造成的热应力。但不能高于 500℃，温度越高，熔焊深度越深，热影响区就越大。同时，焊接时注意保持预热温度。

④ 堆焊后的零件要根据具体材料及要求，进行退火、回火或正火等热处理，以改善应力状态和增强焊接结合强度。

2. 电阻焊

电阻焊是焊件组合后通过电极施加压力，是利用电流通过接头的接触面及邻近区域产生的电阻热进行焊接的方法。目前模具修复中应用较普遍的便携式模具修补机，应用的就是电阻焊原理。修补时，将经过清洁的待修复的模具零件表面覆以片状、丝状或粉状修补材料，在修补机电极碾压和高能电脉冲作用下，使修补材料与零件熔接在一起。这种方法具有焊接强度高，修补精度高，适用范围大，零件不发热，损伤小和修复层硬度可选等特点。主要用于尺寸超差，棱角损伤，局部磨损，修补氩弧焊缺陷、龟裂纹及腐蚀斑等，但不适于滑动部位的修补。如图8-19 所示是应用片材修补零件示意图。

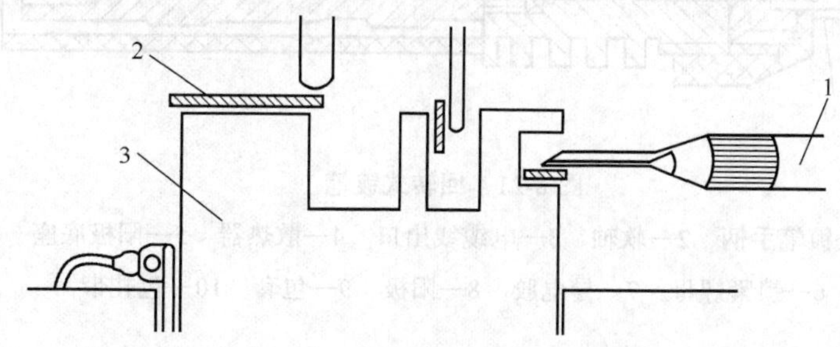

图 8-19　应用片材修补零件示意图

1—电极　2—片材　3—工件

3. 电刷镀

(1) 电刷镀的原理

电刷镀是在可导电工件表面需要镀覆的部位快速沉积金属镀层的一种技术。它与普通电镀原理相同，但形式特殊，不需要镀槽，电刷镀装置与原理如图 8-20 所示。

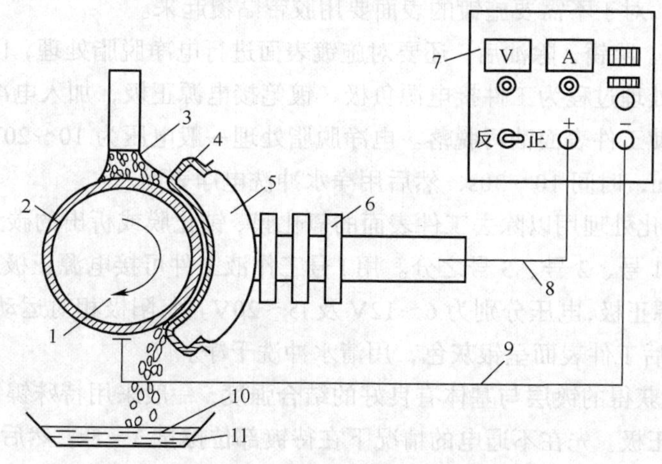

图 8-20　电刷镀装置与工作原理

1—工件　2—镀槽　3—镀液　4—包套　5—石墨阳极　6—导电柄　7—直流电源

8—电源正极　9—电源负极　10—循环溶液　11—拾液盘

电刷镀时，工件 1 接直流电源负极，由包套 4、石墨阳极 5、导电柄 6 组成的镀笔接电源正极。石墨阳极做成与被镀表面相配合的形状，包套是由涤棉套浸满电镀液组成。电镀过程中，使正极前端的涤棉套接触工件表面并沿表面相对滑动，电镀液不断地添加在涤棉套和工件表面之间。电镀液中的金属离子在电场作用下向工件表面迁移，在工件表面上还原成金属原子并沉积成镀层。镀笔有多种形式，如图 8-21 所示的回转式镀笔可用于窄缝、狭槽、小孔等部位。

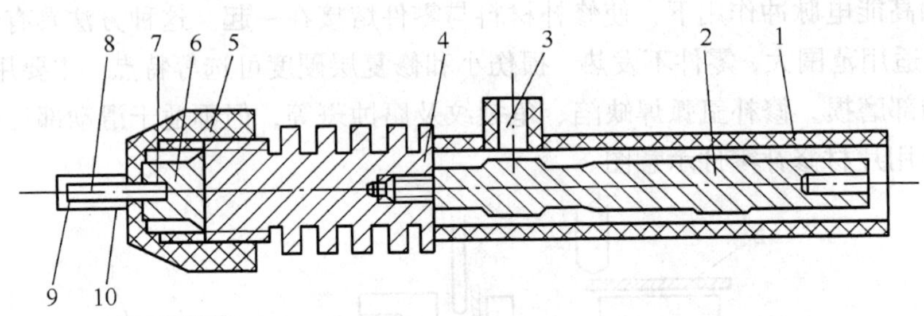

图 8-21　回转式镀笔

1—镀笔手柄　2—软轴　3—电缆线出口　4—散热器　5—阳极底座
6—锁紧螺母　7—导电胶　8—阳极　9—包套　10—包扎带

（2）电刷镀的工艺过程

电刷镀的整个工艺过程包括镀前表面预加工，表面除锈，除油，电净脱脂处理，活化处理，镀底层，镀工作层和检查修整等。

① 表面预加工。去除表面毛刺、缺陷层，保持表面清洁光滑，表面粗糙度值 R_a 小于 2.5μm。对较深的划伤、腐蚀、斑坑及沟槽表面，要用锉刀、油石、砂轮等修形，露出基体金属，使镀笔阳极可以接触到每一个施镀位置。

② 除锈，除油。对于工作表面的锈蚀严重的可用喷砂处理，较轻的可用砂布打磨；油污可用汽油、丙酮等清洗；对于不需要施镀的表面要用胶带贴覆起来。

③ 电净脱脂处理。除锈，除油后，还要对施镀表面进行电净脱脂处理，以进一步除去微观上的油污。电净脱脂处理过程为工件接电源负极、镀笔接电源正极，加入电净液，通电后电净液在负极产生氢气泡使工件表面油污脱落。电净脱脂处理一般电压为 10～20V，阴、阳极相对运动速度为 6～8m/min，时间 10～30s，然后用净水冲洗电净表面。

④ 活化处理。活化处理用以除去工件表面的氧化膜、钝化膜或析出的碳元素微粒黑膜。活化液按作用强弱，有 1 号、2 号、3 号之分。用 1 号工作液工件可接电源正极或负极，用 2 号、3 号工作液工件接电源正极，电压分别为 6～12V 及 15～20V。阴、阳极相对运动速度 6～8m/min，时间 5～30s。活化以后工件表面呈银灰色，用清水冲洗干净。

⑤ 镀底层。为使获得的镀层与基体有良好的结合强度，一般采用特殊镍镀底层，工件接电源负极，镀笔接电源正极。先在不通电的情况下在待镀部位擦拭 3～5s，然后通电，在电压 8～15V 下进行电刷镀。阴、阳极对运动速度 10～15m/min，过渡层厚 1～3μm。

⑥ 镀工作层。用镍或镍钨合金刷镀工作层直到恢复尺寸。工件接电源负极，镀笔接电源正极。工艺过程同上，首先无电擦拭 3～5s，然后通电，电压 8～15V，相对运动速度 10～15m/min，

时间为镀至所需厚度为止。

⑦ 镀后检查修整。用清水冲净镀覆表面的残留镀液，擦净水渍。用吹风机吹干镀层表面，观察有无裂纹和起皮。用油石和细砂布打磨镀层表面，使其达到粗糙度要求。试模检查制品尺寸，合格后进行抛光处理，使模具完全符合使用要求。

（3）电刷镀的特点

① 适用范围广。电刷镀工艺使用手工操作，方便灵活，不受镀件形状、尺寸、材质和位置的限制。对于复杂型面，凡是镀笔能触及到的地方均可施镀；对于难拆卸、搬动及大型零件，可以不必解体，直接施镀；对于小孔、深孔、沟槽等局部等表面及划痕、凹陷、磨损等局部缺陷也可以用电刷镀修复。

② 镀层质量高。由于镀笔在工件表面不断移动，散热条件好，不易使工件过热。镀层形成是一个断续结晶过程，限制了晶粒的长大和排列，因而镀层中存在大量的超细晶粒和高密度错位，镀层硬度、强度较高。同时镀层与基体金属的结合力较强，镀层表面光滑。

③ 沉积速度快。电刷镀的阴、阳极之间仅有涤棉套隔离，距离很近，一般为 5～10mm，镀液能随镀笔及时送到工件表面，大大缩短了金属离子扩散过程，加上镀液金属离子含量高，散热条件好，允许使用较大电流密度，因而镀层沉积速度快。

④ 设备使用灵活。电刷镀设备多为便携式或可移动式，体积小，质量轻，便于拿到现场或野外使用。不需镀槽及其他辅助设施，一套设备可以完成多种镀层的电刷镀。设备的用电量、用水量比槽镀少得多，可以节约能源，减少污染。

4. 加工修复

（1）镶拼法

下面介绍几种常用的镶拼法修复模具方法。

① 镶件法。镶件法是先将需修复的部位加工成规则凹坑或通孔，然后制造镶件，嵌入凹坑或通孔内，达到修复目的。

② 加垫法。加垫法是将大面积严重磨损的零件，加垫一定高度垫片，再加工至原来尺寸。如图 8-22 所示，A 面发生磨损，可将 A 面磨去 δ 厚，在 B 面加 δ 厚垫，相应型芯固定台阶也要磨去 δ 厚。

③ 镶外框法。对于出现裂纹的模具零件，在条件允许的情况下，制作一个外框夹套，其内轮廓为与零件外形成过盈配合尺寸，然后用热套法装配，这样受外框限制，零件裂纹不再扩大。

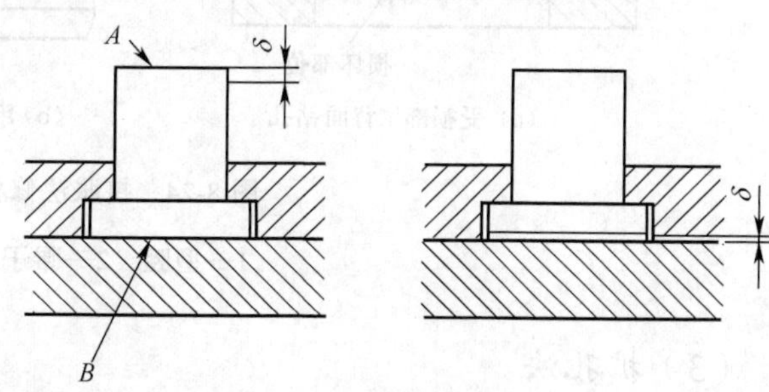

图 8-22 加垫法修复模具

（2）挤胀法

挤胀法是利用金属的延展性，对模具局部小而浅的划伤，用小锤或小碾子敲碾划伤四周或背面来消除划伤的方法。如图 8-23（a）所示，在分型面处出现一个小缺口，此时可在缺口附近钻一小孔，然后用小碾子从小孔向缺口处冲挤，使型腔缺口向内凸起，如图 8-23（b）所示，当达到修复量时，再将小孔扩大堵死，把被碾凸的型腔侧壁修复好即可，如图 8-23（c）所示。

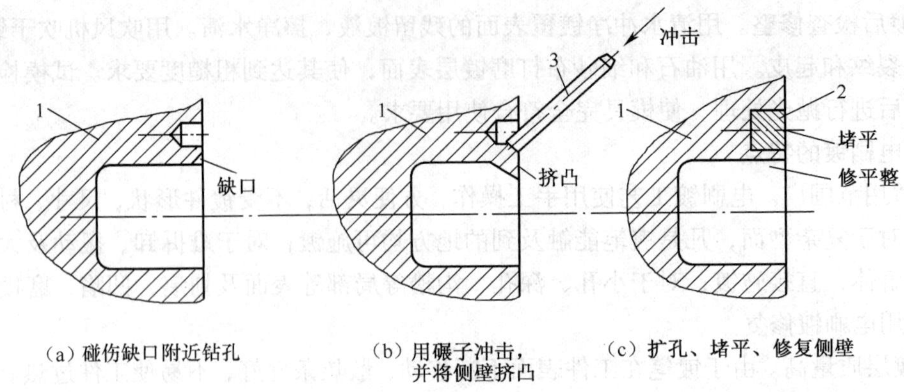

（a）碰伤缺口附近钻孔　（b）用碾子冲击，并将侧壁挤凸　（c）扩孔、堵平、修复侧壁

图 8-23　挤胀法修复模具局部损伤

1—型腔　2—圆销　3—碾子

若损坏的型腔部位在底部，可用如图 8-24 所示的方法，先在其背面钻一个大于压坏部位一倍的深孔，距离型腔部分 h 为孔径的 1/3～1/2，如图 8-24（a）所示。再用碾子冲击深孔底部，使型腔凸起，如图 8-24（b）所示。然后将深孔堵死，把型腔底部凸起部位修平修光即可，如图 8-24（c）所示。

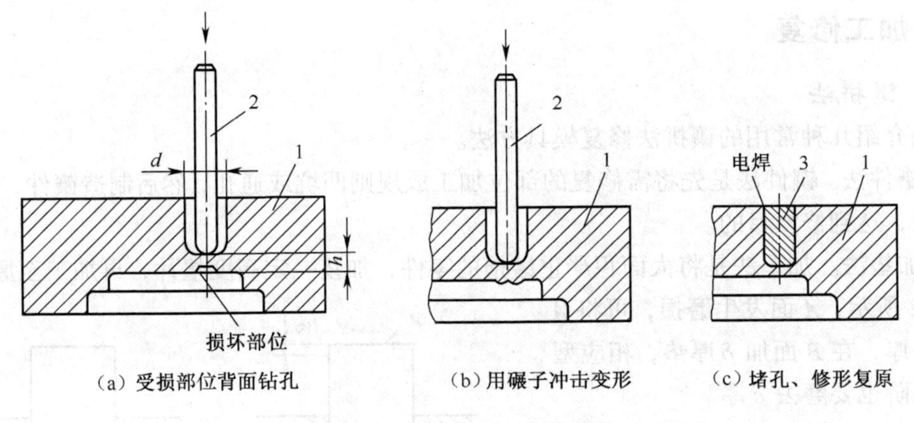

（a）受损部位背面钻孔　（b）用碾子冲击变形　（c）堵孔、修形复原

图 8-24　挤胀法修补模具型腔

1—型腔　2—碾子　3—圆销

（3）扩孔法

当各种杆的滑动配合因磨损而和孔的配合间隙变大时，可采用扩孔法，即把孔扩大，再把配合的杆直径用加大的方法修复（如电镀）。当模具上的螺钉孔和销钉孔由于磨损或震动而损坏时，也可用此法修复。

（4）更换新件法

这种方法主要应用于模具中的活动的杆、套类易磨损和折断类零件，这些零件在模具加工时已考虑到了报废，大多带有备用件。这类零件损坏时，只需拆下更换新件即可，没必要对零件进行修复。

8.2.2 冲压模的修复

1. 冲压模的随机故障修复

对于模具出现的一些小的损伤，不必将模具从冲压力机上完全拆卸下，可直接在压力机上进行现场检查和修复，这类修复称为随机故障的修复，主要包括如下内容。

① 更换或调整易损件。如定位元件磨损，级进模导料板，导料块磨损，推杆磨损等，可直接更换新件或重新调整位置来解决。

② 随机修磨凸、凹模。冲裁模凸、凹模刃口使用一段时间后就会变得不锋利，这时制件毛刺增大，对于这种情况可用油石对模具刃口进行修磨，这种方法只能暂时解决问题，若完全修复需要在磨床上重磨刃口；弯曲模、拉深模凸、凹模同样长期使用会产生磨损，降低制件质量或使制件表面产生划痕，也可采用油石或直接在冲压设备上对模具刃口进行现场修磨和抛光。

③ 模具紧固。模具使用过程中，由于震动和冲击，紧固件可能会产生松动，需要经常检查，随机紧固。

2. 冲压模拆卸后的修复

对于工作中损伤严重的冲压模或发现冲压件质量严重下降，这时候需要将冲压模拆卸下来进行修复。拆卸后修复的模具要经过试冲，样件检查等和新模具一样的过程。冲压模拆卸后修复过程中，要注意以下问题。

① 合理确定拆卸顺序，一般顺序是先外后内。拆卸过程中注意不要损伤零件，特别严禁敲击工作表面，对不需要拆卸的部位尽量不拆卸。

② 对拆卸下的零件作好标记和具体位置，必要时可画简图以便装配，擦净涂油，统一摆放，对于凸、凹模等工作零件，最好放在盛油的容器中，以防生锈。

③ 对所有损坏的零件进行检查，根据损坏程度确定解决方案，然后进行修复或更换。

④ 损坏的零件修复或更换后，经装配、试冲、调整、检查，必须达到制件质量要求。

8.2.3 塑料模的修复

1. 磨损的修复

（1）定位及导向元件磨损的修复

① 导柱与导套磨损的修复。导柱与导套是中、小型模具最常用的导向及定位元件，一般均为标准件，反复开启会产生导柱与导套间的磨损，配合间隙增大，定位精度下降，超过一定程度就需要修复。当导柱与导套圆周属于均匀磨损时，可换掉导套，重新装配即可；当导柱与导套之间有单面磨损过重时，可能是因为导柱固定部位公差过大，使其没有预紧固定，反复闭合中产生松动，此时应更换导柱；当导柱与导套有局部拉伤现象时，可能是配合过紧或配合面有杂物，也可能导柱与导套之间中心距误差过大，若拉伤较轻可局部打磨、抛光继续使用，若拉伤较重需更换导柱和导套，重新定位安装。

② 定位块磨损的修复。定位块装置定位精度可靠，定位配合面积大，磨损小，是中、大型模具中的理想定位方式。在长期使用中，定位块侧面 D 面会产生磨损，使定位精度降低，如图 8-25 所示。一种方法是在定位块底面垫上 δ 厚的垫块，再对定位块侧面和顶面修磨即可修复；另一种方法对定位块磨损面进行电刷镀，然后进行磨削、研抛等处理也可恢复原来尺寸。

（2）分型面磨损的修复

模具经过一段时间的使用后，分型面 E 处要产生磨损，使制件产生飞边和毛刺，如图 8-26 所示，需要人工进行二次修边，浪费工时。产生这种现象的原因是多方面的，如注射量过大，引起分型面反复胀开而磨损；分型面边界处粘有残余余料没有清理干净，即进行二次合模而合不严；制件取出操作不慎，对型腔沿口产生磕碰；反复闭模开模，对模具表面局部磨损等。

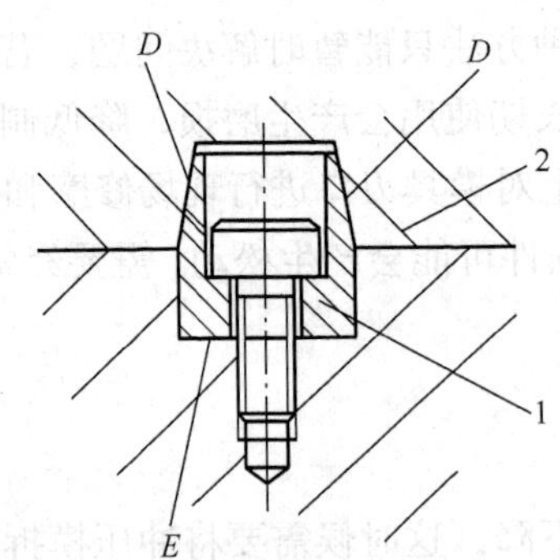

图 8-25 定位块结构

1—定位块 2—定模板

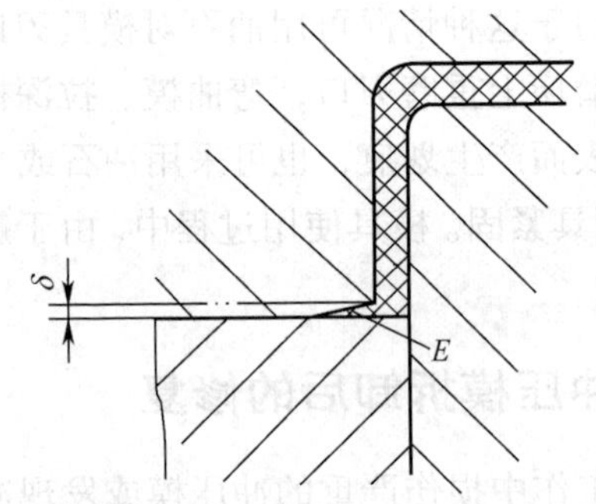

图 8-26 分型面磨损产生的飞边

针对上述情况，其解决方法主要有：一是将磨损面用平面磨床加工 δ 厚，δ 尺寸一般在 0.2～0.4mm，制件在开模方向尺寸变小，但一般不妨碍整体要求；二是用挤胀法将产生飞边部位挤出后磨平，或采用堆焊法修补；如果模具磨损严重，或因意外事故造成创伤无法用上述方法修复，可采用镶块方法。

（3）型腔表面磨损的修复

模具在使用过程中，型腔表面不断受到流动塑料的高温、高压及腐蚀作用，致使型腔磨损，导致制件尺寸超差，这是影响模具寿命的主要因素。对于型腔表面局部磨损可采用堆焊方法进行修复，对于型腔表面整体磨损可采用电刷镀方法进行修复。

2. 意外损坏的修复

（1）推杆折断

模具在正常使用中，推杆折断现象时有发生，产生原因有如下几种。

① 对于有多个顶杆的模具，推杆孔位置精度差，表面粗糙度值高，多个推杆配合松紧不一致，造成推杆弯曲甚至折断。

② 推板和推杆固定板无导柱导向，刚性不够，运动时由于重力作用产生变形而引起推杆折断。

③ 推杆一般是焊接件，头部和杆部焊接处由于热处理效果差，以至该部位产生断裂。

推杆折断后若脱出型腔，可直接换新的推杆，并和推杆孔研配即可；推杆折断后若留在型腔，则合模时折断的顶杆会直接撞到型腔面而使型腔产生损伤，这时需用镶拼、电刷镀、堆焊、挤压等方法进行修复。

（2）异物掉入损坏型腔

这是意外事故中较为常见的一种。如果掉入的是残余塑料，对型腔破坏程度轻；如果掉入金属零件，会使型腔受到严重损坏。特别是花纹面或抛光面的型腔部位损坏，会给修复带来很大困难，这时主要的修复方法是镶块、堆焊和挤胀等，但想修复如初是不太可能的，因此对这类损伤要立足于预防。

8.3 模具的管理

8.3.1 模具的保管

模具经试模验收合格投产后，有的可能常年生产，而有的往往处于断续生产状态，大多时间是在存放。因此，妥善地保管和保养存放的模具，以保持模具原有的良好状态，避免锈蚀和意外损伤，是保证模具质量和模具寿命的重要环节之一。

1. 建立模具档案

模具档案是模具从设计开始至投产使用，维护修理，更新改进直至报废为止全过程的详尽记录。模具档案主要内容包括：模具名称、模具总装图、产品图及其相关技术说明（如装配要求、模具体积、总重量等）；试模时间、所用设备、试模状况说明、试模产品鉴定、结论（附样品检验报告）等试模验收记录；模具匹配设备机床名称、规格、型号（以自己单位设备为准）；使用状态记录，包括实际使用次数、每次使用天数和产量（成品件、废品件）；维修记录，包括维修日期、维护部位、方法和损坏状态，维修后试模记录，故障产生原因分析、发生日期、处理方式和结果、事故当事人姓名、主要维修者姓名以及使用中应注意事项；模具备件、配件、易损件名称、数量，现有备件、配件、易损件数量；模具生产厂家地址、电话、联系人，及外购件供货周期、价格等。模具档案应有专职的技术人员进行管理，使档案内容的资料和数据准确，完整有序，整齐规范。

2. 模具的存放管理

模具在使用过程中大多受到操作者的重视，但在存放期间却常常受到忽视。因而，在实际生产中，因模具保管存放不善而造成的生产上损失惨重的事例时有发生，不能不引起重视。模具的入库存放应具备以下条件。

① 新入库的模具，必须要有检验合格证，并要带有经试模后或使用后的几件合格样件。

② 使用后的模具若需入库，要有技术状态鉴定说明，确定模具状态是否完好。

③ 经过修复的模具若需入库，需经检查人员检查，并带有修复后加工的合格样件。

④ 入库的所有模具都要进行清理，模具内无存水及杂物。

模具存放地点要求平整、干燥、清洁，便于起吊搬运。小型模具可放在存放架上，按次序排列；大型模具可直接放在地面，但要枕木垫起。模具存放注意事项见表 8-1，各单位实际情况和条件不同，注意事项也大同小异。

表 8-1 模具存放注意事项

项　目	内　容
立标牌	① 存放的模具要整体摆放，之前立有标牌，说明模具的名称、外形尺寸和模具重量。 ② 模具使用设备型号
摆样件	在存放的模具上摆放样件，便于一目了然
划区域	① 按同一产品配套的模具划分区域，并立标志说明。 ② 同一类型号的模具划分区域，便于查找
存放状态	① 塑料模具存放时要处于合模状态，防止异物掉入。 ② 冲压模上、下模中间要垫有限位块，避免弹性元件长久受压失效。 ③ 工作表面及滑动配合表面要涂防锈油
定期检查	① 定期对长时间存放的模具进行检查。 ② 定期对存放环境进行检查

8.3.2 模具的标准化

1. 模具标准化的意义

模具是机械工业的基础装备，随着机械工业的发展，模具工业也得到相应的发展。模具标准化是模具生产技术发展到一定水平的产物，是一项综合性技术工作和管理工作，它涉及到模具设计、制造、材料、检验和使用的各个环节。同时模具标准化工作又对模具行业的发展起到促进作用，是模具专业化生产、专门化生产和采用现代技术装备的基础，是模具设计和制造中应遵循的技术规范、基准和准则。模具标准化的意义主要体现以下几个方面。

（1）模具标准化是模具现代化生产的基础

模具标准化工作贯穿于模具标准的制定，修定和贯彻执行的全过程。模具标准化的产生为组织模具专业化和专门化生产奠定了基础，同时模具标准化的贯彻又推动模具生产和技术的发展。

（2）模具标准化的贯彻执行提高了模具技术经济指标

模具标准化的贯彻执行，专业化、商品化生产对于降低模具成本、缩短模具制造周期和保证模具质量起到促进作用。工业化国家模具标准件的利用率达 60%以上，我国只有 20%左右。据国外资料介绍，在大量使用模具标准零件、部件和半成品件后，可使模具制造周期缩短 25%～40%，成本降低 20%～30%。

（3）模具标准化是开展模具 CAD/CAM 工作的先决条件

工业发达国家模具 CAD/CAM 工作已经普及，我国已取得一定的成果，但从整体上看仍处于起步阶段，而模具 CAD/CAM 工作是建立在模具图样绘制规划、标准模架、典型组合和结构、设计参数和技术要求标准化以及使用现代加工技术装备的基础上的，它对于提高模具技术经济指标和解决大型复杂模具技术是必不可少的。

（4）模具标准化工作为促进国际技术交流创造了条件

模具标准化工作是国际间的技术交流和生产技术合作的基础，也是我国模具生产技术走向世界的桥梁。

近年来随着我国模具工业的迅猛发展，模具零件的标准化、专业化和商品化工作，已具有较高的水平，取得了长足的进步。自 1983 年全国模具标准化技术委员会成立以来，已组织专家对模具标准进行制定、修订和审查，共发布了 90 多项标准，其中冲模标准 22 项，塑料模标准 20 余项。这些标准的发布、实施，推动了模具行业的技术进步和发展，产生了很大的社会效益和经济效益。模具标准件的研究、开发和生产正在全面深入展开，无论是产品类型、品种、规格，还是产品的技术性能和质量水平都有明显的提高。

2. 我国模具标准化工作发展的状况

我国模具标准化工作开始于 20 世纪 60 年代，当时部分工业部门和地区分别制定了各自的部门或地区性模具标准，主要为冷冲压模架和零部件，同时也建立一些模具专业生产厂。为促进全国模具技术的交流，1981 年原国家标准总局发布了《冷冲模》国家标准，这是我国模具行业的第一个国家标准，1983 年 11 月又成立了全国模具标准化技术委员会，加速了我国模具标准化进程，使模具标准化工作进入一个新阶段，经过多年来的工作和各部门之间的合作和交流，目前我国模具国家标准和行业标准已有 50 多项，涉及到主要模具的各个方面。随着国际交往的增多，进口模具国产化工作的发展和三资企业对其配套模具的国际标准的提出，一方面在标准制定方面注意了尽量采纳国际标准或国外先进国家的标准，另一方面考虑模具标准件生产企业各自市场需要，除按中国标准外也按国外先进企业的标准生产标准件。例如日本的“富特巴”、美国的“DME”、德国的“哈斯考”的标准已在我国广为流行。

3. 模具标准的种类、分级和属性

（1）模具标准的种类

模具标准按其性质分为 3 大类：技术标准、生产组织标准和经营管理标准；按其对应的对象分为四大类：基础标准、产品标准、方法标准和环境保护标准。

① 基础标准。基础标准是指生产技术活动中最基本的、最有广泛意义的标准，是进行产品设计、工艺设计和制定各种标准的共同依据。基础标准包括：通用技术语言标准、精度与互换性标准、结构要素标准、实现产品系列化和配套标准等。

② 产品标准。产品标准是某一类模具（如冲压模）形式、尺寸、主要性能参数、质量指标、检验方法以及包装、储存、运输和维修等标准。

③ 方法标准。方法标准是对模具设计制造中的分析、试验、检测、操作等方法的规定。

④ 安全环保标准。安全环保标准是指一切有关人身与设备安全、卫生与环境保护等方面的标准。

（2）标准的分级

我国《标准化法》中根据标准适应的领域和范围，把标准分为 4 级：国家标准、行业标准、地方标准和企业标准。

① 国家标准。对需要在全国范围内统一而制定的标准称为国家标准，代号“GB”。国家标准由国家技术监督局批准颁布。

② 行业标准。对没有国家标准又需要在某一行业范围内统一而制定的标准称为行业标准，代号“ZB”，行业标准由国家部委标准化行政主管部门批准颁布。

③ 地方标准。对没有国家标准和行业标准而又需要在省、自治区、直辖市范围内统一而制定的标准称为地方标准，地方标准由省、自治区、直辖市人民政府标准化行政主管部门批准颁布。

④ 企业标准。企业生产产品在没有国家标准和行业标准的，可制定企业标准；或已有国家标准和行业标准的，企业可制定严于国家标准和行业标准的企业标准。企业标准只在企业内部使用。

（3）标准的属性

根据《标准化》法规定，国家标准和行业标准从1989年起分为强制标准和推荐标准，推荐标准代号为：“GB/T”和“ZB/T”。

4. 我国模具标准简介

（1）冲模标准

①《冲模术语》（GB8845—1988）。冲模术语国家标准包括各种冲压模具的名称、冲模零件名称、冲模设计术语、圆凸模和圆凹模结构要素的规定和定义。

②《冷冲模》（GB2851～2875—1990）。这是冷冲模的综合性国家标准，包括冷冲模模架标准、零部件标准和典型组合标准三部分。

③《冲模模架》（GB/T2851.3～2861.6—1990）。包括对角、中间、后侧和四导柱滑（滚）动模架及零件的结构型式、规格和技术条件。

④《冲模模架精度检查》（GB/T12447—1990）。本标准规定了冲模滑（滚）动模架及零件精度和精度检查方法及精度检查时必须使用的测量器具，本标准与《冲模模架》国家标准配合使用。

⑤ 其他冲模标准。如《冲模用钢板模架及技术条件》、《精冲模模架及技术条件》、《精冲模零件及技术条件》、《12mm 槽系组合冲模》、《冲模技术条件》、《冲模用圆凸模圆凹模》和《冲模常用材料及热处理规范》等。

（2）塑料模标准

①《塑料成型模具术语》（GB8846—1990）。本标准规定了塑料成型模具中的压缩模和注射模的模具、零件和设计中用到的主要术语和定义。

②《塑料注射模具零件》（GB4159—1990）、《塑料注射模具零件技术条件》（GB4017—1990）。这2个标准规定了注射量为10～4 000g注射机用模具的11种零件，有些零件也可用于压缩模和压注模。

③《塑料注射模具技术条件》（GB/T12554—1990）。本标准规定了注射模零件技术要求、总装配技术要求等内容，它适用于热塑性塑料和热固性塑料注射模。

④ 塑料模模架。包括《中小型塑料注射模模架及技术条件》（GB/T12556—1990）和《大型塑料注射模模架及技术条件》（GB/T12555—1990）两个国家标准，分别规定了周界尺寸 500mm × 900mm 及 630mm × 630mm～1 250mm × 2 000mm 塑料注射模具。

⑤ 其他标准。《塑料模常用材料及热处理规范》和《塑料注射模模架产品质量分等》。

小结

本章主要介绍模具的失效和维护、管理方面的知识。模具的失效过程可分为早期失效、随即失效和耗损失效 3 个阶段。模具的失效形式主要有 3 大类：表面磨损、过量变形和断裂。模具修复的主要方法包括堆焊、电阻焊、电刷镀、镶拼、挤胀和更换新件等。模具在不处于生产状态时要妥善保管和保养存放，应建立模具档案，重视模具的存放管理。模具标准是模具设计和制造中应遵循的技术规范、基准和准则。我国已制定了一系列模具标准。

思考题

1. 什么是模具失效？
2. 冷冲裁模常见失效形式有那些？
3. 塑料模常见失效形式有那些？
4. 简述影响模具失效的主要因素。
5. 模具为什么要进行修复？
6. 简述塑料模修复的主要内容。
7. 简述冲压模修复的主要内容。
8. 模具标准化有什么意义？

参考文献

[1] 甄瑞麟. 模具制造技术. 北京：机械工业出版社，2005.

[2] 徐慧民. 模具制造工艺学. 北京：北京理工大学出版社，2007.

[3] 傅建军. 模具制造工艺. 北京：机械工业出版社，2004.

[4] 郭铁良. 模具制造工艺学. 北京：高等教育出版社，2002.

[5] 李云程. 模具制造工艺学. 北京：机械工业出版社，1997.

[6] 张若锋. 机械制造基础. 北京：人民邮电出版社，2006.

[7] 华楚生. 机械制造技术基础. 重庆：重庆大学出版社，2000.

[8] 刘航. 模具制造技术. 西安：西安电子科技大学出版社，2006.

[9] 李奇，朱江峰. 模具设计与制造. 北京：人民邮电出版社，2006.

[10] 阎其凤. 模具设计与制造. 北京：机械工业出版社，1988.

[11] 张荣清. 模具设计与制造. 北京：高等教育出版社，2003.

[12] 赵昌盛. 实用模具材料应用手册. 北京：机械工业出版社，2005.

[13] 高为国. 模具材料. 北京：机械工业出版社，2004.

[14] 杨立平. 模具制造基础. 北京：化学工业出版社，2007.

[15] 程培源. 模具寿命与材料. 北京：机械工业出版社，1999.

[16] 林建榕. 机械制造基础. 上海：上海交通大学出版社，2000.

[17] 劳动和社会保障部. 机械制造工艺基础. 北京：劳动和社会保障出版社，2001.

[18] 模具设计与制造技术教育丛书编委会. 模具制造工艺与装备. 北京：机械工业出版社，2006.